淮北平原

涝渍水文效应与田间调蓄技术

刘猛 王振龙 秦天玲 陈小凤 等 著

中国科学技术大学出版社

内 容 简 介

长期以来涝渍灾害依然是淮北平原区域农业生产的首要威胁。随着气候变化背景下旱涝交替事件的频发和区域竞争性用水态势的加剧，干旱缺水问题又成为农业生产的另一威胁。本书针对淮北平原涝灾旱害防治与水资源调控的自然排蓄、排涝降渍、涝渍强排及排蓄结合四个阶段存在的问题和治理实践需求，基于连续60余年的水文原型实验观测、多情景组合实验和工程实践，系统剖析了淮北平原涝渍水蓄泄模式及工程排蓄对水资源的影响，建立了淮北平原水资源立体调蓄模式，确立了“三涝两渍三控”和“三涝一渍三控”沟网适时、适度排—蓄—补相结合的平面布置及垂向调控工程体系，提出了适度排水、适时蓄水、以蓄促补、排蓄联控的总体调蓄原则。

本书可供从事水文水资源、农业水利工程、生态与环境资源等专业的研究人员，高等院校的教师、研究生及本科生，水行政管理人员借鉴和参考。

图书在版编目(CIP)数据

淮北平原涝渍水文效应与田间调蓄技术/刘猛，王振龙，秦天玲，陈小凤等著. —合肥：中国科学技术大学出版社，2016.10

ISBN 978-7-312-04088-7

Ⅰ.淮…　Ⅱ.①刘…　②王…　③秦…　④陈…　Ⅲ.①黄淮平原—旱灾—灾害防治　②黄淮平原—水灾—灾害防治　③黄淮平原—蓄水—功能—研究　Ⅳ.P426.616

中国版本图书馆CIP数据核字(2016)第251107号

出版　中国科学技术大学出版社
安徽省合肥市金寨路96号，230026
网址：http://press.ustc.edu.cn
印刷　合肥市宏基印刷有限公司
发行　中国科学技术大学出版社
经销　全国新华书店
开本　710 mm×1000 mm　1/16
印张　21
字数　445千
版次　2016年10月第1版
印次　2016年10月第1次印刷
定价　68.00元

前　言

淮北平原处于我国南北气候过渡地带，是我国粮食主产区之一。长期以来，涝渍灾害是区域农业生产的首要威胁。随着气候变化背景下淮河流域旱涝交替事件的频繁发生和区域竞争性用水态势的加剧，干旱缺水问题成为淮北平原农业生产的又一重大威胁。创新区域水资源调控和排蓄补模式，已成为淮北平原农业生产的关键任务。

淮北平原的旱涝灾害防治与水资源调控总体经历了四个阶段。在20世纪60年代以前，淮北平原的水利工程十分薄弱，区域水循环主要受到气候和下垫面条件的影响，旱涝灾害尤其是涝渍灾害发生频率大、损失严重。20世纪60～80年代，为减缓淮北平原农业生产过程中的涝渍灾害，国家和地方加大了区域排涝除渍工作，建设了一批排涝除渍工程，区域涝渍灾害问题初步得到缓解。在20世纪80年代至2000年前后，国家和地方进一步加大了区域涝渍灾害的治理工作，排涝除渍的力度快速增强，以"涝渍强排"为特征的工程体系日渐完善，农业涝渍灾害得到较好遏制。然而，涝渍水是区域地下水的主要补给来源之一，且在涝渍强排的过程中，部分浅层地下水也被一并排走，使得在干旱季节和干旱年份，淮北平原的农业水资源十分匮乏，加之"三生"之间的竞争性用水和煤炭开采对地下水的扰动，干旱缺水问题突显，水生态系统因生态需水得不到供给，以致淮北平原的水生态退化较为严重。进入21世纪，为缓解淮河平原区域涝渍灾害和干旱缺水的双重压力，淮北平原的涝渍灾害防治由"涝渍强排"逐渐向"排蓄结合"的模式转变；同时，通过限制地下水开采深度等管理措施，增强地下水的可恢复性。

紧密围绕淮北平原第三阶段存在的问题和第四阶段的治理实践需求，基于连续60余年不间断的水文原型实验观测、多情景组合实验和工程实践工作，结合大量淮北平原区涝渍演变规律及灾害治理、地表水—土壤水—地下水立体调蓄、节水灌溉技术与制度优化等方面的研究，在水利部公益性科研项目"淮北平原浅层地下水高效利用与调控关键技术研究"、中国工程院重大咨询项目"我国旱涝事件集合应对战略"、水利部公益性科研项目"淮北地区地下水安全开采量研究"和世界银行贷款项目"安徽省利用世界银行贷款加强灌溉农业综合研究"等项目的支撑下，重点针对"为什么调蓄？""如何调蓄？""调蓄效果如何？"等几个关键科学问题开展理论与技术研究。以长序列水文观测及排水实验和近30年大量的工程实践及检验反馈为关键支撑，系统剖析了淮北平原涝渍水蓄泄模式及工程调控对水资源的影响。建立了淮北平原水资源多目标立体调蓄模式，有效实现了地表沟渠与洼地/地块单元的“线—面”结合、降水—地表水—土壤水—地下水互动转化的立体调蓄；科学地确立了地表水—土壤水—地下水多过程协同调控阈值。创立了淮北平原“三涝两渍三控”和“三涝一渍三控”沟渠适时适度排—蓄—补相结合的平面布置及垂向调控工程体系，确立了相关工程技术参数；将其与灌溉工程、灌溉制度和墒情预警预报系统相融合，整体优化了区域水资源调配方案与调蓄工程系统，提出“三涝两渍三控”工程系统总体调蓄原则——适度排水、适时蓄水、以蓄促补、排蓄联控。本书所展示的成果已在淮北平原灌排规划、土壤墒情监测、抗旱信息系统建设、农田水利规划、水资源开发利用及全国水资源调查评价、地下水开发利用与保护规划等方面得到广泛应用，并取得了显著的经济社会和生态环境效益，具有广阔的推广应用前景。该成果对区域涝渍灾害防治、水资源高效利用、地下水科学调控等具有十分重要的意义。这不仅是解决该地区日益复杂农田水资源水环境问题和供水安全的迫切需要，也是事关新时期流域涝渍旱综合治理及区域经济社会可持续发展全局的重大战略问题。

本书依据的成果由安徽省(水利部淮委)水利科学研究院、中国水利水电科学研究院、南京水利科学研究院、淮河水资源保护科学研究所、淮委水文局、中水淮河设计公司等单位共同完成的。本书主要由刘猛、王振龙、秦天玲、陈小凤、赵瑾和张桂菊等同志编写。赵家良、王发信、王兵、胡军、时召军、李欣燕、赵家祥、韩玉洁、王向阳等参加了有关野外实验、资料分析及部分内容的编写工作。本研究采用了赵家良老师的多年研究资料及成果。另外，本书还引用了安徽省(水利部淮委)水利科学研究院原总工程师王友贞等关于大沟蓄水研究的部分成果，在此表示衷心的感谢。

本研究在野外实验模拟及野外原型观测对比研究和工程实践应用期间，得到水利部淮河水利委员会、安徽省水利厅、蚌埠市水利局、宿州市水利局、阜阳市水利局、徐州市水利局、蚌埠市固镇县水利局和亳州市利辛县水利局的大力支持配合，在野外调研中，得到淮北平原十多个市(县)水利局的大力帮助，在此表示诚挚的谢意。

编　者

2016年10月

目　录

第1章 绪　论

1.1 研究背景

淮北平原旱涝灾害发生频率高、时空分布复杂，是水资源开发利用程度较高和水资源量相对匮乏的地区，人均水资源占有量不足 500 m^3，仅为全国的1/4。涝渍灾害是本区域农业生产的首要威胁。

20世纪60～80年代，国家和地方加大区域排涝除渍工作，建设了一批排涝除渍工程，区域涝渍灾害问题初步得到缓解。在20世纪80年代至2000年前后，国家和地方进一步加大了对区域涝渍灾害的治理工作，排涝除渍的力度快速增强，以"涝渍强排"为特征的工程体系日渐完善，农业涝渍灾害得到较好遏制。然而，涝渍水是区域地下水的主要补给来源之一，且在涝渍强排的过程中，部分浅层地下水也被一并排走，以致在干旱季节和干旱年份，淮北平原的农业水资源十分匮乏，加之"三生"之间的竞争性用水和煤炭开采对地下水的扰动，干旱缺水问题突显，水生态系统因生态需水得不到供给，以致淮北平原的水生态退化较为严重。进入21世纪，为缓解淮河平原区域涝渍灾害和干旱缺水的双重压力，淮北平原的涝渍灾害防治由"涝渍强排"逐渐向"排蓄补结合"的模式转变；同时，通过限制地下水开采深度等管理措施，增强地下水的可恢复性。

因此，为了解决上述实践问题，淮北平原亟须建立农田系统的水资源多目标立体调蓄系统，针对"为什么调蓄？""调蓄什么？""如何调蓄？""调蓄效果如何？"等关键科学问题展开研究。区域水资源多目标立体调蓄是指以农田区为对象，基于农作物与水循环要素之间的关系以及水利工程的水文效应，识别关键调蓄要素阈值，根据农田规模构建调蓄工程，建立地表水—土壤水—地下水的立体调蓄系统，有效利用大气降水，充分利用地表水和土壤水，合理调控和利用地下水，以达到水资源的高效利用、蓄控减排、农业优化灌水和节水增产、地下水安全开采与有效保护的多项目标。

为了科学调蓄淮北平原农田水资源系统，在水利部公益性科研项目"淮北平原浅层地下水高效利用与调控关键技术研究"、中国工程院重大咨询项目"我国旱涝事件集合应对战略"、水利部公益性科研项目"淮北地区地下水安全开采量研究"和世界银行贷款项目"安徽省利用世界银行贷款加强灌溉农业综合研究"等项目的支撑下，我们在水资源及旱涝演变规律揭示、水资源及旱涝演变机理识别、多目标立体调蓄模式提出、关键调蓄要素阈值确定、典型区工程实践方面设置5项研究内容，并在考虑涝渍水排蓄影响的水资源演变规律、面向序贯决策的水资源多目标立体调蓄阈值和水资源多目标立体调蓄关键技术与工程优化等方面实现创新。本研究由安徽省（水利部淮河水利委员会）水利科学研究院牵头，联合中国水利水电科学研究院、水利部交通运输部国家能源局南京水利科学研究院、淮河水资源保护科学研究所和安徽省蚌埠市水利勘测设计院等单位共同攻关完成。

1.2 研究目标与研究内容

1.2.1 研究目标

1. 总体目标

面向淮北平原区域水资源“排—蓄—补”平衡和应对涝渍灾害的重大需求，本研究总体目标为：揭示水资源及旱涝灾害演变规律，明确水资源及旱涝灾害演变机理，提出淮北平原区水资源多目标立体调蓄模式，确定关键调蓄要素阈值，选取典型区开展立体调蓄工程实践。通过长序列工程实验研究，发展淮北平原农田多目标立体调蓄方法与技术，培养具有创新能力、高水平的研发队伍，提升在气候变化背景下我国农田水资源系统应对旱涝灾害风险及综合治理和节水增产的能力。

2. 对国家重大需求的贡献

基于60多年不间断水文观测、野外排水实验区原型实验和动态过程模拟，以及近30年工程实践，揭示农作物适宜生长的地下水水位及土壤水分上下限指标，提出农田沟网排水系统大沟、中沟、小沟、田头沟及田间沟（深墒沟）即“三涝两渍”和“三涝一渍”农田排水系统标准及平面布局形式；提出在河沟逐级建闸坝蓄控地表水回补土壤水地下水的“三控”蓄水工程体系；提出淮北平原考虑田间沟洫排蓄结合条件下浅层地下水垂向调蓄模型以及地下水水位多级动态调控区间，从而构建适应于淮北平原中南部及北部地区的农田“三涝两渍三控”和“三涝一渍三控”多目标立体调蓄水资源系统，为农田水资源排蓄补均衡、田间排涝降渍及水的高效利用、区域防汛抗旱、防灾减灾、保障农业生产安全及人民群众财产安全提供科技支撑。

3. 对理论方法和技术的科学价值

在机理机制层面，揭示了淮北平原区水资源及旱涝灾害演变机理；在模型方法层面，发展适用于淮北平原区水资源配置模型和立体调蓄模型；在应用基础层面，在水利工程平衡“排—蓄—补”关系、应对旱涝灾害方面取得重要进展；在学科发展层面，促进水文学、灾害学、农学、环境学等学科交叉和融合，发展我国农田水利工程与防灾减灾相关学科基础理论与方法。

1.2.2　研究内容

为解决关键科学问题，本研究设置了以下5项研究内容：

1. 淮北平原区水资源与旱涝灾害规律

基于长序列监测数据、实验站观测数据和历史工程实践数据资料，识别淮北平原区水循环与水资源时空演变规律；基于上述基础要素识别，结合旱涝灾害事件的历史记录资料和防汛抗旱工程情况，对主要旱涝灾害事件和涝渍灾害演变规律进行初步分析。

2. 淮北平原区水资源与涝渍灾害演变机理

在宏观机理分析方面，基于流域水循环系统和“补径排”关系，整体识别区域水资源演变与涝渍灾害形成机理，分析调蓄系统对区域水循环及涝渍过程的影响机理；基于农作物与水分关系实验研究，明确农田单元水循环及涝渍过程对农作物的影响，进而分析涝渍灾害对农作物产量的影响。

3. 淮北平原区水资源多目标立体调蓄模式

结合立体调蓄工程布局、水资源配置和节水灌溉制度，以节水、增产、灌溉效益最大和水生态环境保护为目标，以“地表—土壤—地下”为主要调蓄对象，基于沟网对其的调节作用，建立淮北平原区水资源多目标立体调蓄模式，并选取关键调蓄参数及工程布局参数。

4. 淮北平原区关键调蓄要素阈值确定

探寻典型农作物(小麦、玉米和大豆等)生长与降水、土壤水和浅层地下水之间的关系，分析主要作物涝渍减产以及土壤水和地下水对作物产量的影响；以作物增产为目标，提出不同作物生长适宜的土壤水分含量以及面向地下水可恢复性水位的控制阈值，以确定淮北平原区关键调蓄要素阈值，系统地提出浅层地下水水位垂向调控的安全埋深、适宜埋深、高效埋深及可持续埋深阈值。

5. 典型区工程实践

选取淮北平原位于中南部的蚌埠市及北部的亳州市为典型研究区及工程实践应用区，将上述模式及相关调蓄工程进行实践应用，以调蓄后的径流量、面源污染减少量等为评价因子，对淮北平原水资源多目标立体调蓄关键技术的实施效果进行评价。

1.3 总体技术方案

结合研究内容,本研究拟按照"资料收集与实验观测—规律与机理识别—调蓄模式构建—阈值确定—制度优化与工程布局—工程实践"的思路予以开展工作,总体技术方案具体如下:为解决关键科学问题,收集淮北平原地下地貌、土壤、植被、土地利用、气象、水文、水利工程、社会经济、原型观测等资料数据;在五道沟水文及排水实验区,杨楼径流实验区,固镇县、蒙城县和利辛县多级闸坝蓄水实验区开展调蓄要素观测实验、调蓄要素与作物生长关系实验和立体调蓄工程布局实验;基于收集的资料和长序列实验数据,系统识别淮北平原水资源与旱涝灾害时空演变规律,并基于水循环系统对其机理进行初步识别;构建淮北平原农田水资源多目标调蓄模式;通过分析降水、土壤水和地下水与作物生长之间的关系,识别土壤水和地下水的适宜范围,确定关键调蓄要素阈值;结合该阈值和土壤墒情预报成果,对灌溉制度进行优化;分析蓄水工程和排水工程的水文效应,给出立体调蓄工程的建设标准;对浅层地下水的开采潜力进行评价,提出开采井的布局原则;在上述技术和分析成果支撑下,将成果应用到实践中,评价其资源生态环境效益。研究技术路线见图 1.3.1。

1.4 主要研究过程及投入情况

1.4.1 主要研究过程

1. 基础数据资料收集整理

在各承担单位已有资料的基础上,通过系统整合和补充收集,形成课题基础资料集,主要包括基本地形数据、土壤数据、土地利用数据、植被数据、气象数据、水文数据、古旱涝历史记录资料、水利工程及人工取用水数据、遥感数据、相关规划数据等,新增了 59.7 万条原始第一手观测数据(图 1.4.1)。

2. 长系列科学实验

依托于五道沟水文水资源实验站,杨楼水文站,固镇县、蒙城县和利辛县多级闸坝蓄水实验区,在水文循环要素、土壤墒情—作物生长、涝渍灾害影响机理、适时适量灌溉、农田涝渍水排蓄实验等方面开展了长序列的观测和科学实验研究,为淮北平原区作物—土壤—地下水多情景组合条件下调蓄阈值制定、水资源多目标立体调控模式选

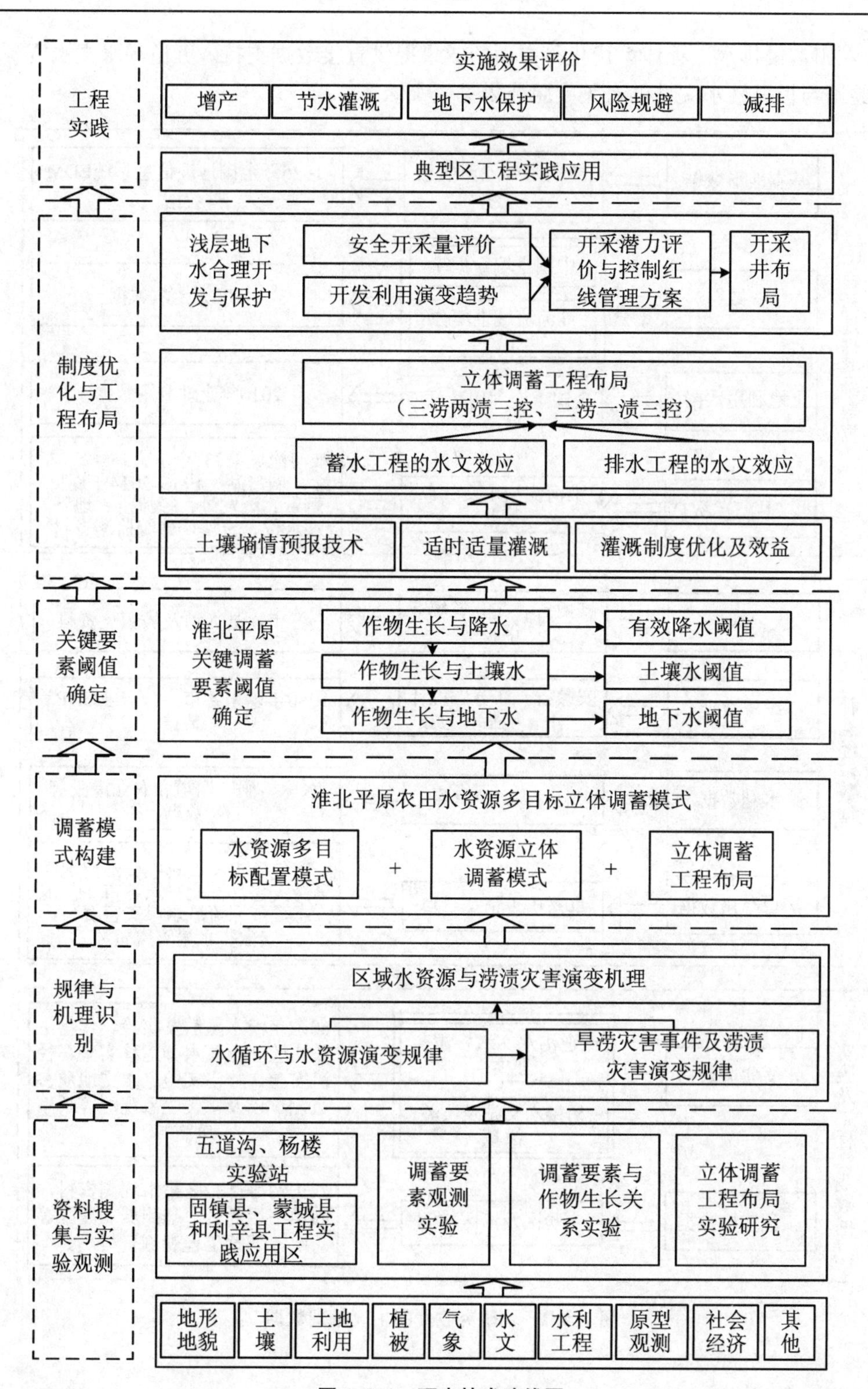

图 1.3.1 研究技术路线图

择、农田沟渠排水工程体系优化等方面的成果提供直接数据支持。五道沟水文水资源实验站与板书楼水文站的有关实验成果见表 1.4.1。

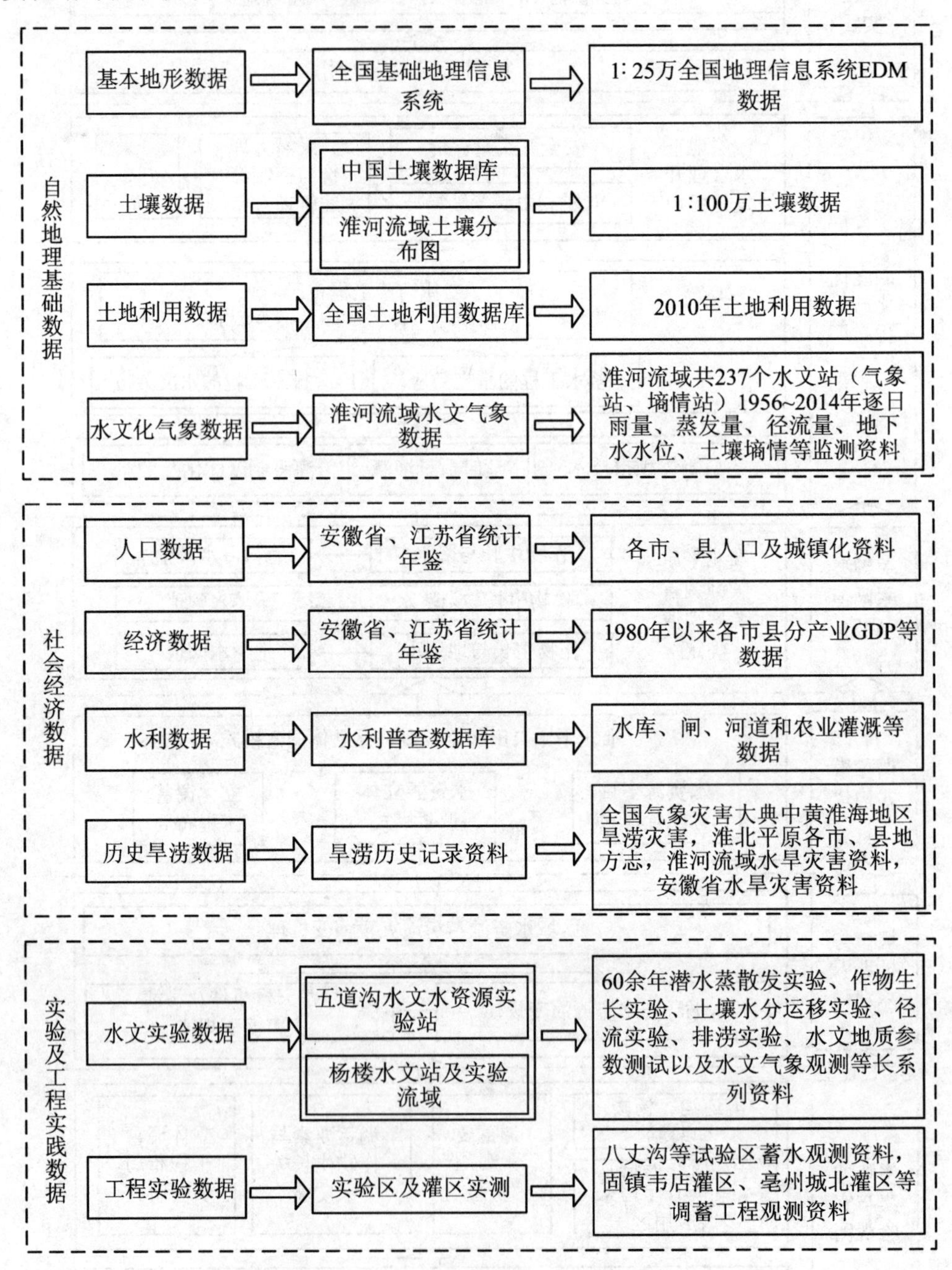

图 1.4.1　本研究收集的主要基础数据

表 1.4.1 长序列科学实验列表

实验站	实验任务	主要成果
五道沟水文水资源实验站	➢ 有/无作物潜水蒸散发实验 ➢ 土壤水分运移实验 ➢ “四水”转化实验 ➢ 作物生长需水实验 ➢ 灌溉排水实验 ➢ 土壤墒情监测	➢ 潜水蒸散发机理和规律 ➢ 降水入渗和土壤水分运移规律 ➢ “四水”循环转化过程 ➢ 农作物生长与大气降水、土壤水、地下水关系 ➢ 农田节水灌溉和排涝技术 ➢ 土壤墒情预报
杨楼水文站	➢ 地表径流实验 ➢ 降水、蒸发、地下水水位等常规水文要素观测	➢ 黄泛区降水径流关系 ➢ 淮北平原北部长系列水文气象要素演变规律

(1) 五道沟水文水资源实验站

五道沟水文水资源实验站是淮北平原区大型综合实验站，地处东经 117°21′，北纬 33°09′，位于安徽省蚌埠市新马桥原种场境内，紧邻京沪铁路和蚌埠—徐州公路。实验站始建于 1953 年，几经扩建，1989 年建成为淮北平原水文水资源综合实验研究基地；1998 年成为安徽省水利水资源重点实验室的主要组成部分；2003 年 5 月水利部水文局批准该站成为水利部淮委水文局共建共管水文水资源实验站；2004 年 10 月成为河海大学国家水资源开发重点实验室五道沟野外实验基地；2007 年 5 月成为河海大学水文水资源与水利工程科学国家重点实验室实验研究基地；2007 年 8 月成为武汉大学水文水资源与水电工程科学国家重点实验室实验研究基地。

五道沟水文资源实验站经过 50 多年的发展，目前拥有了较先进的实验设施设备，具备了较强的科研实力。该站系统刊布了 50 多年来安徽省淮北坡水区观测实验资料年鉴，开发完成了实验资料数据库。近 20 年来，先后取得 20 余项获奖成果、发表 300 余篇学术论文及出版多部专著。这些成果在淮北及类似地区的农业、水利、能源、交通、教学、科研等国民经济部门得到了广泛应用，社会效益显著，为我国水利事业及工农业生产发展做出了积极的贡献。

(2) 杨楼水文站

杨楼水文站于 1966 年设立，原流域面积为 153 km^2。1968 年撤销，1972 年恢复水位、雨量观测，1973 年开始测流，同年 10 月又进行了详细的流域调查，集水面积为 152 km^2。该站是为探求淮北平原黄泛砂土区小面积暴雨径流关系而设立的实验站，测验断面位于萧县杨楼镇境内 310 国道南 330 m 处利民沟上。测验河道利民沟起源于砀山县唐寨镇定国寺附近，流经萧县新庄、黄口、闫集、杨楼四乡镇，于马井镇汇入沙河，源头至测验断面总长度约 28 km。

目前该站观测项目有水位、流量、降水量、蒸发(E601)、地下水水位、地下水温以及墒情，流域内有 9 个配套自记雨量站，2 个自动传报雨量站、9 个逐日地下水水位观测站、2 个自记地下水水位观测站、1 个地下水温观测站、1 个墒情监测点，有近 40 年完整的观测资料。辅助实验研究项目有作物生态、适宜降水范围、土壤水消退规律、渗透系数、抽水实验和土壤墒情监测预报等。

3. 数学模型开发

本研究开发了“四水”转化水循环模拟、土壤墒情预报、水资源多目标立体调蓄模型和水资源优化配置共 4 类 5 个模型(其中部分模型为在已有模型上改进而成)，形成了较为完整的数学模型系统，如表 1.4.2 所示。

表 1.4.2 研发和使用的主要数学模型

模型类型	模型名称	主要功能	应用区域
水循环模拟	“四水”转化水文模型	计算有/无作物生长条件下潜水蒸发量	淮北平原
水资源多目标立体调蓄模型	考虑沟洫蓄排调节下的浅层地下水动态垂向调节模型	计算浅层地下水安全开采阈值	淮北平原区
干旱评估模型	淮北平原土壤墒情预报模型	土壤墒情预报	淮北平原农业区
工程参数计算	平原区排涝水文计算模型	计算排涝模数	淮北平原农业区
水资源优化配置模型	灌区水资源优化配置模型	优化水资源配置方案	淮北平原农业区

4. 学术交流研讨

为了促进研究顺利推进，保障成果的科学性和合理性，加强研究组内部、项目内部以及与其他相关研究人员的学术交流，共组织和参加各类学术会议 14 次，其中包括项目学术会议 9 次、各类相关国际国内学术会议 5 次，详见表 1.4.3。

表 1.4.3 主要会议列表

会议类型	会议名称	会议时间地点	主要交流内容
项目学术会议	成果大纲研讨会	2011年6月,蚌埠市	明确任务、目标
	实验安排研讨会	2011年12月,合肥市	实验成果整理与后续安排
	阶段成果研讨会1	2012年6月,蚌埠市	实验与模型初步成果讨论
	阶段成果研讨会2	2012年12月,合肥市	针对专家意见与已有成果,讨论后期研究方向与计划
	成果咨询会	2013年6月,蚌埠市	中期成果咨询
	阶段成果总结会1	2013年9月,合肥市	针对专家意见与已有成果,讨论后期研究方向与计划
	阶段成果研讨会3	2014年12月,蚌埠市	总结成果,各方向汇报,说明问题
	成果报告研讨会	2015年4月,合肥市	讨论成果提纲,分配各方向撰写任务
	成果报告总结会	2016年1月,蚌埠市	成果凝练与讨论
国际、国内学术交流会议	2012现代水利工程国际学术会议	2012年3月,南京市	交流农田排蓄技术成果
	中国水利学会2012学术年会	2012年11月,武汉市	交流"四水"转化成果
	第7届水科学发展论坛	2013年4月,合肥市	交流农作物生长需水成果
	水利部第十届国际水利先进技术(产品)推介会	2013年4月,北京市	交流大沟蓄水控制技术
	第35届国际水利学大会	2013年9月,成都市	交流农田水资源调蓄技术成果

1.4.2 研究投入情况

1. 人员投入情况

参与本研究的人员包括正高级工程师6名、副高级工程师12名、工程师18名、博士6人、硕士10人,共计49人,累计投入约3000人·月,具体人员投入如表1.4.4所示。

表 1.4.4 人员投入情况汇总表

职 称	正高级	副高级	工程师	博士生	硕士生	合 计
人数(人)	6	12	18	6	10	49

2. 资金投入情况

本研究总经费 1 851 万元人民币,各相关项目经费明细见表 1.4.5。

表 1.4.5 资金投入情况汇总表

项 目 名 称	承 担 单 位	研究经费(万元)
淮北平原浅层地下水高效利用与调控关键技术研究	安徽省(水利部淮委)水利科学研究院	110
我国旱涝事件集合应对战略	中国水利水电科学研究院	220
土壤墒情多源信息综合与预测预警示范研究	水利部、交通运输部、国家能源局、南京水利科学研究院	384
水资源管理考核生活生态用水量指标核算	水利部、交通运输部、国家能源局、南京水利科学研究院	285
地下水取水工程建设运行管理技术要求	水利部、交通运输部、国家能源局、南京水利科学研究院	200
淮河流域旱涝综合治理关键技术研究	淮委水文局、安徽省(水利部淮委)水利科学研究院	284
淮北地区地下水安全开采量研究	安徽省(水利部淮委)水利科学研究院、河海大学	168
安徽省利用世界银行贷款加强灌溉农业综合研究	安徽省(水利部淮委)水利科学研究院	200
合计		1 851

3. 支撑平台投入情况

研究中开展了大量的野外实验、工程控制实验、数值模型实验等,课题承担单位和合作单位投入了大量实验设备和人员,依托安徽省水利水资源重点实验室、中国水科院流域水循环模拟与调控国家重点实验室等支撑平台开展研究,详见表 1.4.6。

表 1.4.6　支撑平台汇总表

序号	支撑平台名称	主要工作内容	对课题支撑作用
1	安徽省水利水资源重点实验室(五道沟水文水资源实验站和新马桥农水综合实验站)	开展“四水”转化实验、作物生长实验、农田排水实验、农业节水灌溉实验	为明晰不同地下水—土壤—作物组合情景下的潜水蒸发规律、确定作物生长的适宜土壤水和地下水控制阈值提供支撑
2	中国水科院流域水循环模拟与调控国家重点实验室	旱涝对湿地土壤及植被的影响实验、典型夏季作物洪涝损失实验、典型农田土壤水分运动特征及模拟	为洪涝与植被生长关系研究提供支撑
3	安徽省水文局杨楼水文站	开展黄潮土区降水入渗实验、径流实验、土壤水分运移实验	为明晰黄潮土区水循环各要素时空尺度演变规律提供支撑
4	阜阳市水利局、宿州市水利局	开展土壤墒情监测预报	为优化土壤墒情测报模型提供支撑
5	亳州市水务局、固镇县水利局、蒙城县水务局	开展农田水资源立体调蓄工程实践	为确定水资源立体调蓄工程参数和模式、检验工程效果提供支撑

1.5　主要研究成果

本研究以淮北平原区为研究对象,在五道沟水文及排水实验区,杨楼径流实验区,固镇县、蒙城县和利辛县多级闸坝蓄水实验区开展调蓄要素观测实验、调蓄要素与作物生长关系实验和立体调蓄工程布局实验。本研究在水资源及涝渍灾害演变规律与机理、水资源多目标立体调蓄模式与阈值、地表水调蓄工程方案、土壤水调蓄工程方案、地下水调蓄工程方案、典型区工程实践方面取得了一定成果。

1.5.1　淮北平原区水资源及涝渍灾害演变规律

依据水资源及涝渍治理工程特点,淮北平原区水资源开发及涝渍灾害治理经历了自然调蓄(20 世纪 60 年代以前)、排涝除渍(20 世纪 60～80 年代)、涝渍强排(20 世纪 80 年代至 2000 年)和排蓄结合(2000 年以后)4 个阶段。分析降水、地表径流与地表水资源演变、土壤水、地下水和蒸散发的时空变化特征,系统识别了淮北平原农田区水循环与水资源演变规律;通过调查历史文献资料,分析了区域主要旱涝灾害事件;基于水循环的演变规律对区域涝渍灾害演变规律进行识别。

1.5.2　淮北平原区水资源与涝渍灾害演变机理

从流域水循环系统的角度,宏观识别了区域水资源演变机理与涝灾灾害演变机理;基于长序列的实验研究,分别分析蓄水系统和排水系统的水文效应,进而明晰调蓄系统对区域水循环及涝渍过程的影响机理;通过分析基于降水、土壤水和地下水对作物生长的影响,识别了农田单元尺度上水循环及涝渍过程对农作物的影响,进而定量评价了涝渍灾害对区域典型农作物产量的影响。

1.5.3　淮北平原区水资源多目标立体调蓄模式

以农田区为对象,在“大气—地表—土壤—地下—沟渠/洼地—地下—土壤—地表—大气”闭路水循环框架指导下,基于农作物与水循环要素之间的关系以及水利工程的水文效应,结合水资源配置、调蓄工程、节水灌溉、灌溉制度优化,构建了水资源多目标立体调蓄模式,有效利用降水,充分利用地表水和土壤水,合理利用地下水,以达到健康水循环、水资源高效利用、作物增产、地下水保护、水生态与水环境改善等多项目标。

1.5.4　淮北平原区水资源立体调蓄要素关键阈值

选取了土壤水和地下水作为淮北平原区水资源立体调蓄要素,在五道沟开展长序列观测实验,基于小麦、玉米和大豆等典型作物生长与土壤水、浅层地下水水位之间的关系,以作物适宜生长为目标,提出适宜不同作物生长的土壤水含量;为满足浅层地下水的可持续利用和作物生长双重目标,基于地下水可恢复性水位进而系统确定了淮北平原浅层地下水水位关键垂向调控的安全埋深、适宜埋深、高效埋深及可持续埋深阈值。

1.5.5　淮北平原区地表水调蓄工程方案

通过分析五道沟排水区不同排水标准下暴雨后三水消退规律和不同工程标准完整排水系统连续阴雨 15 天以上地下水水位,比较大暴雨和连阴雨时不同排水工程标准的排水水文效应，给出沟距和沟长工程技术方案；基于农田降渍实验，提出了农田排涝降渍排水系统工程（包括大沟、中沟、小沟、田间沟和深墒沟）的规格与布局以及篦式、梳式、梳式、灌排两用4种布置方式的工程建设标准关键技术参数。

以蚌埠市固镇县、亳州市蒙城县及利辛县多级闸坝控制蓄水实验区为研究区域，开展河沟蓄水对地下水水位的影响及影响范围的实验研究，以及对地下水水位的回补实验研究。起到适时适度调控沟网地表水、田间土壤水及地下水水位的“三控”目的，并对调蓄工程体系对地下水的影响范围和影响程度进行定量化分析，从而确定排涝沟和降渍沟最优的空间分布格局，系统提出适应于淮北平原中南部地区的“三涝两渍三控”及适应于淮北平原北部地区的“三涝一渍三控”排蓄结合立体综合工程体系。

1.5.6　淮北平原区土壤水调蓄工程方案

通过工程与制度优化、土壤墒情预报，制定了土壤水调蓄工程方案。在灌溉工程方面，考虑水源条件、输水方式、喷头数量等条件，分别核算了不同频率水文年的单井可灌面积；在灌溉制度方面，以产量最高为目标，给出不同水文年型、不同可供灌溉水量情况下典型农作物的优化灌溉制度与经济灌溉定额；采用经验相关模型和非饱和带土壤水量平衡模型对土壤墒情进行监测与预报，为作物适宜生长提供保障。

1.5.7　淮北平原区地下水调蓄工程方案

为保持地下水的资源、生态环境和地质环境等功能，提出淮北平原水资源分区安全开采量；结合区域地下水资源开发利用演变分析成果，考虑未来人类活动的影响，对地下水开采区进行区划，评估了地下水资源开采潜力，针对开发区、保护区和保留区提出开发利用控制红线管理方案。基于此，考虑含水层富水性、单井实际出水量、作物情况、轮灌周期等，提出井灌区开采井布局建议。

1.5.8　淮北平原区立体调蓄工程实践

将水资源多目标配置模型应用到古镇县韦店灌区和亳州城北灌区，对模型灵敏度进行分析，并给出了农作物种植比例优化方案和不同典型年各时段最优供水量，合理利用地表水和地下水；将水资源立体调蓄模式应用到淝北片区、涡淝片区和涡南闸上片区，分析了调蓄工程的增蓄水量和增蓄地下水总量，给出工程建设建议；在淮北平原区尺度，评价调蓄工程在生态需水保障程度和降低区域面源污染入河负荷方面的作用。

1.5.9 其他成果

研究过程中,发表学术论文62篇,其中SCI检索论文23篇、EI检索论文10篇、核心期刊和会议论文29篇;出版论著10部;共培养博士后、博士、硕士16人;申报专利和软件著作权9项,其中实用新型专利7项、发明专利1项、软件著作权1项,均已获授权。

同时,课题主要参加人员有3人次获国家级荣誉称号,11人获得晋职,形成了一支年轻的淮北平原农田水资源调蓄研究团队。

1.6 创新特色

本成果以“长系列—高密度—不间断”的实验观测、大量长期的工程实践和具有物理机制的数值模型为支撑,系统识别了考虑涝渍水排蓄影响的淮北平原区水资源演变规律;提出了面向序贯决策的淮北平原区水资源多目标立体调蓄成套阈值体系;灵活运用“地表—土壤水—地下水”的垂直与水平运动中的天然水势差及水动力学条件,开发了淮北平原区水资源多目标立体调蓄关键技术,并对工程进行优化,取得了显著的社会经济与生态环境效益。创新性成果及特色主要包括以下三个方面。

1.6.1 考虑涝渍水排蓄影响的淮北平原区水资源演变规律

以连续60余年不间断的水文观测与多情景组合实验为关键支撑,系统识别了淮北平原区水循环各要素多时空尺度演变规律,揭示了排蓄模式及工程变化对水资源的影响;发现淮北平原水循环经历了自然调蓄(20世纪60年代以前)、排涝降渍(20世纪60～80年代)、涝渍强排(20世纪80年代至2000年)、排蓄结合(2000年以来)等4个阶段,其中,自然调蓄的水循环属多端开路模式,排涝降渍和涝渍强排阶段属单端开路模式,排蓄结合阶段属闭合网络模式;提出了多个土壤水和地下水的经验与理论公式;明晰了不同地下水—土壤—作物组合情景下的潜水蒸发规律,定量评价了4个阶段涝渍水排蓄对典型区土壤水资源和可利用地表与地下水资源量的影响。

较之国内外基于数值模拟为主的机理与规律识别,本成果在以“长序列—多站点—不间断”水文监测和大量工程实践数据为支撑的同时,充分融合了多情景下的组合实验和具有物理机制的数值模拟技术;首次诊断了不同阶段涝渍水排蓄模式及其对区域水循环与水资源的影响,并对其进行定量评价;以水循环全要素过程耦合互动为主线,深入揭示了不同水位和土壤组合情景下潜水蒸发规律。

1.6.2 面向序贯决策的淮北平原区水资源多目标立体调蓄阈值

基于淮北平原区长系列水循环要素演变规律和多情景控制实验，围绕“排蓄结合、涝为旱用、常态与极值相结合、长序列优化”等序贯决策需求，科学确定了作物生长的适宜土壤水和地下水控制阈值，进而确定了暴雨洪涝期排涝降渍埋深、沟网调节埋深；结合地下水的可恢复性特征，合理确定了砂姜黑土区和黄泛砂土区潜水蒸发临界埋深（作物对地下水利用量的极限埋深）和多年均衡最大开采深度阈值，从水循环系统的角度考虑，整体形成了淮北平原区水资源多目标立体调蓄成套阈值体系。

较之国内外以单一水文环节为主的分离式阈值研究，本成果系统地提出了地表—土壤—地下水循环多过程相协调阈值；较之国内外以作物适宜生长的土壤含水量为主的阈值研究，本成果提出了作物—土壤—地下水多情景组合条件下的调蓄阈值；较之国内外以场次排涝除渍为目标的阈值研究，本成果提出了面向短时排涝除渍和长时水资源调配相融合的阈值体系。

1.6.3 淮北平原区水资源多目标立体调蓄关键技术与工程优化

遵循淮北平原区水循环演变机理与规律，着眼于“排涝、降渍、蓄控、减排、优灌、节水、增产”多目标，提出了“大气—地表—土壤—地下—沟渠/洼地—地下—土壤—地表—大气”闭路水资源多目标立体调控模式；以淮北平原区水资源多目标立体调蓄阈值为依据，确立了“三涝两渍三控”和“三涝一渍三控”的农田沟渠排水工程体系及关键工程参数，并将其与灌溉工程与灌溉制度相融合，整体优化了农田区水资源配置方案与调蓄工程系统，实现了地表沟渠/洼地与地块单元的“线—面”结合、地表水—土壤水—地下水互动转化的立体调蓄；充分利用了农田区地表—土壤水—地下水的垂直与水平运动中的天然水势差及水动力学条件，整体实现了涝渍水的“自然汇集、科学调蓄、自动补用”。

工程实践全面证实，本成果提出的调蓄模式与工程方案，增强了区域水循环的调蓄能力，充分实现了涝渍水的资源化利用、缓解了干旱缺水影响；构建和修复了区域闭路水循环系统，维系了区域水循环的健康；通过沟渠与洼地/河道联通，增强了地表生态需水的保障程度，促进了区域水生态的改善；通过涝渍水的排蓄与回补利用，大幅度降低了区域面源污染入河负荷，充分发挥了沟网对污染物的自然净化作用，改善了区域水环境。

较之国内外相关以水文要素环节为对象的调节，本成果实现了区域水循环的立体调蓄；较之国内外以场次排涝除渍为核心任务的研究，本成果充分实现了涝渍水的资源化;较之国内外以水量为主的单目标调蓄模式,本成果实现了地表—土壤—地下多过程、水量—水质—水生态多目标、短时调节与长时调配的融合;较之国内外以抽蓄等人为力为主的调节,本成果充分利用了自然力,大大降低了运行成本。

本成果技术思路—主要成果—生命周期关系见图 1.6.1。

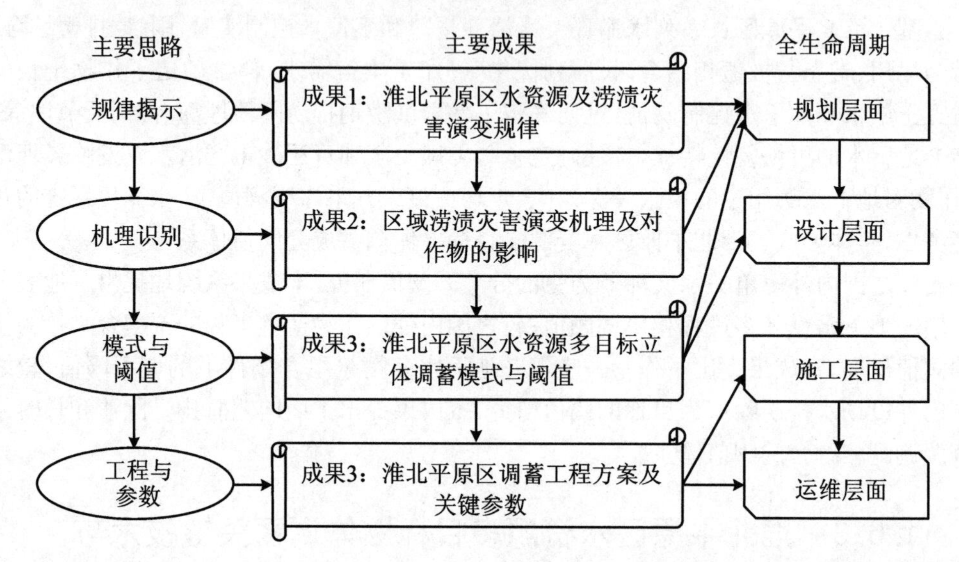

图 1.6.1 技术思路—主要成果—生命周期关系图

第 2 章 淮北平原区域概况与水资源及涝渍灾害问题

2.1 自然地理概况

2.1.1 地理位置

本研究以安徽省淮北平原地区及江苏省淮北平原地区为主要对象(图 2.1.1)。其中,安徽省淮北平原地区(简称安徽淮北平原)地处安徽省北部,位于东经 114°55′～118°10′,北纬 32°25′～34°35′,东接江苏省,南临淮河,西与河南省毗邻,北与山东省接

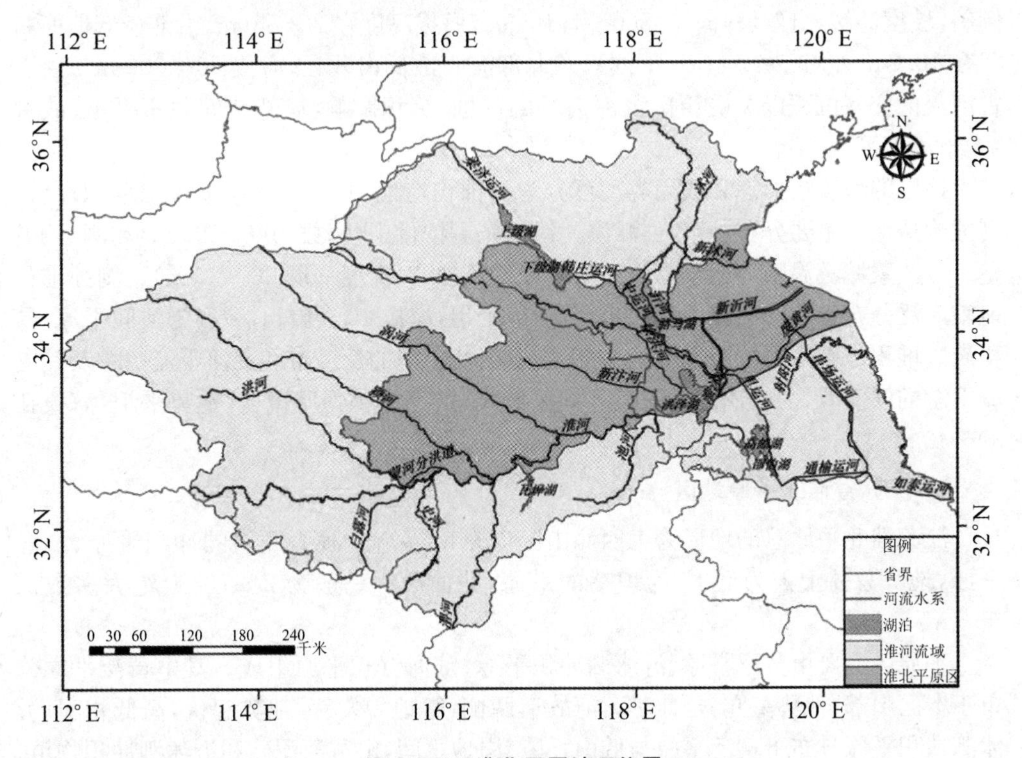

图 2.1.1 淮北平原地理位置

壤，包括阜阳市、宿州市、淮北市、淮南市、蚌埠市、亳州市 6 个市 27 个县(区)，全区总面积 37 437 km^2，其中平原区面积 36 694 km^2、占总面积的 98%，山丘区面积 743 km^2、占总面积的 2%。

江苏省淮北平原地区(简称江苏淮北平原)所指是江苏省苏北总干渠以北的地区，大致位于东经 116°～120°，北纬 33°～35°之间，其北临山东省，西接安徽省，东部是黄海，包括徐州市、连云港市、宿迁市全部和淮安市、盐城市的局部，略小于行政区划上的苏北，全区总面积35 415 km^2。

2.1.2　地质地貌

2.1.2.1　地形地貌

淮北平原地形大体由西向东倾斜，除北部分布有零散山丘以外，多为平原和洼地(图 2.1.2)。接下来将具体描述两个区域的地形地貌特征。

1. 安徽省淮北平原地区

安徽淮北平原除东北边缘及局部分布有低山残丘外，其余绝大部分地区属洪冲积平原，在南部沿淮地带，分布有河间洼地，系黄淮海平原的一部分，地势由西北向东南倾斜，坡度甚缓，自然坡降 1/7 500～1/10 000，海拔高度在 20～40 m，沿淮最低地面高程在 10.0 m 左右(黄海基面，下同)；东北部有零散低山残丘，海拔 50～300 m。由于古河流的交互沉积以及受历次黄河南泛的侵蚀、沉积影响，局部地面并不平整，故有“大平小不平”的特点。

该区的地貌按形态和成因类型可分为剥蚀构造地貌、剥蚀堆积地貌和堆积地貌。剥蚀构造地貌主要分布于萧县、濉溪一线以东剥蚀低山(海拔 100～300 m)和泗县、灵璧、怀远、蒙城及涡阳等地零星分布的剥蚀残丘(相对高度一般 20～30 m)。剥蚀堆积地貌广泛分布于淮北平原中部和南部，地势平坦，海拔 10～40 m，一般为河间平原，易积涝。堆积地貌主要分布在本区北部、主要河流沿岸的泛滥带和淮河干流中游及其支流下游的河漫滩，为近代黄河泛滥沉积区域，被黄泛冲积物所覆盖，地势平坦，海拔在 30～40 m。

2. 江苏省淮北平原地区

江苏淮北平原总的地形为由西北山区向东南逐渐过渡为倾斜的冲积平原、滨海平原，地势总体上极为低平，为坦荡的平原，地面高程一般为 2～10 m，绝大多数低于 5 m。

平原区主要由黄泛平原、沂沭泗冲积平原、滨海沉积平原组成。其中黄泛平原分布于本区中部，地势高亢，延伸于黄河故道两侧，微地貌发育，地势起伏，高低相间；沂沭泗冲积平原分布于黄泛平原与低山丘陵、岗地之间，由黄河泥砂和沂沭泗冲积物填

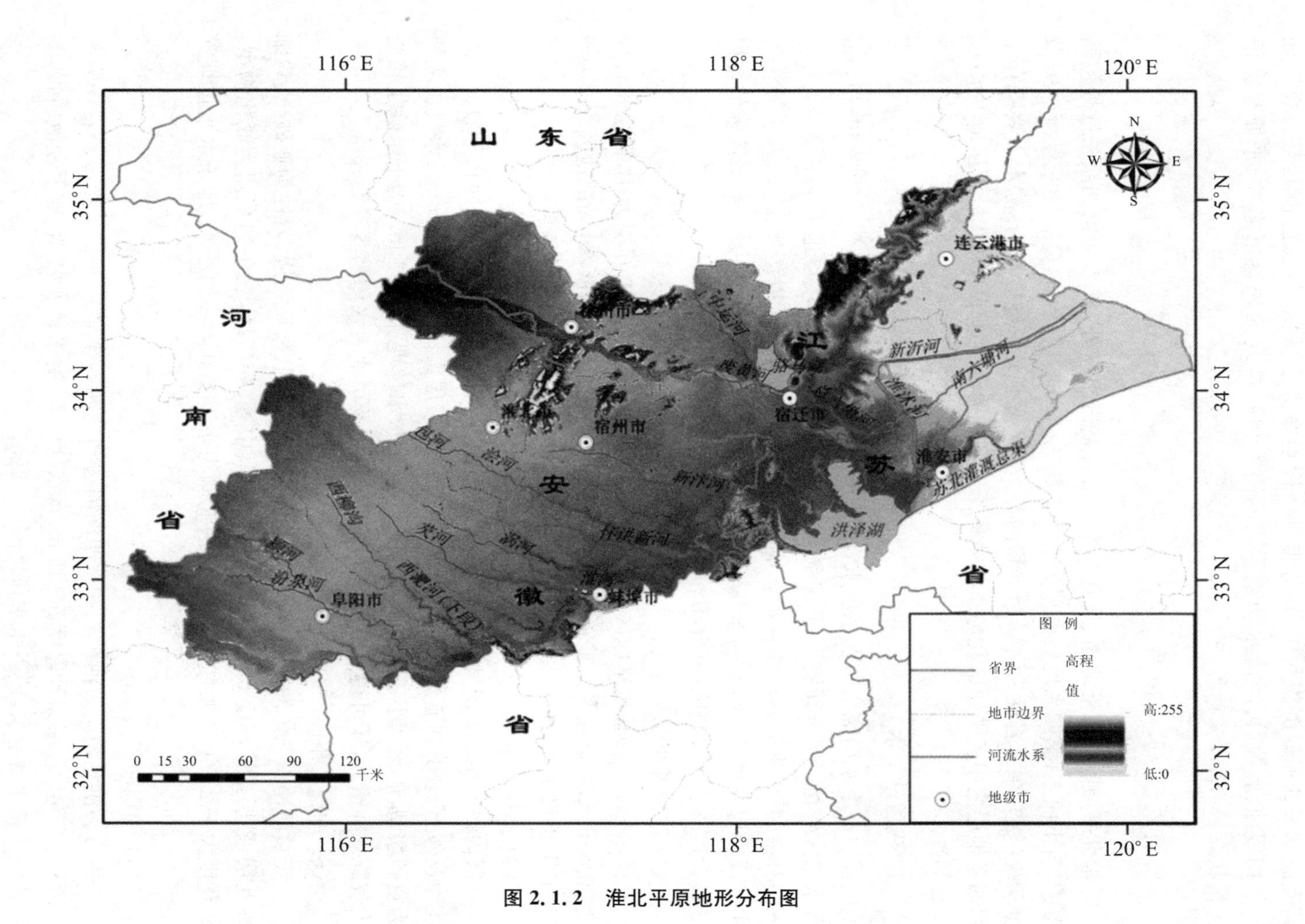

图 2.1.2　淮北平原地形分布图

积原来的湖荡形成，地势低平；滨海沉积平原分布于东部沿海一线，由黄河和淮河及其支流携带的泥砂沉积而成，地势低平。岗地多界于低山丘陵之外围，是古夷平面经长期侵蚀、剥蚀，再经流水切割形成的岗谷相间排列的地貌形态，其平原呈波浪起伏状。

2.1.2.2 水文地质

淮北平原除北部淮北市、萧县和徐州市有基岩出露外，基本为第四系松散地层所覆盖，自下而上，第四系地层可划分为下更新统(Q_1)、中更新统(Q_2)、上更新统(Q_3)及全新统(Q_4)，主要岩性为河湖相沉积的黏土、亚黏土夹粉细砂层，孔隙水主要赋存于第四系地层之中。平原区孔隙水按埋藏深度可分为浅层地下水和深层承压地下水(图2.1.3)。

1. 浅层地下水

浅层地下水属潜水—弱承压水，广泛分布于平原地区，底板埋深一般为40～60 m，含水层大致相当于全新统、上更新统及部分中更新统地层。浅层地下水主要接受降水入渗补给，其次是地表水体补给。地下径流缓慢，排泄方式以潜水蒸发、人工开采为主。浅层地下水富水特征与全新世古河道带的分布发育密切相关。富水性强的地段分布于古河道发育地区，其分布和现代河流方向大体一致。

(1) 山前冲洪积平原

铜山—宿迁冲积扇平原区，岩性以亚黏土、亚砂土、粉砂土互层为主，砂层累计厚度10～25 m，水资源多为重碳酸型，矿化度0.5～1.0 g/L的淡水，局部地区为2.0～5.0 g/L的微咸水，地下水水位埋深2～6 m。

(2) 冲积扇平原区

区内按冲积物来源共分为黄淮、淮河上游、洪泽湖周边地区3个冲积平原区。岩性为亚砂土、裂隙状亚黏土、亚砂土亚黏土互层，砂层累计厚度5～15 m。水资源主要为重碳酸型，矿化度小于2.0 g/L的淡水，地下水水位埋深1～4 m。地下水除了接受大气降水补给外，还可得到淮河等地表水体侧渗及引地表水体灌溉渗漏补给。

(3) 冲积三角洲平原区

废黄河冲积三角洲平原区位于连云港、淮安、建湖、盐城一线，岩性为亚砂土、粉细砂互层，砂层累计厚度5～15 m，富水性分富、中等、弱三级，三角洲东侧为氯化物型，矿化度大于2 g/L的微咸水，三角洲南北侧为小于2.0 g/L的淡水，地下水水位埋深小于1～2 m。

(4) 湖积冲积平原区

可分为洪泽湖周边河湖相和南四湖周边河湖相两个湖积冲积平原区。岩性为黏土亚黏土互层，砂层累计厚度5～15 m，富水性中等，潜水蒸发强烈，地下径流缓慢，为重碳酸—氯化物型水，地下水水位埋深1～2 m。

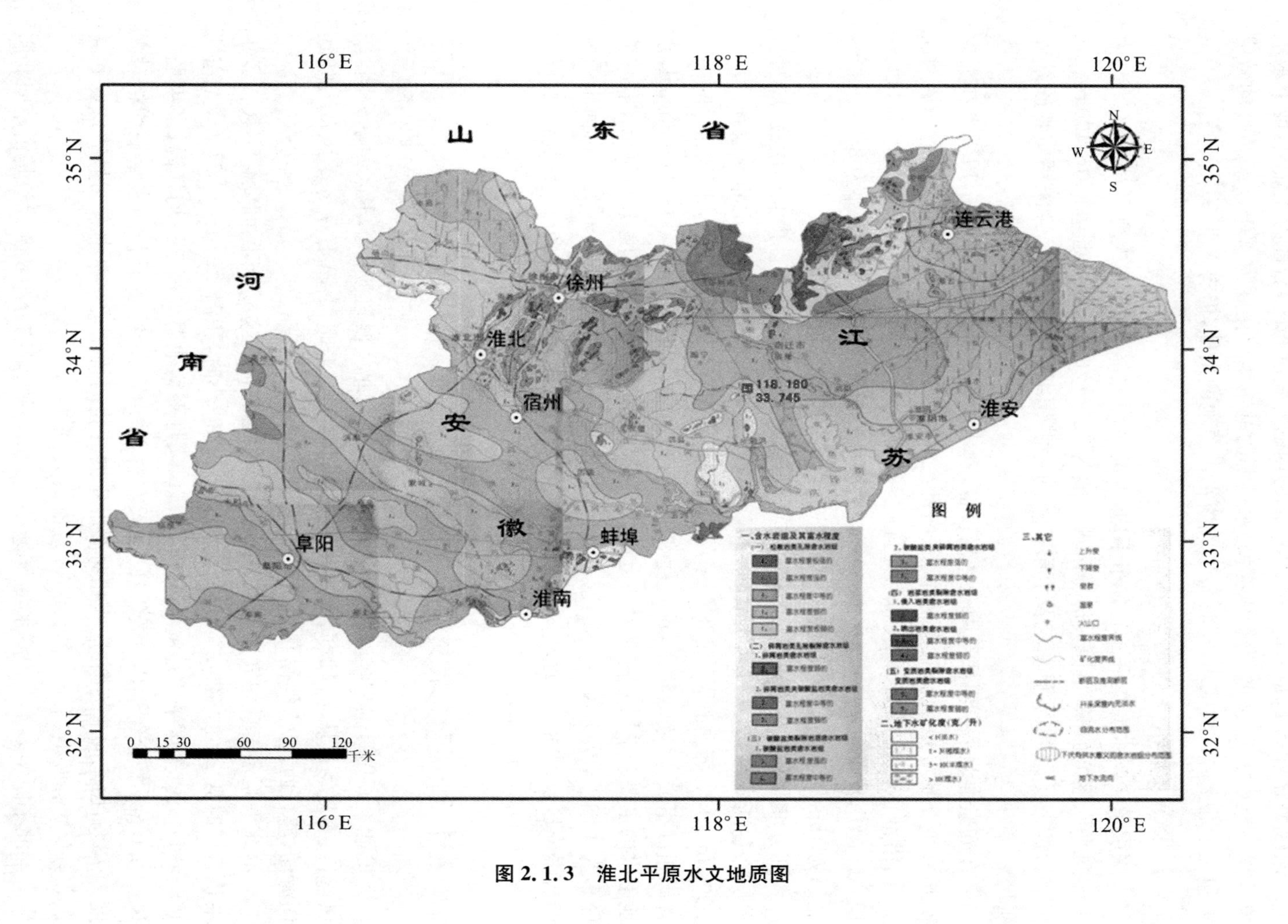

图 2.1.3　淮北平原水文地质图

(5) 沿海海积平原区

该区为分布于江苏沿海 5～22 km 范围内的海相沉积区，岩性为亚黏土，地下水水位埋深一般小于 1～2 m，为氯化物型，水资源为基本为矿化度为 2.0～5.0 g/L 的微咸水和大于 5.0 g/L 的咸水，不具备形成淡水水源地的条件，但有工业开采价值。

2. 深层承压水

深层承压含水层在平面上分布不均，淮北平原北部、南部底板埋深 60～100 m，由山前向平原逐渐加深，平原大部分区域一般为 120～260 m，局部可达 350～400 m。含水层岩性主要为中、下更新统及上第三系的冲洪积细砂、中粗砂及含泥钙质半胶结砂砾层。

在安徽淮北平原西部阜阳—亳州一带，含水层数多而厚，埋深 65 m 以下者在大规模开采前一般均可自流；在东部宿州、南部沿淮南—蚌埠一带，含水层少而薄。从剖面上看，沿淮区域 50～150 m 深度内砂层厚度为多大于 40 m，富水程度为 500～1 500 m^3/d，局部可达 1 600～3 000 m^3/d；150 m 以深的砂层厚度南部为 38～169 m，北部为 15～85 m，富水程度在 100～1 800 m^3/d 之间。

江苏淮北平原宿迁—泗阳一带，主要由河湖沉积物组成，岩性由北向南逐渐增粗，砂层亦逐渐变厚；富水性沿废黄河一线相对较弱，向南逐渐变大，北部一般在 100～1 000 m^3/d，南部一般大于 1 000 m^3/d。在泗洪—盱眙一带为冲湖积相沉积的细中砂，含砾粗砂组成，呈松散状态，透水性和富水性较好，富水程度为 2 000～3 000 m^3/d，是地下水的主要开采层。古河道区上游为含砾中粗砂、中细砂，厚度 15～30 m，下游地区多为中细砂，厚度 10～20 m，富水性好，富水程度一般大于 2 000 m^3/d。古河床两侧的边漫滩区及河间泛滥地块，一般以细砂、粉细砂为主，厚度 10～20 m 不等，富水程度为 500～1 000 m^3/d。

2.1.3 气候水文

淮北平原属暖温带半湿润季风气候区，地处南北气候过渡带。本区四季分明，季风盛行，春夏季风从海洋吹向大陆，盛行东南风，气候温暖而湿润；秋冬季风从大陆吹向海洋，盛行西北风，气候寒冷而干燥。

淮北平原多年平均气温为 13.5～14.9 ℃，自南向北递减，年际间变化不大。多年平均日照时数 2 200～2 425 小时，全区平均 2 330 小时，积温 4 580～4 867 ℃，无霜期 195～217 天。全区平均地温 16～18 ℃，且年、月平均地温均高于平均气温，多年平均风速 3.0 m/s。全年干热风天气在 20 天左右，多出现在 4～6 月份。多年平均相对湿度为 73%，由南向北逐渐减少，相对湿度年内变化的特点是一年中有明显的低点和高点，5～6 月份最小，平均 65%，7～8 月份最大，平均 80%。

淮北平原年多年平均降水量 800～950 mm，降水量的分布状况大致是由南向北递减，山区多于平原，沿海大于内陆。降水量年际变化较大，最大年雨量是最小年雨量的

3～4倍。降水量的年内分布极不均衡，汛期(6～9月)降水量占年降水量的50%～80%。多年平均水面蒸发量为900～1 200 mm。

淮河发源于河南桐柏山，由安徽省西北部流入，其流经安徽省的干流长度为430 km。淮北平原河流均属于淮河水系，从西北往东南流入淮河及洪泽湖。主要自然河道有洪河、谷河、颍河、西淝河、茨河、涡河、北淝河、澥河、浍河、沱河、濉河等。新中国成立后开挖了不少人工行洪河道，大型的有新汴河、茨淮新河和怀洪新河等，兼具灌溉、航运的功能(图2.1.4)。

安徽淮北平原河道径流多为雨成径流，年径流的时空变化具有年内分配集中、年际变化大的特点，其年内分配不均的程度更甚于降水，即6～9月份的径流量占年径流量的70%左右，年最低值一般出现在1、2月份，最大值一般出现在7、8月份。主要体现在最大与最小径流量倍比悬殊、年径流变差系数C_V大和丰枯变化频繁等特点。

江苏省淮北平原大部分地方河道纵横，淮河自南部而过，京杭运河纵贯南北，沂沭河交会于与此，南四湖、骆马湖、洪泽湖等分布其间。

依地势和主要河流的分布状况，江苏省淮北平原地区有淮河下游、沂沭泗两大大水系，其中通扬运河及仪六丘陵山区以北属淮河流域，面积6.34万km^2，废黄河以北属于沂沭泗水系，面积2.58万km^2，其诸多河流发源于山东沂蒙山区，沿倾斜之地势进入省境，主要河流有沂河、沭河、新沂河、新沭河等，废黄河以南有淮河、苏北灌溉总渠等。

2.1.4　土壤植被

1. 土壤类型

淮北平原是一片广大的冲积平原，地势平坦，地下水水位高，由于人类活动和近代黄河泛滥对古老的平原土壤进行的覆盖和侵蚀，土壤类型较复杂。其中，安徽淮北平原北部主要为黄潮土，系由河流沉积物和近代黄泛沉积物发育而成，多数质地疏松，肥力较差，并在其间零星分布着小面积的盐化潮土和盐碱土；中、南部主要为砂姜黑土(淮河流域平原地区分布较广的一种古老的耕种土壤)，其次为黄潮土、棕潮土；江苏淮北平原地区水网区为水稻土，系由第四纪湖相沉积层组成，土壤肥沃；东部的滨海平原多为滨海盐土(图2.1.5)。在以上的各类土壤中，以黄潮土分布最广，其次是砂姜黑土、水稻土。

2. 植被类型

淮北平原以旱作物、果树园和经济林为主。其中，两年三熟或一年两熟旱作和落叶果树园面积所占比例为86.66%，一年两熟水旱粮食作物、果树园和经济林所占面积比例为12.07%，两种类型共占区域总面积的98.74%(图2.1.6)。

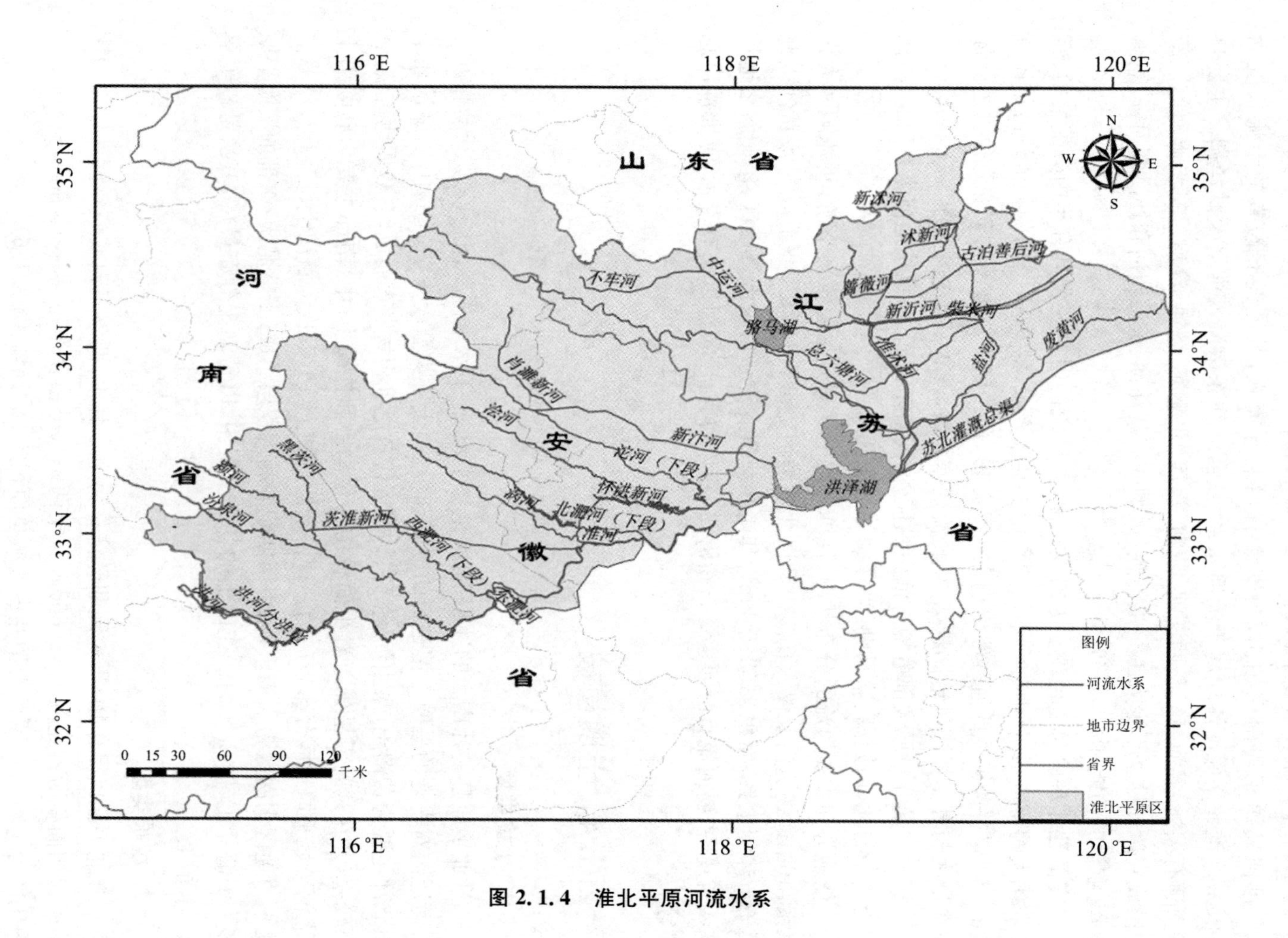

图 2.1.4 淮北平原河流水系

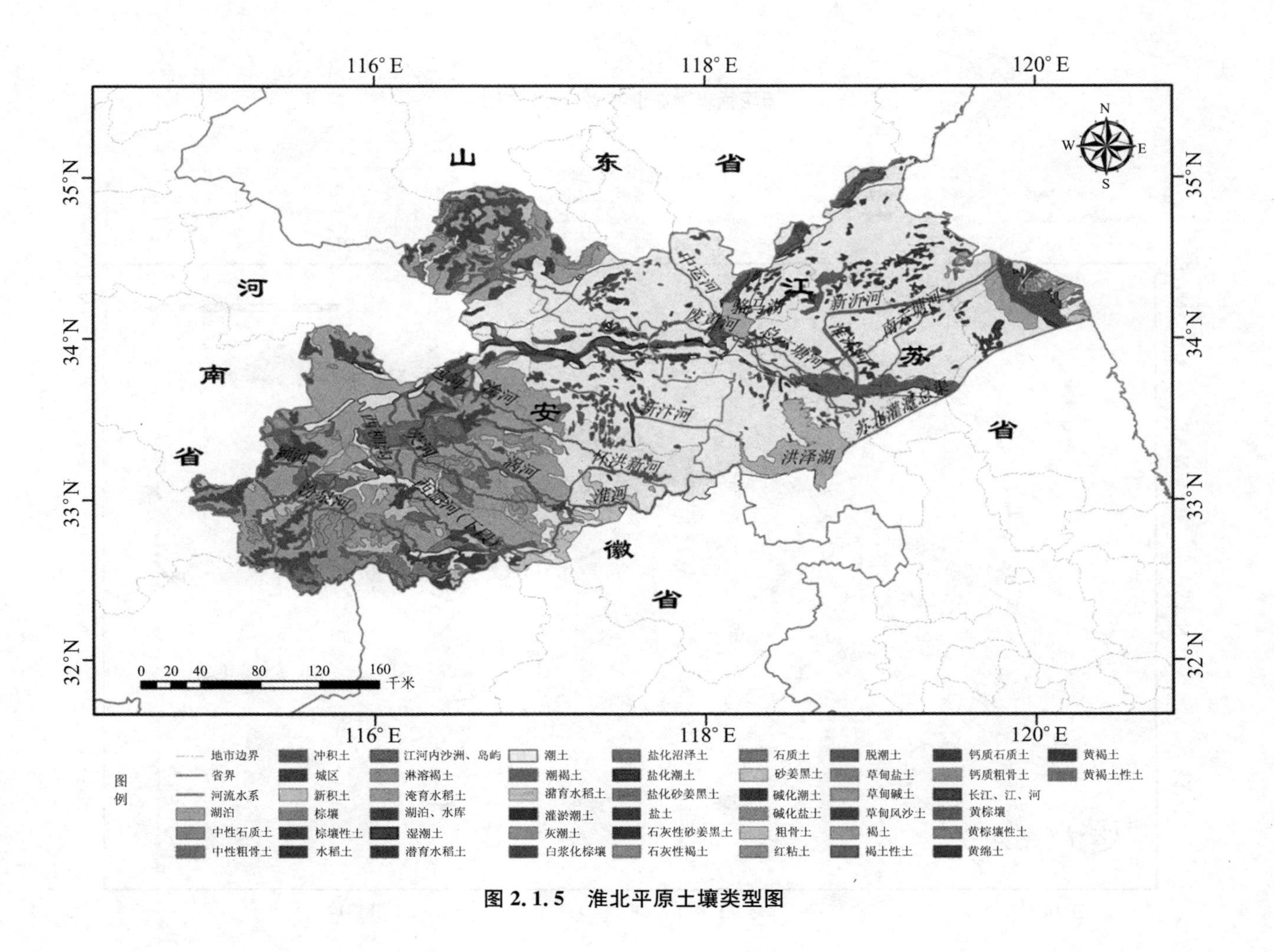

图 2.1.5　淮北平原土壤类型图

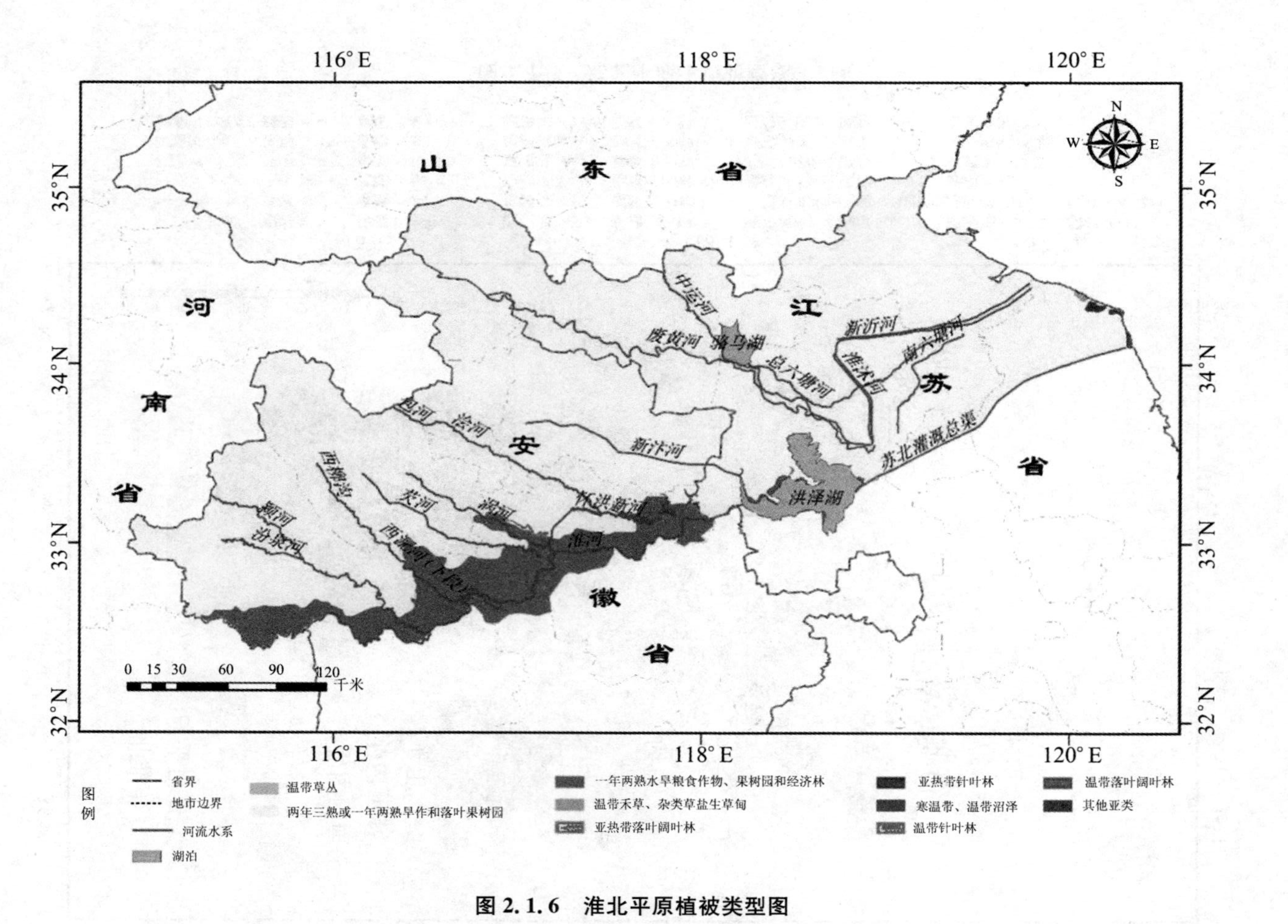

图 2.1.6 淮北平原植被类型图

淮北平原区地处暖温带的南缘，光、热、水等条件较好，适于农业的综合发展。作物布局以旱作物为主，有小麦、玉米、大豆、花生、棉花和油菜等，在沿淮地区、淮河下游水网地区、南四湖湖滨地区、中运河及新沂河沿岸地区都有大面积的水稻种植区。作物耕作制度多为两年三熟，也有较大部分为一年两熟和三年五熟，远田薄地多实行一年一熟，复种指数 180%左右。

2.2　社会经济概况

2.2.1　行政分区

淮北平原跨越安徽省和江苏省，包括阜阳、亳州、淮北、宿州、淮南、蚌埠、徐州、宿迁、淮安、盐城和连云港等 11 个地级市，51 个县级行政区(图 2.2.1)。

2.2.2　人口与 GDP

淮北平原人口约 0.58 亿人，约占全国人口总数的 4.2%，全区人口密度为 638 人/km^2，是全国平均人口密度(140 人/km^2)的 4.5 倍。

淮北平原位于我国东部，区位优势明显，不仅是淮河流域人口、农业和城镇密集地区，在全国经济发展格局中具有十分重要的战略地位。淮北平原拥有丰富的煤炭资源，是我国重要的火电能源中心和华东地区主要的煤炭供应基地。同时，淮北平原拥有丰富的农副产品和渔业等资源。工业以煤炭、电力、食品、轻纺、医药等工业为主，近年来化工、化纤、电子、建材、机械制造等轻、重及乡村工业也有了较大发展。2014 年，淮北平原区域国内生产总值(GDP)约 20 606 亿元(人民币，全书同)，占全国 GDP(2014 年全国国内生产总值 397 983 亿元)的 5.2%，人均 GDP 约 3.51 万元。

2.2.3　产业结构及农业生产

近年来，淮北平原地区经济发展较快，GDP 年均(2010～2014 年)增长率为 14.6%。2014 年淮北平原地区国内生产总值(GDP)约 14 836 亿元，占全国 GDP(2014 年全国国内生产总值 397 983 亿元)的 3.7%，其中，第一、第二、第三产业增加值分别为 2 088 亿元、6 980 亿元和 5 768 亿元，所占的比例分别为 14.1%、47.0%和 38.9%(图 2.2.2)。

2014 年，人均 GDP 为 30 754 元，低于同期全国人均 46 629 元的水平，人均 GDP 各地区差异大，江苏省普遍高于安徽省，徐州市人均 GDP 最高，为 50 850 元，阜阳市

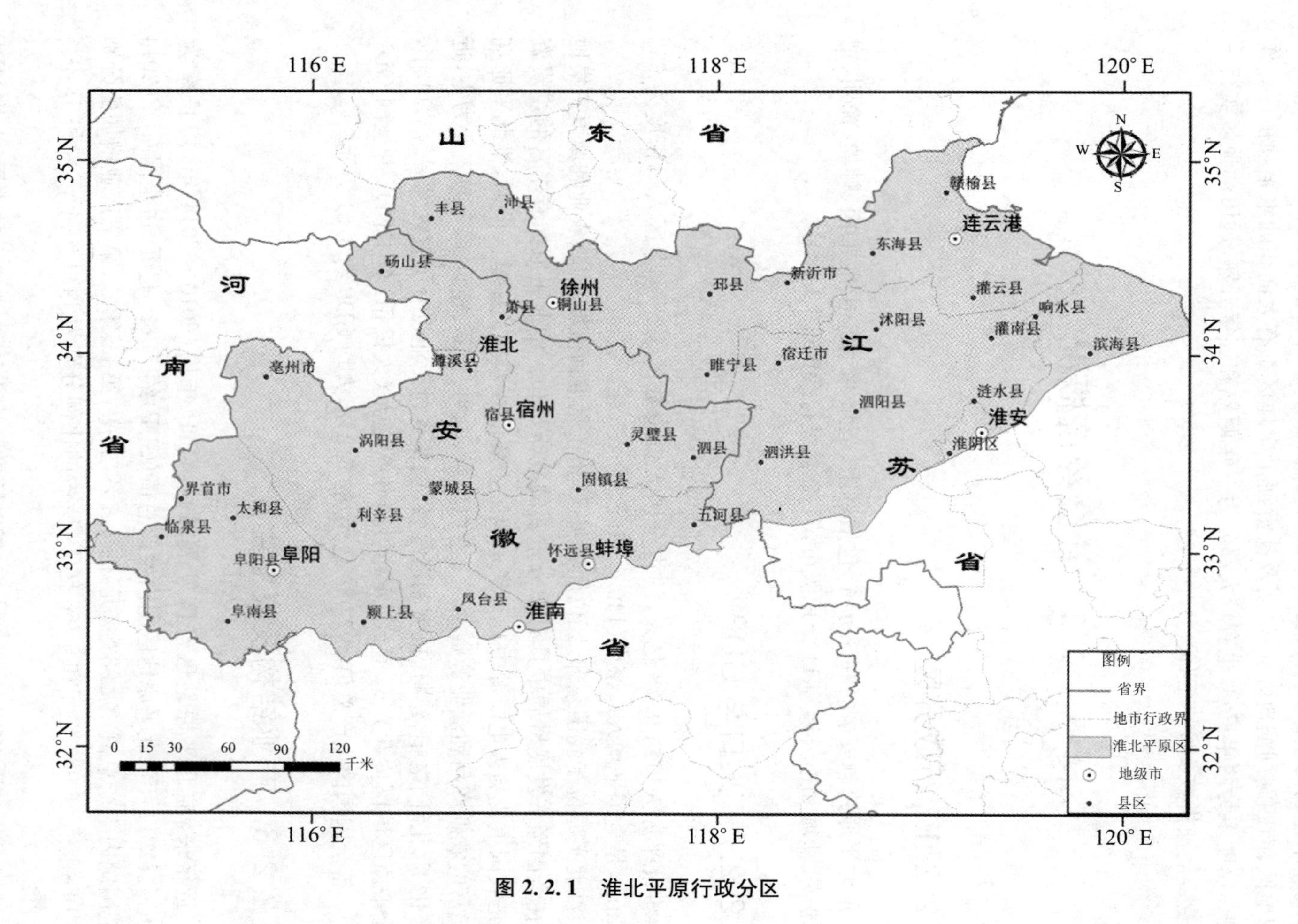

图 2.2.1 淮北平原行政分区

人均 GDP 最低为 13 763 元。

淮北平原的气候、土地、水资源等条件较优越，适宜于发展农业生产，是我国主要农业生产基地和重要的粮、棉、油主产区之一。农作物分夏、秋两季，夏季主要种植小麦、油菜，秋季种植水稻、玉米、薯类、大豆、棉花、花生等。2014 年全区粮食播种面积 8 431万亩（1 亩＝666.67 m^2），约占全国粮食播种面积的 5.0％，粮食总产量约为 3 298 万吨，约占全国粮食年产量的 5.4％，棉花产量 12.2 万吨，油料产量 95.8 万吨。

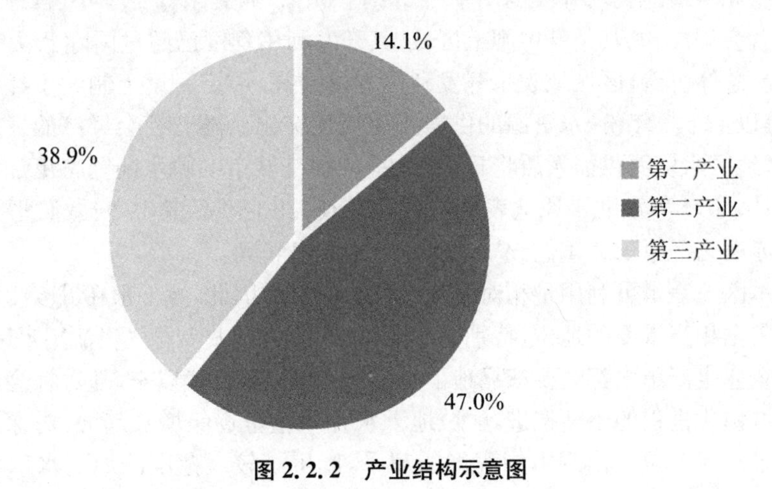

图 2.2.2　产业结构示意图

2.3　区域水资源状况及涝渍问题

2.3.1　区域水资源状况

1. 地表水资源

淮北平原降水的地区分布差异较大，趋势基本与同期降水均值等值线相一致，由东南向北、西北方向减少。淮北平原多年平均降水量 912.4 mm，多年平均地表水资源量约 161.74 亿 m^3，折合年径流深 224.3 mm。其中安徽淮北平原地表水资源量 79.70 亿 m^3，折合年径流深 217.2 mm；江苏淮北平原地表水资源量 82.04 亿 m^3，折合年径流深 231.7 mm。

2. 地下水资源

淮北平原区地下水资源比较丰富，大部分地区浅层地下水水位埋深一般为 1～5 m，其中南部沿淮地区为 1～2.5 m，中部地区为 3.5 m 左右，北部黄泛区为 4～7 m，淮北平原多年平均地下水资源量约为 128.46 亿 m^3，其中安徽淮北平原地下水资源量约为

62.32 亿 m^3,江苏淮北平原地下水资源量约为 66.14 亿 m^3。

3. 开发利用情况

淮北平原降水时空分布不均,年际变幅大,难以充分利用。淮河干、支流上游有不定量的过境水,但年际、年内分配极不均匀,且与当地径流丰枯情况基本同步。从工程条件看,本区域大部分为平原区,缺乏大型蓄水条件,使地表水和过境水的利用受到限制。淮北平原当地地表水开发利用率为 30%～50%,遇到中等干旱年份,地表水开发利用程度就会偏高,尤其是蚌埠闸上区域,其开发利用程度已超过国际公认的 40%的合理限度。总体上看,区域地表水开发利用程度过高,一定程度上制约了经济社会的发展,中等以上干旱年份,水资源的供需矛盾更加突出。随着社会经济的发展和人口增长,这些地区水资源供需矛盾将日趋尖锐,特别是城市的缺水问题将更加突出。根据调查统计,2014 年淮北平原地表水供水量约 156.9 亿 m^3,其中,安徽淮北平原 34.5 亿 m^3,江苏淮北平原 122.4 亿 m^3,大部分用于农田灌溉。

由于本区地表水可利用量相对不足,且污染较重,因此,地下水在城乡生活和工农业生产中占据相当重要的地位,特别是在安徽淮北平原,城乡居民生活用水、公共用水以及工矿企业生产用水都主要依靠地下水。20 世纪 70 年代以来,随着社会经济的快速发展和城镇化进程的不断推进,区域地下水开采量呈逐年增长趋势,对深层地下水的过量开采使多个城市出现不同程度的超采,产生了较大范围的地下水水位降落漏斗,阜阳、淮北、亳州等严重超采城市还引发了地面沉降等环境地质问题。根据调查统计,2014 年淮北平原地下水供水量约 33.1 亿 m^3,其中,安徽淮北平原 26.9 亿 m^3,江苏淮北平原 6.2 亿 m^3,大部分为浅层地下水。

2.3.2 涝渍问题

1. 易涝(渍)面积大,危害程度高,发生概率高

据统计资料分析,淮北平原易涝面积有 173 万 hm^2,占该区耕地面积的 83.1%。多年平均受灾面积 55 万 hm^2,约占该区耕地面积的 1/4,占全省受涝灾面积的 78.5%,受灾面积大。受灾面积占该区耕地面积大于 40%、25%和 12%的概率分别为七年两遇、五年两遇和三年两遇。

2. 涝渍与干旱经常表现为旱涝(渍)同季,旱涝(渍)交替

据对 32 个干旱年份的统计,旱涝交错发生的年份有 20 年,出现概率约三年两遇,1949～1952 年多为大水年,而 1953 年则是成灾面积约 80 万 hm^2 的大旱年;1954～1957 年主要是涝灾,1958～1962 年又多为旱年,接着 1963～1965 年又连续洪涝;1976～1978 年均为旱年,1979～1984 年多为涝年,而 1985～1988 年又多偏旱;1991 年夏季发生大水,而当年秋、冬季和 1992 年又出现严重干旱;1994 年为特旱年份,1996～1998 年又多偏涝,接着 1999 年又是一个大旱年。淮北地区水旱灾害不仅十分频繁,而且交替发生。年际间连旱连涝、旱涝交错；一年之内先旱后涝或先涝后旱、旱涝并存的现象也比较普遍，只是灾害程度不同而已。

3. 涝渍发生集中

涝渍发生的时间多在汛期6～9月，尤其是在汛期连续集中降水及连阴雨过程中发生。

据历史资料统计，在汛期以7月、8月发生概率最高，其次6月、9月，而非汛期发生涝渍概率较小。

4. 涝渍灾害程度降低

从地域上看，由于中北部降水量相对较少、蒸发量大，井灌程度高，农田地下水水位显著下降，涝渍威胁已明显减轻，涝渍主要出现在中南部河间平原及沿淮洼地的旱作区，而且随着20世纪80～90年代的农田排水工程建设，与之前相比灾害程度已经大大降低。当前需解决的问题是进一步恢复和完善田间排水系统、解决排蓄矛盾和部分骨干河沟排水标准过低的问题。

2.4 小　结

淮北平原地处淮河流域中、下游地区，位于中国南北气候过渡带。地貌以平原为主，地势平坦，地形由西北向东南倾斜。区内河流水系密布，土壤类型复杂，自然资源丰富，人口众多，农业发达，是我国重要的火电能源中心和华东地区主要的煤炭供应基地，在全国经济发展格局中具有十分重要的战略地位。淮北平原降水时空分布不均，是水资源开发利用程度较高和水资源量相对匮乏的地区，随着社会经济的发展和城镇化的推进，当地水资源供需矛盾日益突出，加剧了涝渍问题。

第3章　区域水资源及涝渍灾害演变规律

3.1　区域水资源开发及涝渍灾害治理历程

淮北平原排涝工程基本上可以分为两大部分：一部分是河道治理，另一部分是面上排水沟洫建设。经过60余年的科学研究与工程实践，现今淮北平原已形成相对完善的农田排涝排水蓄水系统。回顾淮北平原涝渍灾害治理，大致上可以划分为以下4个历史阶段。

3.1.1　自然调蓄阶段(20世纪60年代以前)

在20世纪50年代治淮初期，淮北平原就开始对河道进行治理，治理措施主要有调整水系、开挖新河以及扩大河道断面和疏浚等。但是受限于当时人们对平原区治水规律认识不足、实验研究资料缺乏和社会经济条件差等因素，在农田水利建设上强调"以蓄为主，以排为辅"，实际上有的地方只蓄不排、只灌不排、造成地下水水位太高，次生盐碱化土地面积急剧扩大。再加上资金不足和施工水平低等因素而建成了大量封闭、凌乱以及标准不一的蓄水工程，在丰水年、丰水季节往往洪涝灾害严重。此阶段，农田区水循环以自然调蓄为主要方式。

3.1.2　排涝降渍阶段(20世纪60～80年代)

20世纪60年代至70年代开始强调建立以大、中、小沟和田间沟组成的农田排水系统，取得了良好的排涝除渍和综合治理效果。在淮北平原通过多年排涝实验及工程实践，建立了颇具代表性的由"大沟、中沟、小沟、田头沟、田间沟(田墒沟)"组成的"三涝两渍"田间沟渠排水系统。在排水沟网布局上大致有"深疏型"和"浅密型"两种，但是存在部分深沟布局、疏密程度欠合理情况，还存在桥涵太少，大、中沟里堵坝多，小沟、田头沟等田间工程少，不能发挥应有的排涝降渍作用等问题。

3.1.3　涝渍强排阶段(20世纪90年代至2000年)

20世纪90年代,水利部门开始反思淮北平原的治水历程,逐渐认识平原区的治水规律,正式确立了本区农田水利工程建设"以排为主"的指导思想,开始实施"排涝配套工程"计划,由此极大地推动了本区农田排水事业的突飞猛进。在原来河网化和沟洫台条田的基础上,打开排水出路,改造旧水网、开凿新沟、大挖田间沟洫,按五年一遇的排涝标准,基本形成了淮北平原中南部低洼地区和淮北平原中北部平坡地区"三涝两渍""三涝一渍"的农田排水系统,并进一步规范了农田排水规划原则、各级排水沟排涝降渍水文计算方法和规格标准,显著地促进了淮北平原农田排水系统的完善,使其排水能力有较大提高,困扰淮北平原已久的涝渍问题由此得到显著改善(图3.1.1)。但由于过度强调排水,沟渠工程标准制定过高,有相当一部分大沟超深,出现"只排不蓄"的情况。过度排水导致农田区地表水蓄水不足,地下水水位也大幅下降,破坏了原有的田间水良性循环,容易形成旱灾,因干旱而使农作物减产的现象开始逐渐增加。

3.1.4　排蓄结合阶段(2000年之后)

2000年以来,由于我国政府对水利事业的高度重视,资金投入持续增加,新农村水利、民生水利取得新的进展。在此时期,水利部门总结历史经验和教训,转变以往"只关注涝渍,不关注蓄水"的思路,开始重视"排蓄结合",提出"洪涝渍旱统一规划,综合治理,适度排水"的治水方针,科学指导了这一时期的农田水利建设。此阶段,农田区水循环进入良性发展阶段。四个阶段如图3.1.2所示。

3.2　区域水循环与水资源演变规律

3.2.1　降水时空演变规律

淮北平原大致位于我国东部地区南北气候的分界线,气候类型为暖温带半湿润半干旱气候,同时也是典型的冷暖气团交接地带。由于受季风影响显著,淮北平原年内降水分配极不均匀。每年10月到翌年3月,本区上空受北方冷气团控制,天气呈天高气爽、寒冷干燥,降水量在全年中比例偏少;但暖空气还偶尔侵入本区,降水分布自西北向东南逐渐增加。每年4到9月,冷暖空气在本区上空往返摆动,冷暖气团交接的界线大约位于北纬35°。若遇冷空气下越淮河干流,甚至到达华中地区,则本区出现

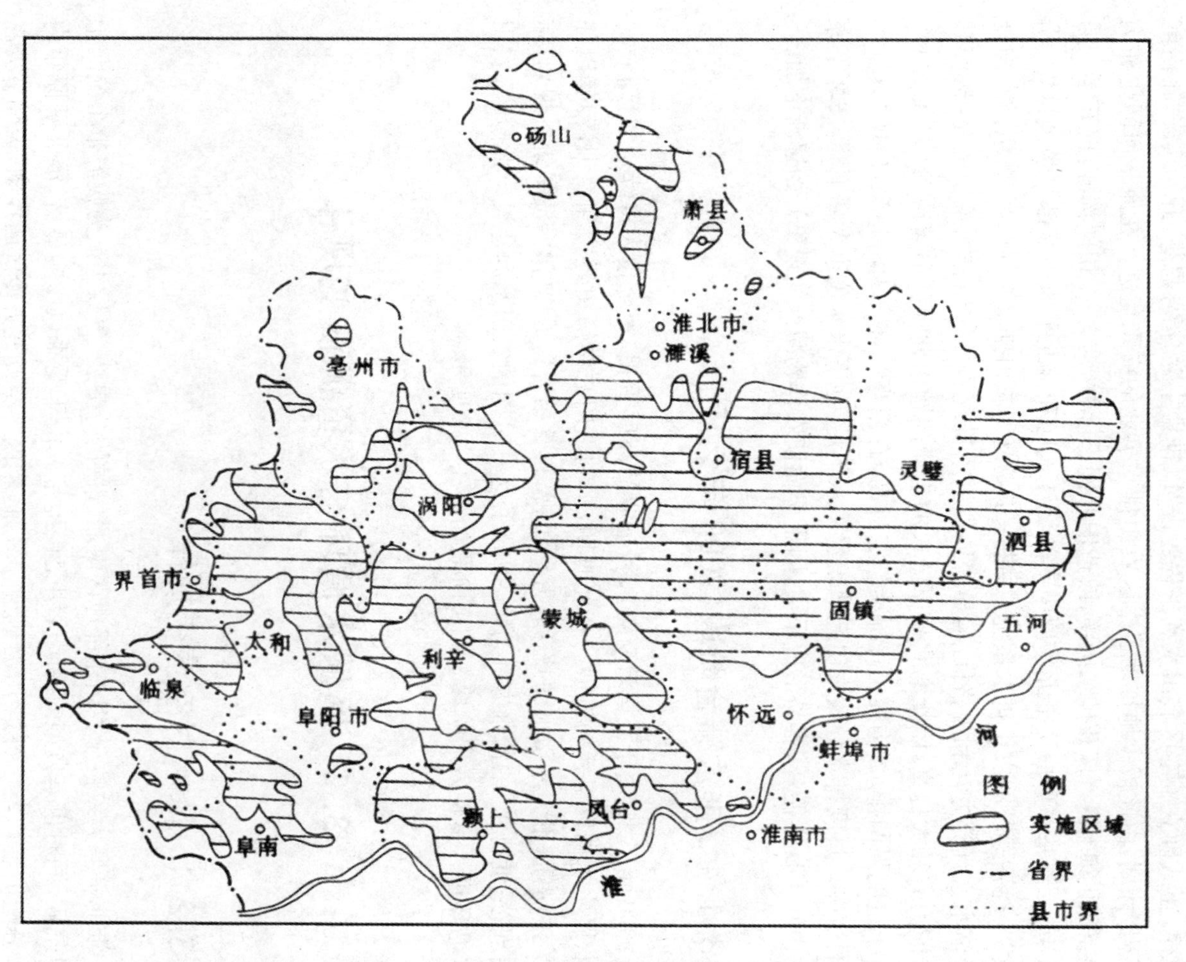

图 3.1.1 淮北平原 1979～1988 年排涝配置工程位置图

图 3.1.2　研究背景阶段关系图

干旱;若暖空气北上至北部边界,本区便成为多雨季节。冷暖空气的进退、迟早、远近,是本区降水时间分配不均的根本原因。同时,西侧太行山、伏牛山、桐柏山等山脉以及东侧山东半岛丘陵也会影响南北气流的运行,从而使本区内降水的时空变化呈现出一定的规律性。

3.2.1.1　降水资料选取

由于降水地区分布与地形变化有密切的关系,因此在选择站点时主要考虑地形的特点。在地形变化较为复杂的山区,降水变化的梯度大,所选的站点较多;丘陵区次之;而在降水变量化梯度较小的平原地区,所选用的站点较少,着重考虑的是降水站点的均匀分布。淮北平原地势大多较为平坦,仅北部徐州、淮北和宿州一带以及连云港有少量低山丘陵分布,因此在选取站点的时候在以上地区会酌情加密。根据雨量站的地理位置、资料系列特性,将能反映地形变化趋势、同步期资料系列为 59 年以上的雨量站作为主要代表站(图 3.2.1)。

本次研究统一采用 1956～2014 年同步系列,其中安徽省境内淮北地区站点雨量记录的序列较长,代表性较好,面雨量计算选取 31 个站点,平均 1 207 km^2/站,其中实测站年数 1560 站年,平均每站 50.3 年;江苏省站点资料的完整性稍差,面雨量计算时选取 20 个站点,平均 1 771 km^2/站,其中实测站年数 948 站年,平均每站 47.4 年。对于缺实测资料的站年需要进行查补或延长,可以直接移用邻近站资料或用邻近几个站的算术平均值代替,也可用参照站年降水量相关分析法:用地形、气候条件相似的相邻站的年降水系列与本站建立相关方程,计算缺测年份的年降水量;对于利用以上两种方法无法插补的站年可以用前后几年的均值来代替。

3.2.1.2　分区降水量

1. 水资源分区降水量

本次评价选用的雨量站点较多,面上分布也比较均匀。首先按照所划分的基本计算单元,用算术平均法计算出各四级区套地市的面雨量,如果单元内无雨量站点或站点分布不足,则以附近雨量站代替;然后用面积加权法逐级计算各级水资源分区、地级行政区和整个淮北平原的面雨量。

安徽淮北平原 1956～2014 年面平均年降水深 875.3 mm,降水量 327.67 亿 m^3。降水深最大的是西南部的洪汝河区,为 929.3 mm,而最小的是东北区的废黄河以北区,仅为 761.9 mm,前者约为后者的 1.22 倍,在空间分布上大致是由西南向东北递减。但沱濉河下段区是一个例外,由于地处徐淮山脉的迎风坡,沱濉河下段区的年均降水深不仅远远大于处于背风坡的沱濉河上段区,更大于其南部的西淝河下段和茨淮新河区。在降水量上,面积较大的沙颍河谷润河区、沱濉河下段区和浍河淮洪新河区降水量较大,其中沙颍河谷润河区年均降水量将近 70.46 亿 m^3,而面积和降水深都很

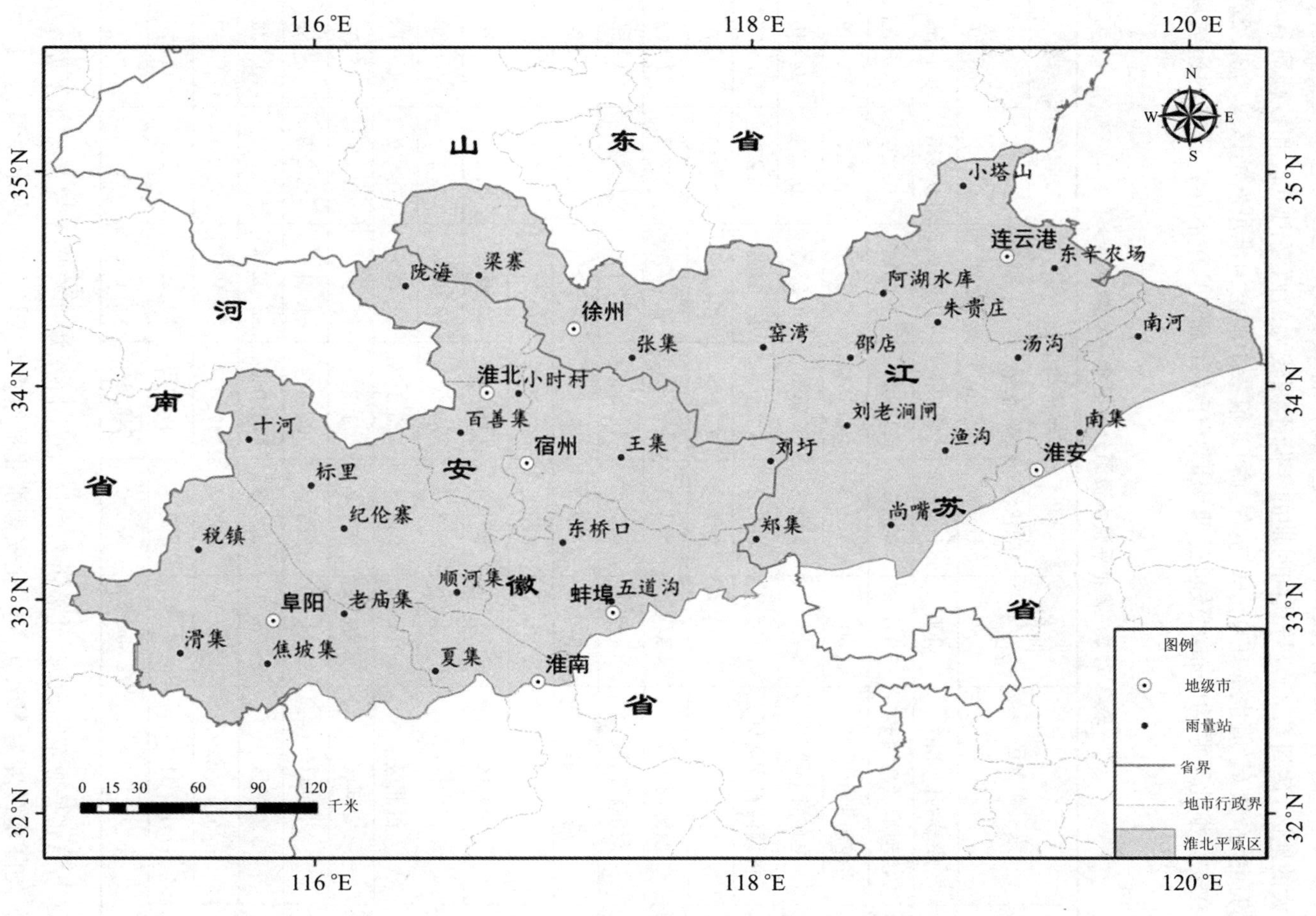

图 3.2.1 淮北平原雨量站分布示意图

小的废黄河以北区则仅为 2.29 亿 m^3，尚不及前者的 1/30。依据安徽省水资源调查评价成果，淮北平原年降水量参数取值上统一设 $C_s/C_v=2$。在安徽淮北平原的四级水资源分区中，最西南部的洪汝河区不仅是年降水深最大的分区，而且也是变差系数 C_v 最大的地区，达到 0.290，与其同时期的年降水深较大的西淝河下段和沙颍河谷润河区的变差系数 C_v 值也都在 0.280 左右，而 C_v 值最小的浍河淮洪新河区仅为0.222，C_v 值在安徽淮北平原的分布大致也是西南部高于东北部，但并不存在严格的递减规律（表 3.2.1）。

表 3.2.1 淮北平原水资源分区多年平均降水量

省份	水资源分区	面积（km^2）	多年平均值			年降水量参数	
			降水深（mm）	降水量（亿 m^3）	占全区比例	C_v	C_s
安徽省	废黄河以北区	300	761.9	2.286	0.35%	0.243	0.486
	浍河淮洪新河区	5 901	880.7	51.969	8.05%	0.222	0.444
	沱濉河上段区	4 909	818.0	40.156	6.22%	0.225	0.449
	沱濉河下段区	6 727	890.1	59.879	9.27%	0.224	0.448
	沙颍河谷润河区	7 852	897.3	70.455	10.91%	0.278	0.555
	涡河区	4 041	867.8	35.069	5.43%	0.240	0.479
	西淝河下段	1 872	885.9	16.585	2.57%	0.282	0.563
	茨淮新河区	5 465	875.3	47.833	7.41%	0.241	0.481
	洪汝河区	370	929.3	3.438	0.53%	0.290	0.580
	小 计	37 437	875.3	327.670	50.75%	0.216	0.431
江苏省	渠北区	1 793.17	964.8	17.300	2.68%	0.268	0.536
	沂南区	8 574.26	922.4	79.086	12.25%	0.244	0.488
	沂北区	6 911.59	913.8	63.157	9.78%	0.207	0.413
	安河区	7 778.78	921.0	71.643	11.10%	0.249	0.498
	丰沛区	3 394.00	762.3	25.874	4.01%	0.269	0.538
	赣榆区	1 408.00	926.3	13.042	2.02%	0.262	0.524
	骆马湖上游区	5 555.0	861.9	47.877	7.42%	0.231	0.462
	小 计	35 414.8	897.9	317.979	49.25%	0.209	0.419
合 计		72 851.8	886.2	645.649	100%		

江苏淮北平原东临黄海，北靠沂蒙山区，面上降水规律有别于安徽淮北平原。其面上平均降水深度为 897.9 mm，比安徽淮北平原多 2.5%左右，降水总量为 317.98 亿 m^3，比安徽淮北平原略少。水资源四级分区中年均降水深度最大的是苏北总干渠以北的渠北区，为 964.8 mm，最小的是深入内陆的丰沛区，仅为 762.3 mm，前者是后

者的 1.27 倍。东北部赣榆区的年均降水深达 926.3 mm，而与其纬度相近的骆马湖上游区降水深却仅为 861.9 mm，显示出海陆分布对降水分配的巨大影响。总体上看，江苏淮北平原降水分布大致是东南部多于西北部，沿海多于内陆。为与安徽淮北平原的取值一致，江苏淮北平原年降水量参数计算时也取 $C_s/C_v=2$。在 7 个水资源四级分区中，丰沛区和渠北区的 C_v 值最大，分别达到 0.269 和 0.268。丰沛区和渠北区同时又是江苏淮北平原平均年降水深最小的和最大的分区；沂北区的 C_v 值最小，仅为 0.207，但这也是最接近整个江苏淮北平原地区面上年均降水深的 C_v 值，这表明沂北区各年降水深的波动程度与整个江苏淮北平原区的波动程度最相似。

2. 行政分区降水量

淮北平原共涉及安徽、江苏两省共 11 个地级市，有的如宿州、淮北、徐州等是全部包括在淮北平原内，而有的如淮南、淮安、盐城等则是部分包含，表 3.2.2 所列的面积仅是该行政区包含在淮北平原内的面积。

在这 11 个地级市中，沿海且纬度较低的盐城市的年均降水深最大，达 1 199.2 mm；纬度较高但沿海且处于迎风坡的连云港市次之，为 939.8 mm。江苏省淮安市的年降水深最小，仅为 785.3 mm，比纬度较高的徐州市少 64.6 mm，比深入内陆的蚌埠市少 122.7 mm。淮安市年降水深最小的原因可能是由于洪泽湖等湖泊巨大的湖面影响所造成的湖泊气候效应所致：湖泊形成之后，由于湖泊水面对太阳辐射的反射率小，水体比热大，蒸发耗热多，使湖面上气温变化与周围陆地相比较为和缓，冬暖夏凉，夜暖昼凉。湖面上湿度大，夜雨多于日雨。由于湖泊的存在使冬季和夜间近地气层不稳定，夏季和白天则气层稳定，因此湖面上日雨量减少，雷暴多发生于夜间。由于夏季和白天雨量较少，使年总降水量偏少，但冬季和夜间湖区降水量反比陆地多。本次计算选取淮安市淮北平原代表站时选的盱眙、淮阴闸和淮阴均处于湖泊密集地带，因此会出现年降水深偏小的现象。

表 3.2.2　淮北平原行政分区多年平均降水量

省　份	行政分区	面　积 (km^2)	多年平均值		
			降水深(mm)	降水量(亿 m^3)	占全区比例
安徽省	蚌埠市	5 267	907.9	48.015	7.40%
	亳州市	8 374	880.1	72.801	11.22%
	阜阳市	9 852	920	89.437	13.79%
	淮北市	2 741	840.6	22.781	3.51%
	淮南市	1 350	870.6	12.827	1.98%
	宿州市	9 853	858.7	83.834	12.92%
	小　计	37 437	880.7	329.696	50.82%

续表

省　份	行政分区	面　积 (km²)	多年平均值		
			降水深(mm)	降水量(亿 m³)	占全区比例
江苏省	淮安市	5 223	785.2	41.011	6.32%
	连云港市	7 444	939.8	69.959	10.78%
	宿迁市	8 555	902.4	77.200	11.90%
	徐州市	11 258	849.8	95.670	14.75%
	盐城市	2 935	1 199.2	35.197	5.43%
	小　计	35 415	900.9	319.037	49.18%
合计		72 852	890.5	649	100.00%

3.2.1.3　降水年代变化

为了研究气候变化对淮北平原降水量的长期影响，选取位于淮北平原中南部的安徽固镇五道沟水文水资源实验站和淮北平原北部的杨楼水文实验站作为代表，对这两个观测系列较长、代表性较佳的站点的降水量年代变化特征进行分析。

在对五道沟和杨楼实验站进行点雨量分析时，发现在这南北两个站点所记录的年均降水量显示出一定的规律，即年降水量在 20 世纪 70～80 年代出现了明显减少的趋势，而从 20 世纪 90 年代至今出现增加趋势。为了验证这个规律在淮北平原面上是否具有普遍性，我们以行政区为单位对从 1956～2014 年这 59 年的年降水量按年代绘制了变化图，其中 1956～1959 年这 4 年归入 60 年代均值，而 10 年代所指的则是 2010～2014 年这 5 年的年均降水量。图 3.2.2 显示，虽然各个行政分区平均年降水量在均值上有差异，但在过去的 59 年中的基本变化是保持一致的，即 20 世纪 70～80 年代减少而 90 年代增加，21 世纪 00 年代到 10 年代又略有减少。1956～1979 年淮北平原面上降水整体平均每年递减 6.72 mm，1980～2009 年平均每年递增 6.57 mm，而 2010～2014 年平均每年递减 14.88 mm。

为了研究这种变化规律在整个淮北平原的分布情况，分别选取了 20 世纪 80 年代和 21 世纪 00 年代这两个典型的年代对减少和增加的趋势进行分析。图 3.2.3 显示的是整个淮北平原年均降水量的等值线分布图。从图中可以明显看到年降水量在空间上自东南向西北减少，且在宿州东部徐淮山脉迎风坡产生了明显的高值区。图 3.2.4显示的是 20 世纪 80 年代距平百分图，可以清楚看到 20 世纪 80 年代淮北平原整个面上年降水量较之前大部分都呈偏少趋势，仅阜阳市西南部和五河、洪泗和泗阳部分地区有偏多趋势，其中阜阳西南部偏多 5%以上，而五河、洪泗和泗阳部分地区则偏多不足 5%。在偏少的区域中，东南部的淮安等地偏少较为严重，其普遍偏少 10%～20%，而连云港、徐州、淮北和宿州东部地区则偏少 10%以上。

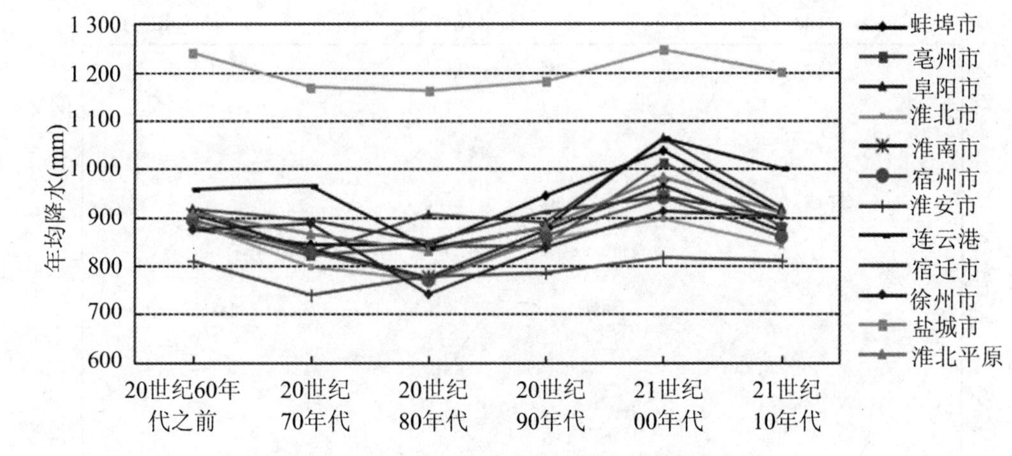

图 3.2.2　淮北平原行政分区降水深年代变化图

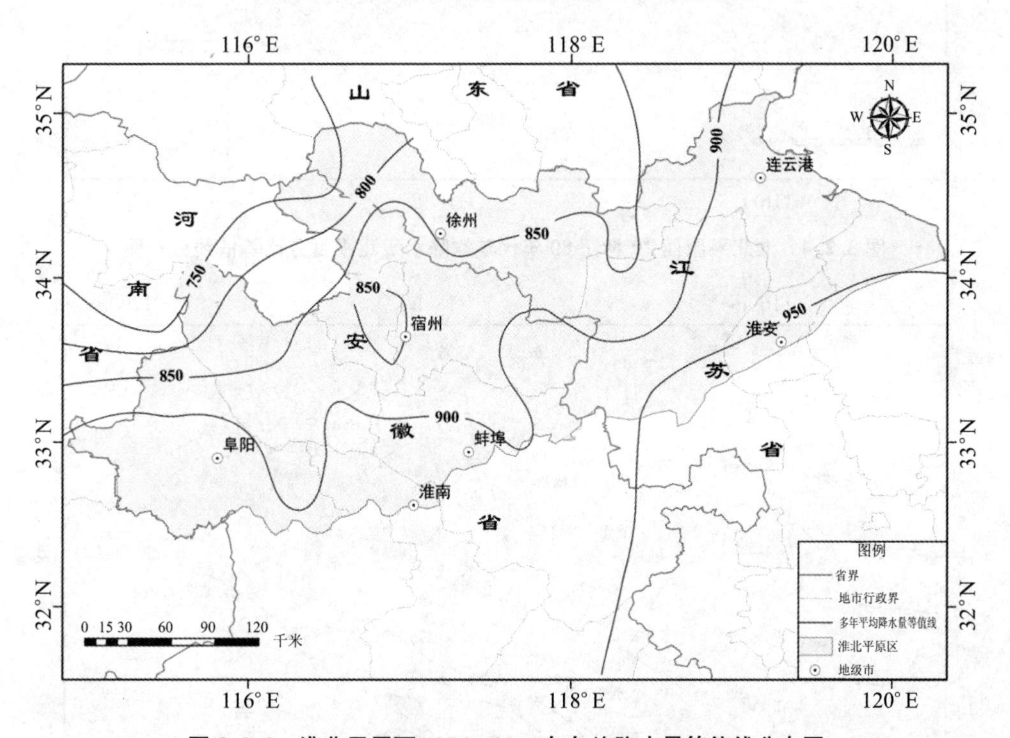

图 3.2.3　淮北平原面 1956～2014 年年均降水量等值线分布图

图 3.2.5 显示的是 2000～2010 年淮北平原年均降水量距平百分比等值线分布。2000～2010 年淮北平原整个区域均发生了降水偏多的现象，其中又以阜阳、蚌埠等淮河、颍河、涡河下游地区偏多最为明显，其普遍偏多 15％以上，部分地区甚至偏多 25％以上。另外，淮安中南部、连云港西北部、阜阳东北部和淮北北部的年降水量偏多 10％，降水偏多最不明显的地区主要集中在淮北东南部、宿州东部和宿迁中南部地区，其年降水量与历年相比偏多不到 5％。

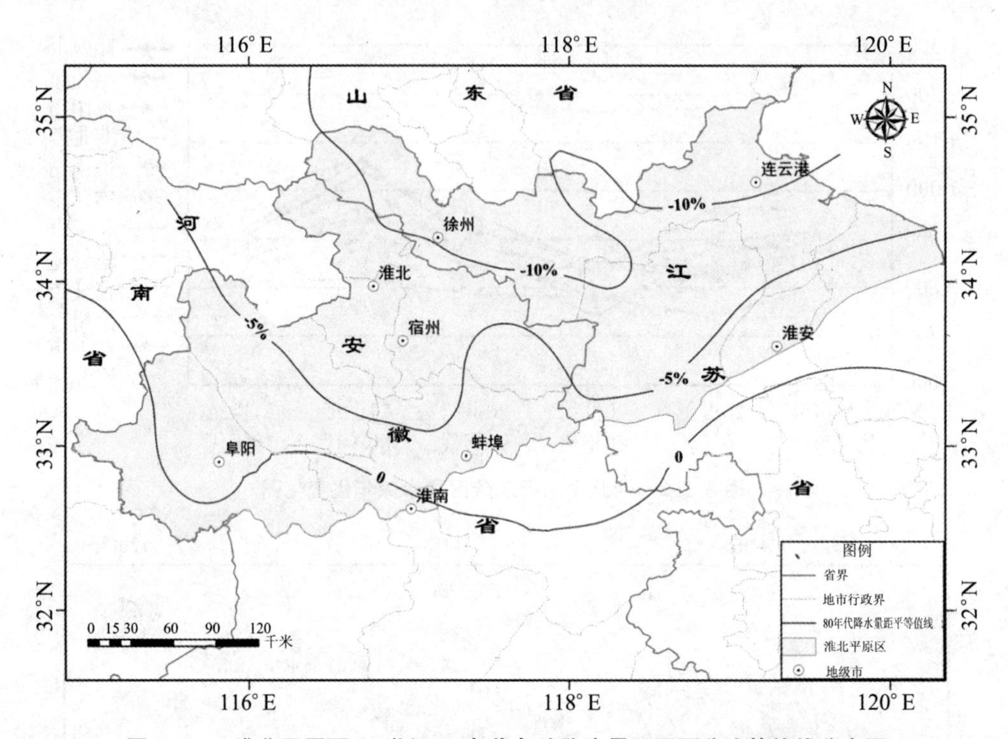

图 3.2.4 淮北平原面 20 世纪 80 年代年均降水量距平百分比等值线分布图

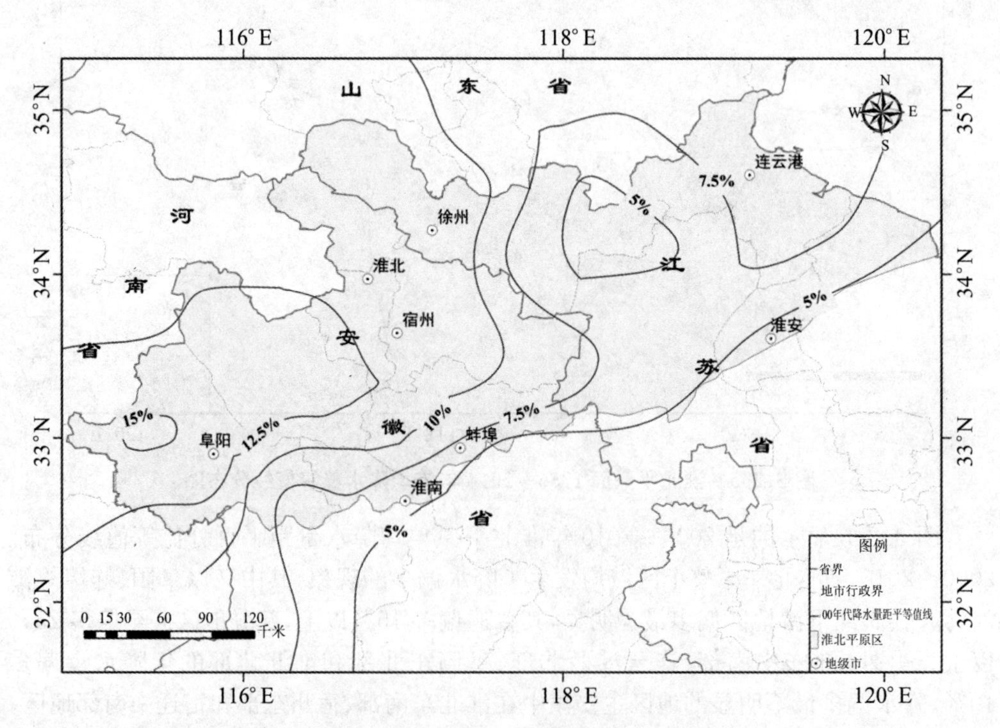

图 3.2.5 淮北平原面 21 世纪 00 年代年均降水量距平百分比等值线分布图

3.2.2　地表径流与地表水资源演变

3.2.2.1　资料的插补延长与还原

1. 插补延长

根据1956～2014年的降水径流关系，当相关系数大于0.8时用最小二乘法直接利用2001～2014年的年降水资料推出系列径流资料；当相关系数不大于0.8时将降水径流相关系数修正到0.8以上然后用最小二乘法根据降水资料推出系列径流资料。

2. 还原

主要采用逐项还原法，部分无实测资料的站点选择移用下垫面条件相似的邻近站的降水径流关系推求天然径流，此法即降水径流关系法。

3.2.2.2　淮北平原径流演变分析

1. 淮北平原径流的年际变化

(1) 按地级市分区分析

安徽淮北平原各个市的降水径流关系受气候、地形、地质、下垫面等条件的影响，相同降水产生的径流亦有很大的差别。1956～2014年安徽淮北平原各个地级市降水—径流关系分析如图3.2.6～图3.2.11所示。图3.2.12反映了整个淮北地区的降水—径流关系，其中横轴代表降水，纵轴代表径流。淮北地区6个地级市的降水径流相关系数在0.65～0.93之间，其中只有淮南市的降水—径流相关性较差，不到0.8，其余各市的降水—径流相关系数均在0.8之上，整个淮北平原上的相关系数达到0.9以上，相关性非常好。在1956～2000年降水—径流关系的基础上利用2001～2014年

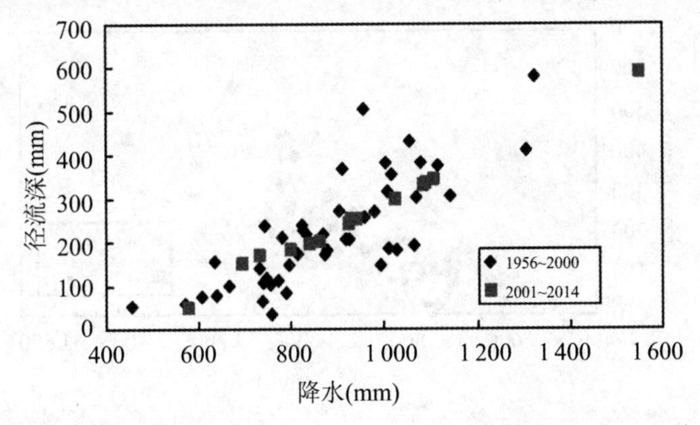

图3.2.6　蚌埠市降水—径流关系图

降水资料将径流系列延长到2014年,其中淮南市要修正几个年份的径流使相关系数达到0.8以上然后再延长。

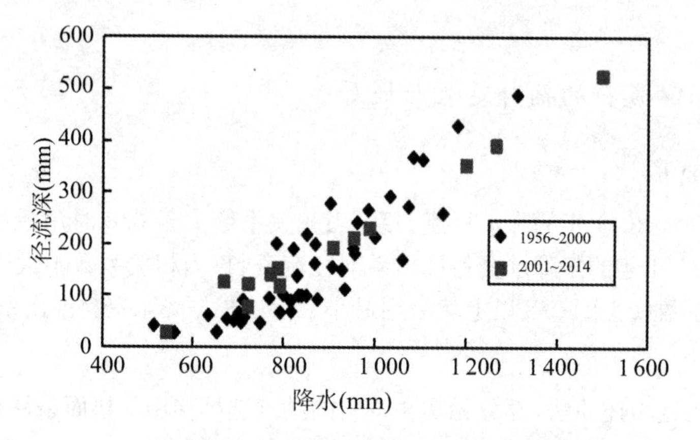

图3.2.7　亳州市降水—径流关系图

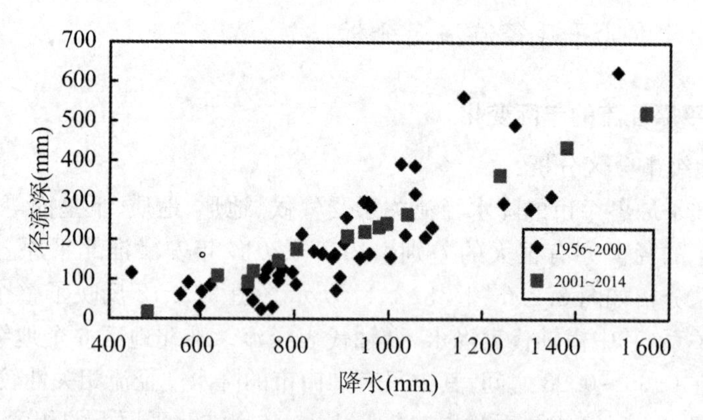

图3.2.8　阜阳市降水—径流关系图

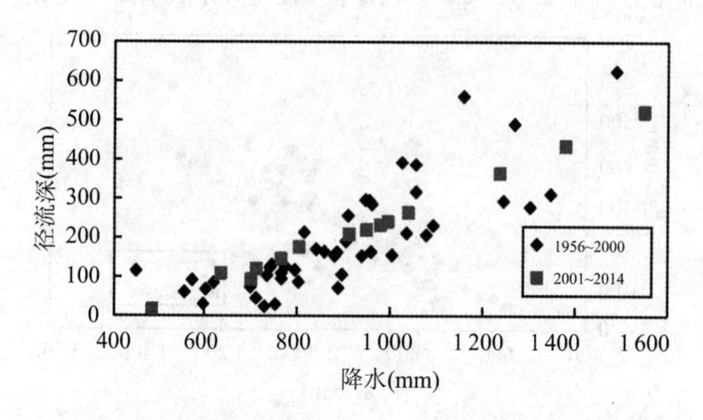

图3.2.9　淮北市降水—径流关系图

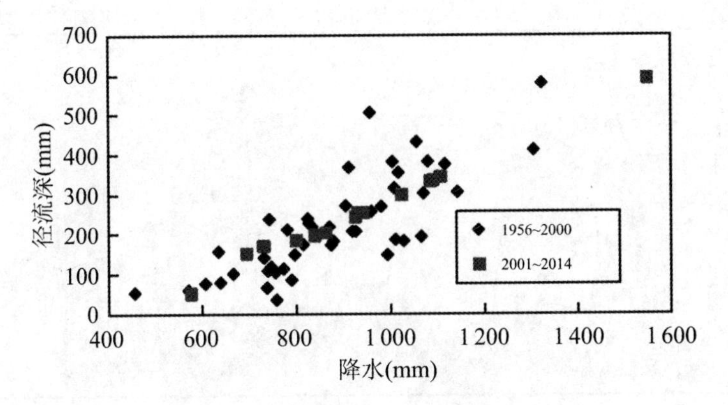

图 3.2.10　淮南市降水—径流关系图

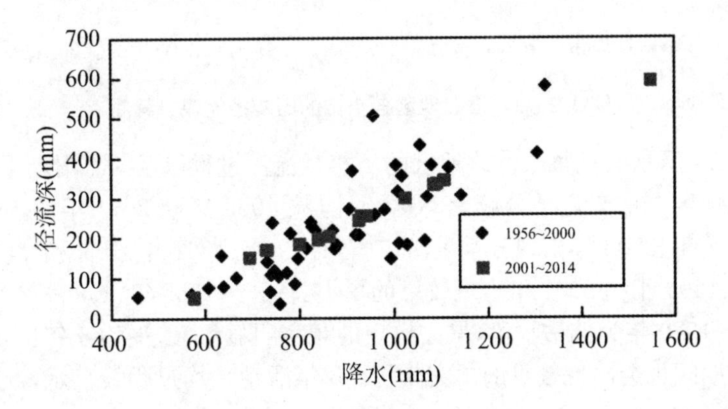

图 3.2.11　宿州市降水—径流关系图

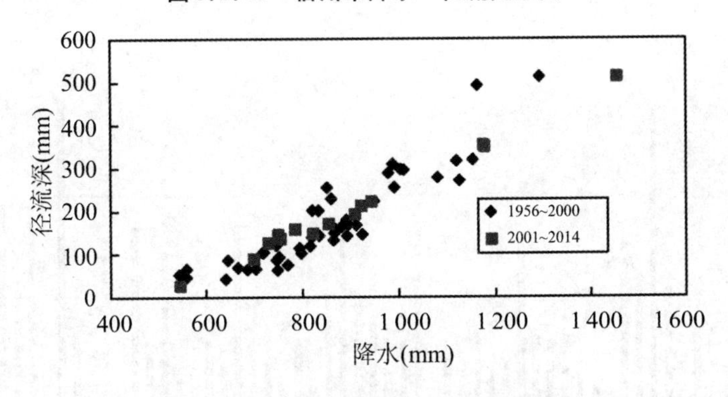

图 3.2.12　淮北平原降水—径流关系图

图 3.2.13 所示的是安徽淮北平原各个市的历年径流深过程线，由图可知，各个地级市的径流深年际变化明显，历年径流深变化趋势大致相同。

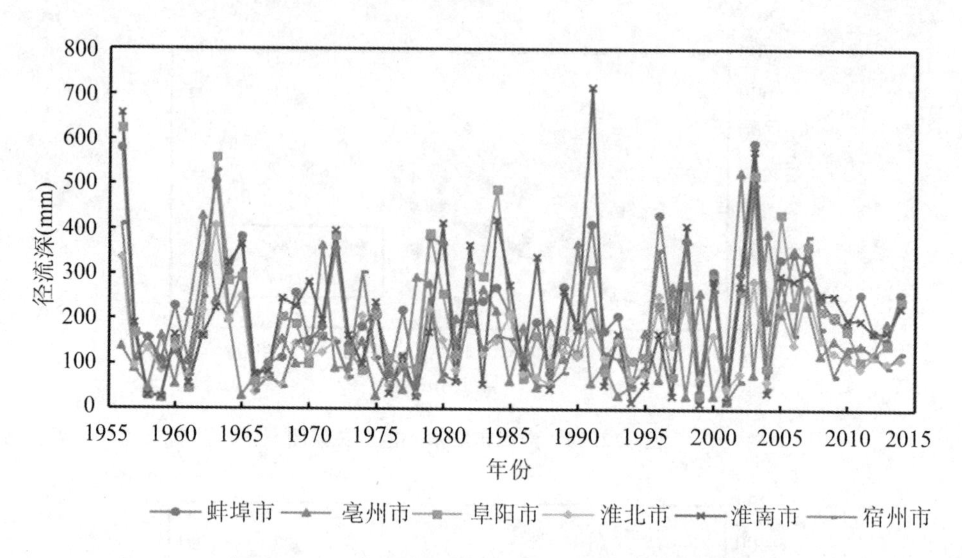

图 3.2.13 淮北地区各个市的历年径流深过程线

图 3.2.14 所示的是整个淮北地区的历年径流深过程以及 5 年滑动平均过程。由图可知淮北地区丰枯变化十分频繁。据统计，从 1956 年至 2014 年的 58 年间，其中 1956 年、1962 年、2003 年出现较重洪涝灾害，1959 年、1961 年、1966 年、1976 年、1978 年、1994 年、1999 年和 2001 年出现较重的旱灾，1956～1965 年、1996～2006 年为偏丰水段，1966～1979 年为偏枯水段，旱灾出现的频率明显很大，平均 6 年出现一次，即使是偏丰水段期间也会出现较重的旱灾年份。5 年滑动平均过程线显示，此地区丰枯变化周期是 10 年左右。

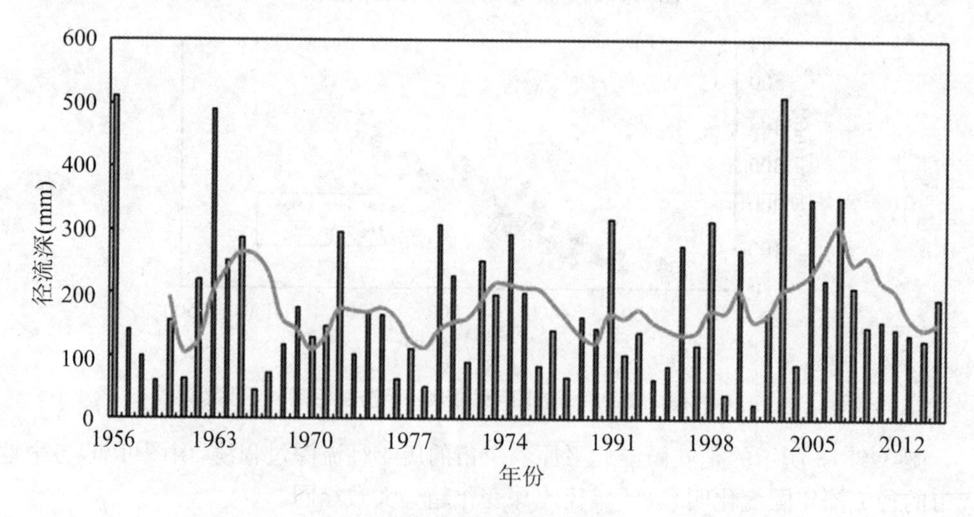

图 3.2.14 淮北地区的历年径流深过程以及 5 年滑动平均过程

(2) 按照水资源四级分区分析

径流的年际变化，较降水更为剧烈，主要表现在最大与最小年径流量倍比悬殊，各站最大年径流量与最小年径流量可相差15～300倍，其中沱濉河下段区最大年径流量与最小年径流量相差最为悬殊，为293倍，浍河怀洪新河区最大年径流量与最小年径流量相差较小，仅为15倍，此地区径流年际变化较小。

年径流 C_v 值多在0.56～0.78之间。其中废黄河以北区的年径流 C_v 值最小为0.56，涡河区的年径流 C_v 值最大为0.78。表3.2.3所示的是淮北地区9个四级水资源分区年径流极值倍比和变差系数 C_v。

表3.2.3 淮北平原水资源四级分区年径流参数表

水资源四级区	多年径流深(mm)	最大年		最小年		年径流倍率max/min	年径流 C_v
		径流量(mm)	年份	径流量(mm)	年份		
洪汝河区	244.3	721.2	1987	8.2	1999	88	0.70
沙颍河谷润河区	199.3	620.2	1956	21.7	1959	29	0.69
茨淮新河区	185.7	555.4	1956	26.6	1999	21	0.70
西淝河下段区	205.2	693.3	1991	11.0	1999	63	0.77
涡河区	172.9	532.6	2003	8.0	2001	67	0.78
浍河怀洪新河区	198.3	543.3	2003	36.2	1978	15	0.57
沱濉河上段区	157.9	498.3	1963	29.8	1978	17	0.63
沱濉河下段区	175.6	534.9	1963	1.8	2001	293	0.70
废黄河以北区	68.0	175.7	1963	3.6	1997	49	0.56

(3) 淮北平原径流年代分析

淮北平原地区的径流在20世纪80年代之前的各个年代中径流呈明显的递减趋势，到80年代有所回升，进入90年代后略有下降，进入21世纪以后又明显增大，具体变化情况如表3.2.4所示。

表3.2.4 淮北平原各年代径流深变化 单位：mm

年代	1956～1959年	1960～1969年	1970～1979年	1980～1989年	1990～1999年	2000～2009年	2010～2014年	1956～2014年
年代平均径流深	203.4	188.4	154.2	171.7	159.8	224.0	218.1	180.6
与多年平均差值	22.8	7.8	−26.4	−8.9	−20.8	43.4	37.5	

近年来由于下垫面变化和人类活动的影响致使相同降水产生径流的减少幅度相

当明显，在降水量平均值大致相同的60年代和90年代，后者的径流量比前者减少了18.6 mm，具体情况见下表3.2.5。

表3.2.5 典型年代近似降水产流对比 单位：mm

年 代	年均降水量	年均径流量
20世纪60年代	869.3	188.4
20世纪90年代	864.1	159.8

(4) 淮北地区径流的年内分配

淮北平原地区多年平均径流量77.72亿 m^3，径流深约合208 mm，多年平均径流系数0.195。径流特性受降水与地形地貌条件制约。本区河流为雨源型，即河川径流来源于降水，因而，径流的时空分布与降水的时空分布大体相一致，但年内分配更为集中，汛期(6～9月)径流可占年径流量的70%左右，最大值出现在7、8月份。连续最大4个月径流量占年径流量的百分率为60%～72%；最大月径流占年径流量的比例一般为18%～40%，一般是在8月份；最小月径流占年量的比例一般为0.6%～3.3%，一般出现在1～3月份。在中小水年份，全年水量几乎都集中在汛期，甚至产生于汛期的几场乃至一两场暴雨。

3.2.3 土壤水资源演变特征

地表土壤层对降水起着调节作用，其将水量进行空间(主要是垂向)和时间上的再分配，蒸发、下渗、径流都与它有关系，是水分运动和交换的“中转站”。土壤含水量的大小决定了一次降水量中分配给径流的比例，它把这些水文要素有机地联系起来。了解土壤水动态规律是研究水分循环和径流形成过程的重要课题。

以五道沟水文水资源实验站62套黄潮土、砂姜黑土地中蒸渗仪测筒和黄潮土区杨楼水文站152 km^2封闭流域为依托，采用五道沟实验站和杨楼水文站及面上二十多个站点1965～2014年长系列实验资料，依据水文学和水资源学方法原理，采用动态法、水量平衡法、降水径流关系法、数理统计法和实验研究方法，开展淮北平原区地区土壤水运移实验研究。

3.2.3.1 典型实验区土壤水特性分析

1. 五道沟实验区土壤水特性分析

五道沟实验区以砂姜黑土为主，土质是以黑土、黄土、淤黑土、砂姜土为主的亚黏土，是淮北平原中南部典型土壤，具有区域代表性。通过测试土壤组成、土壤水分常数、土壤水的三态分布、土水势等参数，获取砂姜黑土的基本参数。五道沟实验区砂姜黑土比重在地表略偏小，0.5 m以下比重基本稳定，土壤粒径0.05～0.01 mm的占

40%，粒径0.005～0.001 mm占25%，土壤颗粒级配在不同取样点的不同深度各不相同。

通过用同心环法和渗透仪法测定，发现土壤越干燥起始入渗率 f_0 愈大，砂姜黑土的最大值 f_0 可达150 mm/h以上，f_c 在25.5～40.4 mm/h之间，平均为32.3 mm/h。

实验区砂姜黑土土壤水分常数测定结果见表3.2.6，土壤三态分布见表3.2.7，土水势见表3.2.8和图3.2.15。

表3.2.6　五道沟实验区砂姜黑土壤水分常数测定成果

土层深度(cm)	饱和含水率	田间持水率	毛管破裂含水率	凋萎系数	吸湿系数
0～20	39.6%	30.7%	19.5%	14.8%	7.4%
20～40	31.0%	25.8%	18.1%	14.6%	7.3%
40～60	29.6%	26.5%	18.6%	14.4%	7.2%
60～80	28.8%	25.2%	17.6%	15.8%	6.9%
80～120	27.5%	24.8%	17.4%	15.6%	7.8%
120～200	27.4	24.6%	17.3%	16.4%	8.2%

表3.2.7　五道沟实验区砂姜黑土土壤适宜的三态分布表

土层深度(cm)	土层名称	平均固态体积	适宜液态体积	适宜气态体积	适宜土壤水占干土重量
0～20	耕作层	48.5%	23.4%～33.8%	17.7%～28.1%	18.0%～26.0%
20～40	犁底层	54.4%	25.0%～36.8%	8.8%～20.6%	17.0%～25.0%
40～60	淋溶层	53.0%	23.1%～35.5%	11.5%～22.9%	17.0%～25.0%
60～80	堆积层	56.3%	24.3%～38.0%	7.2%～19.4%	16.0%～24.0%
80～120	心土层	57.4%	24.8%～37.2%	5.4%～17.8%	16.0%～24.0%

表3.2.8　五道沟实验区砂姜黑土(亚黏土)土壤吸力与含水率关系成果表

土壤吸力(H_2O·cm)		100	300	500	1 000	5 000	10 000	20 000
含水率	−10 cm	32.5%	23.6%	19.2%	18.3%	16.1%	14.5%	13.8%
	−30 cm	28.2%	27.6%	26.8%	26.2%	24.4%	22.3%	22%
	−70 cm	27.8%	27.1%	25.8%	24.8%	22%	21.4%	21.3%

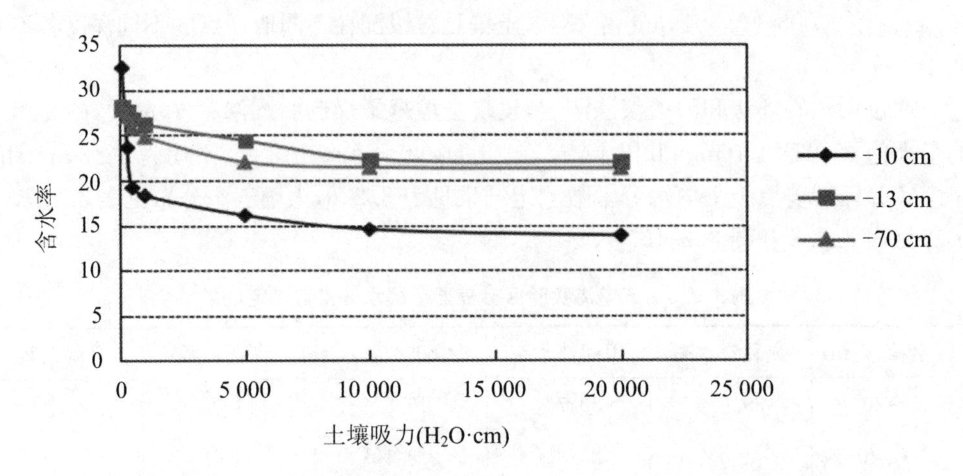

图 3.2.15 五道沟实验站砂姜黑土(亚黏土)土壤吸力与含水率关系图

2. 杨楼实验站土壤水特性分析

杨楼实验区土壤主要为黄潮土(黄泛潮土),土质是以淤土、两合土、砂土为主的亚砂土,为淮北平原北部黄泛区代表性土壤。通过测试黄潮土组成、机械组成、土壤容重、渗透系数、土壤水势和土壤水三态特点等参数,进而划分土壤水分区间,识别黄潮土(释水过程)含水率—土水势能关系。黄潮土土壤水分区间见示意图 3.2.16,黄潮土含水率—土水势能关系见图 3.2.17。

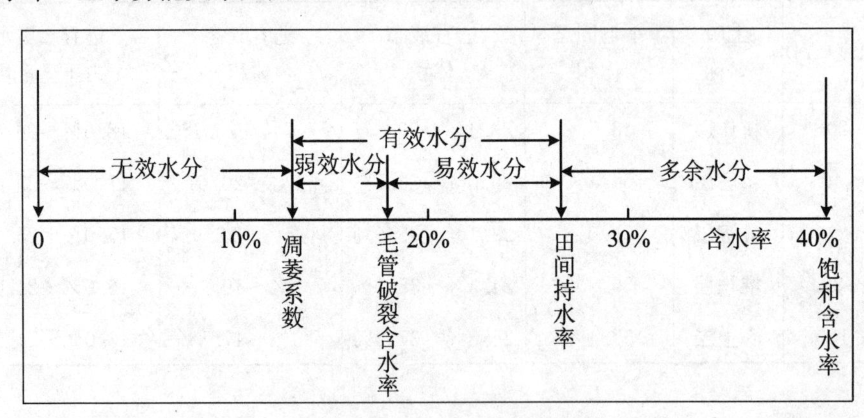

图 3.2.16 黄潮土土壤水分区间划分示意图

结果表明:黄潮土壤 0～－30 cm 土体的最大吸湿率在 2%～8%之间,平均为 5.1%;凋萎含水率(以大豆为例)在 8%～14%之间,平均为 12.6%;田间持水率(简称田持)在 25%～28%之间,平均 26.5%。

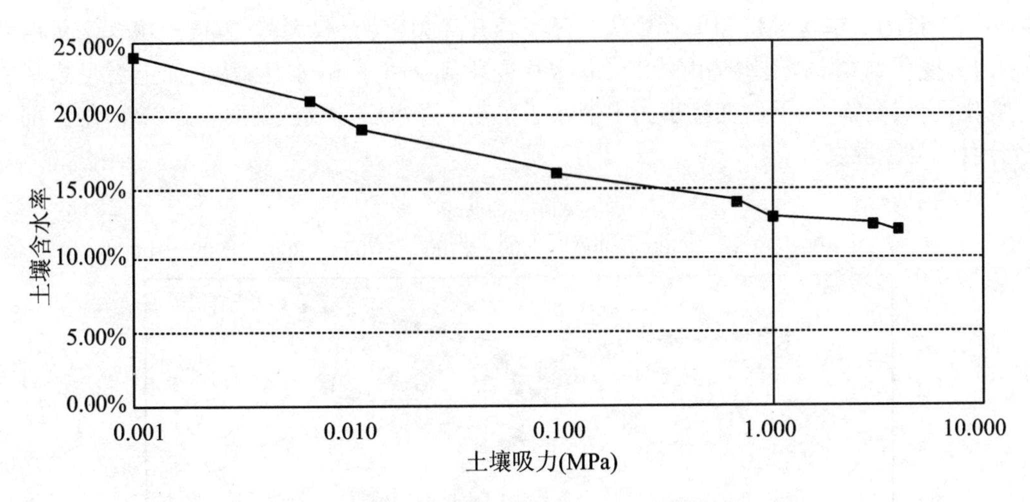

图 3.2.17　黄潮土(释水过程)含水率—土水势能关系图

3.2.3.2　淮北平原土壤水变化规律分析

1. 包气带土水势变化规律

储存和运移于包气带土壤中的水称为土壤水。土壤水运动遵循的唯一原则是从水势高处向水势低处运动。田间土壤水的运行，可近似视为垂直一维运动，所以由土水势剖面的分布情况可以判定土壤水的运行方向。土水势的剖面分布有 4 种基本类型：

(1) 蒸发型

全剖面土水势都是上小下大，土壤水从潜水面向上运移，通过地面蒸散发。

(2) 入渗型

全剖面土水势都是上大下小，土壤水向下运移形成入渗补给。

(3) 聚合型

全剖面土水势上下大，中间小，土壤水从地面和潜水面两个方向向中间运移，土水势最小值处称为“聚合型零通量面”。

(4) 发散型

全剖面土水势上下小中间大，土壤水从土水势最大的“发散型零通量面”处向地面蒸散发，同时向潜水面入渗，参见图 3.2.18。

2. 包气带土壤水分变化规律

在地下水大埋深区（埋深大于 6 m）包气带土壤水的剖面分布，一般分为 3 带。0～1 m为Ⅰ带。潜水面以上 2 m 为Ⅲ带。Ⅰ带和Ⅲ带之间为Ⅱ带。

Ⅰ带称为强变动带，与大气联系最密切，降水或灌水时，土壤吸水增能，土壤含水量和土水势迅速增大；向上蒸散发和向下入渗失水时土壤含水量和土水势又很快减小。Ⅰ带的土壤含水量和土水势从过程线看升降频繁、大起大落，表层土壤含水量由9.4%变化到39%，土水势由－20 cm水柱变化到－900 cm水柱；从剖面上看呈扇形变化，上层变幅大、下层变幅小。Ⅰ带除了在充分降水后形成全剖面入渗以外，绝大部分时间是蒸散发。

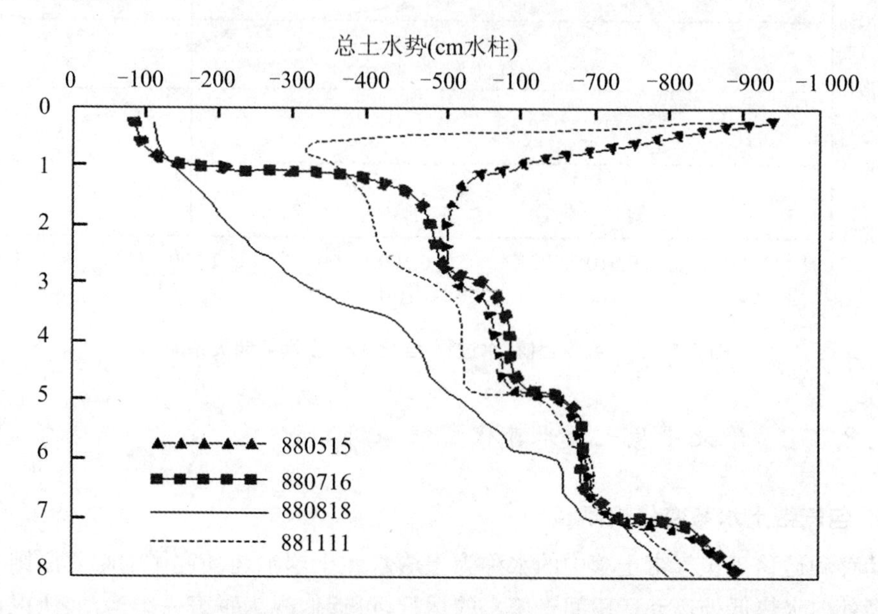

图3.2.18　亚砂土区包气带剖面土水势变化图

Ⅱ带称为弱变动带，当Ⅱ带接到Ⅰ带传来的水量后，首先是吸水增能，一般是汛期较大降水后土壤水势缓慢增高，向下输送补给地下水，汛后逐渐缓慢减小，至下年5、6月基本疏干。

Ⅲ带称为相对稳定带，土壤含水量常年接近田持或饱和状态，即使有较大入渗水量通过时，土壤含水量也没有明显变化，土水势也变化不大。

在安徽淮北黄潮土区，除少数地区(如黄河古道)埋深大于6 m以外，大多埋深变幅在2～4 m，但变化规律依然如此，仍然可以划分为3带。即0～0.5 m为Ⅰ带；潜水面以上2 m为Ⅲ带：Ⅰ带和Ⅲ带之间为Ⅱ带。

黄潮土包气带土壤水划分为3带也可以从表3.2.9中得到印证。

表3.2.9　黄潮土(安徽萧县崔庄)包气带土壤储水量统计表

包气带埋深(m)	0～1	1～2	2～3	3～4	4～5	5～6
最大储水量(mm)	365.7	353.5	363.0	355.2	368.6	375.1
最小储水量(mm)	151.7	290.7	314.9	323.6	341.2	349.8
变　幅(mm)	21.4	62.8	48.1	31.6	27.4	25.3

3.2.4　地下水演变规律

浅层地下水和土壤水联系紧密，特别是在有植被的情况下，作物根系的吸水会大大加快地下水向包气带土层运动的强度。地下水通过影响作物的根系生长，进而影响作物的根冠关系和冠层的光合作用，对作物的水分利用效率和作物产量发生作用。因此，可以认为在淮北平原农业区，对应不同土壤和不同作物，理论上存在一个最优地下水埋深，使得作物的产量最高。

为全面了解掌握安徽淮北平原地下水动态，安徽省水文局早在20世纪70年代(1974年)，就在淮北平原设立了浅层地下水水位观测井，至1986年共设立浅层地下水长期观测井180个，每5日观测一次。至2014年，已累计收集了40余年的浅层地下水观测资料，这些观测成果是本次分析的依据。

3.2.4.1　浅层地下水空间分布特征

1. 流向和坡度

地下水流向、坡度主要受地形与河网分布影响。分别选取平行颍河、涡河两个断面的丰水年高水位、平水年平均水位、枯水年低水位的6种情况描述，分析安徽淮北平原地下水水位等值线可以看出(图3.2.19)，浅层地下水流向基本上与颍河、涡河等地表河流平行，自西北向东南流向。在等水位线密集的区域，地下水水力坡度大，等水位线稀疏的区域地下水水力坡度小。除平原东北部山丘区以外，淮北平原水力坡度总体上自西北向东南逐步减小。

2. 多年平均地下水埋深年际变化

为分析方便，假定各个站点面上代表面积相等，则各个站点埋深算术平均值即为安徽淮北平原面上浅层地下水平均埋深，浅层地下水平均埋深变化过程线见图3.2.20所示。

如果将安徽淮北平原面上浅层地下水埋深进入1.5 m浅的区间视为地下水进入丰水期，则从图3.2.20中可以看出，41年来，淮北平原共出现15个丰水期，其时间分别是:1975年8月、1977年8月、1979年9月、1980年8月、1982年8月、1984年10月、1985年11月、1991年6月、1998年8月、2000年11月、2003年9月、2005年10月、2007年8月、2008年8月和2014年8月。出现丰水期的时间间隔，即采补周期是2.6年，大部分采补周期是1～2年，也有个别时段采补周期较长，例如，1985年11月～1991年6月的采补周期是5.5年，1991年6月～1998年8月的采补周期最长，长达7年。

如果将淮北平原面上浅层地下水埋深进入3.0 m深的区间视为地下水进入枯水期，则从图3.2.20上可以看出，41年来，淮北平原共出现14个枯水期，其时间分别

图 3.2.19 安徽淮北平原区平水年份地下水水位平均值等值线分布图

是:1978 年 6 月、1988 年 12 月、1996 年 6 月、1997 年 11 月、1999 年 6 月、2000 年 5 月、2000 年 11 月、2003 年 2 月、2005 年 6 月、2011 年 5 月、2012 年 6 月、2013 年 4 月和 2014 年 1 月,出现枯水期的平均时间间隔,即开发周期是 3.6 年。

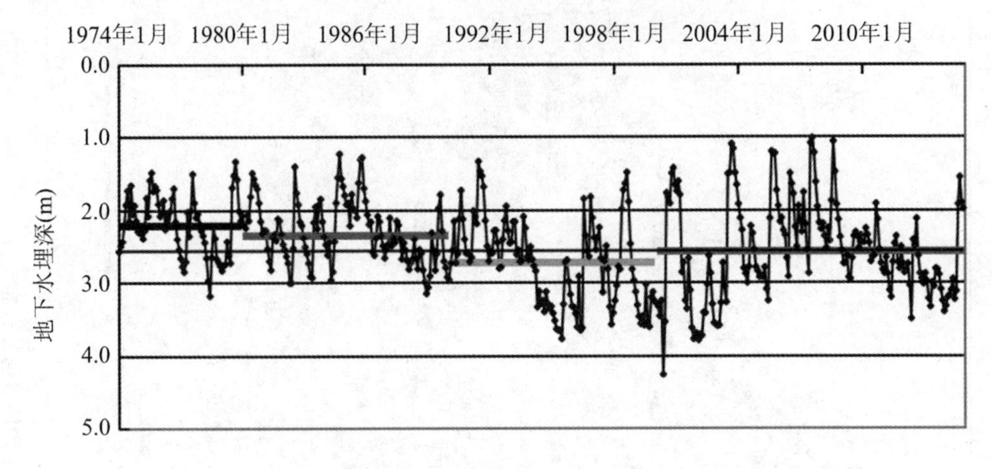

图 3.2.20　安徽淮北平原浅层地下水面上埋深变化过程线图

从图 3.2.20 上还可以看出,1994 年 4 月～2003 年 6 月的 9 年时间为地下水较枯时段,2000 年 5 月为地下水最枯月;2003 年 9 月～2008 年 8 月的 5 年时间为地下水较丰时段,2003 年 9 月、2007 年 8 月、2008 年 8 月为地下水最丰的 3 个月份。

安徽淮北平原浅层地下水多年平均面上埋深分布见图 3.2.21。

从图 3.2.21 可以看出,安徽淮北平原面上浅层地下水多年平均埋深大部分在 2.0 m左右,整个淮北平原面上浅层地下水多年平均埋深值为 2.48 m,面上最浅埋深值为 1.02 m,最深埋深值为 4.26 m,变幅为 3.24 m。180 个站点中,有 2 个站点多年平均埋深值在 1.0 m 以浅,分别是淮南市凤台县尚塘乡夏集与杨村乡杨村集,根据课题组调查,凤台县尚塘乡和杨村乡均种植水稻。

少数站点地下水多年平均埋深值位于 4 m 以深,它们分别是淮北平原北部宿州市的褚兰镇褚兰站、砀山县李庄镇李庄站、砀山县唐寨镇唐寨站、砀山县西南门镇陇海站、砀山县官庄镇官庄站、萧县永固镇永固站、萧县丁楼乡丁楼站;淮北平原西北部亳州市的谯城区翁庄亳州站、涡阳县义门镇朱庄义门站;淮北平原西部阜阳市的临泉县艾亭镇单庄艾亭站。地下水埋深多年平均最大值为 5.76 m,发生于宿州市褚兰镇褚兰站。

3. 枯水年地下水埋深年际变化

根据北平原面上浅层地下水平均埋深多年系列资料分析成果,1994 年 4 月～2003 年 6 月的 9 年时间,为地下水较枯时段,2000 年 5 月为地下水最枯月。现以 2000 年 5 月浅层地下水平均埋深分布情况来分析安徽淮北平原枯水年浅层地下水面上分布特征,如图 3.2.22 所示。

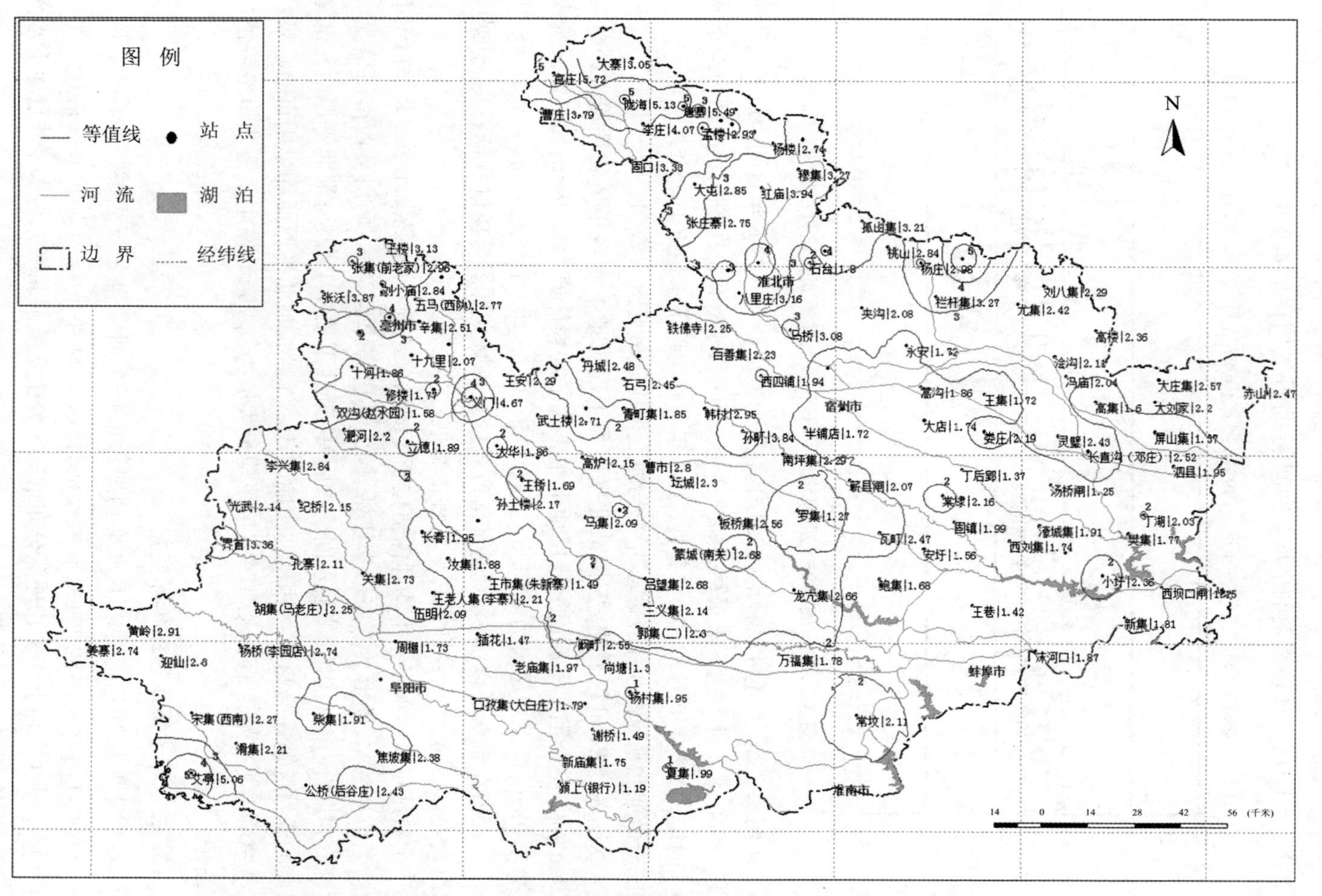

图 3.2.21 安徽淮北平原区月平均地下水埋深历年平均值等值线分布

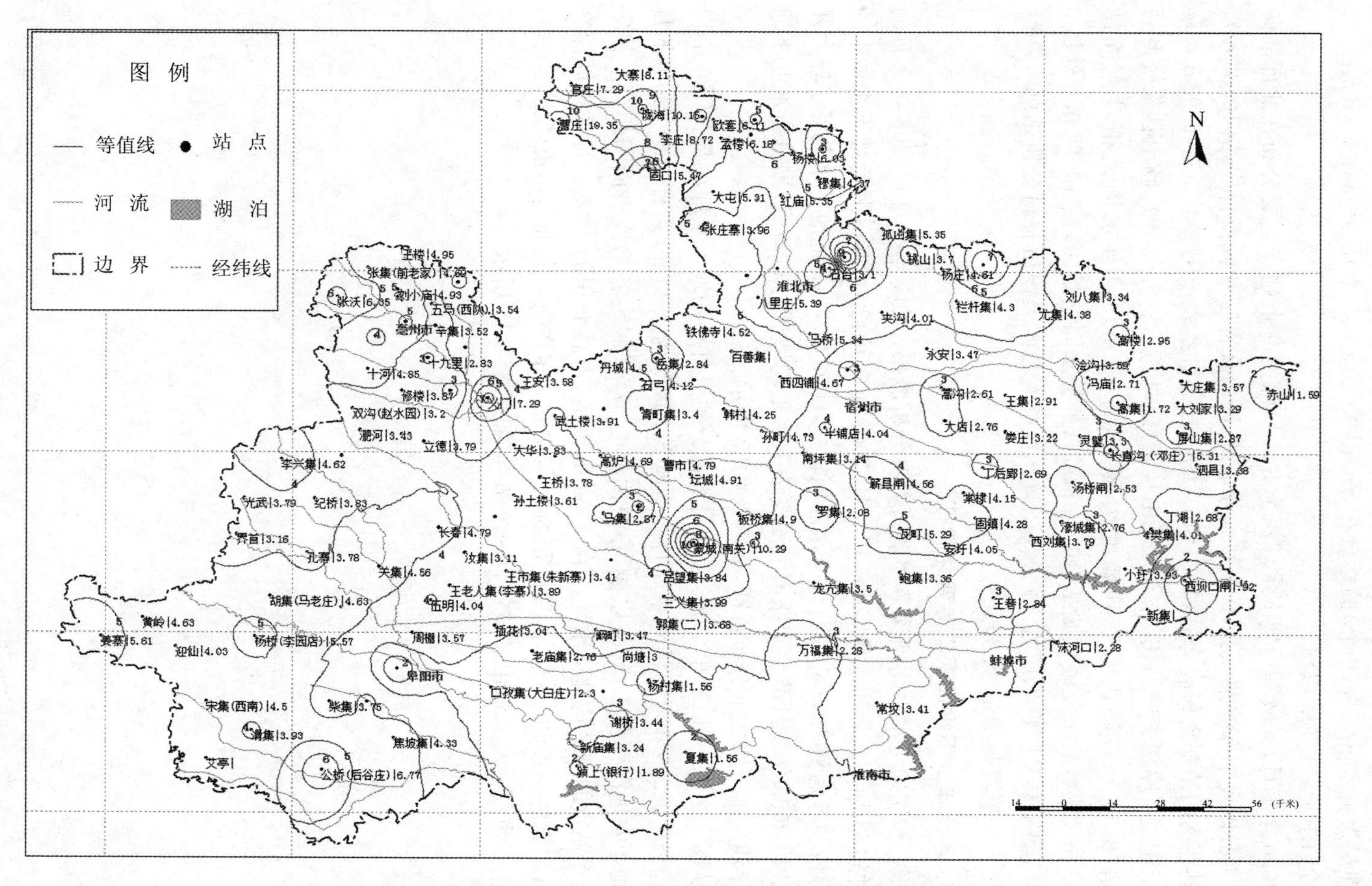

图 3.2.22　安徽淮北平原区 2000 年 5 月平均地下水埋深等值线分布图

安徽淮北平原枯水年浅层地下水面上分布有如下特征:2000 年 5 月,区域平均地下水埋深为 4.26 m,5%(9 个)的站点在 8 m 以深;20%(36 个)的站点在 5~8 m;75%(135 个)的站点在 5 m 以浅。

2000 年 5 月,区域平均地下水埋深为 8 m 以深的 9 个站点主要分布在北部的砀山县、萧县以及中部的蒙城县,9 个站点分别是:砀山县曹庄乡戚楼曹庄站(10.35 m)、砀山县西南门镇郑楼村陇海站(10.15 m)、砀山县薛口乡大张庄韦子园站(9.92 m)、砀山县李庄镇三座楼李庄站(8.72 m)、砀山县唐寨镇唐寨站(8.62 m)、砀山县朱楼乡迴龙集站(8.56 m)、砀山县玄庙镇北大寨站(8.11 m)、萧县永固镇粮站永固站(10.87 m)、蒙城县城关镇蒙城站(10.29 m),以萧县永固站最深,达 10.87 m。外加 3 个漏斗:涡阳县义门镇朱庄村义门站(7.29 m)、阜南县城关镇后谷村公桥站(6.77 m)和亳州市牛集镇张沃站(6.35 m)。

4. 丰水年地下水埋深年际变化特征

根据浅层地下水平均埋深多年系列资料分析成果,2003 年 9 月~2008 年 8 月的 5 年时间,为地下水较丰时段,2003 年 9 月、2007 年 8 月、2008 年 8 月为地下水最丰的 3 个月份。考虑到 2003 年 9 月地下水前期较枯,2003 年 7~9 月地下水获得了较大补给。故以 2003 年 9 月淮北平原面上浅层地下水平均埋深分布情况,来分析淮北平原丰水年浅层地下水面上分布特征,如图 3.2.23 所示。

从图 3.2.23 可以看出,2003 年 9 月大部分站点月平均地下水埋深都在 1.0 m 以浅。经分析,2003 年 9 月淮北平原月平均地下水埋深为 1.11 m,共有 103 个站点的月平均地下水埋深都在 1.00 m 以浅,占总面积的 57%(假定各站代表面积相等),其中有 22 个站点的月平均地下水埋深在 0.50 m 以浅,占总面积的 12%。月平均埋深在 2.0 m 以深的站点共 11 个,占总面积的 6%,主要分布在平原北部宿州市砀山县境内,同时宿州市萧县及亳州市蒙城各有一个站点,如表 3.2.10 所示。

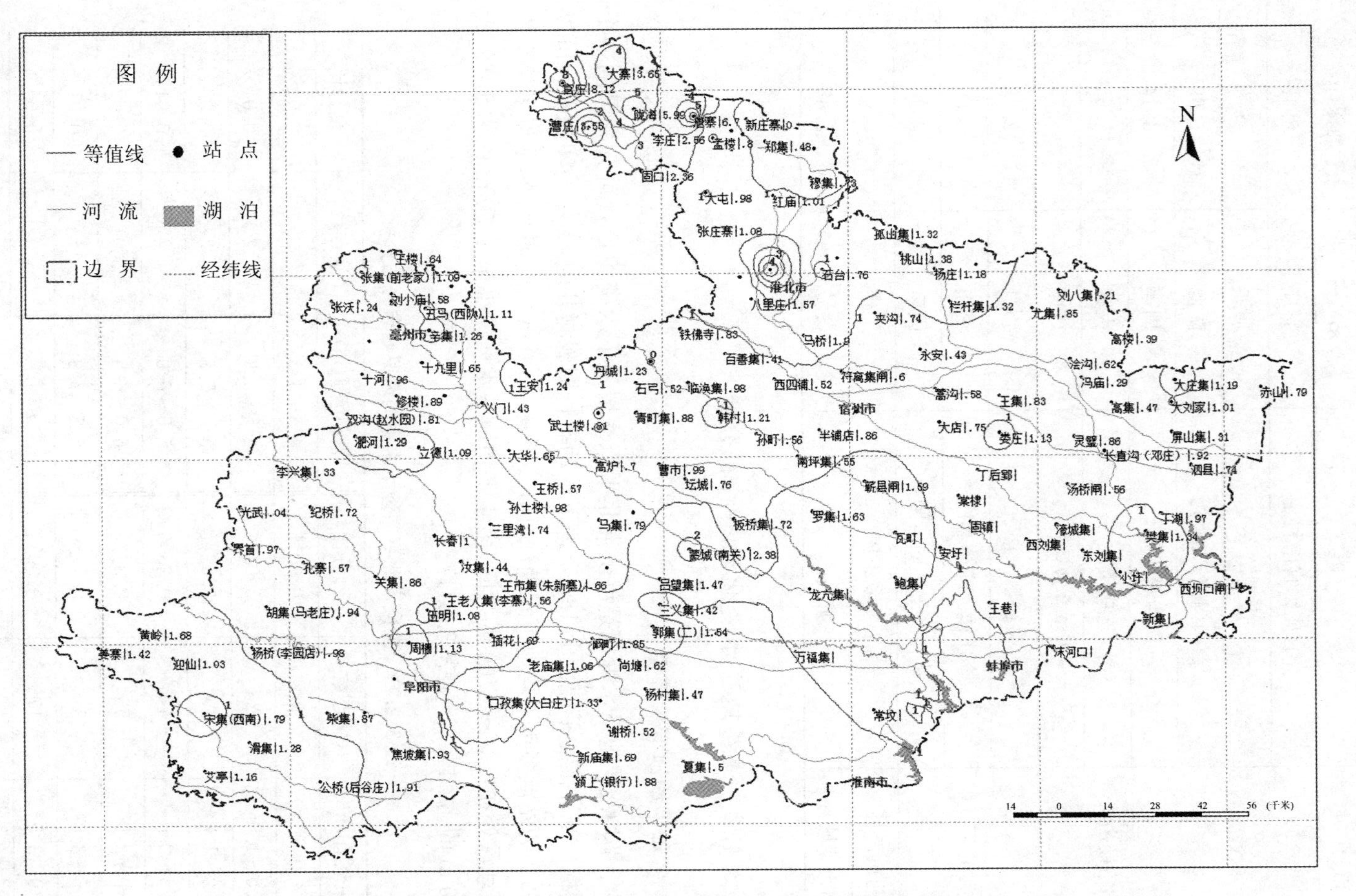

图 3.2.23　安徽淮北平原区 2003 年 9 月平均地下水埋深等值线分布图

表 3.2.10　2003 年 9 月月平均埋深 2 m 以深的站点统计表

市、县	乡　镇	站　名	埋深(m)
宿州市砀山县	官庄镇官南村	官庄	8.12
	唐寨镇	唐寨	6.7
	西南门镇郑楼村	陇海	5.99
	周寨镇汪集	周寨	4.14
	玄庙镇北	大寨	3.65
	曹庄乡戚楼村	曹庄	3.55
	朱楼镇朱楼	迴龙集	2.78
	李庄镇三座楼李庄	李庄	2.56
	黄楼乡王庄固口闸	固口	2.36
宿州市萧县	丁楼乡王庄	丁楼	5.68
亳州市蒙城县	城关镇	蒙城	2.38

3.2.4.2　浅层地下水变化动态特征分析

1. 多年平均地下水埋深

多年平均浅层地下水埋深是反映淮北平原浅层地下水资源量及可开采量的一个重要指标。统计淮北平原面上 180 个地下水动态长期观测井的 41 年的实测资料可以发现，69%的站点多年平均地下水埋深处在 1.50～3.00 m 之间，92%的站点多年平均地下水埋深处在 1.00～4.00 m 之间，多年平均地下水埋深小于 1.50 m 的占 10%，大于 3.00 m 的占 21%，详见表 3.2.11。

表 3.2.11　安徽淮北平原地下水平均埋深站点分布分析

埋深范围(m)	站点数	百分比	埋深范围(m)	站点数	百分比
≤0.5	0	0.00%	4.0～4.5	3	0.02%
0.5～1.0	2	0.01%	4.5～5.0	2	0.01%
1.0～1.5	16	0.09%	5.0～5.5	3	0.02%
1.5～2.0	42	0.23%	5.5～6.0	2	0.01%
2.0～2.5	53	0.29%	6.0～6.5	0	0.00%
2.5～3.0	31	0.17%	6.5～7.0	1	0.01%
3.0～3.5	17	0.09%	>7.0	0	0.00%
3.5～4.0	8	0.04%	合计	180	100%

2. 地下水浅埋深

地下水浅埋深是指自该地下水长期观测井有记录以来的地下水埋深最小值(最浅值),地下水浅埋深是反映淮北平原浅层地下水资源所能达到的最大补给标准及理论上最大浅层地下水资源量。统计淮北平原面上180个地下水动态长期观测井的41年的实测资料可以发现,67%的站点地下水浅埋深在0.50 m以浅(近地表水平);95%的站点多年平均地下水埋深处在1.00 m以浅;仅1%(2个)的站点地下水浅埋深处在3.00 m以深,详见表3.2.12。

表3.2.12　地下水浅埋深站点分布分析

埋深范围(m)	站点数	百分比
0～0.5	119	67%
0.5～1.0	51	28%
1.0～1.5	6	3%
1.5～2.0	2	1%
2.0～2.5		0%
2.5～3.0		0%
>3.0	2	1%

3. 地下水深埋深

地下水深埋深是指自该地下水观测井有记录以来的埋深最大值(最枯值),地下水深埋深是反映淮北平原浅层地下水有记录以来所能达到最枯理论浅层地下水资源量。统计淮北平原面上180个地下水动态长期观测井的41年的实测资料可以发现,78%的站点地下水深埋深处在3.00～7.00 m之间;95%的站点地下水深埋深处在2.00～10.00 m之间;仅5%的站点地下水深埋深大于10 m,详见表3.2.13。

表3.2.13　地下水深埋深站点分布分析

埋深范围(m)	站点数	百分比
≤2.0	0	0%
2.0～3.0	7	4%
3.0～4.0	35	19%
4.0～5.0	62	34%
5.0～6.0	25	14%
6.0～7.0	19	11%
7.0～8.0	7	4%

续表

埋深范围(m)	站点数	百分比
8.0～9.0	13	7%
9.0～10.1	3	2%
>10	9	5%

4. 地下水水位变幅

地下水变幅是指自该地下水长期观测井有记录以来的地下水埋深最大值(最枯值)与地下水埋深最小值(最丰值)之差,地下水变幅是反映淮北平原浅层地下水资源有记录以来所能达到的最大开采标准及浅层地下水资源理论最大开采量。统计淮北平原面上180个地下水动态长期观测井的41年的实测资料可以发现,76%的站点地下水变幅处在2.50～6.00 m之间;97%的站点地下水变幅处在2.00～10.00 m之间;仅3%的站点地下水变幅大于10 m,详见表3.2.14。

表3.2.14 地下水变幅站点分布分析

变幅范围(m)	站点数	百分比	变幅范围(m)	站点数	百分比
≤2.0	1	0.01%	5.5～6.0	14	0.08%
2.0～2.5	5	0.03%	6.0～6.5	5	0.03%
2.5～3.0	11	0.06%	6.5～7.0	7	0.04%
3.0～3.5	17	0.09%	7.0～8.0	12	0.07%
3.5～4.0	34	0.19%	8.0～9.0	4	0.02%
4.0～4.5	32	0.18%	9.0～10.0	3	0.02%
4.5～5.0	15	0.08%	>10.0	6	0.03%
5.0～5.5	14	0.08%	合计	180	100%

3.2.4.3 浅层地下水代际变化

所谓代际变化是指以10年为一个时段,统计各时段内地下水动态特征,以寻找各时段间的变化规律。淮北平原浅层地下水观测记录涉及20世纪70年代、80年代、90年代以及21世纪的头10年共4个年代。

1. 面上平均埋深

取180个井点地下水埋深算术平均值作为面上地下水平均埋深,点绘淮北平原地下水平均埋深过程线,如图3.2.21所示。再分别以1974年1月～1980年12月作为20世纪70年代,以1981年1月～1990年12月作为20世纪80年代,以1991年1月～2000年12月作为20世纪90年代,以2001年1月～2010年12月作为21世纪头

10 年，则 4 个年代淮北平原面上地下水平均埋深如表 3.2.15 所示。

表 3.2.15　浅层地下水面上平均埋深代际变化表

年 代	1974 年 12 月～1980 年 12 月	1981 年 1 月～1990 年 12 月	1991 年 1 月～2000 年 12 月	2001 年 1 月～2010 年 12 月
平均埋深(m)	2.32	2.88	2.75	2.46

从表 3.2.15 可以看出，淮北平原地下水以 20 世纪 70 年代最丰，以 20 世纪 80 年代最枯，自 20 世纪 90 年代以来，淮北平原地下水进入持续恢复期。

2. 地下水浅埋深

因为地下水浅埋深是指自某地下水长期观测井有记录以来，该井所能达到的最浅补给埋深。试想，如果淮北平原面上所有观测井地下水埋深都处在最浅处，无疑，此时的淮北平原浅层地下水资源量达到最大，这就是理论上最大浅层地下水资源量。从另一角度说，如果某年代地下水浅埋深出现多，说明该年代浅层地下水资源量丰富，获得的补给最丰富。统计面上 180 个地下水动态长期观测井的地下水浅埋深代际分布可以发现，以 21 世纪头 10 年淮北平原浅层地下水资源量最丰富，20 世纪 90 年代次之。以 2003 年淮北平原浅层地下水资源量最丰富，29%的井点在该年获得了最大补给，2007 年、1998 年、1996 年次之，详见表 3.2.16。

表 3.2.16　地下水浅埋深代际分布分析

浅埋深出现时间	站点数	百分比	年代分布	百分比	浅埋深出现时间	站点数	百分比	年代分布	百分比
1974	3	2%			1996	13	7%		
1975	1	1%			1997	2	1%		
1976	1	1%			1998	18	10%		
1977	2	1%			1999	1	1%	45	25%
1979	12	7%	19	11%	2001	2	1%		
1980	2	1%			2003	52	29%		
1982	5	3%			2005	7	4%		
1984	2	1%			2006	4	2%		
1985	12	7%			2007	20	11%		
1989	5	3%	26	0.14%	2008	5	3%	90	50%
1991	10	6%			合计	180	100%	180	100%
1992	1	1%							

3. 地下水深埋深

地下水深埋深反映了自某地下水长期观测井有记录以来，该井地下水埋深曾达到的最大值，只有大幅开采才会出现最枯。试想，如果所有观测井地下水埋深都处在最深，无疑，此时的浅层地下水资源量开采达到最大。从另一角度说，如果某年代地下水深埋深出现较多，说明该年代浅层地下水资源量开采量较大。统计面上180个地下水动态长期观测井的地下水埋深代际分布可以发现，淮北平原浅层地下水自20世纪90年代以来，进入高开发期，21世纪头10年开发利用强度进一步增强，尤以1999～2002年开发利用强度最大，4年中，54%的站点先后达到最枯水位。以2000年的淮北平原浅层地下水资源量开采量最大，2002年、2001年、1995年、1999年次之，详见表3.2.17。

表3.2.17 地下水深埋深代际分布分析

深埋深出现时间	站点数	百分比	年代分布	百分比	深埋深出现时间	站点数	百分比	年代分布	百分比
1975	1	1%			1996	7	4%		
1976	1	1%			1997	4	2%		
1977	3	2%			1998	1	1%		
1978	5	3%			1999	16	9%	53	29%
1979	2	1%	12	7%	2000	42	23%		
1982	2	1%			2001	19	11%		
1983	1	1%			2002	21	12%		
1987	1	1%			2003	11	6%		
1988	2	1%			2004	1	1%		
1989	1	1%	7	4%	2005	7	4%		
1991	1	1%			2008	2	1%		
1992	1	1%			2009	3	2%		
1994	4	2%			2010	2	1%	108	60%
1995	19	11%			合计	180	100%	180	100%

3.2.5　区域蒸散发

3.2.5.1　水面蒸发

选水文部门18个蒸发站进行分析，其中安徽省淮北平原地区12个(分别是鲁台子站、蚌埠站、界首站、阜阳站、亳县站、蒙城站、龙亢集站、临涣集站、丁后郢站、固口闸站、杨楼站和浍塘沟闸站)、江苏省淮北平原地区6个(阜宁站、沭阳站、三河闸站、沛城闸站、石梁河水库和运河站)。气象部门的蒸发观测站，蒸发器均是∅20套盆式，通过对代表站与相近水文部门E601观测站资料进行折算系数分析，并进行合理性分析，经过地区综合，统一确定折算系数，折算成E601型蒸发量值后供研究时参照使用。按水利部水资源综合规划技术细则的要求，本次蒸发量分析计算的资料系列为1980～2014年，无需对现有资料系列进行插补，仅对其进行资料的合理性分析和可靠性检查。

1. 蒸发能力的时空分布

蒸发能力是指充分供水条件下的陆面蒸发量，这次分析用E601型蒸发器观测的水面蒸发量近似代替。蒸发能力的地区变化和年际变化一般来说相对较小，水面蒸发量的C_v值一般小于0.15，通常只需10年以上的资料即可满足计算要求。这次评价用1980～2014年的34年的蒸发资料分析近期下垫面情况下的蒸发能力。

(1) 水面蒸发量的年内分配

淮北平原1980～2014年多年平均蒸发量为851.1 mm，1980～2014年平均水面蒸发量资料系列中，年水面蒸发最大值为988.9 mm(1981年)，最小值为704.5 mm(2003年)，年最大、最小值之比是1.40。就单站而言，年最大与最小水面蒸发量的比值在1.40～2.05之间，差值最大的是固口闸站，其年最大与最小水面蒸发量的比值为2.05，差值最小的是石梁河水库站与蒙城站，其年最大、最小水面蒸发量的比值均为1.40。

受温度变化的影响，水面蒸发的年内分配很不均匀，夏季气温高、蒸发量大，冬季气温低、蒸发量小。淮北地区年内月最大水面蒸发量一般出现在6月，占年蒸发量的13.2%，月最小蒸发量出现在1月，占年蒸发量的2.8%，连续最大4个月蒸发量出现在5～8月，蒸发总量达420.3 mm，占全年蒸发量的49.4%。对单站和水资源四级区而言，年内月最大水面蒸发量一般出现在5、6月，约占年蒸发量的13%，月最小蒸发量一般出现在1月，仅占年蒸发量的3%不到，连续最大4个月蒸发量出现在5～8月，总量超过400 mm，约占全年蒸发量的50%。淮北地区蒸发代表站1980～2008年平均水面蒸发量月分配见表3.2.18。淮北地区各水资源分区多年平均蒸发量月分配比例见图3.2.24。淮北地区汛期(5～9月)的蒸发占全年的59.4%，水资源四级区汛期的蒸发占全年的比例在56%～63%之间，约占全年蒸发量的3/5。淮北地区(6～8

月)的蒸发占全年的 49.4%,各水资源四级区的 5～8 月的蒸发量占全年的比例在 47%～53%之间,约占全年蒸发量的 1/2。

表 3.2.18　淮北地区代表站多年平均蒸发量月分配比例表

月　份	1	2	3	4	5	6	7	8	9	10	11	12	5～9
鲁台子	3.3%	4.7%	6.7%	9.1%	12.3%	13.2%	12.4%	11.8%	9.9%	7.5%	5.3%	3.8%	59.6%
蚌埠	3.1%	4.1%	6.8%	9.6%	12.4%	12.1%	11.9%	12.2%	10.3%	8.0%	5.5%	4.1%	58.9%
界首	2.8%	4.3%	7.1%	10.0%	12.2%	13.5%	12.1%	11.4%	10.1%	7.7%	5.2%	3.7%	59.2%
阜阳	3.8%	4.8%	7.5%	9.1%	11.6%	12.3%	11.9%	11.2%	9.9%	7.9%	5.5%	4.8%	56.8%
亳县	2.8%	4.9%	8.5%	10.7%	12.9%	13.3%	12.1%	11.3%	9.4%	6.8%	4.4%	3.0%	59.0%
蒙城	2.2%	3.4%	6.4%	9.3%	12.6%	13.3%	13.7%	13.1%	9.8%	7.6%	5.0%	3.7%	62.4%
龙亢集	3.3%	4.4%	6.9%	9.5%	12.2%	12.5%	11.9%	12.0%	10.1%	7.9%	5.5%	3.9%	58.7%
临涣集	2.2%	4.0%	8.0%	9.9%	12.7%	15.2%	11.9%	10.8%	10.1%	7.7%	4.4%	3.0%	60.7%
丁后郢	3.4%	4.1%	7.2%	9.7%	11.8%	13.1%	11.8%	10.8%	9.8%	8.4%	5.9%	4.0%	57.3%
固口闸	2.4%	3.7%	7.9%	10.7%	13.8%	14.1%	12.8%	11.9%	9.7%	6.9%	4.1%	2.6%	62.3%
杨楼	2.2%	3.5%	7.3%	10.2%	13.3%	15.3%	12.6%	10.9%	9.4%	7.6%	4.7%	2.9%	61.6%
浍塘沟	2.5%	4.1%	8.8%	9.8%	11.8%	14.8%	12.0%	10.6%	10.2%	8.1%	4.8%	3.3%	59.5%
阜宁	2.7%	3.8%	6.8%	9.6%	12.5%	12.1%	11.7%	12.3%	10.9%	8.6%	5.3%	3.7%	59.5%
沭阳	2.3%	3.8%	7.6%	10.6%	13.1%	12.5%	11.3%	11.5%	10.4%	8.1%	5.3%	3.5%	58.8%
三河闸	3.0%	4.1%	6.9%	9.5%	12.2%	11.5%	12.4%	12.4%	10.5%	8.1%	5.6%	3.8%	59.1%
沛城闸	2.3%	3.7%	7.7%	10.9%	13.1%	13.5%	11.6%	11.4%	9.9%	7.7%	5.0%	3.1%	59.5%
石梁河水库	2.5%	3.5%	7.6%	10.8%	12.8%	12.3%	10.9%	11.3%	10.6%	8.7%	5.7%	3.4%	57.8%
运河	2.9%	3.9%	7.8%	10.4%	12.8%	12.8%	11.5%	11.7%	10.1%	7.6%	5.0%	3.4%	59.0%

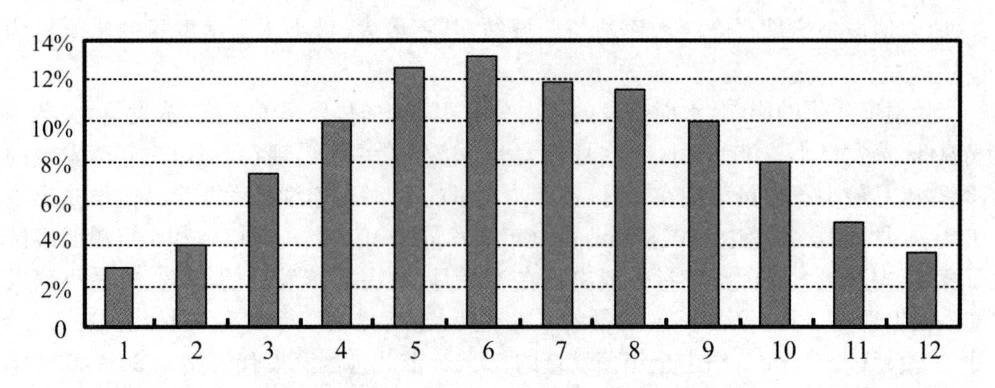

图 3.2.24　淮北地区蒸发量年内分配比例图

(2) 水面蒸发的地区分布

利用水面蒸发资料分析计算成果，点绘全淮北地区水面蒸发量等值线图。由于影响水面蒸发的因素较多，绘制时一方面依靠实际数据，另一方面要考虑到地理位置、地形和气候等因素，尽量使等值线合理，能反映各个地区在充分供水条件下的蒸发能力的客观规律。

从水面蒸发等值线图(图3.2.25)可以看出淮北平原水面蒸发量在浍河怀洪新河区最大，集中在淮北市，达950 mm，以此为中心逐渐向西北方向和东南方向减小。等值线向西北方向减小到650 mm，密度较密；等值线向东南方向减小到800 mm，密度较稀疏，变化幅度不大。江苏省淮北平原地区河流、湖泊分布较散，连云港市临近黄海，对流较强，相对安徽省淮北地区而言，水面蒸发较大。

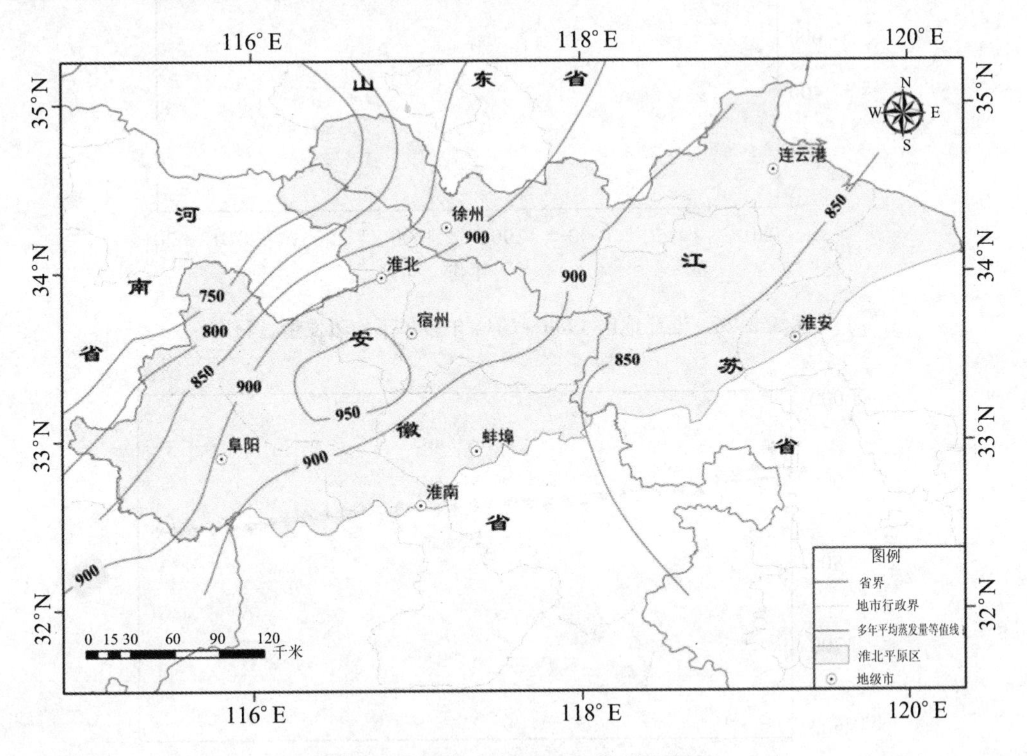

图 3.2.25　淮北平原蒸发能力等值线图

2. 蒸发能力的情势分析

淮北地区1980～2014年多年平均蒸发量为851.5 mm，由图3.2.26可看出蒸发量明显有减小趋势，平均每年减少3.5 mm，点绘区域面多年平均蒸发量累积均值图3.2.27，可以看出蒸发量明显有下降趋势，降幅约100 mm。

为了消除不同型号蒸发器折算系数的影响，选择同一口径蒸发器观测资料进行分析。选取淮北地区1980年前后蒸发器型号均为E601的10个蒸发站点分1956～1979年和1980～2008年两个年段进行对比分析。从淮北地区蒸发代表站水面蒸发量不同系列比较表(表 3.2.19)可见,1980 年后的年均蒸发量普遍较 1980 年前的年均蒸发量有较大幅度减少,相对偏差均超过 15%,绝对差值和相对差值最大的均为亳县站,其次是界首站,最小的是沛城闸站。其中相对差值超过 50%的有两个站,占分析代表站的 20%,相对差值小于 20%的有 4 个站,占分析代表站的 40%。10 个站 1980～2014 年年均蒸发量平均值为 847.9 mm,1956～1979 年年均蒸发量平均值为 1 391.1 mm,减少了 543.2 mm,平均降幅达 35%。

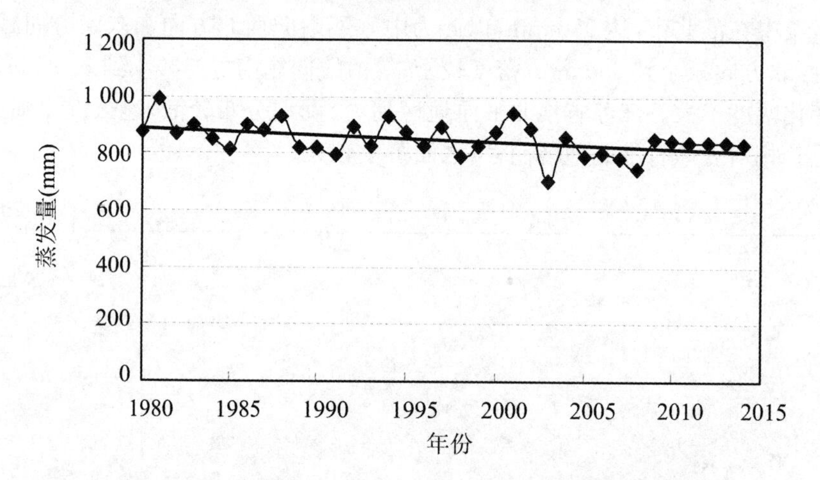

图 3.2.26 淮北地区 1980～2014 年多年平均蒸发量过程图

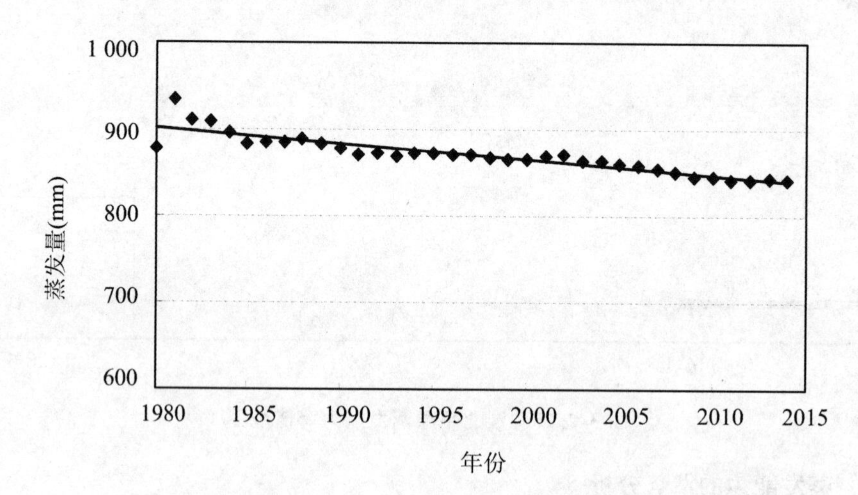

图 3.2.27 淮北地区 1980～2014 年年均蒸发量累积均值趋势图

表 3.2.19　淮北地区代表站水面蒸发量不同系列比较表

站　名	1956～1979 年 年平均蒸发量(mm)	1980～2008 年 年平均蒸发量(mm)	1980～2008 年比 1956～1979 年偏大比例
蚌埠	1 683.8	883.9	−47.5%
界首	1 809.3	836.5	−53.8%
阜阳	1 721.1	910.3	−47.1%
亳县	1 764.6	764.7	−56.7%
蒙城	1 770.8	923.0	−47.9%
阜宁	1 024.1	830.5	−18.9%
沭阳	999.3	825.8	−17.4%
三河闸	973.6	807.0	−17.1%
沛城闸	1 027.2	855.3	−16.7%
石梁河水库	1 137.4	842.5	−25.9%

选用系列较长的江苏石梁河水库站、江苏阜宁站和安徽五道沟站分别代表江苏省淮北平原地区和安徽省淮北平原地区进行蒸发能力的情势分析，江苏石梁河水库站资料系列 1961～2014 年，实有资料 54 年，江苏阜宁站资料系列 1964～2014 年，实有资料 51 年，安徽五道沟站资料系列 1964～2014 年，实有资料 51 年。

对石梁河水库站、阜宁站、五道沟站年蒸发量与年份进行趋势模拟（图 3.2.28、图 3.2.29、图 3.2.30），可以看出石梁河水库站自 1961 年以来蒸发量的趋势都是减少的，年均减少约 9 mm；阜宁站 1964～1998 年蒸发量是减少的，且每年平均减少 9 mm，1998～2014 年蒸发量是递增的，年均增加约 3 mm；五道沟站自 1964 年以来蒸发量的趋势也是减少的，年均约减少 9 mm。从 3 个站的模拟图上可以看出蒸发量有明显下降的趋势，石梁河水库站 48 年的减少量约占多年平均蒸发量的 47%，阜宁站 45 年的减少量约占多年平均蒸发量的 31%，五道沟站 45 年的减少量约占多年平均蒸发量的 38%。

另绘制石梁河水库站自有资料以来的模拟过程线（图 3.2.31），该站 20 世纪 60 年代的年均蒸发量为 1 182.6 mm，70 年代的年均蒸发量为 1 093.8 mm，明显的比 80 年代的年均蒸发量 827.0 mm、90 年代的年均蒸发量 850.6 mm、21 世纪 00 年代的年均蒸发量 847.7 mm、10 年代的年均蒸发量 885.25 mm 都要大。从 5 段资料的适线来看，20 世纪 60 年代的蒸发量变化斜率是向上的，有增加的趋势；自 70 年代以来呈下降趋势，斜率均为负数；至 80 年代又有所缓和，90 年代斜率又与 70 年代相近。21 世纪 00 年代的斜率比 20 世纪的斜率要大，也就是说 21 世纪的降幅要快些。21 世纪 10 年代的斜率是向上的，有增加的趋势。总而言之，水面蒸发量减少的趋势主要是在 20

世纪 90 年代到 21 世纪 00 年代。

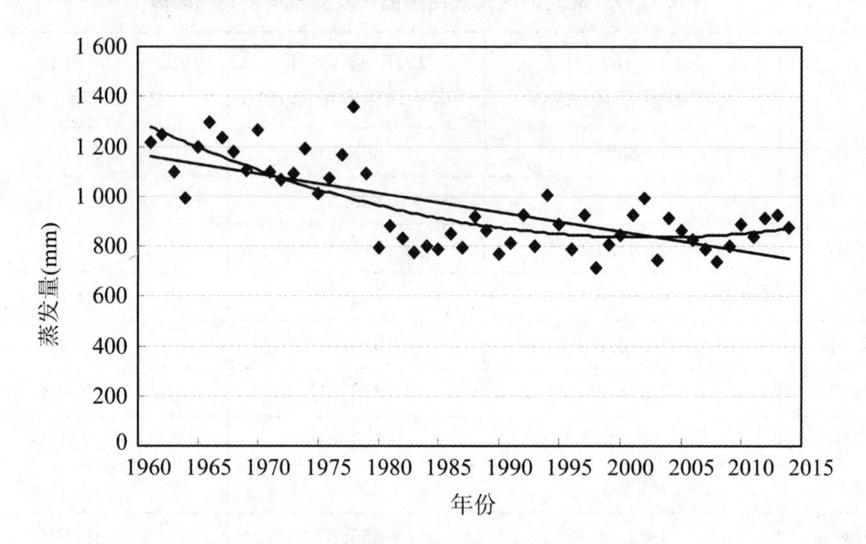

图 3.2.28 石梁河水库站年蒸发量模拟过程图

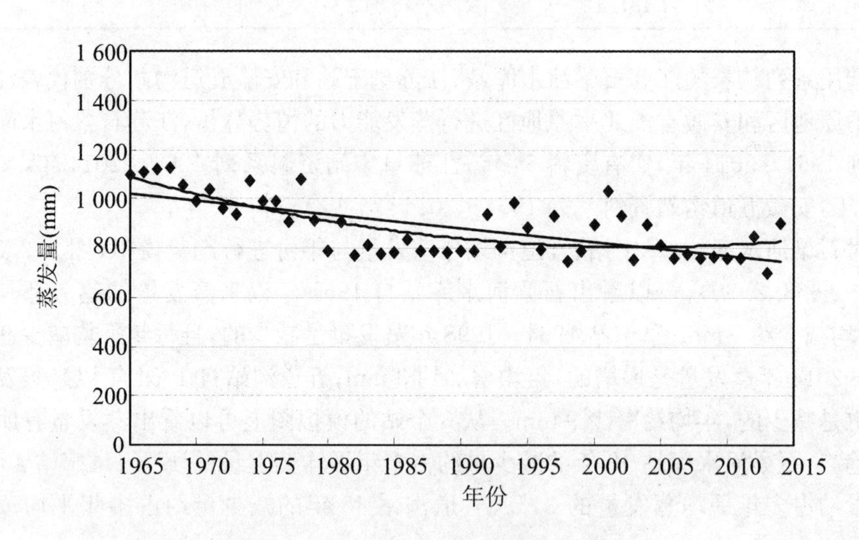

图 3.2.29 阜宁站年蒸发量模拟过程图

图 3.2.32 所示为石梁河水库、阜宁和五道沟站的自监测以来年蒸发量系列的 5 年滑动平均水面蒸发量过程线比较。可以看出，3 个测站自 20 世纪 60 年代以来水面蒸发量总体上呈现平缓下降的趋势，虽然 3 个测站的水面蒸发量波动幅度不同，但减小趋势是一致的。

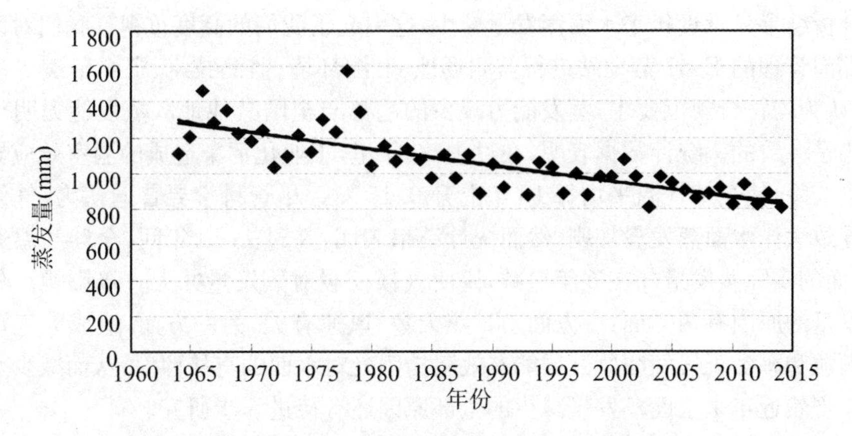

图 3.2.30　五道沟站年蒸发量模拟过程图

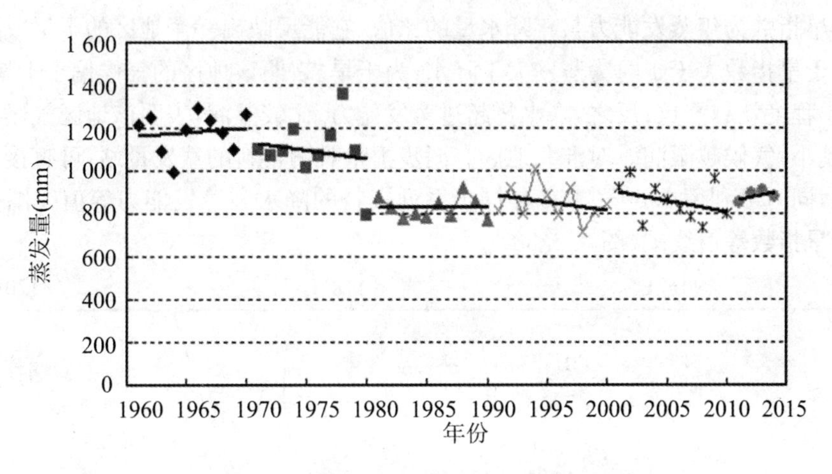

图 3.2.31　石梁河水库站蒸发量模拟过程图

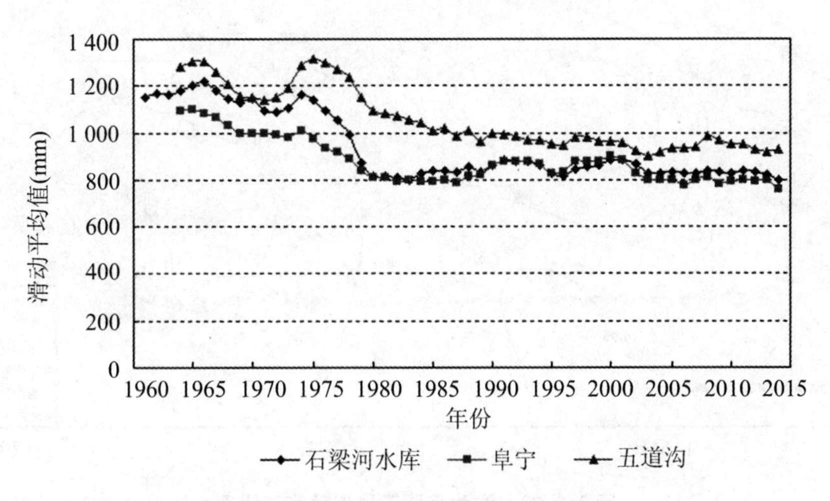

图 3.2.32　代表站 5 年滑动平均过程线

分析结果显示近年来水面蒸发量减少，这引起了我们的高度重视。我们对区域内水文部门管理的 E601 蒸发站进行监测场地、监测环境、监测技术、资料整编等进行了调查，认为均符合规范要求，蒸发能力减少的趋势与全国其他地区蒸发能力明显减少的趋势是一致的。统计数据表明，在过去 50 年里，工业化污染造成的温室效应导致全球气候变暖，使全球气温平均每 10 年上升 0.15 ℃。尽管科学界普遍认为，气候变暖必然导致大洋水面蒸发量加剧，然而统计结果表明，在过去 50 年间，全球气温逐年上升，水面的实际蒸发量却在逐年递减，说明气候变暖对蒸发量并无直接影响。分析影响蒸发量的原因有两方面：一方面与日照天数、风速有关，另一方面，造成大气污染的悬浮颗粒和恶劣天气的浓厚云层能有效阻挡阳光对水面的直接照射，从而减少水面的蒸发。当然近年来水面蒸发量减少的全部原因还有待进一步研究。

3. 干旱指数

干旱指数为年蒸发能力与年降水量的比值，它能反映出一个地区的干旱或湿润程度。当干旱指数大于 1 时为蒸发大于降水，为干旱，表明该地区的气候偏于干旱，值越大，干旱程度就越严重；反之，降水量超过蒸发能力，比较湿润，表明该地区气候偏于湿润，值越小，气候越湿润。对淮北地区有同步雨量观测资料的蒸发量站，可直接计算干旱指数，同时可利用 1980～2008 年同步系列资料的降水和蒸发能力等值线图查算并绘制干旱指数等值线图（图 3.2.33）。

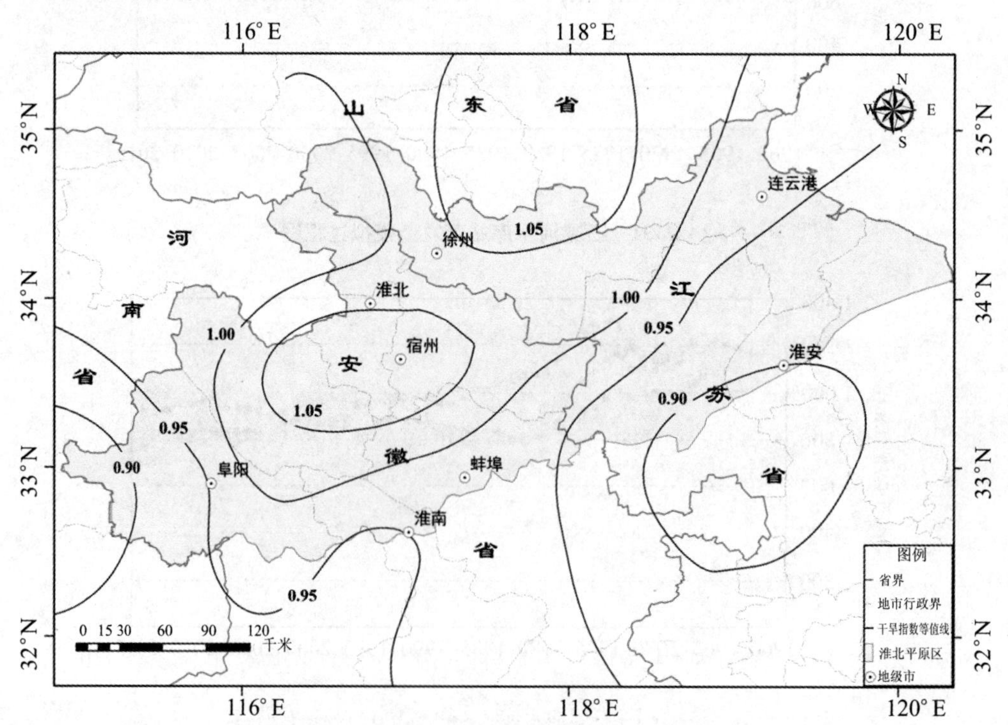

图 3.2.33 淮北平原干旱指数等值线图

从干旱指数等值线图上可以看出，淮北地区干旱指数在 0.8～1.3 之间，干旱指数总的趋势由南向北、西北递增，到宿州沱濉河上段地区、徐州丰沛地区达到最高，超过 1.20。干旱指数又由此最高值区向西北递减至 0.8。干旱指数的地区分布情况是，江苏的丰沛区、骆马湖上游区和安徽的沱濉河上段区、浍河怀洪新河区的淮北段地区超过 1.0，在 1.00～1.3 之间；江苏淮北平原地区大部分地区干旱指数在 0.80～1.00 左右，安徽淮北平原地区的阜阳、淮南、蚌埠地区干旱指数在 0.80～1.00 之间。

4. 水面蒸发影响因素

水面蒸发是流域内水量的主要损失途径，是水循环过程中的一个重要环节，影响流域内因素很多，主要气象因素取决于太阳辐射、气温、湿度、风速、气压以及降水等诸因素，主要自然因素包括：水质、水深、水面面积。而观测实验值的大小除与观测站点的气候、自然因素有关外，还与观测仪器本身的类型及观测场的下垫面条件、观测场的周围环境有着相当密切的关系，因此，水面蒸发不仅存在年内变化，同时也存在着年际变化。其主要影响因素如下：

① 在蒸发过程中太阳辐射是非常重要的，它是水蒸发的能源。对于自由水面太阳辐射基本用于蒸发，实际上每月的太阳辐射总量与月蒸发总量的关系很密切。

② 饱和水气压和气温及水温有关。高温促进蒸发，但蒸发与气温关系并不密切而与水温关系密切。风速和其他环境因素与温度相结合对蒸发有显著的作用。

③ 空气的湿度与气温有关，可通过饱和差间接影响蒸发。相对湿度影响蒸发，气温降低相对湿度增加，蒸发减少，气温低，蒸发小。

④ 风(气流)能移走水面上的水汽分子，使水面水分子饱和层变薄并保持强大的输送率。蒸发受风速及表面糙度的影响。风对蒸发的影响有一定的限度，超过此限度时水分子会即时被风完全吹走，风速再加大也不会进一步影响蒸发强度。相反，冷空气会减少蒸发而导致凝结。

⑤ 降水量、降水强度以及降水分布会影响蒸发，因为降水会干扰水分子的逸出和破坏水面结构。

⑥ 水中的溶解质会减少蒸发，水色对蒸发影响也非常显著，据资料显示，深色水往往比清水的蒸发量大 15%～20%。水深对蒸发影响非常之大，浅水水温变化显著，与气温关系密切，对蒸发的影响比较显著；深水则因水面受冷热影响产生对流作用，而使整个水体的水温变化缓慢，落后于气温的变化。同时，深水对水温变化具有缓冲作用，可以使蒸发在时间上保持较为平稳的变化。

3.2.5.2　潜水蒸发

根据五道沟实验站的地中蒸渗仪实验资料，分析了有/无作物生长条件下的潜水蒸发规律，并对其计算方法进行了深入研究。

1. 有/无作物生长情况下潜水蒸发对比

(1) 埋深为零时

无作物时潜水蒸发和水面蒸发相差不大，砂姜黑土多年平均潜水蒸发为959.2 mm，黄潮土为998.0 mm。种植水稻时潜水蒸发明显大于水面蒸发。

把图3.2.34中的数据用乘幂曲线拟合，就得到了根据水面蒸发计算的有/无作物潜水蒸发的简单公式。比较两个公式(图3.2.35)发现：水面蒸发越小，有/无作物的潜水蒸发差异越大；当月水面蒸发在35～40 mm时，种植水稻的水面蒸发是裸土水面蒸发的两倍；随着水面蒸发的增加而这一差异逐渐减小，最后稳定在1.5倍左右。

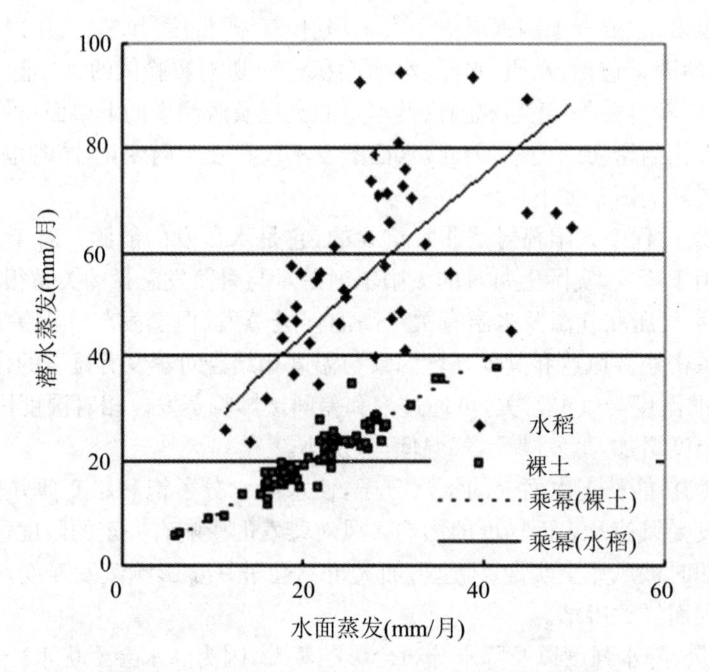

图3.2.34 埋深为零时有/无作物的潜水蒸发比较

(2) 埋深渐增时

点绘有/无作物条件下不同埋深4月、5月、8月多年平均潜水蒸发量曲线见图3.2.36。由图可知：在一定深度以下，有作物的潜水蒸发大于裸地潜水蒸发；裸土的潜水蒸发随着埋深的增加而减少；有作物的潜水蒸发有一个埋深极大值，不同作物对应的潜水蒸发埋深极大值各不相同；潜水埋深太浅时作物受渍害影响，耗水迅速减小；潜水埋深太深时作物根系附近的有效土壤水较少，有作物时的潜水蒸发也相应减少。

(3) 临界埋深

不同埋深下多年潜水蒸发的特征值可见表3.2.20，表中反映的作物对潜水蒸发影响的规律和前面分析的结果基本一致。如果把年潜水蒸发量小于10 mm视为零蒸发，那么相对应的埋深就是临界埋深，临界埋深 Z_m 只是潜水蒸发的相对极限值。砂姜黑土无作物的 Z_m 可定为2.5 m；有作物的 Z_m 为3.5 m。黄潮土无作物的 Z_m 可定为 4.0 m；有作物的 Z_m 为 5.0 m。砂姜黑土和黄潮土在有/无作物时的潜水蒸发量与埋深关系可见图 3.2.37 至图 3.2.39。2006～2008 年砂姜黑土和黄潮土在有/无作物时潜水蒸发量与埋深关系可见图 3.2.40 和图 3.2.41。

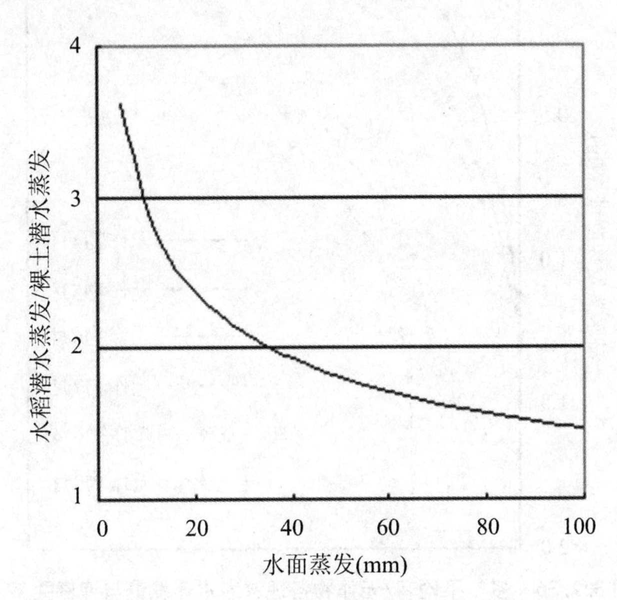

图 3.2.35　有/无作物潜水蒸发比值与水面蒸发关系

表 3.2.20　多年平均年潜水蒸发量特征值统计表　　单位：mm

埋深(m)	砂姜黑土						黄潮土					
	无作物			有作物			无作物			有作物		
	年均	年最大	年最小	年均	年最大	年最小	年均	年最大	年最小	年均	年最大	年最小
0.0	982.6	1 309.4	800.2				1 040.3	1 201.1	776			
0.2	521.1	745.2	372.9	778.3	868	492.5	768.9	1 038.3	636.8	960.1	1 130.1	567.7
0.4	246.6	292.5	166.6				654.4	714.1	523.3	833.4	1 152	792.6
0.6	173	221.5	60.3	397.1	500	178.1	530.9	611	475	721.2	979	616.4
1.0	82.2	168.1	50.9	265.6	385	160.5	468.4	527	377.3	621.5	898	525.1
1.5	25.5	87	6.1	104.5	147	38.1						
2.0	23.1	46.6	0	44.9	107.8	6	91.8	105.7	64	274.7	355.1	158.9
2.5	2.5	5.9	0	15.6	31	1.8						30.1
3.0	1.2	2	0	11.3	21.4	0.2	11.5	20.4	0.1	89.2	151.4	15
4.0		0	0	1.9	4.7	0	2.6	10.2	0	37	83.7	0
5.0		0	0	3.2	5	0	0	0	0	3.6	4	

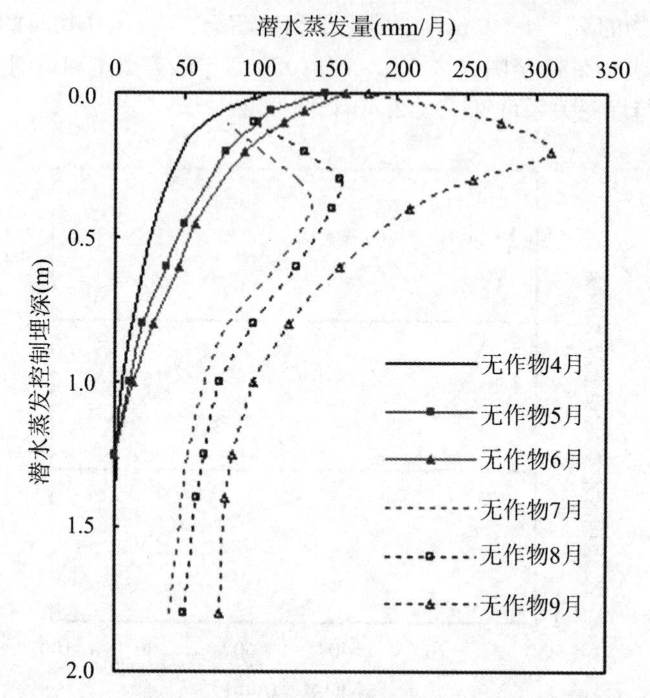

图 3.2.36 多年平均有/无作物各埋深潜水蒸发量与埋深关系图

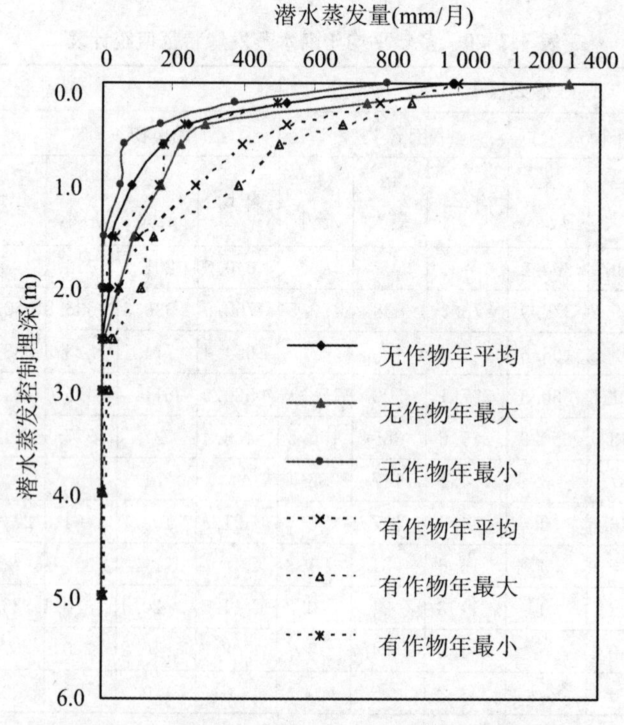

图 3.2.37 砂姜黑土多年平均有/无作物各埋深潜水蒸发量与埋深关系图

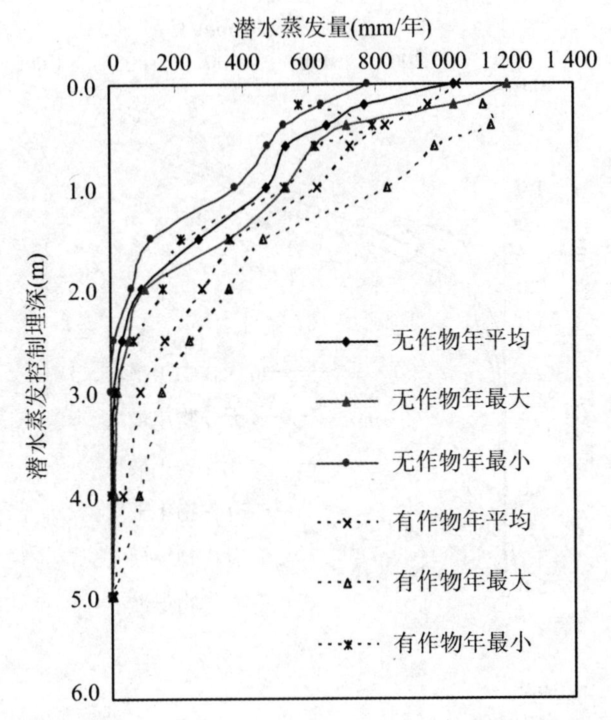

图 3.2.38 黄潮土多年平均有/无作物各埋深潜水蒸发量与埋深关系图

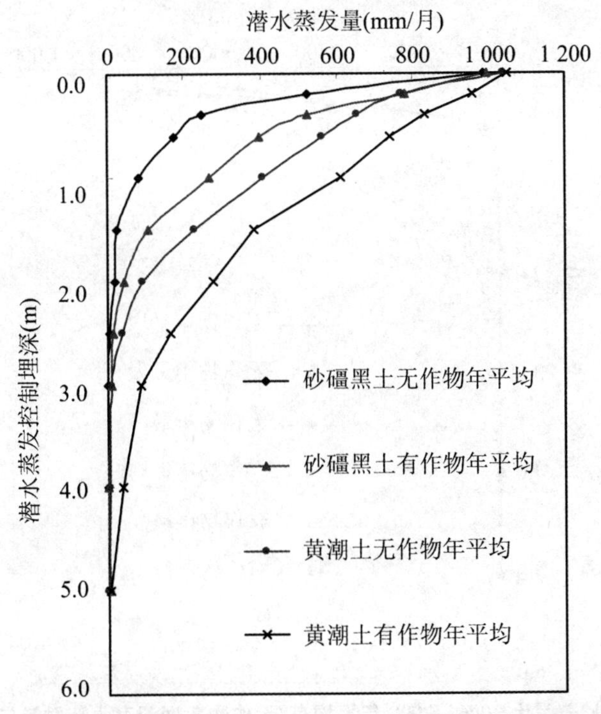

图 3.2.39 砂姜黑土和黄潮土多年平均有/无作物各埋深潜水蒸发量与埋深关系图

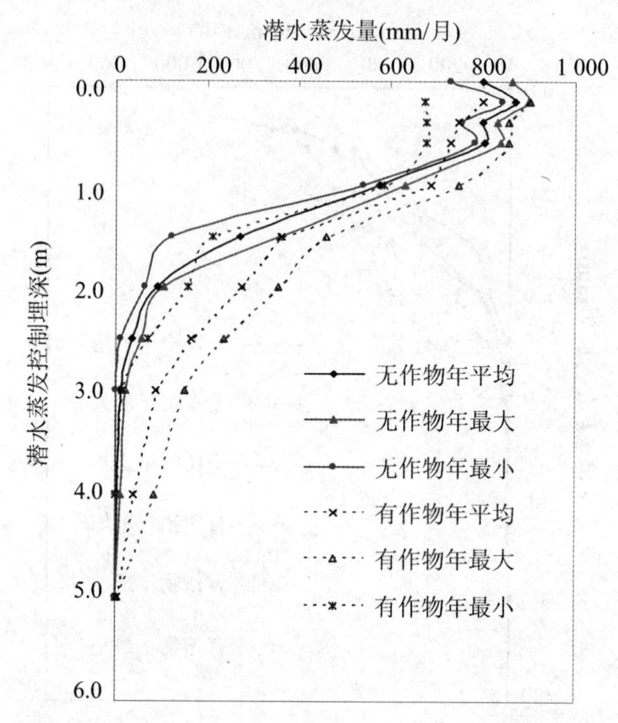

图 3.2.40 黄潮土 2006～2008 年平均有/无作物各埋深潜水蒸发量与埋深关系图

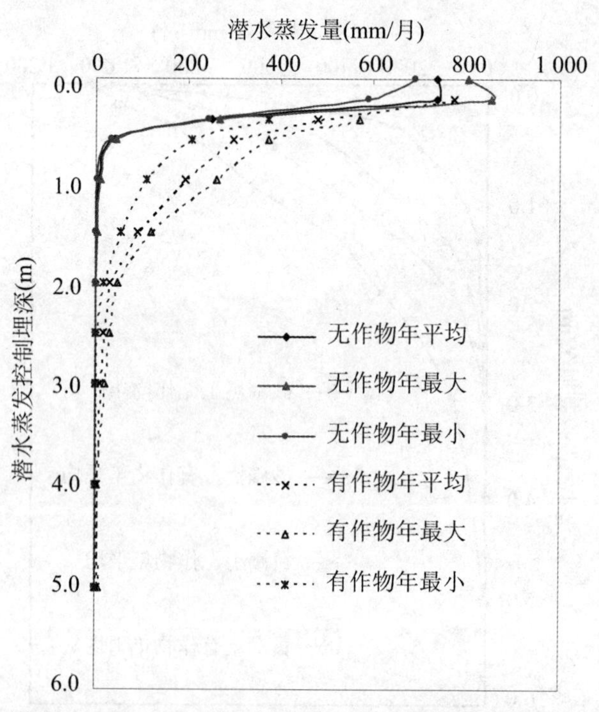

图 3.2.41 砂姜黑土 2006～2008 年平均有/无作物各埋深潜水蒸发量与埋深关系图

(4) 不同时段内潜水蒸发系数 C

由于作物及气象等因素的影响潜水蒸发的变化较大。利用地下水动态资料推求得到的潜水蒸发量，基本上可以代表该区域内多年平均陆地蒸发(多年平均年初和年末包气带蓄水量之差影响可以忽略)。地中蒸渗仪不同埋深条件下的多年平均有/无作物的潜水蒸发量则可以代表该埋深条件下土壤蒸发和蒸(散)发量。得到的不同时段潜水蒸发统计成果列于表 3.2.21。

表 3.2.21　地下水动态资料不同时段潜水蒸发成果表

时　段	砂姜黑土				黄潮土			
	潜水蒸发量(mm)			平均埋深(m)	潜水蒸发量(mm)			平均埋深(m)
	平均	最大	最小		平均	最大	最小	
灌溉年(当年10月至次年9月)	255.0	380.6	128.1	1.40	161.0	357.8	62.0	2.76
丰水年(p<37.5%)	292.9	366.5	233.6	1.20	183.3	332.2	90	2.64
平水年(37.5%≤p≤62.5%)	251.7	320.0	160.8	1.39	117.3	167.5	57	2.95
枯水年(p>62.5%)	224.2	291.7	151.3	1.60	177.7	351.7	74	2.83
灌溉年(当年10月至次年5月)	120.3	219.2	7.2	1.49	79.1	235.3	16.0	2.73
灌溉年(6～9月)	133.2	185.4	49.1	1.28	80.4	227.5	9.0	2.75

2. 典型作物潜水蒸发实验规律

(1) 冬小麦潜水蒸发实验规律

淮北平原地区冬小麦一般在每年的10月上旬播种，次年6月上旬收获，历经冬、春、夏3个季节，是一年中降水量相对较少的时期。五道沟实验站实验期冬小麦生长季节气候条件是正常年型，每年10月2日播种，次年6月4日收割，其间经历4个生长阶段：出苗～分蘖期、越冬期、返青～拔节期、抽穗～成熟期。冬小麦全生育期不同埋深情况下的潜水蒸发规律见表 3.2.22、表 3.2.23 和图 3.3.42、图 3.2.43，2006～2007年与2007～2008年砂姜黑土、黄潮土不同埋深种植冬小麦的日均潜水蒸发量见图 3.2.44 至图 3.2.47。

表 3.2.22 砂姜黑土不同埋深的冬小麦日均潜水蒸发量 单位:mm

生育阶段	时　　间	0.2 m	0.4 m	0.6 m	0.8 m	1.0 m	1.5 m	2.0 m	3.0 m
出苗～分蘖	10 月 2 日～10 月 24 日	28.4	11.1	7.7	3.3	2.4	1.4	0.8	0.0
越冬期	当年 10 月 25 日～次年 3 月 6 日	96.9	61.3	25.7	15.7	16.6	10.0	2.9	0.4
返青～拔节	3 月 7 日～4 月 23 日	84.2	76.5	64.2	89.5	26.2	36.4	9.7	0.0
抽穗～成熟	4 月 24 日～6 月 4 日	135.3	169.0	135.4	91.5	102.1	85.6	25.5	7.5

表 3.2.23 黄潮土不同埋深的冬小麦日均潜水蒸发量 单位:mm

生育阶段	时　　间	0.2 m	0.4 m	0.6 m	1.0 m	2.0 m	3.0 m	4.0 m	5.0 m
出苗～分蘖	10 月 2 日～10 月 24 日	32.9	35.1	32.3	36.2	20.1	5.6	0.0	0.0
越冬期	当年 10 月 25 日～次年 3 月 6 日	124.5	145.0	115.6	130.9	39.4	11.0	1.2	0.0
返青～拔节	3 月 7 日～4 月 23 日	149.9	94.9	126.2	121.7	64.7	16.7	1.0	0.0
抽穗～成熟	4 月 24 日～6 月 4 日	121.9	223.1	314.3	358.0	161.9	78.4	16.8	0.0

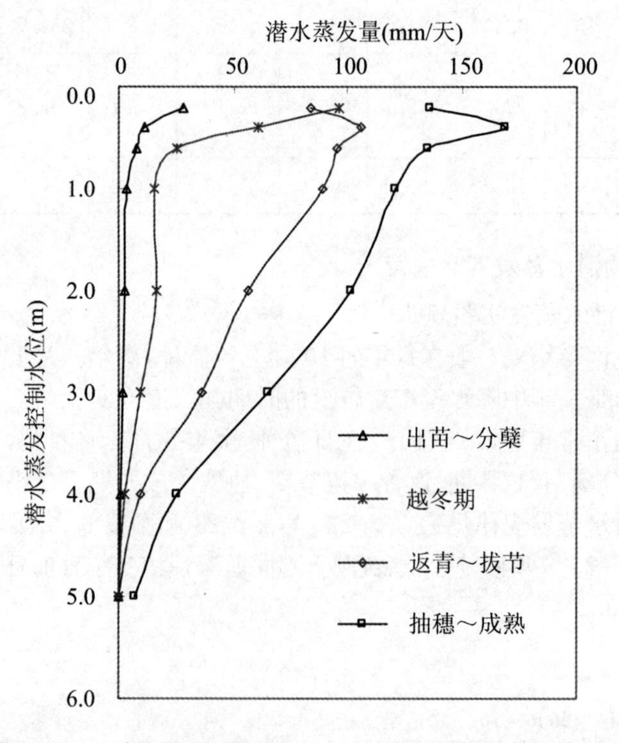

图 3.2.42 砂姜黑土不同埋深与冬小麦日均潜水蒸发量关系图

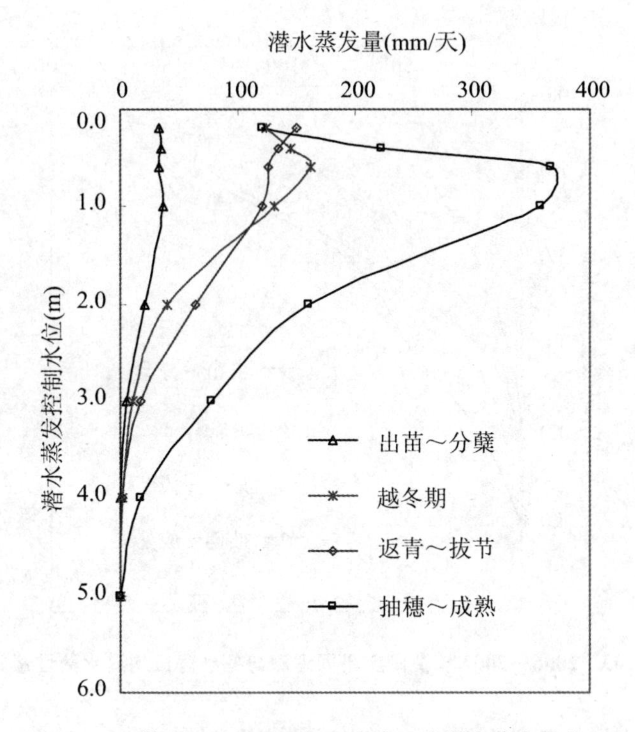

图 3.2.43　黄潮土不同埋深与冬小麦日均潜水蒸发量关系图

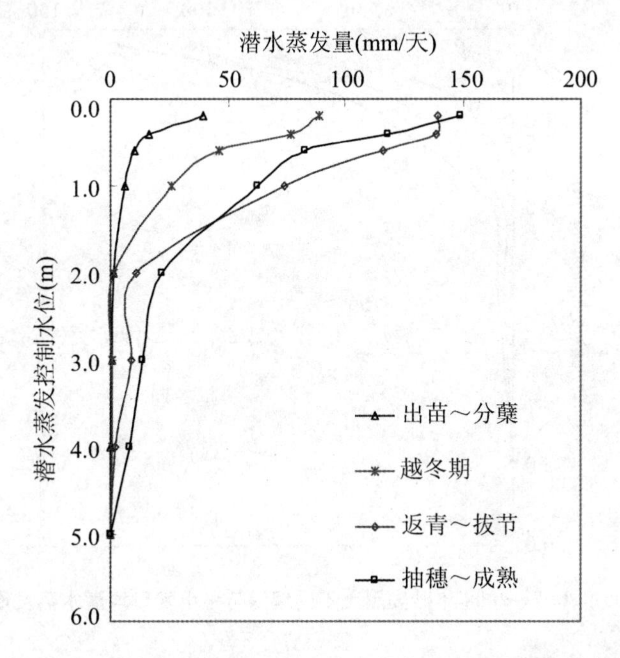

图 3.2.44　2006～2007 年砂姜黑土不同埋深与冬小麦日均潜水蒸发量关系图

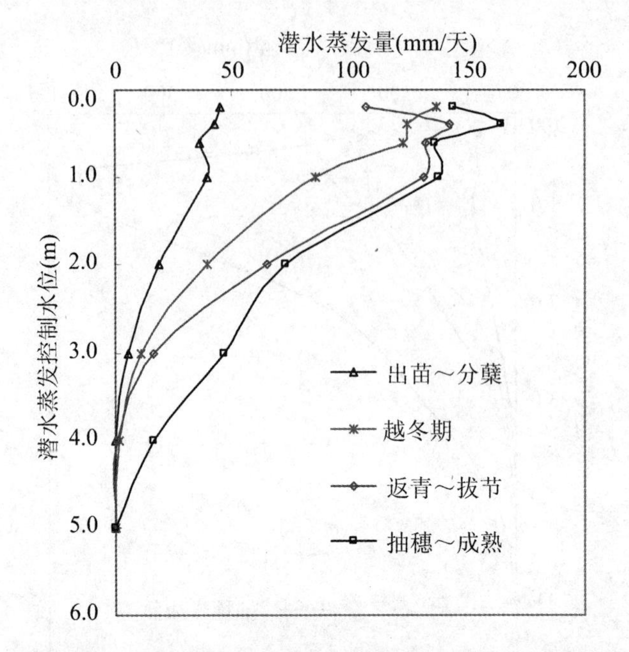

图 3.2.45 2006～2007 年黄潮土不同埋深与冬小麦日均潜水蒸发量关系图

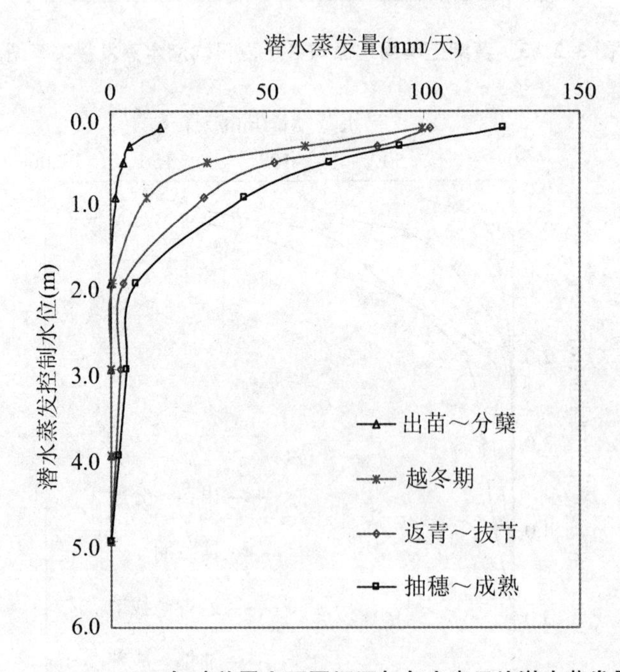

图 3.2.46 2007～2008 年砂姜黑土不同埋深与冬小麦日均潜水蒸发量关系图

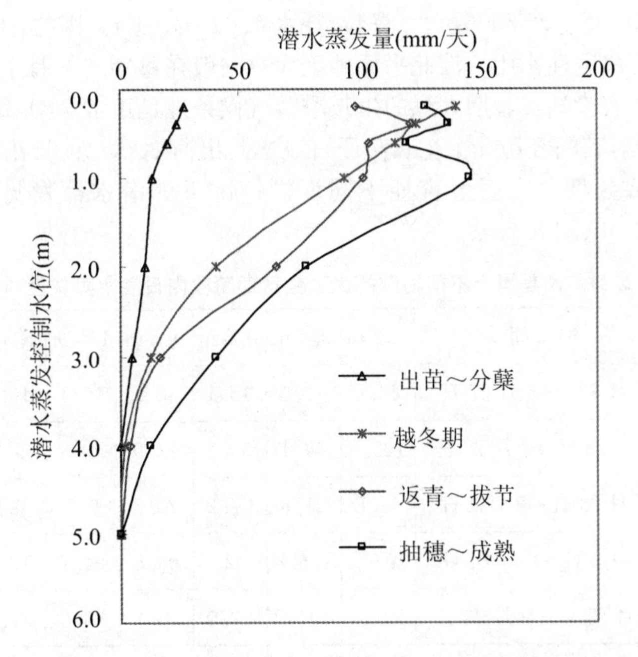

图 3.2.47 2007～2008 年黄潮土不同埋深与冬小麦日均潜水蒸发量关系图

从表 3.2.22、表 3.2.23 可知，随着地下水水位埋深的加大，潜水蒸发量逐渐减小，地下水埋深较小时，潜水蒸发量容易受作物腾发量的影响而产生较大的波动。

冬小麦出苗～分蘖期的潜水蒸发量最小，因为此阶段田间大部分是裸露的，以裸土中的潜水蒸发为主，小麦影响很小。

越冬期的潜水蒸发大于分蘖～越冬期，因为此阶段的潜水蒸发受到了小麦生长的影响，虽然小麦在越冬期需要的水量很小，但是为了保证正常生长，必然要消耗一部分水分，另外此阶段的降水较少，所以潜水蒸发量略有增加。

返青～拔节期间的潜水蒸发明显增大，此阶段是小麦生长最旺盛的季节，在生长过程中需要消耗较大量的水分，在没有降水和降水较少的情况下，其需要的水分主要来源于潜水蒸发；另一方面在此阶段小麦的根系也有了充分的发育，无论是根系的长度还是根系的密度都发育得很好，这也为小麦大量汲取水分提供了必要的条件，在此阶段小麦基本完全封垅，土壤蒸发已不是潜水蒸发主要因素。

抽穗～成熟阶段是潜水蒸发最大的季节，因为小麦孕穗、成熟需要消耗大量的水分，在降水不能满足的情况下，就会大量吸取地下水。

对于砂姜黑土来说，冬小麦生育期各阶段的潜水蒸发量随着潜水埋深增加而递减，潜水埋深越浅，潜水蒸发量越大，这与裸地潜水蒸发规律相似。而黄潮土在冬小麦生育期阶段的埋深 1.0 m 处的潜水蒸发量最大。由此可知，有作物生长条件下的潜水蒸发并不完全符合潜水埋深越大，潜水蒸发量越小的规律。

(2) 大豆潜水蒸发实验规律

大豆是需水较多的作物。俗话说“旱谷涝豆”，大豆每形成 1 份干物质需水约

1 000份。据统计,每生产 500 g 大豆籽粒,耗水 1.01～1.16 t。因此,土壤供水状况对大豆产量高低有决定性作用。淮北平原地区大豆一般在每年的 6 月上旬播种,9 月上旬收获。五道沟实验站实验期大豆的生长季节气候条件是正常年型,每年 6 月 8 日播种,9 月 2 日收割,其间经历 5 个生长阶段,依次为:出苗期、幼苗期、花芽分化期、开花结荚期和鼓粒成熟期。大豆生育期不同埋深情况下的潜水蒸发见表 3.2.24、表 3.2.25和图 3.2.48、图 3.2.49。

表 3.2.24 砂姜黑土不同埋深的大豆生育期阶段内日潜水蒸发量对比表 单位:mm

生育阶段	时 间	0.2 m	0.4 m	0.6 m	0.8 m	1.0 m	1.5 m	2.0 m	2.5 m
出苗～分枝	6 月 8 日～6 月 27 日	50.6	12.0	18.1	4.5	10.1	10.4	2.1	1.9
分枝～开花	6 月 28 日～7 月 27 日	122.6	47.1	36.9	12.9	8.0	5.9	2.3	1.6
开花～结荚	7 月 28 日～8 月 4 日	61.8	31.6	27.2	23.5	9.7	0.9	0.6	0.4
结荚～灌浆	8 月 5 日～8 月 24 日	157.2	106.8	102.5	94.5	64.2	12.6	1.6	1.1
灌浆～成熟	8 月 25 日～9 月 23 日	127.1	107.9	92.0	94.3	83.8	27.8	2.4	1.7

表 3.2.25 黄潮土不同埋深的大豆生育期阶段内日潜水蒸发量对比表 单位:mm

生育阶段	时 间	0.4 m	0.6 m	1.0 m	2.0 m	3.0 m	4.0 m	5.0 m
出苗～分枝	6 月 8 日～6 月 27 日	34.4	29.9	33.7	6.4	0.5	10.1	0.9
分枝～开花	6 月 28 日～7 月 27 日	91.0	89.8	118.6	25.1	0.8	7.1	2.8
开花～结荚	7 月 28 日～8 月 4 日	60.8	68.9	86.5	23.8	1.3	0.4	0.8
结荚～灌浆	8 月 5 日～8 月 24 日	140.8	224.4	261.9	93.1	35.2	6.9	1.8
灌浆～成熟	8 月 25 日～9 月 23 日	131.7	186.1	229.4	95.3	48.0	21.0	3.5

大豆在不同生育阶段对水分的要求也不一样。种子发芽时,即出苗～分枝期的耗水最少,其间潜水蒸发量也最小,因为此阶段田间大部分是裸露的,以裸土中的潜水蒸发为主,大豆生长对蒸发的影响很小。

幼苗期的潜水蒸发大于出苗期,因为此阶段的潜水蒸发受到了大豆生长的影响,虽然大豆在分枝～开花期需要的水量很小,但是为了保证正常生长,必然要消耗一部分水分,所以潜水蒸发量略有增加。

随着作物的生长发育,植株体逐渐增大,叶面积增加,在此阶段大豆的根系也有了充分的发育,无论是根系的长度还是根系的密度发育都很好,这也为大豆大量汲取水分提供了必要的条件。

大豆需水量越来越多,到 7 月下旬达到极值,这时大豆正值结荚期,潜水蒸发量也达到最大。

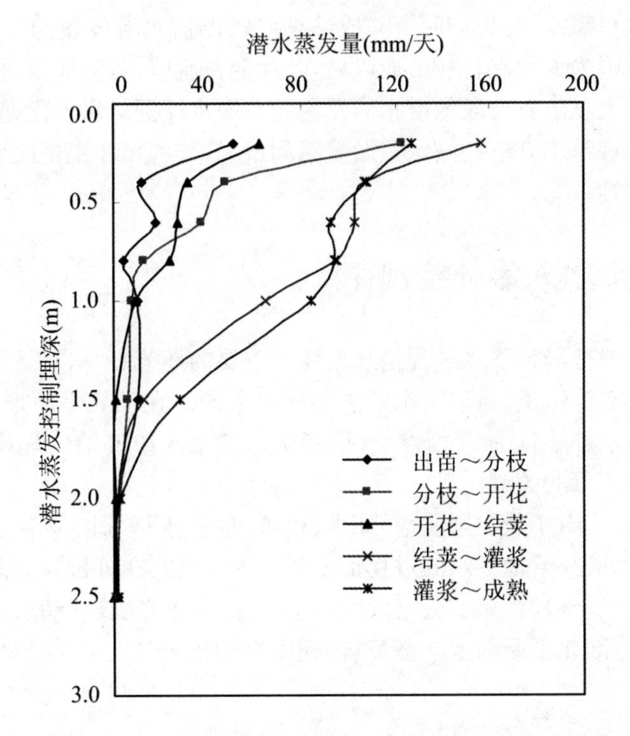

图 3.2.48　砂姜黑土不同埋深与大豆生长阶段日均潜水蒸发量

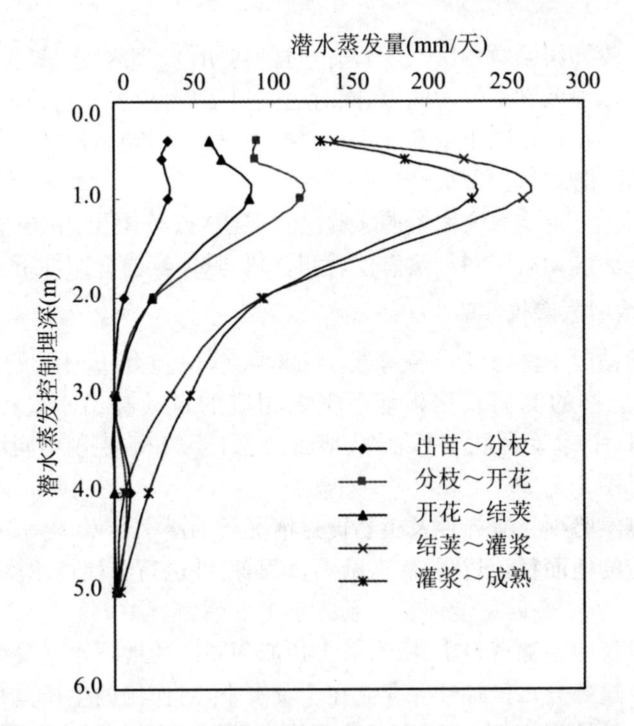

图 3.2.49　黄潮土不同埋深与大豆生长阶段日均潜水蒸发量

在这之后大豆需水量又逐渐减小，成熟期阶段的潜水蒸发量与开花结荚期相比，稍稍下降。这是因为大豆在籽粒形成以后，叶片变黄脱落，豆粒脱水，耗水量下降。

砂姜黑土的大豆生育阶段的潜水蒸发量随着潜水埋深的增大而递减；而黄潮土的大豆生育阶段的埋深 1.0 m 的潜水蒸发量达到最大，与种植小麦情况下的潜水蒸发规律有较好的一致性。

3.2.6 降水入渗补给规律

大气降水入渗补给地下水过程是水循环中重要的环节之一，其下渗到达地下水的水量即为降水入渗补给量，是地下水的主要补给来源。在淮北平原地区，降水入渗补给量占浅层地下水补给量的 90%以上，正确认识降水入渗补给的规律及其影响因素是确定地下水补给量的关键。

在自然状况下，由于受土壤质地、降水、植被、地下水埋深以及毛细管作用等诸多因素影响，降水入渗补给地下水的过程很复杂。本次研究在分析五道沟水文水资源实验站亚黏土（砂姜黑土）、杨楼实验流域亚砂土（黄泛潮土）实验区动态资料和蒸渗仪资料的基础上，根据淮北平原面上动态资料，利用水均衡方法分析降水入渗补给系数的相关规律。

3.2.6.1 典型实验区降水入渗实验

影响降水入渗补给系数的因素主要有：时段初期包气带含水量、土壤岩性、地下水埋深、降水量、降水强度和下渗时间等，同时还受温度（含地温）、植被、地形以及人类活动等因素的影响。在特定的土壤和降水量情况下，最大影响因素则是雨前包气带蓄水量 W_0 和雨前地下水水位埋深 Z。

本研究分析了五道沟水文水资源实验站亚黏土（砂姜黑土）和杨楼实验流域亚砂土（黄泛潮土）实验区动态资料和蒸渗仪观测资料，具体实验介绍如下：

1. 五道沟地中蒸渗仪实验

五道沟实验站地中蒸渗仪设备筹建于 1964 年，1965 年 6 月开始投入实验，开始其由 13 个原状土柱的测筒及钢板地下室内相应的自动补给水量控制仪组成。从 1986 年至今已拥有 62 套原状土测筒，从地面到地下 5.0 m，控制不同地下水埋深。地中蒸渗仪结构见图 3.2.50。

实验场观测实验项目有裸地及植物覆盖情况下的潜水蒸发、潜水入渗补给潜水量和降水过程相应的地面径流过程、渗入补给过程等，并进行分层给水度实验，观测精度达到 0.1 mm。

在记录蒸渗仪的实测资料中，降水减去径流和同期的地下水增量就得到降水转化为土壤水的量。这部分水量补给并存储在土壤水中，对作物的生长具有十分重要的作用。相对于潜水补给而言，在地下水资源评价中常把这部分水量称为无效降水，系指只补给包气带的降水量。无效降水在降水总量中所占的比例大小，对入渗补给有较大影响。对五道沟实验站蒸渗仪资料进行统计，分析成果见表 3.2.26。

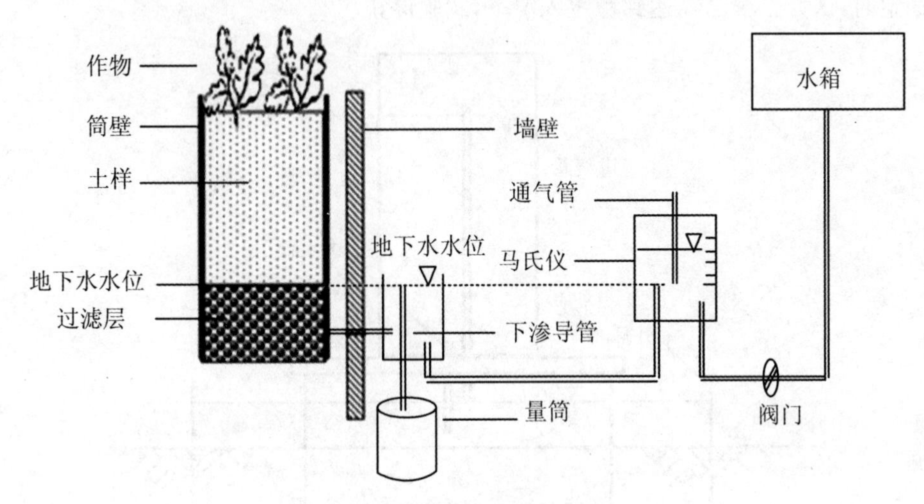

图 3.2.50　五道沟地中蒸渗仪结构示意图

表 3.2.26　蒸渗仪实测无效降水量统计成果表　单位：mm

时段	降水	多年平均		$p<37.5\%$		$37.5\%\leqslant p\leqslant 62.5\%$		$p>62.5\%$	
		亚砂	亚黏	亚砂	亚黏	亚砂	亚黏	亚砂	亚黏
日历年 1～12 月	降水量	775.7	855.0	916.5	1047.4	752.5	842.0	622.8	642.3
	无效降水量	141.7	225.5	128.5	220.1	161.2	226.6	138.7	230.9
	所占比例	18.27%	26.37%	14.02%	21.01%	21.42%	26.91%	22.27%	35.95%
灌溉年 当年 10 月～次年 9 月	降水量	762.5	848.7	915.6	1023.3	736.3	822.1	597.1	641.4
	无效降水量	155.5	220.5	154.4	212.2	198.5	254.8	113.8	201.0
	所占比例	20.39%	16.86%	20.73%	20.73%	26.95%	31.00%	19.06%	31.34%
灌溉年 6～9 月	降水量	512.1	531.4	632.3	706.4	483.4	519.0	387.5	378.1
	无效降水量	63.1	97.3	72.9	108.2	55.3	99.3	57.3	84.0
	所占比例	12.3%	18.3%	11.5%	15.3%	11.4%	19.1%	14.8%	22.2%
灌溉年 当年 10 月～次年 5 月	降水量	264.0	321.2	351.3	427.9	240.8	303.2	180.0	220.5
	无效降水量	94.0	128.9	104.6	145.2	86.7	121.7	86.2	117.2
	所占比例	35.59%	40.14%	29.79%	33.94%	35.99%	40.14%	47.89%	53.17%

2. 野外同心环灌水实验

野外田地的同心环实验在杨楼实验区的黄潮土区进行。内环直径 35 cm，外环直径 50 cm，两环高均为 25 cm。将内外环打入土中 15 cm，然后向两环同时注水，内外两环水位保持同一高度，并维持一固定水头。记录内环各个时刻的供水量，即可求出下渗量及入渗率。实验采用马里奥特瓶(即马氏瓶)维持 5 cm 的固定水头,马氏瓶原理见图 3.2.51。实验开始后每隔一定时间记录入渗水量,当入渗水量在数个时段内保持稳定时,认为土壤已经达到稳定入渗率,实验停止。

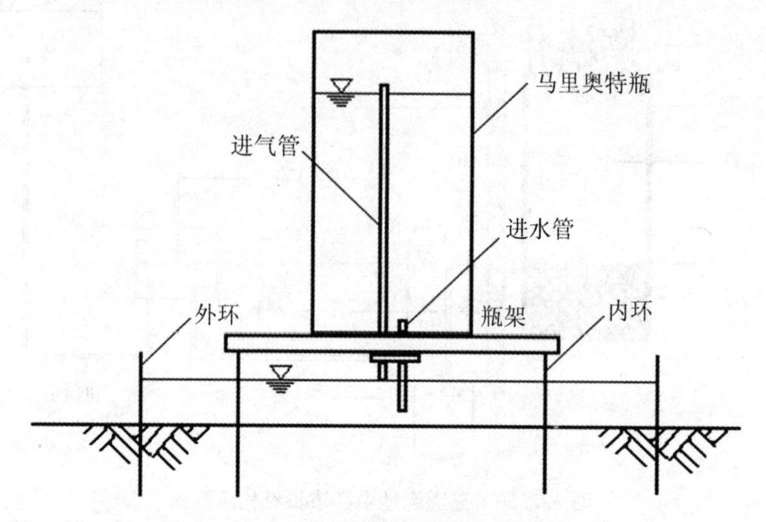

图 3.2.51 马里奥特瓶自动供水装置

同心环法测定的是包气带土壤剖面的透水能力的变化,其优点是:设备简单、方法易行,并可较准确地测得下渗过程。缺点是:它仅是代表测验点特定土壤、植被湿润条件下的某单点下渗能力的曲线,它是地面积水(充分供水)条件下的下渗,与天然降水不同。同心环法野外灌水实验结果见图 3.2.52。土壤愈干旱起始入渗率愈大,最大值可达 150 mm/h 以上。实验曲线尾段的数据反映了土壤的稳定下渗率,砂姜黑土的有压稳定下渗率在 25.5～40.4 mm/h 之间,平均为 32.3 mm/h。

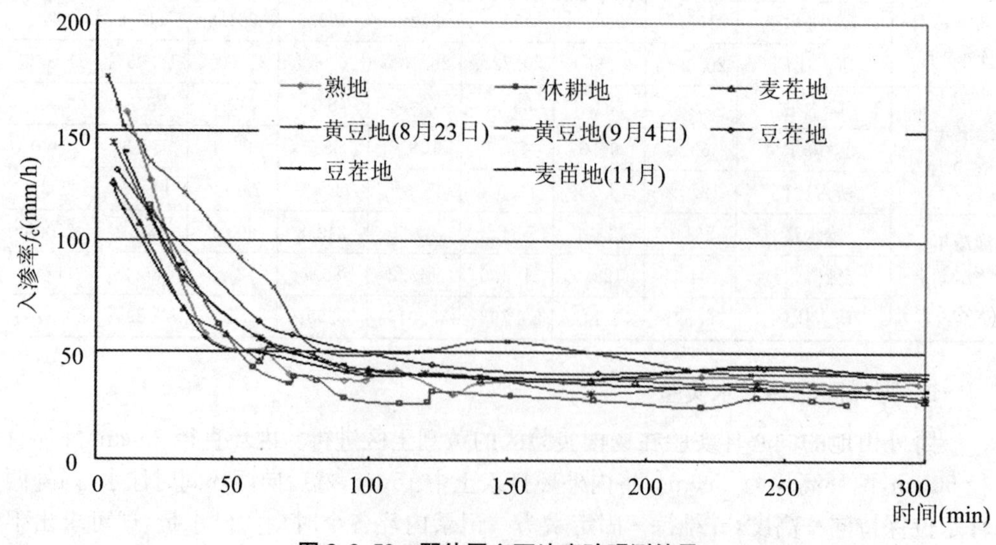

图 3.2.52 野外同心环法实验观测结果

3. 蒸渗仪灌水实验

在五道沟实验站地中蒸渗仪的各个原状土测筒中，按照土质不同以及植被的状况分别选取潜水埋深为 0.6 m、1 m、2 m 的黄潮土和砂姜黑土测筒进行注水实验，同样实用马氏瓶维持 5 cm 的水头，实验结果见图 3.2.53 和图 3.2.54。

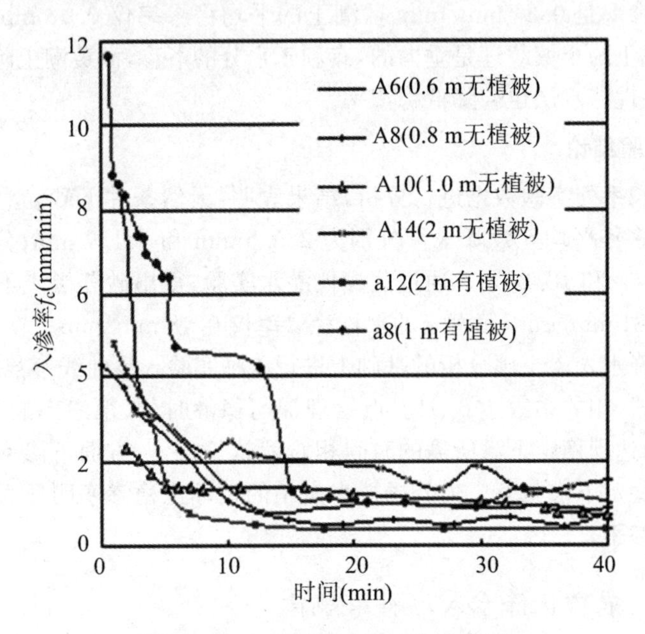

图 3.2.53　砂姜黑土灌水入渗曲线

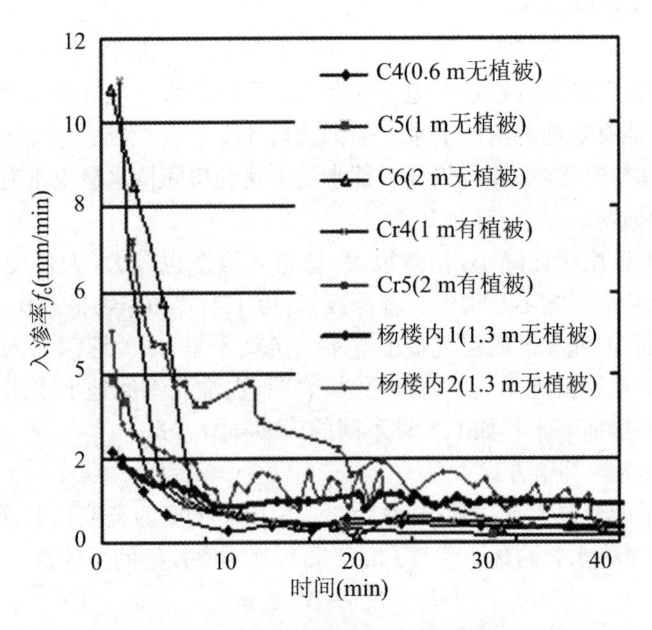

图 3.2.54　黄潮土灌水入渗曲线

由于实验是按照注水漫灌的方式进行的，与人工降水实验不同，不存在被植被冠层截留的因素影响，因此植被状况的对入渗的影响在实验数据中没有明显反应。从土壤分类来看，一般情况下黄潮土（亚砂土）的透水性应该强于砂姜黑土，但是实验结果表明：在相同潜水埋深的情况下，砂姜黑土的稳渗率要略高于黄潮土，砂姜黑土不同埋深下平均的稳渗率是 0.81 mm/min，黄潮土的平均稳渗率仅 0.48 mm/min。现场观察可知，砂姜黑土的土壤纹理是垂向的，有利于水分的下渗，而黄潮土除了具有横向纹理，其内部的黏性滞水层也会降低稳渗率。

4. 入渗实验结论

根据上述长系列实验数据进行分析，结果表明：天然条件下砂姜黑土实验区和黄潮土实验区的多年平均无效降水量分别为 225.5 mm 和 141.7 mm，分别占多年平均降水量的 26.37%和 18.27%。通过蒸渗仪灌水实验，得出砂姜黑土不同埋深下平均的稳渗率是 0.81 mm/min，黄潮土的平均稳渗率仅 0.48 mm/min。

在国内外降水入渗土壤分析的基础上进行 4 种实验入渗曲线参数的拟合，拟合最好的是霍斯公式，相关系数达 0.91。点绘埋深与稳渗时刻、稳渗率的关系，可以看出潜水埋深越大，达到稳定下渗所需的时间相对就越长；另一方面下渗率大的土柱可以更快速地进入稳定下渗状态。另外杨楼水文站的黄潮土稳渗率明显大于五道沟实验站的黄潮土稳渗率。

3.2.6.2 农田区降水入渗补给规律

1. 降水入渗补给方式

一般情况下，雨前包气带土壤蓄水量未达到田间持水量时，降水首先满足包气带缺水量，即补给包气带的降水量对地下水而言是无效降水。包气带含水量达到田间持水量后，降水才能有效地补给地下水。但因为降水量、降水强度、土壤的裂隙、作物的根须及毛细管作用等影响，即使包气带蓄水量未达到田间持水量也常有补给地下水的现象，但补给量微弱。

在淮北平原区由于比降小，初渗很大，稳定入渗率也较大，大强度降水的机会不多，雨强对入渗补给影响不是很大。埋深浅时，由于毛管和作物根系作用，包气带土壤一般都比较湿润，但埋深大的包气带土壤不一定就干旱，因此埋深与入渗补给系数仅有很弱的相关关系。由近 40 多年资料分析表明，在淮北平原地下水水位埋深较浅的区域降水入渗补给地下水有如下 4 种不同的入渗补给方式。

(1) 第一种入渗补给方式

此降水量不能使包气带达到田间持水量，但由于土壤的裂隙和毛管作用以及存在入渗锋面，有少量降水补给地下水（图 3.2.55），其入渗补给的条件是：

$$P - E_0 + W < W_m \tag{3.2.1}$$

式中，P，E_0 是降水量和雨期蒸发量，单位为 mm；W 是初始有效土壤含水量（雨初包气带最大可蒸发量)，单位为 mm；W_m是最大有效土壤蓄水量，单位为 mm。

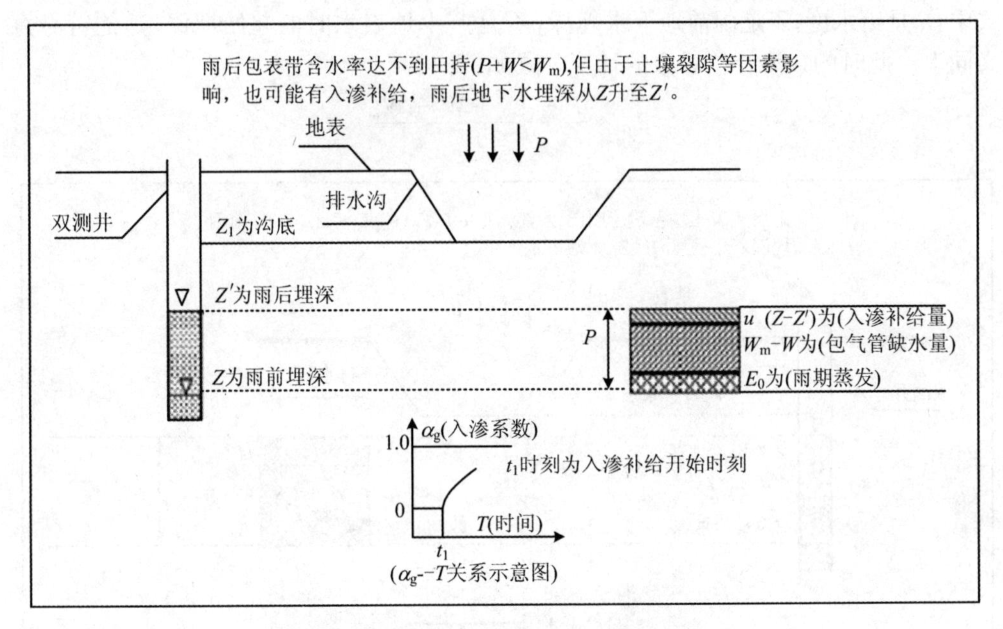

图 3.2.55　入渗方式中各变量示意图(第一种)

此时的砂姜黑土和黄潮土的入渗补给系数计算公式如下：

$$\alpha_g = \begin{cases} \begin{cases} 0 & (P \leqslant 15) \\ \dfrac{P-15}{10P} & (P \leqslant W_m - W) \end{cases} \\ \begin{cases} 0 & (P \leqslant 10) \\ \dfrac{P-10}{10P} & (10 < P \leqslant W_m - W) \end{cases} \end{cases} \tag{3.2.2}$$

(2) 第二种入渗补给方式

在平原区对某一确定的区域而言，当地排水沟的沟深对地表水产生的起始时间有着重要作用。Z_1是一个区域产生地表水时的埋深，不同的排水系统标准，产生地表水时的埋深 Z_1不同，排水标准高的区域的 Z_1大于排水标准低的地区的 Z_1。在平原区若降水强度小于入渗率，次降水量即使能够使包气带土壤缺水量得到满足，但雨后地下水埋深不能抬升到 Z_1高度，则除沟边、坡地外，也无地表径流产生。产生地表水的起始埋深 Z_1是为计算各水资源量方便而设定的某位置的埋深。平原区产生地表水的起始埋深 Z_1在某一定位置上下波动不大(图 3.2.56)。农田排水条件好的区域的 Z_1 在 1～2 m之间；排水差的区域 Z_1在 0.5～1 m 之间。

次降水量能使包气带土壤含水量达到田间持水量，且使地下水抬升，但抬升不到 Z_1的高度，产生不了地表水。也就是说，虽然降水能使包气带土壤含水量达到田间持水量，降水入渗补给使地下水抬升，但雨末地下水水位达不到 Z_1高度，降水仅补给包气带和地下水。其入渗补给条件是：

$$0 \leqslant P - E_0 + W - W_m \leqslant \mu(Z - Z_1) \tag{3.2.3}$$

式中，μ 是给水度；Z 是雨前地下水埋深；Z_1 是产生地表水时的起始埋深，其他符号意义同上。此时的入渗补给系数的计算公式如下：

$$\alpha_g = \frac{P - E_0 + W - W_m}{P} \tag{3.2.4}$$

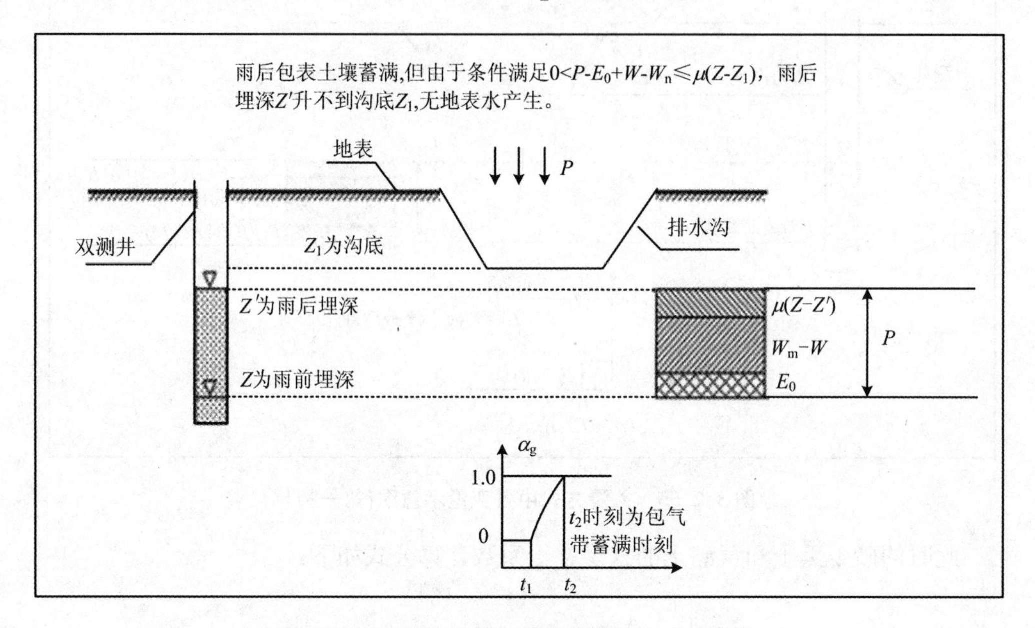

图 3.2.56 平原区第二种入渗补给方式示意图

(3) 第三种入渗补给方式

如降水使包气带含水量达到田间持水量，且地下水水位已抬升至 Z_1，若继续降水，在产生地表径流的同时，地下水水位还在继续抬升。每个区域均有标准不同的排水系统，大多数年份地下水的最高水位在地表以下不远处波动。排水工程好的田块，此水位在距地表稍深处，而排水差的田块，此水位则在地表附近。对某一固定井点来说，当排水系统确定时，其大多年份的最高地下水水位相差不大，我们将此地下水埋深确定为 Z_2。地下水水位继续抬升至 Z_2 高度时，则已升至峰顶，以后降水扣除雨期蒸发后则全部转化为地表水。

满足第三种入渗补给方式的条件是：

$$P - E_0 + W - W_m - \mu(Z - Z_2) > 0 \tag{3.2.5}$$

(4) 第四种入渗补给方式

不论降水量有多大，地下水水位不可能高于地表，由于排水系统的作用，地下最高水位时的埋深只能在 Z_2 处。至于次降水入渗补给最高水位的埋深能否达到 Z_2 的高度，还需继续判别。若满足条件

$$0 < P - E_0 + W - W_m - \mu(Z - Z_1) \leqslant \mu(Z_1 - Z_2)$$

则雨后地下水埋深抬升不到 Z_2，介于 $Z_1 \sim Z_2$ 之间，其入渗补给方式示意图见图

3.2.57。

此时雨后埋深可能升至 Z_2（还要受产流的约束），其入渗补给方式示意图见图 3.2.58。此时的入渗补给系数的计算公式为

$$\alpha_g = \frac{P - E_0 + W - W_m - R_s}{P} \tag{3.2.6}$$

式中，R_s 是地表水量，单位为 mm；R_s 的计算要涉及地表产流，分析表明此时的 R_s 比较小，在 0～20 mm 之间波动，如果概化的话可以取 10 mm，则式(3.2.6)可写成

$$\alpha_g = \frac{P - E_0 + W - W_m - 10}{P} \tag{3.2.7}$$

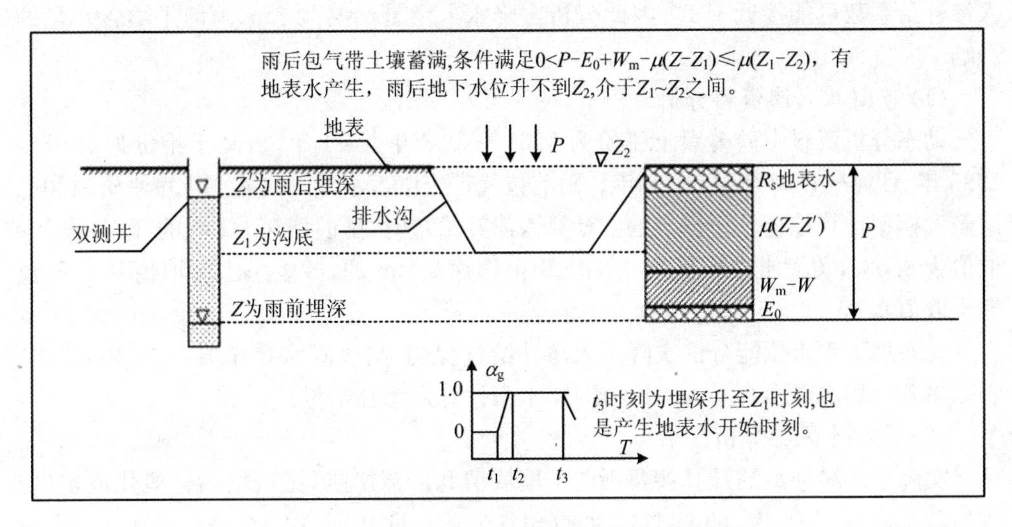

图 3.2.57　平原区第三种入渗补给方式示意图

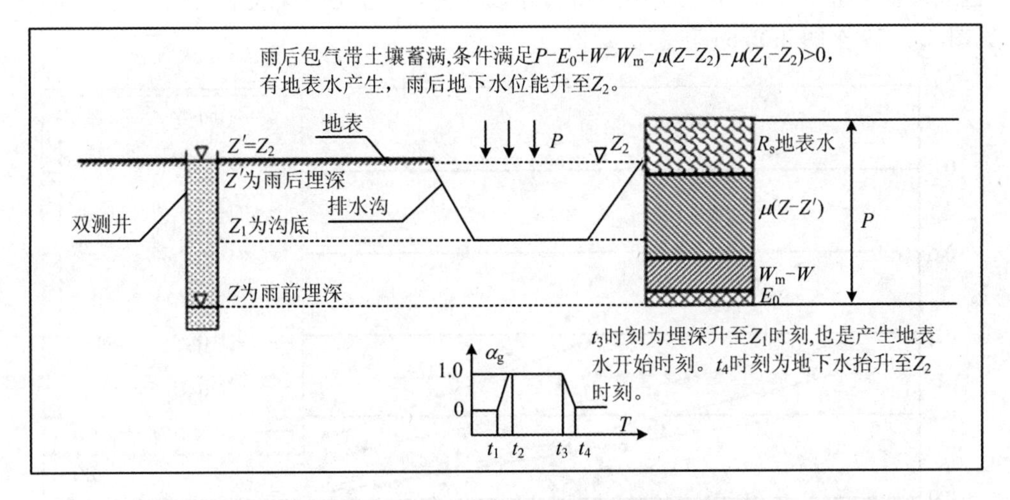

图 3.2.58　平原区第四种入渗补给方式示意图

不论降水量有多大，地下水水位不可能高于地表，由于排水系统的作用，地下水最

高水位时的埋深只能在 Z_2 处。此时的入渗补给系数的计算公式为

$$\alpha_g = \frac{\mu(Z - Z_2)}{P} \tag{3.2.8}$$

这 4 种方式是平原区强降水强度小于下渗率的降水入渗补给的普遍规律。

2. 次降水入渗补给规律

次降水入渗补给系数的变化范围在 0～1 之间，其主要是受到雨前包气带土壤含水量大小的影响。在干旱时期如果次降水量较小，则可能是无效降水，此时入渗补给为零；但当雨前地下水水位以上的包气带土层的土壤含水量为田间持水量时，次降水入渗补给系数可能接近于 1。因此分析次降水入渗补给必须考虑雨前土壤含水量的影响。

(1) 次降水入渗资料分析

动态分析资料中砂姜黑土年份为 1965～2008 年共 44 年，黄潮土年份为 1967～1985 年、1991～1998 年共计 28 年。雨前包气带土壤蓄水量是用实测土壤水资料和三层蒸发模型计算综合分析得出的。计算入渗补给量时，雨前埋深>1 m 的，砂姜黑土 μ 取值为 0.035，黄潮土 μ 取值为 0.045；雨前埋深≤1 m 的，砂姜黑土 μ 取值 0.045，黄潮土取值 0.05。

动态地下水水位能分清次降水入渗补给过程的，则该降水量作为一次（场）降水；否则将若干场次降水合并为一次（场）降水来计算入渗补给量。

(2) 次降水入渗分析成果

次降水入渗补给的计算涉及雨前土壤墒情和产流影响，把墒情指标概化成旱（包气带蓄水量 W 小于 W_m 的 35%）、适宜（包气带蓄水量 W 为 W_m 的 35%～70%）、湿润（包气带蓄水量 W 大于 W_m 的 70%）3 类予以区分，来适配公式或给出范围，具体成果见图 3.2.59 至图 3.2.64 和表 3.2.27。

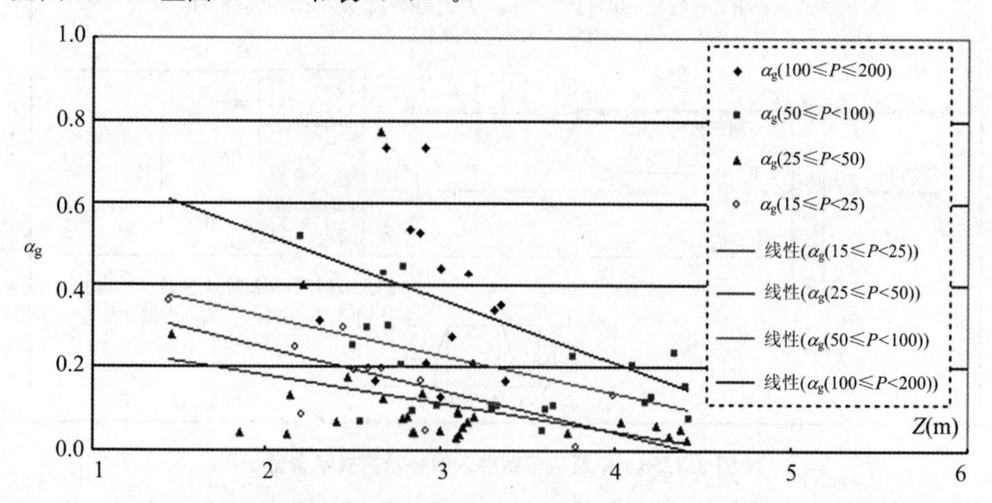

图 3.2.59 黄潮土雨前土壤包气带含水量较低情况下 $\alpha_g \sim P \sim Z$ 关系图

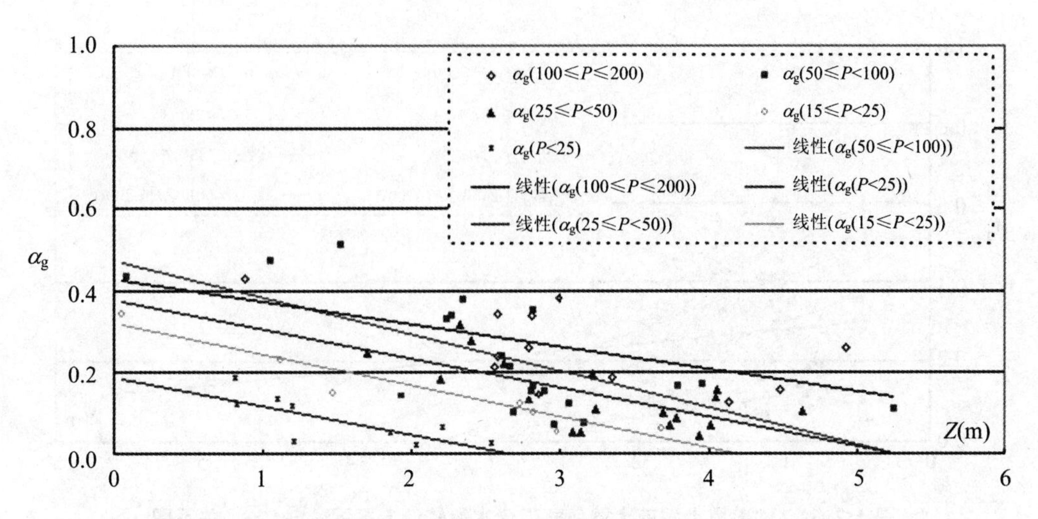

图 3.2.60　黄潮土雨前包气带土壤含水量适宜情况下 $\alpha_g \sim P \sim Z$ 关系图

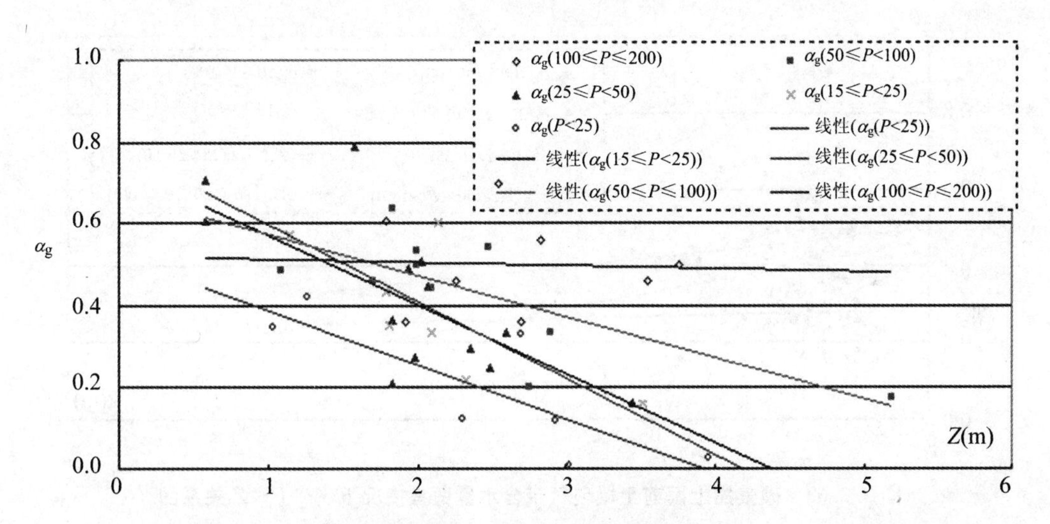

图 3.2.61　黄潮土雨前包气带土壤含水量较高情况下 $\alpha_g \sim P \sim Z$ 关系图

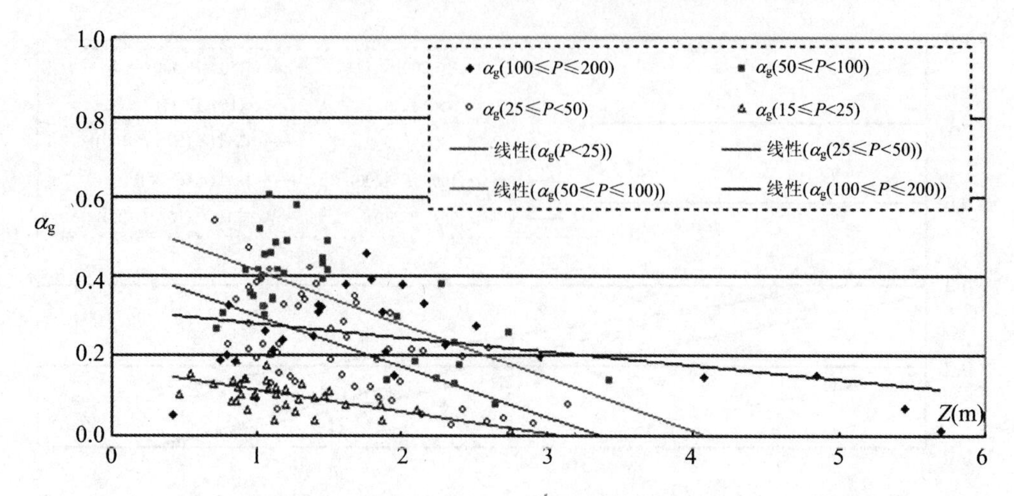

图 3.2.62 砂姜黑土雨前土壤包气带含水量较低情况下 $\alpha_g \sim P \sim Z$ 关系图

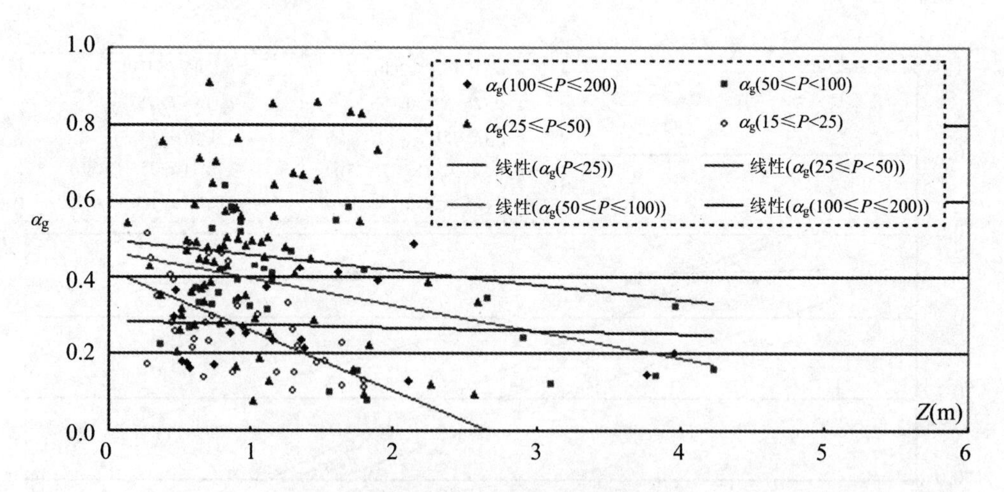

图 3.2.63 砂姜黑土雨前土壤包气带含水量适宜情况下 $\alpha_g \sim P \sim Z$ 关系图

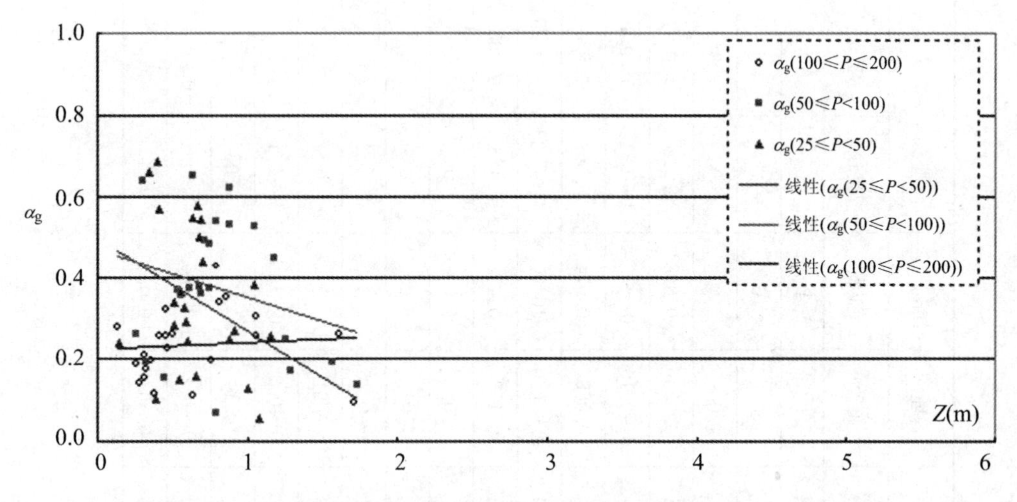

图 3.2.64　砂姜黑土雨前土壤包气带含水量较高情况下 $\alpha_g \sim P \sim Z$ 关系图

2. 年降水入渗补给系数变化规律

(1) 降水入渗补给系数随包气带岩性特征和地下水埋深的变化规律

降水入渗补给量的大小取决于包气带可容纳的重力水库容和降水透过地表面进入包气带的水量(又称可入渗水量,下同)。包气带重力水库容,可以用包气带田间持水量与饱和含水量的差数表示;可入渗水量,可用降水量减去雨期蒸发量和坡面漫流量,再扣除包气带雨前含水量与田间持水量的差值表示。

由于决定重力水库容大小的田间持水量及饱和含水量,都与包气带的岩性特征和包气带的厚度(即地下水埋深)密切相关,而且可入渗水量大小与包气带的岩性特征(特别是表层土壤岩性特征)以及包气带厚度(即地下水埋深)密切相关。所以,降水入渗补给量的大小与包气带的岩性特征以及地下水埋深密切相关,亦即降水入渗补给系数的大小受包气带岩性特征和地下水埋深的影响和控制。

图 3.2.65 所示的是降水入渗补给量 P_r、包气带重力水库容 V、可入渗水量 P_f 随地下水埋深 Z 变化的理论分析图。从图中可以看出,V 随 Z 加深而增大,P_r 随 Z 加深而减小;$V \sim Z$ 与 $P_r \sim Z$ 关系曲线在 A 点相交;在不同 Z 时,P_r 不大于相应 V 与 P_f 中的较小值;在 A 点至坐标原点,P_r 随 Z 加深而增大;在 A 点至大埋深,P_r 随 Z 加深而减小;在 A 点附近,P_r 最大,A 点所对应的 Z,称为最佳埋深;随着 Z 的增加,$P_r \sim Z$ 关系曲线的走向近似平行于横坐标,对应于曲线近似稳定起始点的 Z 值,称为 P_r 随 Z 变化的稳定点。由于图 3.2.65 是根据同一降水量绘制的理论分析图,所以,P_r 大小与 Z 的关系,即是 α 值与 Z 的关系。

表 3.2.27　次降水入渗补给系数成果计算表

前期条件	降水范围(mm)	降水入渗补给系数	埋深 0～1(m)		埋深 1～2(m)		埋深 2～3(m)		埋深 3～4(m)		埋深 4～5(m)	
			亚砂	亚黏	亚砂	亚黏	亚砂	亚黏	亚砂	亚黏	亚砂	亚黏
干旱	<15	范围			0	0	0	0	0	0	0	0
		平均			0	0	0	0	0	0	0	0
	15～5	范围			0.1～0.5	0.05～0.2	0.05～0.25	0～0.2	0	0	0	0
		平均			0.15	0.1	0.080	0.055	0.038	0.018	0.014	0
	25～0	范围			0.15～0.6	0.10～0.5	0.10～0.5	0.1～0.25	0～0.10	0～0.1	0～0.1	0～0.1
		平均			0.293	0.244	0.156	0.14	0.088	0.074	0.06	0.034
	50～00	范围			0.25～0.65	0.15～0.65	0.05～0.55	0.10～0.4	0～0.3	0.10～0.3	0～0.3	0～0.25
		平均			0.483	0.442	0.273	0.252	0.153	0.153	0.126	0.098
适宜	15	范围	0.05～0.2	0～0.1	0～0.15	0	0～0.01	0	0	0	0	0
		平均	0.106	0.06	0.040	0	0.02	0	0	0	0	0
	15～5	范围	0.2～0.8	0.1～0.55	0.1～0.5	0～0.2	0～0.2	0～0.15	0～0.15	0	0～0.1	0
		平均	0.3	0.2	0.153	0.04	0.09	0.016	0.051	0	0	0
	25～0	范围	0.3～0.6	0.15～0.95	0.15～0.6	0.1～0.4	0.1～0.4	0～0.25	0～0.2	0～0.1	0～0.1	0
		平均	0.427	0.38	0.243	0.16	0.165	0.08	0.1	0	0.08	0
	50～00	范围	0.2～0.95	0.2～0.8	0.1～0.55	0.1～0.45	0～0.4	0.10～0.4	0～0.2	0.05～0.3	0～0.1	0～0.1
		平均	0.54	0.494	0.357	0.28	0.231	0.165	0.153	0.094	0.1	0.06

续表

前期条件	降水范围(mm)	降水入渗补给系数	埋深 0～1(m)		埋深 1～2(m)		埋深 2～3(m)		埋深 3～4(m)		埋深 4～5(m)	
			亚砂	亚黏	亚砂	亚黏	亚砂	亚黏	亚砂	亚黏	亚砂	亚黏
湿润	<15	范围	0～0.4	0～0.1	0.1～0.5	0～0.1	0.10～0.35	0	0～0.1	0	0～0.1	0
		平均	0.214	0.066	0.209	0.047	0.155	0	0.05	0	0	0
	15～5	范围	0.1～0.6	0.05～0.35	0.2～0.7	0～0.3	0.20～0.7	0～0.2	0.10～0.2	0～0.2	0～0.1	0～0.1
		平均	0.369	0.268	0.363	0.179	0.328	0.134	0.159	0.095	0.074	0.03
	25～0	范围	0.3～0.75	0.1～0.8	0.2～0.9	0～0.5	0.20～0.7	0.20～0.5	0.10～0.4	0～0.25	0.10～0.40	0.1～0.3
		平均	0.46	0.378	0.426	0.34	0.367	0.303	0.25	0.197	0.226	0.157
	50～00	范围	0.1～0.9	0.05～0.8	0.3～0.7	0.1～0.55	0.30～0.8	0.30～0.7	0.30～0.6	0.2～0.6	0.20～0.70	0.2～0.5
		平均	0.431	0.403	0.431	0.377	0.426	0.36	0.39	0.337	0.34	0.3

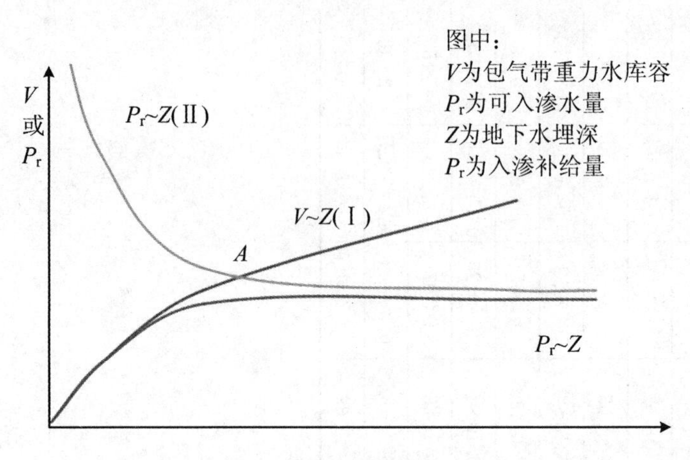

图 3.2.65　降水入渗补给量随埋深变化示意图

图 3.2.66 是根据安徽省五道沟(黄泛亚砂)、河北省冉庄(华北亚砂)、山西省太谷(华北亚砂)三个水资源实验站的实测资料分析绘制的降水入渗补给系数与地下水埋深关系曲线图。该图的绘制表征条件为：包气带岩性为亚砂土条件下，五道沟水文水资源实验站利用 0.5～5.0 m 蒸渗仪对年降水量为 900～1 000 mm 的观测资料；太谷均衡实验站利用 0.5～5.0 m 蒸渗仪对年降水量为 400～500 mm 的观测资料；冉庄水资源实验站利用 8 m 蒸渗仪的土壤含水量资料，对包气带土壤水分时段、分层跟踪，计算不同深度的入渗量的多年综合资料。

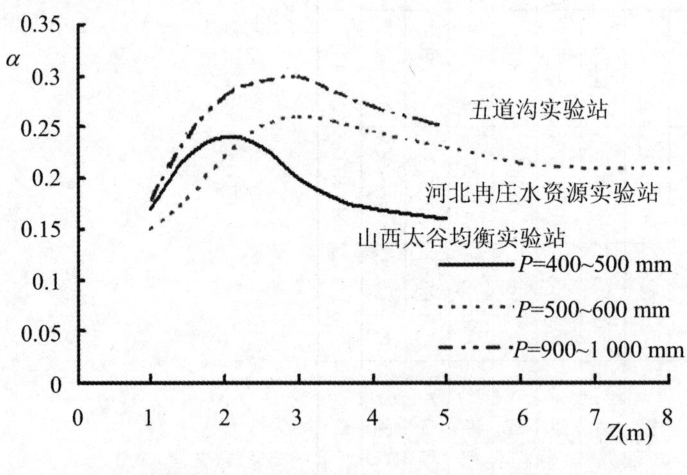

图 3.2.66　三个实验站 $\alpha \sim P \sim Z$ 关系图

从图 3.2.66 中可以看出冉庄水资源实验站 $\alpha \sim P \sim Z$ 关系曲线的最佳埋深在 3 m 左右，此后随埋深的增大 α 值逐渐减小，到埋深 6 m 时趋于稳定，6～8 m 时 α 值的变化量只有 0.007；五道沟水文水资源实验站的最佳埋深也在 3 m 左右；太谷均衡实验站 $\alpha \sim P \sim Z$ 关系曲线的最佳埋深在 2 m 左右，此后随埋深的增大 α 值逐渐减小，在埋深 5 m

时趋于稳定，地下水埋深大于6 m时，α值不再随埋深继续增加而变化。

（7）降水入渗补给系数随年降水量的变化规律

根据对冉庄、五道沟、太谷3个水文水资源实验站的包气带岩性为亚砂土的观测资料的分析，年降水量P与降水入渗补给系数α值间的关系曲线为反“S”形曲线，图3.2.67所示的是大埋深条件下的$P\sim\alpha$关系曲线。当年降水量在300～400 mm时，α值随年降水量的增加而缓慢增大，$P\sim\alpha$曲线呈上凸正曲形；当年降水量在400～500 mm时，α值随年降水量的增加而较迅速增大，$P\sim\alpha$曲线呈下凹反曲形；当年降水量在500～700 mm时，α值随年降水量的增加而增大，$P\sim\alpha$曲线上翘变陡；当年降水量在700～800 mm时，α值趋于稳定，$P\sim\alpha$曲线近似竖直；当年降水量大于800 mm时，α值随年降水量的增加有变小的趋势。

从成因上分析，当年降水量较小时，可入渗水量补充包气带的含水量使其达到田间持水量所需的水量相对较大，会形成重力水团，进而入渗补给地下水的水量相对较小，相应的α值就小；随着年降水量的增大，可入渗水量中形成重力水团，入渗补给地下水的水量比例增大，α值就增大较快；当年降水量增加到一定程度，则受包气带重力水库容的制约，随着年降水量的继续增加，α值的增大速率变小，或随着地表径流的增加造成α值随年降水量的增加而出现变小的趋势。

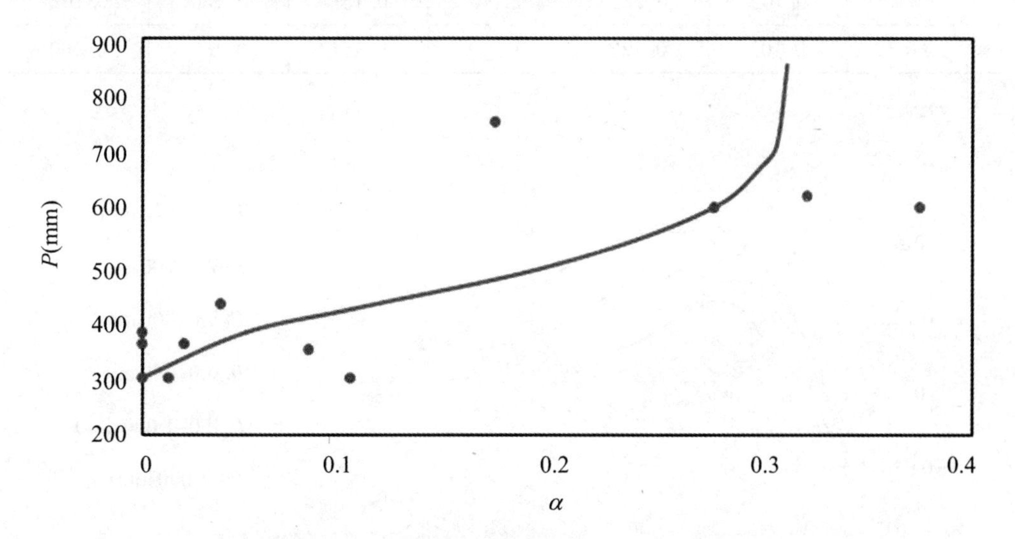

图3.2.67　地下水大埋深条件下$P\sim\alpha$关系

3. 实验区降水入渗补给变化规律

大范围区域年$\alpha\sim P\sim Z$关系极其复杂，仅靠实验区资料难以定性，为此又收集了淮北平原面上110眼观测井的地下水水位资料，不同土壤类型的年$\alpha\sim P\sim Z$关系分析成果见图3.2.68～图3.2.71以及表3.2.28～表3.2.32，淮北地区的年降水入渗补给系数取值见表3.2.33。

表 3.2.28 淮北平原(亚黏土)α～P～Z 关系表

地下水埋深 Z(m)	年降水量 P(mm)					
	500～600	600～700	700～800	800～900	900～1 000	>1 000
0.5	0.045	0.045	0.048	0.048	0.052	0.066
1.0	0.090	0.112	0.119	0.120	0.122	0.122
1.5	0.124	0.151	0.162	0.164	0.172	0.168
2.0	0.153	0.179	0.185	0.198	0.193	0.188
2.5	0.147	0.189	0.196	0.206	0.202	0.199
3.0	0.131	0.175	0.195	0.208	0.204	0.200
3.5	0.119	0.157	0.179	0.199	0.190	0.189
4.0	0.112	0.140	0.159	0.176	0.176	0.181
4.5	0.107	0.128	0.147	0.167	0.164	0.171
5.0	0.104	0.123	0.141	0.155	0.159	0.166
5.5	0.102	0.122	0.140	0.151	0.156	0.162
6.0	0.101	0.122	0.140	0.151	0.155	0.160

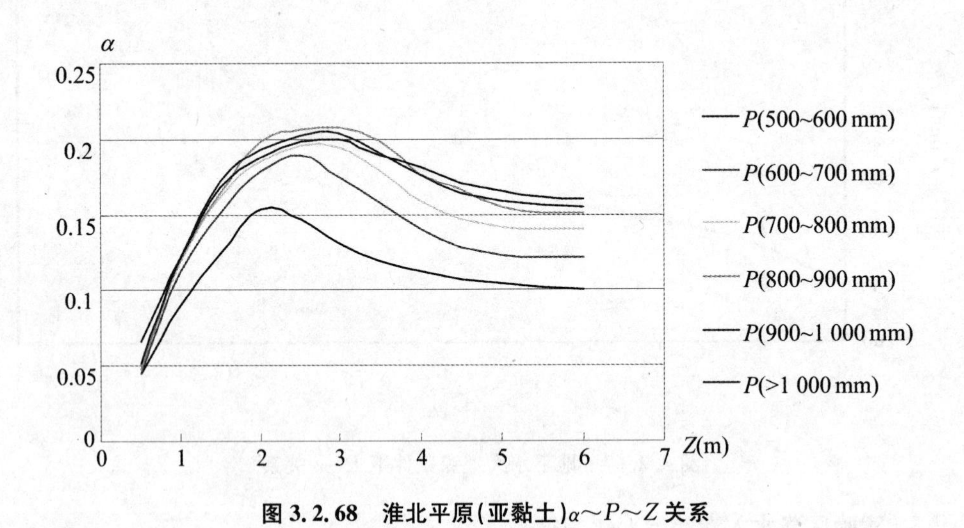

图 3.2.68 淮北平原(亚黏土)α～P～Z 关系

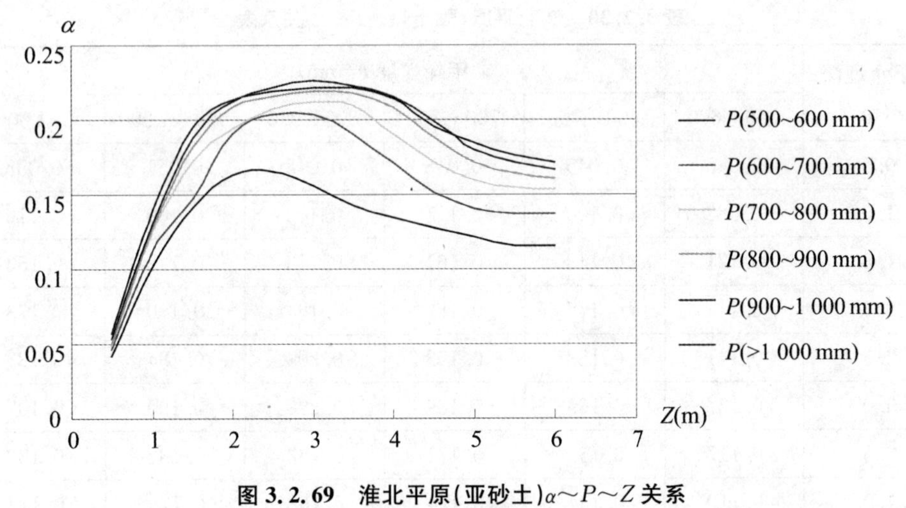

图 3.2.69　淮北平原(亚砂土)α～P～Z 关系

表 3.2.29　淮北平原(亚砂土)α～P～Z 关系表

地下水埋深 Z(m)	年降水量 P(mm)					
	500～600	600～700	700～800	800～900	900～1 000	>1 000
0.5	0.042	0.046	0.049	0.050	0.053	0.057
1.0	0.102	0.113	0.126	0.129	0.131	0.140
1.5	0.142	0.148	0.173	0.182	0.188	0.195
2.0	0.163	0.190	0.194	0.208	0.212	0.213
2.5	0.166	0.203	0.207	0.216	0.221	0.219
3.0	0.156	0.203	0.212	0.219	0.226	0.222
3.5	0.143	0.191	0.209	0.218	0.223	0.221
4.0	0.134	0.171	0.191	0.208	0.215	0.214
4.5	0.127	0.151	0.171	0.188	0.199	0.195
5.0	0.121	0.140	0.159	0.172	0.180	0.184
5.5	0.116	0.137	0.155	0.164	0.171	0.176
6.0	0.115	0.137	0.153	0.161	0.167	0.172

表 3.2.30 淮北平原(黏土)α～P～Z 关系表

地下水埋深 Z(m)	年降水量 P(mm)					
	500～600	600～700	700～800	800～900	900～1 000	>1 000
0.5	0.045	0.045	0.048	0.048	0.051	0.058
1.0	0.083	0.100	0.111	0.113	0.109	0.116
1.5	0.121	0.148	0.161	0.173	0.148	0.153
2.0	0.144	0.177	0.182	0.194	0.170	0.173
2.5	0.141	0.183	0.192	0.203	0.184	0.183
3.0	0.127	0.169	0.189	0.200	0.190	0.187
3.5	0.117	0.151	0.171	0.188	0.182	0.182
4.0	0.110	0.134	0.154	0.168	0.170	0.174
4.5	0.104	0.123	0.142	0.158	0.160	0.164
5.0	0.101	0.120	0.137	0.154	0.156	0.160
5.5	0.099	0.119	0.135	0.150	0.154	0.157
6.0	0.099	0.118	0.135	0.149	0.154	0.155

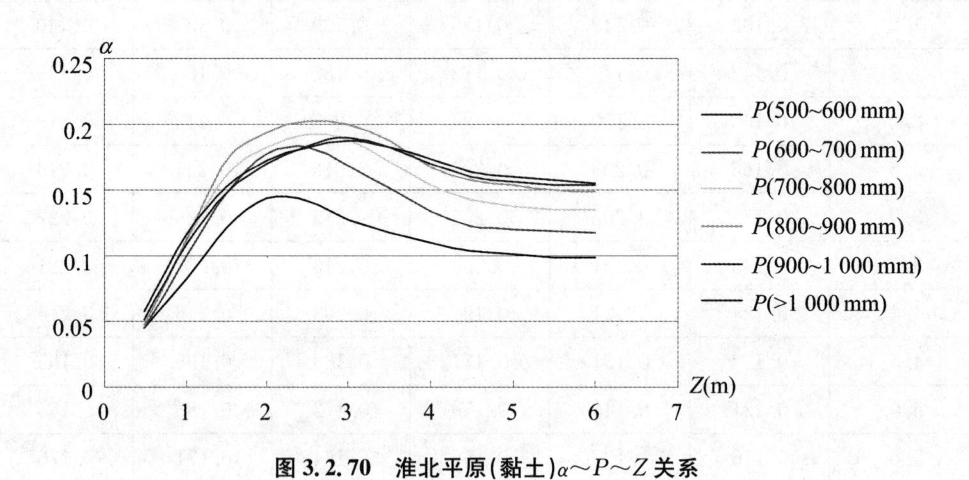

图 3.2.70 淮北平原(黏土)α～P～Z 关系

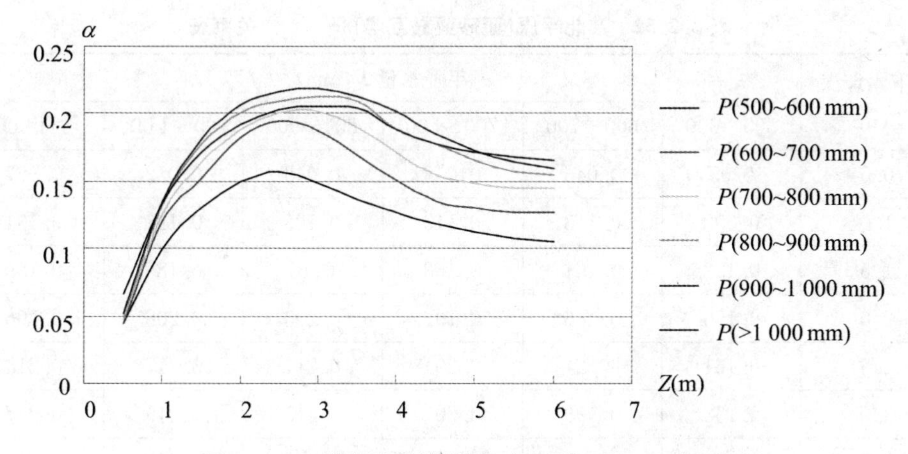

图 3.2.71　淮北平原(亚黏亚砂互层)α～P～Z 关系

表 3.2.31　淮北平原(亚黏亚砂互层)α～P～Z 关系表

地下水埋深 Z(m)	年降水量 P(mm)					
	500～600	600～700	700～800	800～900	900～1 000	＞1 000
0.5	0.045	0.045	0.048	0.049	0.052	0.066
1.0	0.099	0.119	0.125	0.132	0.134	0.133
1.5	0.130	0.152	0.164	0.177	0.181	0.171
2.0	0.150	0.182	0.189	0.201	0.206	0.192
2.5	0.157	0.195	0.200	0.209	0.216	0.203
3.0	0.149	0.187	0.202	0.213	0.219	0.205
3.5	0.137	0.169	0.190	0.209	0.213	0.204
4.0	0.127	0.151	0.172	0.189	0.202	0.189
4.5	0.118	0.135	0.155	0.178	0.185	0.178
5.0	0.112	0.130	0.149	0.166	0.173	0.171
5.5	0.107	0.127	0.145	0.157	0.164	0.168
6.0	0.105	0.127	0.145	0.155	0.159	0.165

表 3.2.32 淮北平原(亚砂亚黏互层)α～P～Z关系表

地下水埋深 Z(m)	年降水量 P(mm)					
	500～600	600～700	700～800	800～900	900～1 000	>1 000
0.5	0.05	0.045	0.048	0.049	0.052	0.067
1.0	0.092	0.113	0.118	0.128	0.128	0.131
1.5	0.132	0.161	0.168	0.18	0.185	0.189
2.0	0.156	0.186	0.192	0.203	0.208	0.206
2.5	0.161	0.2	0.204	0.211	0.217	0.214
3.0	0.155	0.196	0.207	0.215	0.219	0.217
3.5	0.14	0.179	0.191	0.205	0.217	0.214
4.0	0.128	0.158	0.184	0.203	0.208	0.204
4.5	0.12	0.143	0.168	0.187	0.194	0.191
5.0	0.115	0.136	0.155	0.174	0.18	0.179
5.5	0.112	0.133	0.15	0.162	0.168	0.172
6.0	0.11	0.132	0.15	0.158	0.165	0.17

表 3.2.33 淮北地区年降水入渗补给系数 α 年取值表

包气带岩性	降水量(mm)	年均地下水埋深(m)						
		0～1	1～2	2～3	3～4	4～5	5～6	>6
亚黏土	300～400	0～0.07	0.06～0.16	0.13～0.16	0.15～0.12	0.12～0.10	0.10～0.08	<0.08
	400～500	0～0.09	0.07～0.17	0.14～0.18	0.18～0.13	0.13～0.11	0.11～0.09	<0.09
	500～600	0～0.10	0.08～0.18	0.15～0.20	0.20～0.15	0.15～0.13	0.13～0.10	<0.10
	600～700	0～0.12	0.09～0.19	0.17～0.22	0.22～0.16	0.16～0.15	0.15～0.12	<0.12
	700～800	0～0.14	0.10～0.21	0.19～0.24	0.23～0.17	0.17～0.16	0.16～0.14	<0.14
	800～900	0～0.15	0.10～0.22	0.20～0.25	0.25～0.19	0.19～0.18	0.18～0.15	<0.15
	900～1 100	0～0.14	0.12～0.19	0.17～0.22	0.22～0.17	0.17～0.13	0.13～0.10	<0.10
	1 000～1 300	0～0.13	0.11～0.18	0.16～0.20	0.20～0.16	0.16～0.12	0.12～0.09	<0.09

续表

包气带岩性	降水量(mm)	年均地下水埋深(m)						
		0～1	1～2	2～3	3～4	4～5	5～6	>6
亚砂土、亚黏土互层	300～400	0～0.09	0.08～0.15	0.15～0.17	0.17～0.12	0.12～0.10	0.10～0.08	<0.08
	400～500	0～0.10	0.09～0.17	0.16～0.20	0.20～0.14	0.14～0.13	0.13～0.10	<0.10
	500～600	0～0.12	0.10～0.19	0.17～0.23	0.23～0.16	0.16～0.15	0.15～0.12	<0.12
	600～700	0～0.15	0.11～0.20	0.20～0.24	0.24～0.18	0.18～0.16	0.16～0.14	<0.14
	700～800	0～0.16	0.13～0.23	0.22～0.26	0.26～0.21	0.21～0.17	0.17～0.15	<0.15
	800～900	0～0.17	0.13～0.24	0.24～0.27	0.27～0.23	0.23～0.18	0.18～0.16	<0.16
	>900	0～0.15	0.13～0.22	0.22～0.25	0.25～0.20	0.20～0.16	0.16～0.15	<0.15
亚砂土	300～400	0～0.09	0.09～0.17	0.17～0.19	0.19～0.16	0.16～0.13	0.13～0.12	<0.12
	400～500	0～0.10	0.10～0.19	0.19～0.22	0.22～0.17	0.17～0.14	0.14～0.12	<0.12
	500～600	0～0.12	0.11～0.21	0.21～0.25	0.25～0.19	0.19～0.16	0.16～0.14	<0.12
	600～700	0～0.13	0.12～0.23	0.23～0.27	0.27～0.22	0.22～0.19	0.19～0.16	<0.14
	700～800	0～0.14	0.13～0.24	0.24～0.29	0.29～0.24	0.24～0.21	0.21～0.18	<0.16
	800～900	0～0.16	0.14～0.25	0.25～0.30	0.30～0.26	0.26～0.23	0.23～0.19	<0.18
	900～1 100	0～0.16	0.16～0.22	0.22～0.24	0.24～0.18	0.18～0.16	0.16～0.15	<0.19
	1 100～1 300	0～0.15	0.14～0.20	0.20～0.23	0.22～0.16	0.16～0.14	0.14～0.14	<0.15

3.2.7 “四水”转化水文模型

“四水”是指大气水、地表水、土壤水和潜水。“四水”转化模型与流域水文模型的概念有共同的物理基础，二者都以流域水循环和平衡原理为理论基础，因此很多水文模型都可以称为“四水”转化模型，尤其是具有物理机制的分布式水文模型，如 SHE

模型、SWAT、IHDM 等。国内包含“四水”转化描述的分布式水文模型也很多，如 DTVGM、LL 等，在技术水平上正在接近国际水平。

“四水”转化模型是建立在流域水文模型基础上的一种用于水文水资源数量评估计算的模拟技术。分布式水文模型是描述“四水”转化的最佳方式。就淮北平原而言，其具有以下特点：

① 地形比较平坦，大雨强蓄满产流有时很难找到明确的分水岭和流域边界，不仅难以提取建模必需的流域特征，而且基于常用的汇流计算方法得到的流速为零，无法进行汇流计算。

② 该区地表径流多发生在汛期，“四水”转化更多地表现为垂向上的入渗和蒸发，目前尚缺采用分布式模型来描述流域空间差异所需的更细致的资料信息。

③ 平原流域因为道路、人工渠道及排水沟等零散切割，网格单元产汇流计算中流出项和流入项复杂多变。

基于这些因素的考虑，本书提出建立一个集总式的“四水”转化模型。模型中考虑土壤水再分布、大孔隙流及填洼量，并提出一种新的冠层截留量年内分布确定方法。采用杨楼实验站流域实测资料，检验模型具有较好的拟合度，可为该区洪水预报和水资源评价提供依据。

3.2.7.1 模型原理概述

① 日降水扣除日蒸发能力之后，首先进行冠层截留计算，然后进入地面。

② 土壤从地表到潜水面按每 10 cm 一层，用 Richard 方程描述土壤水的运移，每小时计算一次，每天需要计算 24 次。

③ 地面分三部分：直接径流、大孔隙和土壤。直接径流进入地表水；大孔隙补给地下水；土壤部分首先按照土壤不饱和水力传导度进行入渗计算，剩余水量进行填洼量计算，还有剩余则进入地表水。

④ 蒸发时，把蒸发能力从每天 8 时到 20 时平均分为 12 份，夜间不计算蒸发。每份蒸发作为土壤的上边界条件驱动土壤水运动，得出方程计算蒸发量 E_e。验证表明这样计算出的实际蒸发量精度基本都偏小，所以需要用前面的方法计算出考虑了作物的潜水蒸发量 E_p，如果 $E_e<E_p$，则把欠缺的蒸发余量直接在潜水中扣除。

⑤ 潜水按照潜水位与沟道切割深度差值缓慢侧向排入河网。

⑥ 需要进行流域地表径流过程拟合时，添加相应的汇流模块。

模型计算流程见图 3.2.72。

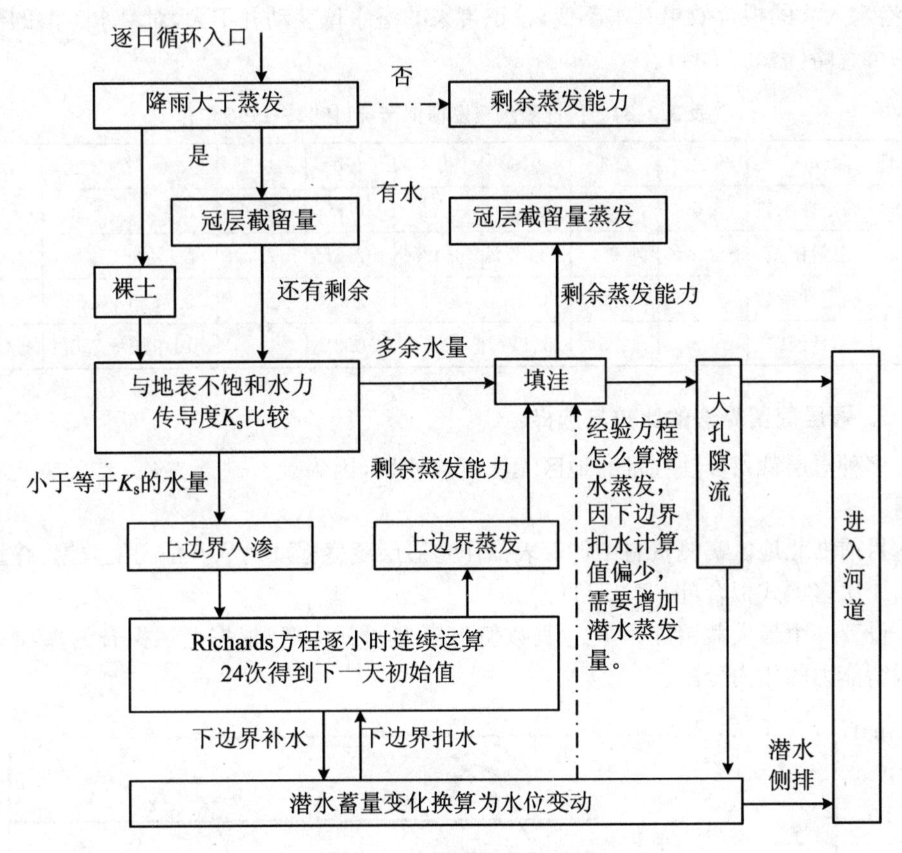

图3.2.72　模型计算流程图

3.2.7.2　模型搭建与参数率定

1. 率定大孔隙系数

① 砂姜黑土不同潜水埋深下的大孔隙系数在0.072～0.091之间，平均为0.082；黄潮土大孔隙系数在0.054～0.061之间，平均为0.058。

② 潜水补给对大孔隙系数非常敏感，因此潜水补给的总量很容易调试，总量误差与埋深没有明显的相关关系。

③ 从拟合的过程来看，亚黏土的确定性系数最低值为0.65，平均为0.71；亚砂土的拟合效果稍差一些，最低值为0.51，平均为0.59。潜水补给的拟合确定性系数与埋深没有明显关系。

④ 潜水蒸发的拟合效果较差，存在计算值比实测值偏小的系统误差，亚黏土平均小17%，亚砂土平均小14%。

2. 模型蒸发计算的校正

采用逐日裸土潜水蒸发经验公式校验模型，潜水蒸发的拟合精度有所提高，校正后，潜水入渗的拟合效果基本不变，校正带来的潜水位变动并不大，对潜水入渗的微弱影响可忽略(表 3.2.34)。

表 3.2.34　裸地潜水蒸发模拟情况(1992～1996 年)

埋　深(m)		0.2	0.4	0.6	0.8	1.0	1.5	2.0	3.0	4.0
砂姜黑土	确定性系数	0.60	0.74	0.57	0.52	0.57	0.59	0.65	0.55	
	总量误差	−9.8%	4.9%	−11.7%	5.4%	−2.3%	−7.2%	4.4%	−11.3%	
黄潮土	确定性系数	0.73	0.47	0.49		0.55		0.75	0.53	0.57
	总量误差	−4.9%	−2.5%	5.1%		−0.3%		−10.9%	−7.6%	−4.4%

3. 冠层截留算法的比较与选择

多种冠层截留算法在淮北地区无法直接使用，因为要么缺乏参数、要么缺乏实测资料。

目前淮北地区实测资料中能够表征作物冠层茂盛程度的只有郁闭度数据，并且可以用 4 次多项式拟合(图 3.2.73)。

设置一个最大截留能力 I_{max}，其数值由模型调试确定，根据上述拟合的多项式计算截留能力的年内分配。

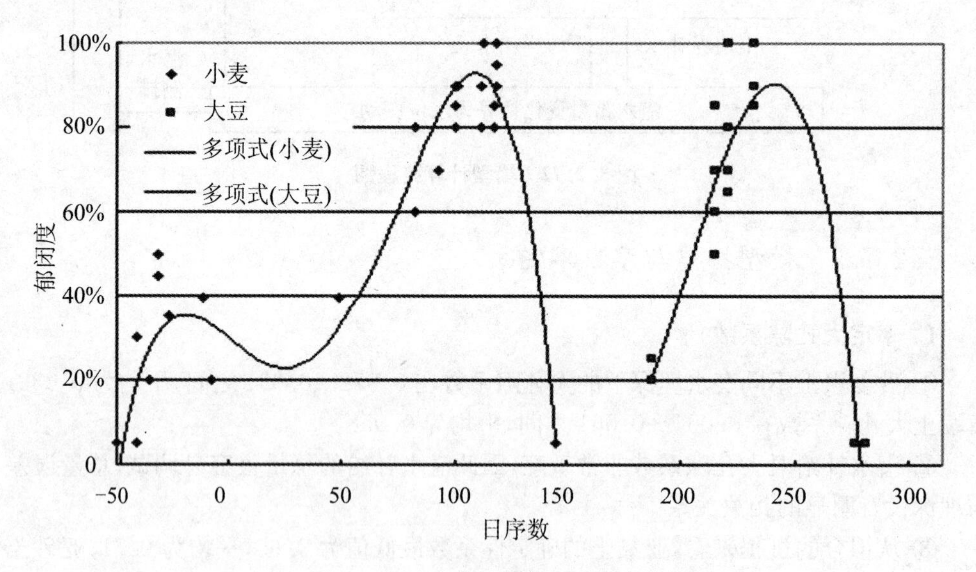

图 3.2.73　多年实测郁闭度年内变化

4. 潜水排出的计算

地下水蓄水量与出流之间为非线性关系

$$Q_g = k(S_g) \times S_g \tag{3.2.9}$$

式中，S_g 是地下水蓄量；k 是随地下水蓄量而改变的地下水出流系数；Q_g 是地下径流量。

潜水出流系数与潜水蓄量成正比，使用对数关系来描述

$$k = a\ln(S_g) - b \tag{3.2.10}$$

式中，a 和 b 是调试出的参数，分别取值为0.18和0.28。

实际上，模型中的潜水蓄变量是指平原区河网切割最低深度以上的潜水量，即

$$S_g = \mu \cdot \Delta H \tag{3.2.11}$$

式中，μ 是给水度；ΔH 是潜水位与河网切割最深处的差值。

(1) 给水度范围的实验分析

五道沟实验站对砂姜黑土和黄潮土两种土壤分别做过多次实验，常用的有地中蒸渗仪（筒测）法、抽水实验法、动态资料分析法、水量平衡法和饱和差法等。此次采用地中蒸渗仪法和抽水实验法，结果如表3.2.35所示。

表3.2.35　给水度实验成果表

土层(m) \ 土壤类型	砂姜黑土	黄潮土
地表～－1.0	0.040～0.055	0.045～0.060
－1.0～－4.0	0.030～0.045	0.040～0.055

(2) 潜水排出相关参数的率定

使用1965～2007年的砂姜黑土、黄潮土年平均地下水水位数据，调试潜水排出的相关参数。模型中能够影响潜水排泄的参数包括：大孔隙系数、填洼量、最大冠层截流量、$k \sim S_g$ 曲线和给水度。其中大孔隙系数和最大冠层截流量沿用前面的率定成果，而其余3个(组)参数需要进一步调试，参数率定成果见表3.2.36。

表3.2.36　潜水排出参数拟合年均地下水水位结果

土　壤	填洼量(mm)	给水度	S_g,k 参数	确定性系数	平均误差(m)
砂姜黑土	9.0	0.42	0.20,0.31	0.89	0.06
黄潮土	11.5	0.50	0.19,0.28	0.93	0.07

3.2.7.3　模型的验证与应用

1. 模型的验证

杨楼流域有长系列观测资料，采用2005年1月1日～2007年9月30日的逐日资料进行模型验证。

模型输入的数据是逐日降水和蒸发；土壤含水量初值与前文相同；相关参数中的

大孔隙系数、最大冠层截留能力、$k(S_g)$参数、填洼量采用前面黄潮土的率定成果。直接径流系数需要略做调整，用实测的潜水位、径流量和土壤含水量过程检验拟合情况。

潜水位的拟合情况见图 3.2.74，确定性系数达到 0.93。径流的拟合情况见图 3.2.75，汛期验证确定性系数为 0.86。此外从径流拟合过程线图来看，2005 年的计算洪峰流量略偏小。土壤水验证结果也较理想，计算的空间步长是 10 cm，每一层都有土壤含水量的计算值，模型基本上能够把握土壤含水量的变化趋势。

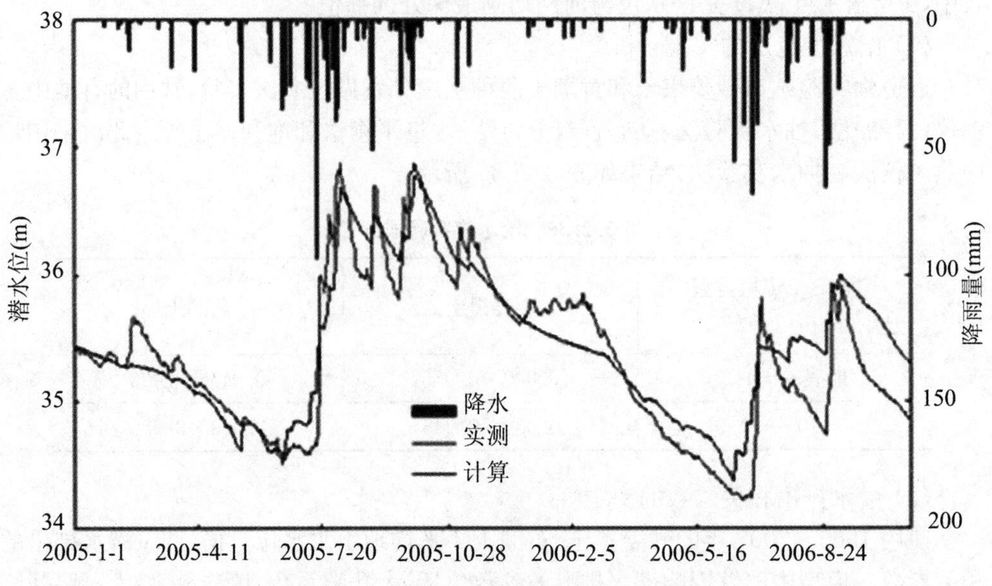

图 3.2.74　杨楼验证时段潜水位拟合情况

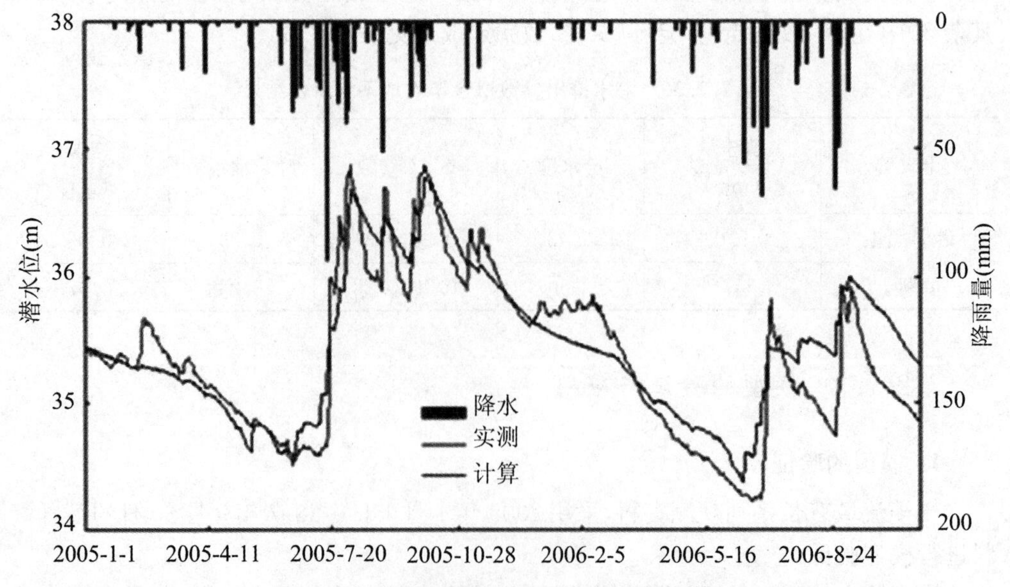

图 3.2.75　杨楼验证时段地表径流拟合情况

2. 杨楼实验区2006年、2007年潜水位、径流过程及洪水预报

利用模型进行了从2006年10月1日到2007年9月30日的潜水位和径流过程线预报,见图3.2.76和图3.2.77。从图中可以看出,拟合结果令人满意,相关系数分别达到了0.84和0.80。把汛期的径流过程线单独绘图,见图3.2.78,最大峰量误差仅2%,这说明模型能够较好地模拟汛期洪水过程。

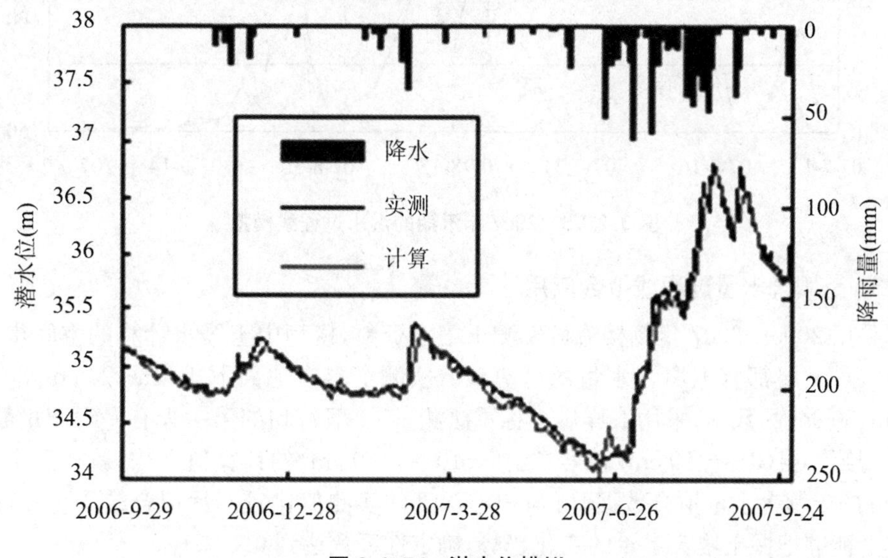

图3.2.76　潜水位模拟

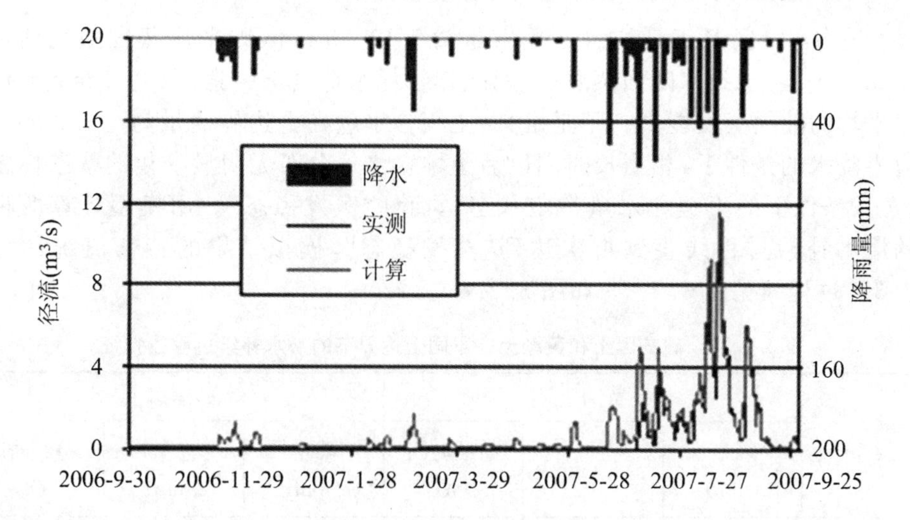

图3.2.77　地表径流模拟

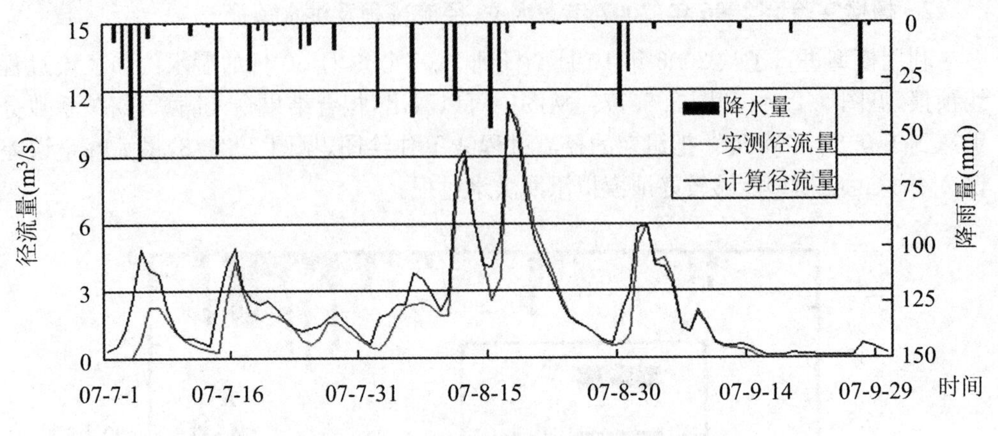

图 3.2.78 2007 年汛期的洪水过程线模拟

3. 土壤含水量过程线拟合应用

采用 2005～2007 年杨楼流域实测土壤水资料，模型中土壤水计算的空间步长是 10 cm，每一层都有土壤含水量的计算值。实测资料有地面下 10 cm、20 cm、30 cm、40 cm、50 cm 的数据，采用取样烘干称重法测量，一般每旬的第一天有一组测量数据。把模型第一层(0～－10 cm)和第二层(－10～－20 cm)的计算值平均，就得到了地下 10 cm 的土壤含水量拟合数据，可与相应深度的实测值比较。从拟合结果可知，模型基本上能够把握土壤含水量的变化趋势，确定性系数达到 0.87。

4. 有无蒸发时农田灌水的潜水补给过程模拟应用

五道沟实验区多年平均水面蒸发量为 1 103.3 mm，则平均蒸发强度估算为 0.25 mm/h。考虑到水陆面蒸发的差异、作物耗水等复杂因素，取 0.2 mm/h 作为多年平均的陆面蒸发能力。于是定义：土壤含水量在上边界通量为－0.2 mm/h、下边界浸水的条件下，相当长时间以后土壤含水量分布无明显变化的状态称之为“有蒸发条件下的土壤含水量稳定状态”，简称“蒸发稳态”。用模型计算两种土壤的潜水补给过程线直到再次达到“蒸发稳态”，模拟结果的特征值统计见表 3.2.37，过程线见图 3.2.79 和图 3.2.80。

表 3.2.37 砂姜黑土和黄潮土在不同上边界下的潜水补给过程线特征

灌水方式	黄潮土			砂姜黑土		
	峰量(mm)	总量(mm)	持续时间(h)	峰量(mm)	总量(mm)	持续时间(h)
无蒸发	1.23	10	+∞	0.23	10	+∞
有蒸发	0.70	7.44	19	0.15	6.56	93

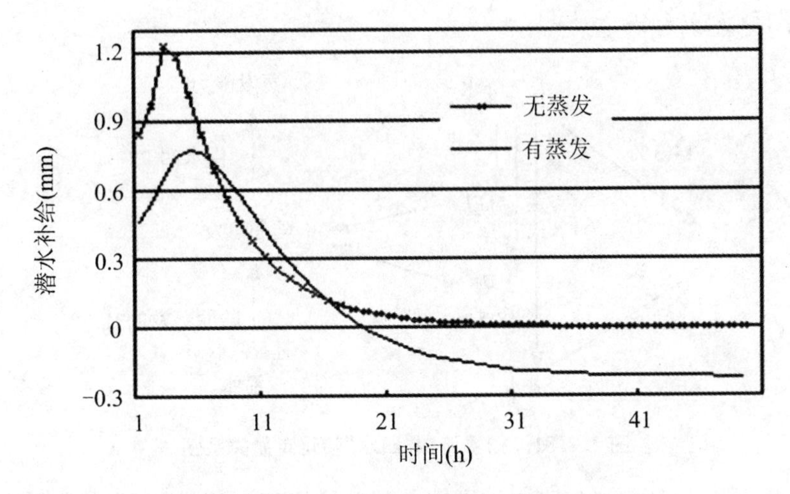

图 3.2.79　黄潮土不同上边界条件下潜水补给过程

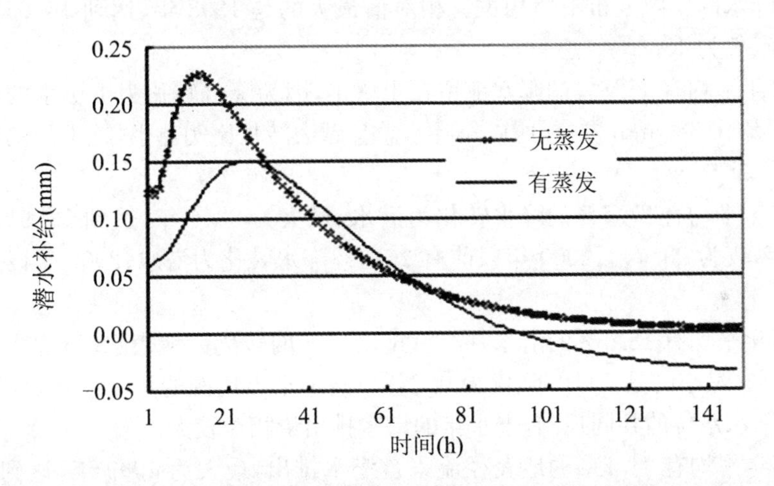

图 3.2.80　砂姜黑土不同上边界条件下潜水补给过程

模拟结果表明:蒸发条件下潜水补给过程线的峰值滞后更多、线型也更加平坦,潜水补给总量小于无蒸发时的潜水补给总量。黄潮土和砂姜黑土有/无蒸发的峰量比值为0.57和0.65;有/无蒸发的总量比值为0.74和0.66。黄潮土19 h潜水补给即停止,随后因为蒸发的影响开始从潜水中吸水;砂姜黑土的补给时间持续93 h,24 h和48 h的补给量分别占总补给量的39%和87%。

3.2.7.4　杨楼流域逐年“四水”转化量计算

利用杨楼流域的1991～2007年实测降水和蒸发数据,代入模型进行连续模拟,以年为单位统计“四水”转化情况,结论如图3.2.81所示。

① 多年平均有14.3%的降水转化为径流,最大为1997年,达到18.3%,最小的

是 1999 年,仅为 9.5%。

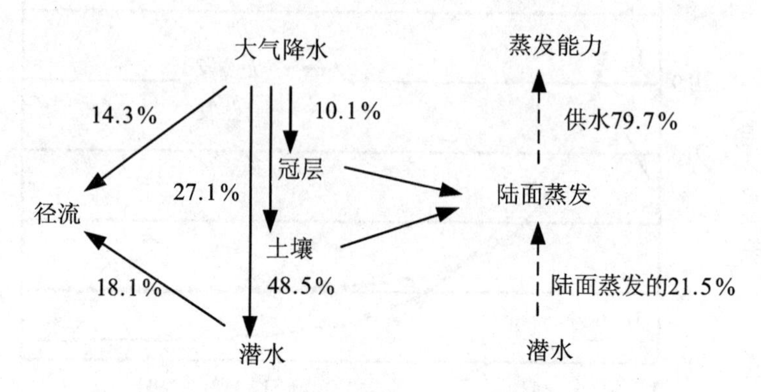

图 3.2.81 杨楼流域"四水"转化定量关系图

② 多年平均有 10.1%的降水被冠层截留并最终蒸发消耗,冠层截留的量与降水总量以及降水的年内分布密切相关。相对值最大的是 1998 年,达到 18.9%,最小的是 2001 年,仅为 13.4%。

③ 多年平均有 48.5%的降水滞留在土壤中,因为降水转化为土壤水的量年际变化不大,平均在 388 mm 左右,所以年降水总量越大转化比例越小,越干旱的年份转化比例越大。

④ 多年平均有 27.1%的降水转化为潜水,最大为 2004 年,达到 28.9%,最小的是 2000 年,仅为 25.3%;2000 年以前有 26.9%降水转化为潜水;2000 年以后增加为 27.4%。

⑤ 多年平均有 18.1%的潜水补给量排出到河网转化为地表水,最大为 2005 年,达到 51.1%,最小的是 2001 年,仅为 0.3%。潜水排出比例的年际变化比较大,受降水量和地下水水位的共同控制,丰水年的潜水排出量相对较大。

⑥ 多年平均有 34.2%的地表径流来自潜水排出,最大为 1999 年,达到 84.6%,最小的是 1992 年,仅为 0.6%。

⑦ 多年平均陆面蒸发(含冠层截留蒸发)占水面蒸发的 79.7%,最大为 2005 年,达到 95.5%,最小的是 1994 年,为 66.3%。

⑧ 多年平均潜水蒸发量占陆面蒸发总量的 21.5%,最大为 2001 年,达到40.7%,最小的是 2005 年,为 13.2%。

⑨ 多年平均的土壤含水量(潜水位以上的土壤含水总量)基本稳定,2006 年比 1991 年减小了 4.2 mm,各年随着降水——蒸发能力变化略有变化。多年平均的流域平均潜水位是 2.14 m。

3.3　区域主要洪涝灾害事件及涝渍灾害演变规律

3.3.1　区域主要旱涝灾害事件

3.3.1.1　典型年旱灾

新中国成立后，淮北平原先后出现了1959年、1961年、1966年、1977年、1978年、1981年、1986年、1988年、1992年、1994年、1997年、1999年、2000年和2001年等14个大旱年份(频次约为4.4年出现一次)。选取其中的1966年、1978年、1994年、1999年和2001年作为典型干旱年分析如下。

1. 1966年

1966年夏季至冬季，淮河流域持续大旱。淮河中游8月至10月，降水量均比常年同期偏少70%～80%；下游降水量比常年同期偏少超过40%。春、夏、秋三季连旱。淮河上、中、下游地区出现河道断流、土地干裂、农作物枯死。1966年和1967年出现连旱年，1967年冬，洪泽湖最低水位降至死水位以下1 m多，南四湖整个汛期几乎没有来水，骆马湖长期在死水位以下，许多大、中型水库水位降至死水位以下或空库无水，塘坝绝大部分干涸，旱情严重的地方，井泉枯竭，人畜饮水困难。1966年全流域成灾面积达4 849.4万亩，减产粮食19.2亿kg，受灾人口2 207万人。

2. 1978年

1978年春季淮河全流域均出现不同程度的旱情，3月降水比同期偏少20%～40%，4月偏少70%～90%，5月偏少30%～60%，春季降水量只有需水量的30%。进入夏、秋季，苏、豫、皖三省6～10月降水持续偏少，7～9月偏少达50%～60%，只有需水量的一半，春、夏、秋三季连旱，旱情十分严重。据统计，1978年全流域受旱面积为9 377.51万亩，占全流域播种面积的33.9%，成灾面积4 104.98万亩，成灾率12.8%。受灾人口1 997.4万人，粮食减产319万吨。

3. 1994年

1994年淮河流域遭受了严重的干旱，从春末到盛夏，降水持续偏少。汛期平均降水量为464 mm，比常年偏少近20%，其中淮河水系平均降水为440 mm，较常年偏少23.6%；沂沭泗水系平均降水量为522 mm，较常年偏少9.7%。全流域农作物受旱面积达1亿亩，其中重旱4 200万亩，干枯1 200万亩，因旱造成700万人饮水困难，经济损失十分严重。

该次干旱的特点是：旱情延续时间长，从春末一直延续到8月下旬；受旱范围广，遍及淮河水系和沂沭泗中下游地区；灾情重，对农业生产、群众生活、国民经济都造成了严重损失。

4. 1999年干旱

1999年淮河流域汛期降水偏少，面平均雨量为360 mm，比常年同期偏少37.5%，其中淮河水系和沂沭泗水系面平均雨量分别为334 mm和417 mm，分别比常年同期偏少42.7%和27.7%。由于整个汛期降水持续偏少，且前期干旱，再加上水库拦蓄，淮河干流王家坝出现了1949年以来的第三个断流年份，时间从8月17日7时开始至19日7时结束；蚌埠闸从8月1日至8月28日连续关闸，致使吴家渡断流（1～9月份累计断流107天）。

5. 2001年干旱

继2000年干旱后，2001年淮河流域发生了春夏秋冬连续干旱的大旱年，该年汛期（6～9月）流域平均雨量为385 mm，比常年同期偏少33%，其中，淮河水系平均雨量为320 mm，比常年同期偏少44%。流域内大部分地区年雨量均偏少30%以上。

安徽省3～10月江淮之间和淮北地区降水比常年同期偏少40%～60%，年降水较集中的梅雨期接近空梅。利辛、阜阳、凤台、淮南、寿县、霍邱等地降水偏少90%，淮河干流王家坝、润河集分别出现断流9天和11天。江苏省淮北平原地区及沿江、沿淮丘陵山区均发生了严重的春、夏、秋连旱。3月1日至7月8日，苏北地区面平均降水量仅124 mm；9～11月平均降水量仅32 mm，为常年同期的19%。江苏省淮河流域因旱直接经济损失达14.76亿元。

各特大旱灾年受灾或成灾面积明显高于多年平均值，同一年份不同地区受旱程度不同，以安徽和江苏两省的灾情较重（表3.3.1、图3.3.1）。

表3.3.1　2001年流域内各省干旱灾害指标

地　域	安徽省	江苏省	淮河流域
受旱面积（万 hm^2）	246.87	167.49	862.52
受灾面积（万 hm^2）	201.57	150.48	495.85
成灾面积（万 hm^2）	144.40	41.10	271.32
受灾人口（万人）	510.10	1 04.90	1 119.33
因旱粮食损失量（万 kg）	443 137	167 300	1 159 043
因旱经济损失（万元）	772 790	165 080	1 736 741

由此可以看出，2001年流域内4省的受旱率相差较小，但受灾率、成灾率及因旱粮食损失率均相差较大。

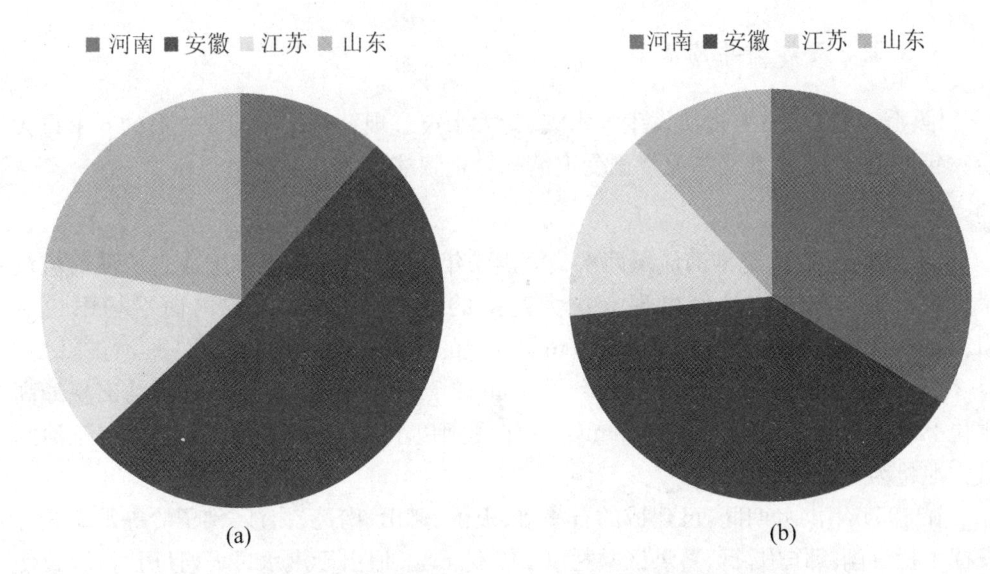

图 3.3.1　2001 年流域各省成灾率(a)和因旱粮食损失率对比(b)

① 安徽省受旱成灾率较高，受旱即成灾。这主要是 2000～2001 年连续干旱造成的。2001 年 3～10 月淮河干流王家坝、润河集分别出现断流 9 天和 11 天，7 月 27 日蚌埠闸水位 15.26 m，比常年同期低 1.84 m，创下 1965 年建闸以来同期最低值，河槽蓄水量仅 1.3 亿 m^3；同时水质状况恶化，蚌埠、淮南两市和部分县城供水及农村人需饮用水发生严重困难。

② 江苏省水资源较为充足，水利设施完善，但 2001 年江苏省淮北地区及沿江、沿淮丘陵山区发生了严重的春、夏、秋连旱，3 月 1 日至 7 月 8 日苏北地区平均降水量比常年同期偏少 55%，比大旱的 1978 年偏少 31%，为新中国成立以来同期最小值；9～11 月的平均降水量只有常年同期的 19%，比 1978 年同期偏少 77%。

由于淮河以及沂沭泗地区降水量偏少，基本无来水补给，淮河干流蚌埠闸于 5 月 24 日关闭，至 11 月 30 日累计断流达 181 天。蚌埠闸全年来水 73.86 亿 m^3，仅为常年同期来水量的 25%，其中汛期 5～9 月来水量仅 4.2 亿 m^3，比特大干旱的 1978 年同期来水量还少 9.6 亿 m^3。

4 月份开始，主要湖库水位普遍持续下降，特别是进入 6 月份用水高峰之后，湖库水位下降速度加快，洪泽湖水位最低降至 10.52 m(7 月 25 日)，骆马湖水位最低降至 20.40 m(7 月 13 日)，微山湖水位最低降至 30.75 m(6 月 29 日)，石梁河水库水位最低降至 18.27 m(6 月 28 日)。到汛末 9 月 30 日，“三湖一库”蓄水量仅 19.8 亿 m^3，比常年同期蓄水偏少 42 亿 m^3，为历史同期最低值。

由于长期少雨，气温高，蒸发量大，加之水稻育苗及栽插需水量大，水源不足，致使旱情迅速发展，6 月上旬苏北地区旱情最严重，受旱面积一度达到 116.43 万 hm^2，其中粮食作物 53.4 万 hm^2，成灾面积 42.53 万 hm^2；有 50 万人、31 万头牲畜饮水发生困难。

3.3.1.2 典型年涝灾

淮河流域在历史上多次发生大水灾、特大水灾。现针对新中国成立后的6个重大涝灾年以及2010年淮北平原暴雨受灾情况分别叙述如下。

1. 1954年

1954年是20世纪淮河流域两次最大洪涝年份之一，也是新中国成立后淮河流域最大洪水年。当年7月份出现5次大范围的强暴雨过程，流域内面平均雨量达513 mm，为多年平均的3～5倍。700 mm以上的雨区范围约4万km²。淮河正阳关7月26日最高水位26.55 m，相应鲁台子流量12 700 m³/s。8月2日蚌埠站出现最高水位22.18 m，最大流量为11 600 m³/s。洪泽湖以上60天来水量494亿m³，三河闸最大泄量为10 700 m³/s。

在1954年洪水期间，已建成的石漫滩、板桥、薄山、南湾、白沙、佛子岭等水库充分发挥了拦洪削峰作用，行、蓄洪区共拦洪217亿m³。但由于洪水过大，且历时长，致使淮北大堤在禹山坝和毛滩两处决口，该年洪涝灾害极为严重。河南省淮滨县几乎全县被淹没，沈丘县80%以上土地积水深1～2 m，河南省合计83县2市受灾，成灾农田1 539万亩，33 970处农田水利工程被冲坏，倒房30万间。安徽省2 620万亩农田受淹，倒房168万间，死亡1 098人，死畜1 052头。江苏省成灾农田1 543万亩，死亡823人，冲毁桥梁1 071座，涵洞156个。里下河地区由于连续暴雨，各河水水位猛涨，内涝严重。据统计，当年全流域成灾农田6 123万亩。

2. 1963年

该年7、8两月淮河北部及沂沭泗水系连续阴雨且接连出现大雨、暴雨，造成雨区大洪涝。沂河临沂站7月20日最大洪峰流量为9 090 m³/s(经水库还原计算后为15 400 m³/s)，7月下旬又出现6、7次洪峰，流量均在4 000 m³/s以下。沭河大官庄7月20日洪峰为2 570 m³/s(经水库还原计算为4 980 m³/s)。

南四湖30天洪量达50亿m³。骆马湖8月3日在退守宿迁控制后出现最高水位23.87 m，汛期实测来水量150亿m³。还原后骆马湖30天洪量为147亿m³，仅次于1957年。嶂山闸8月3日最大泄量为2 640 m³/s，新沂河沭阳站7月21日出现最大洪峰，流量4 150 m³/s。淮河水系沙颍河、洪汝河、涡河来水均较大，其中涡河蒙城站8月10日出现新中国成立以后最大洪峰，流量2 080 m³/s。王家坝水位均超过28.30 m，7月13日最高为28.45 m，相应最大流量(总)为4 390 m³/s。润河集8月26日最高水位为26.50 m，蚌埠站9月2日最大流量为6 520 m³/s。洪泽湖汛期入湖水量为529亿m³。8月30日三河闸最大泄流量8 010 m³/s，同日蒋坝最高水位为13.66 m。

该年洪水特点：洪水量大，洪峰流量不是很大，但对全流域造成的洪涝成灾面积却是新中国成立以来最大的。

3. 1975年

1975年8月7日，3号台风进入河南驻马店地区。驻马店、许昌、南阳等地区发生了罕见的特大暴雨，造成了淮河水系洪汝河、沙颍河特大洪水。暴雨中心有林庄、郭林、油房山水库及上蔡。林庄4～8日5天累计雨量1 631.1 mm，最大24小时雨量为1 060.3 mm。暴雨强度为下陈60分钟降水218.1 mm，林庄3小时494.6 mm、6小时830.1 mm、12小时954.0 mm以及5天1 631.0 mm，均为国内最高纪录。

与暴雨过程相应，出现两次洪峰。第一次在8月5～6日，第二次在8月7～8日，其中第二次峰值特大，板桥、石漫滩两座大型水库均在8日凌晨溃坝。还有两座中型水库及58座小型水库也垮坝漫决。在这次洪水中，洪汝河、沙颍河洪水互窜中下游平原，最大积水面积达12 000 km^2。

据统计，河南省有23个市县、820万人口、1 600多万亩耕地遭受严重水灾，其中遭受毁灭性和特重灾害的区域约有耕地1 100万亩、人口550万人，倒塌房屋560万间，死伤牲畜44万余头，冲走和水浸粮食近10亿kg，死亡26 000人。京广铁路冲毁102 km，中断停车18天，影响运输48天。特别是两大水库失事，给下游造成毁灭性灾害。遂平、西平、汝南、平舆、新蔡、漯河等城关进水，平地水深2～4 m。特别是两次特大暴雨洪水使两座大型水库、两个滞洪区、两座中型水库和58座小型水库垮坝失事，冲毁涵洞416座、护岸47 km，河堤决口2 180处，漫决总长810 km。

安徽省成灾面积912.33万亩，受灾人口458万人，倒塌房屋99万间，损失粮食3亿kg，死亡399人，水毁堤防1 145 km，损毁其他水利工程600余处。沿淮及界首、临泉、太和、阜阳、六安等市县都是重灾区。

4. 1991年

该年6～7月份，淮河水系发生了两次大洪水。最大30天的平均雨量为412 mm，暴雨中心吴店1 287 mm、兴化1 119 mm；最大60天平均雨量620 mm，暴雨中心前畈1 627 mm、兴化1 329 mm，均小于1954年、1956年雨量。但淮河中游沿淮及大别山部分地区最大30天、60天雨量都超过1954年；梅山、响洪甸水库、瓦埠湖、高塘湖等地区30天雨量约合百年一遇；里下河地区最大60天雨量500～1 300 mm。

淮河水系最大30天洪量分别为：王家坝76亿m^3，比1954年135亿m^3小，约为7年一遇；正阳关210亿m^3、蚌埠273亿m^3、中渡348亿m^3，各站仅次于1954年，分别为15年、16年、18年一遇；最大60天洪量，王家坝、正阳关、蚌埠、中渡等站都小于1954年，均为16年一遇。但大别山区、沿淮、淮南和里下河地区洪量接近或超过1954年。

据统计，1991年洪涝灾害中涝灾占79%，全流域受灾耕地8 275万亩，成灾6 024万亩，受灾人口5 423万人，倒塌各类房屋196万间，损失和减收粮食分别为66亿kg和158亿kg，直接经济损失达340亿元。

1991年水灾暴露出防洪排涝建设中存在的主要问题有：

① 由于河道行洪障碍及泥砂淤积等原因，河道过水能力普遍降低，与20世纪50、

60年代相比，在相同流量下，汛期淮河水水位抬高了0.2～1 m，相同水位下的过流能力减少约20%。1991年虽先后启用了17个行、蓄洪区，但淮河水水位仍长期居高不下，顶托内水，造成河湖水位并涨，增加了防汛压力和沿淮地区的涝灾。

② 湖泊、洼地盲目围垦，滞洪能力明显下降。里下河地区1965年原有湖荡面积1 100 km^2，1991年减少到350 km^2，圩区由1965年的16.7万m^2增加到43.3万hm^2，湖荡滞洪能力约下降70%。

③ 平原、洼地排涝能力差。淮河流域大多数平原骨干河道的排涝标准仅3年一遇，一些平原易涝地区及沿淮湖洼地区标准更低。1991年成灾面积中涝灾远大于洪灾，占全流域成灾面积的79%。

④ 随着行、蓄洪区内的人口增长和经济发展，行、蓄洪区的正常运用受到严重影响，行洪不及时，口门小，行洪区仅起滞洪作用。

⑤ 城镇、工矿企业、铁路等防洪能力薄弱。如蚌埠圈堤以外的西部城区，集中了该市65%的企业、75%的工业设备和三分之一的城市居民，相当部分位于低洼处，缺少必要的防洪措施，在这次洪水中受淹损失惨重；津浦线、淮南线等铁路干线未受洪水袭击，却因暴雨和涝水中断行车，造成不应有的巨大损失。

5. 2003年

2003年夏季西北太平洋副热带高压异常偏强，并持续控制江南、华南的大部分地区。与此同时，西南暖湿气流强盛，冷暖空气在江淮和黄淮地区交汇，淮河流域出现了1954年以来的最大降水。6月20日至7月21日，淮河流域降水异常偏多，面平均降水为常年同期的2.2倍。淮河流域最大30天平均雨量为465 mm，比1991年相应雨量偏多20%，比1954年相应雨量偏少10%。最大30天降水总量898亿m^3，大于1991年最大30天降水总量，小于1954年最大31天降水总量。按淮河中游各主要控制站最大30天洪量计算，王家坝洪水频率接近10年一遇，正阳关接近20年一遇，蚌埠大于20年一遇，洪泽湖(中渡)接近30年一遇。而1991年中游不到20年一遇，1954年王家坝相当于20年一遇，中游相当于50年一遇。

2003年汛情特点如下：

① 降水历时集中、强度大、分布范围广。

② 干支流洪水并发，暴雨洪水组合恶劣。

③ 洪水涨势猛、水位高、持续时间长。

④ 流量和洪量大。

经过科学调度，充分发挥水库、河道堤防、行(蓄)洪区等防洪工程的作用，淮河干流堤防没有出现重大险情。不仅确保了淮北大堤、洪泽湖大堤、蚌埠与淮南城市圈堤等重要堤防、大中型水库、交通干线的防洪安全，而且干支流堤防无一决口，水库无一垮坝，有效地减轻了灾害损失。但由于该年发生了仅次于1954年的全流域性洪水，仍然给河南、安徽、江苏三省沿淮地区造成较为严重的洪涝灾害。据初步统计，沿淮三省洪涝受灾面积5 770万亩，其中成灾3 886万亩，绝收1 692万亩，受灾人口3 728万人，因灾死亡29人，倒塌房屋74万间，直接经济损失285亿元。

洪涝区域主要分布在淮河干流附近的行洪区、蓄洪区及湖洼地区；此外，淮河的各大支流区域也出现了内涝，以涡河、颍河、西淝河、池河等最为严重。从行政区域来看，河南省东部、安徽省大部、江苏省西部都出现了洪涝，其中安徽省怀远、五河、寿县、颍上等县(市)的洪涝面积较大。从洪涝水体的淹没历时来看，支流的内涝时间较短，多在10天以内，而各行、蓄洪区的淹没时间较长，影响较为严重。从淮河水系整体受灾情况来看，在西起河南息县、东至江苏盱眙的流域范围内，主汛期的水体面积与汛初相比扩大了4 850 km^2，淹没天数在10天以内的洪涝水体累计面积达1 900 km^2，主要为各大支流的内涝水体；淹没天数在10～20天及20～30天的洪涝水体累计面积分别为420 km^2和330 km^2，主要分布在淮河各支流的泛滥区及行、蓄洪区；淹没天数30天以上的洪涝水体面积达2 200 km^2，主要分布在各行洪区和蓄洪区，其中荆山湖行洪区洪涝水体的淹没天数在5个月以上。

安徽省淮北平原水情灾情有以下特征：

(1) 淮河干流、各大支流下游、茨淮新河与怀洪新河水水位呈陡升缓降趋势

因前期降水偏少，6月下旬的前后两场降水没有给人们多少警示，从6月28(或29)日开始的第三场雨，使淮河汛情急转直下，仅仅4～5天就把淮河水水位抬高到逼近1991年的水平。此时整个平原雨区面上由于前两次降水的基垫，滞蓄潜力甚微，大面积地表积水与淮干体系高水位同时出现。伴随着强劲的雷雨声，开闸、破堤进行分洪蓄洪，淮河各大支流下游河道和洼地一时间齐为洪涝占据。从7月8(或9)日又出现大范围的强降水，至7月10日，蚌埠吴家渡水位超过1991年水平，11日正阳关水位超过1954年的水平，创新中国成立以来的新高。经过沿淮各大行、蓄洪区再一次蓄洪和分洪，淮河水水位才开始慢慢地下降。

然而，洪水位下降非常缓慢。从7月10日至22日，降水时断时续，淮河及其行、蓄洪区域水位还在时涨时落，至7月25日，吴家渡水位仍在警戒线以上，给安徽淮北平原中南部造成了严重洪涝灾害损失。

(2) 淮河各支流河道下游因受淮河洪水顶托影响，水位高、持续时间长

2003年汛期由于中上游山丘区、淮北平原区连续、集中、大强度降雨，淮河水水位接近或超过新中国成立以来最高纪录。提前利用茨淮新河和怀洪新河分洪，不仅使淮河主要支流河道，也使大多数中小河道下游段河道水位被急剧抬高，致使淮水顶托范围大大增加，而且长时间维持着这种高水位。

(3) 淮北各支流中上游河道治理前后排涝效果十分明显

淮北平原主要支流经过治理后，虽中、上游区域遭遇强降水，洪涝水下泄速度仍然较快，河道高水位只维持了1～2日。据调查，位于浍河中游的宿州市埇桥区运河示范片(20世纪80年代按5年一遇排涝标准进行工程配套)，在这次遭遇超频降水时，仅浍河祁县闸过水流量小，造成示范片地面积水0.4～0.5 m，其他区域经与浍河联合排水，在24小时之内基本排除了农田都地面积水；新汴河几乎全域农田可以自流排水，

涡河、颍河中上游水位下降也较快。

淮北平原的中小河道治理与未治理区别更明显。没有进行治理的澥河、唐河，其中唐河支流新河、闫河还属自然河槽，排水标准更低。在这次强降水过程中，这两条河道几乎全线告急，沿线大片农田积水淹没。南北沱河也未治理，两河之间地形低洼，在本次降水中，河水倒灌、地面积水严重，造成大片农田和村庄被水围困。茨河、北淝河的上游基本按 3 年一遇排涝标准进行治理，但下游怀远、固镇段未治理。在这次汛期上中游排水情况良好，但下游水流受阻，沿岸及邻近大片农田受淹。西淝河遭遇了 50 年一遇的 3 天降水，加上中游朱集闸排水能力不足、下游茨淮新河水水位顶托，田间排水系统不配套，致使涡阳高公庙、店集、利辛汝集以东三角地带农田地面严重积水。由于阜南的界南河、润河治理标准达到 3～5 年一遇，因此在这次洪水过程中，除下游遭受淮水顶托外，其余河段沿线农田均可进行自流排水。

(4) 农田排水系统不畅，加重涝渍灾害

根据农田排水系统完善程度，有以下几种类型。

① 无外水干扰，排水系统健全区。

据实地考查，这类地区在遇到本次超频强降水时，农田排水作用十分明显。20 世纪 80 年代建设的各典型排涝片、黄淮海旱涝渍农业综合治理片、农业引用外资治理片，虽已运行 20 多年，但其原建排水系统基本完好，凡不受外水侵袭者，基本上能够保证农田涝水在 1～2 天之间排除，作物雨后恢复长势也较为正常。其中固镇县王桥示范片、宿县运河示范区，都能在 24 小时内排除农田积水。

② 易受外水顶托区。

易受外水干扰或排水标准比较低的河道沿线的农田排水区域，农田水情在很大程度上取决于大沟口是否修建了防洪闸。经调查，凡沟口建闸能堵住外水入侵者，内水一般只在局部洼地聚集，农田洪涝灾害相对较轻；而无防洪闸者，上下游外水入侵，灾情则异常严重。

临泉县城西琉鞍河，是泉河上一条小河汊，上源河南省，全长 41.0 km。在与河南交界处有一个临时性土坝，下游入泉河处虽有控制闸，已不能使用。在本次降水中河南省当地群众掘坝让上游水流涌进，下游又无法控制泉河水倒灌，其结果使琉鞍河两岸 1 000 m 范围内大片农田受淹，成为临泉县一大重灾区。

类似此例，在调查中发现与河道相衔接的大沟，尚有相当多的沟口未建控制性建筑物或虽已建但起不到控制作用。利辛县朱集闸以上有 8 条大沟均未控制，受西淝河水倒灌引起严重的洪涝灾害；涡阳县入涡河的 41 条沟中，其中较大的沟口 28 处，真正具有防洪能力的只有 5 处，遇有洪水，涡河沿岸就会出现严重的农田排水问题。

③ 排水系统不健全，工程标准低区。

调查发现，在河道、大沟甚至中小沟水位都不太高的情况下，与此相连的农田却仍存在涝水。安徽临泉县今年汛雨全县淹没面积为 145.7 万亩，发生在泉河、大洪河、谷河、界阜河沿岸的淹没面积占整个积水面积比例为 33%，其中 66%发生在地面上的洼地，主要原因是排水系统不健全。利辛县大沟密度较高，但中小沟较少，小沟规格标准低，整个农田排水系统布局不够合理，本次降水内涝面积约占全县的 40%。

6. 2007 年

2007 年，淮河发生了流域性大洪水。淮河流域 6 月 19 日入梅，7 月 26 日出梅，历时 37 天，较常年长 14 天。期间，冷空气不断从华西东移南下，大气环流形势有利于淮河降水；同时，副热带高压缓慢增强西伸，西太平洋无热带气旋活动，导致冷暖空气频繁在淮河流域交汇，造成持续降水。梅雨期，淮河流域先后出现 6 次大范围降水过程，淮河流域面平均降水量 437 mm，其中，淮河水系为 465 mm，沂沭泗水系为 367 mm。淮河水系最大 30 天降水量绝大部分地区超过 300 mm，沿淮上、中、下游均出现了 600 mm以上的暴雨中心。最大 30 天降水中，淮河水系面平均雨量 430 mm。

淮河干流以及入江水道全线超过警戒水位，超幅为 0.26～4.65 mm。根据估算的最大 30 天洪量分析，王家坝、润河集、正阳关、蚌埠洪水重现期为 15～20 年，洪泽湖(中渡)约为 25 年。根据最大 30 天洪量、最大流量和最高水位等指标综合分析，2007 年淮河洪水总体超过 2003 年，其中，王家坝、润河集的洪水量级超过 2003 年；正阳关、蚌埠、洪泽湖的洪水量级与 2003 年相当，为流域性大洪水。

2007 年淮河洪水造成了严重的洪涝灾害。据统计，淮河流域 4 省农作物洪涝受灾面积 2 498.4 khm^2，成灾面积 1 586.3 khm^2，受灾人口 2 474 万人，倒塌房屋 11.53 万间，因灾死亡 4 人，直接经济总损失 155.2 亿元，其中水利设施损失 18.52 亿元。尽管 2007 年淮河洪水比 2003 年大，但灾情小于 2003 年，淹没面积减少 2/5，转移人数减少 2/3，倒塌房屋减少 4/5，农作物受灾面积减少 1/2，直接经济总损失不到 2003 年的一半。灾情详见表 3.3.2。

表 3.3.2　2007 年淮河流域灾情统计

行政区	受灾面积积(khm^2)	成灾面积(khm^2)	受灾人口(万人)	倒塌房屋(万间)	直接经济损失(亿元)	水利设施损失(亿元)	受灾严重的地区
河南省	600.6	371.7	706	2.03	34.19	4.02	信阳、驻马店等
安徽省	1 332.0	977.0	1 435	8.94	88.42	12.73	阜阳、蚌埠等
江苏省	543.6	229.3	359	0.55	31.89	1.74	
山东省	22.3	8.4	4	0.014	0.68	0.037	
全流域	2 498.4	1 586.3	2 474	11.53	155.2	18.52	

(1) 总体经济损失明显减少，农作物受灾面积减少

1991 年洪涝灾害直接经济总损失 340 亿元，2003 年直接经济总损失 364.3 亿元，2007 年洪涝灾害直接经济总损失 155.2 亿元，洪涝灾害造成的经济损失明显减少。

2007 年淮河流域农作物洪涝受灾面积 2 498.4 khm^2，成灾面积 1 586.3 khm^2；1991 年淮河流域农作物洪涝受灾面积 5 519.4 khm^2，成灾面积 4 018.0 khm^2；2003 年

淮河流域农作物洪涝受灾面积 4 647.7 khm^2，成灾面积 3 221.2 khm^2。

(2) 已启用的行、蓄洪区转移安置群众大为减少

2007 年淮河流域共启用 10 处行、蓄洪区，仅转移安置 1 万人。1991 年启用 17 处行、蓄洪区，共转移安置 50 万人。2003 年启用 9 处行、蓄洪区，共转移安置 22 万人。

(3) 因灾死亡人数少，没有一人因行、蓄洪死亡

在 2007 年洪水中，因倒房等因素死亡 4 人。在转移行、蓄洪区及低洼地区人员过程中，严格执行预案，组织得力，撤退有序，没有一人因行、蓄洪而死亡。1991 年、2003 年因灾死亡人数分别为 572 人和 29 人。

(4) 内涝严重的问题仍未得到有效改善

据初步分析，2007 年农作物洪涝受灾面积中，涝灾面积约占 2/3。与 1991 年、2003 年相比，虽然洪涝受灾面积明显减少，但因洪致涝、“关门淹”的现象仍然严重。如安徽省涝灾面积仍超过 900 khm^2，因内涝临时转移安置了 33.9 万人。截至 8 月 20 日，受淮干高水位顶托，香浮段、花园湖仍有 2 亿 m^3 涝水没有排出，焦岗湖因不具备自排条件，比正常蓄水水位高出 1 m 多。

7. 2010 年

2010 年 9 月 6～8 日，安徽省淮北平原地区普降大暴雨，局部地区特大暴雨。阜阳市的界首、太和以及亳州市的利辛、涡阳和蒙城等县、市的大部地区，最大 3 日降水均超百年一遇，雨量和雨强均为新中国成立以来所罕见。由于雨势急且雨量大，造成阜阳、亳州、淮北及宿州等地大量村庄被围困，农田积涝严重，给安徽省淮北平原农村生产、生活带来极大的破坏，受涝损失严重。

为更准确掌握此次强降水的受涝、渍损失情况，探寻出农作物(大豆、玉米)受涝、渍后减产损失规律，探讨受涝村庄房屋、居民财产损失规律，课题组先后于 2010 年 9 月 8 日和 2010 年 9 月 27 日两次去利辛县受涝最为严重的刘家集乡、西潘楼镇、江集镇以及春店乡等开展为期 10 天的受涝损失调研。通过对利辛县大田作物和村庄受淹过程的调研以及对调研区作物的采样，系统掌握区内主要农作物的受淹过程和受淹后减产损失情况。在此基础上，通过统计分析，得出主要农作物不同受涝程度下的减产损失率，结合此次淮北平原降水强度及其分布范围的调查资料，进而建立涝渍灾害损失的评估模型，评估调研区及此次暴雨分布范围区各县、市的受涝、渍损失。

(1) 2010 年淮北平原雨情特征

自 2010 年 9 月 6 日起，安徽省淮北平原地区普降暴雨，局部地区特大暴雨。该次强降水涉及安徽省淮北平原四市 8 个县/区，降水范围达 1 万 km^2，近百余个乡镇受涝，仅利辛县就有 200 多村庄被水围困。

据初步分析，涡阳县的曹市、西阳、单集，利辛县的王市、旧城、巩店、纪王场、丹凤，蒙城县的小涧、马集、坛城，太和县的赵庙、关集，界首市的代桥以及阜阳市辖区的闻集等 15 个乡镇雨量站最大 3 日雨量均超 300 mm，均超 50 年一遇，其中王市、旧城、曹市、西阳、单集、小涧、马集、坛城、赵庙、关集、闻集最大 3 日雨量均超百年一遇。涡阳

县的曹市、西阳、单集，利辛县的王市、旧城、巩店、纪王场、丹凤，蒙城县的小涧、马集、坛城，太和县的赵庙、关集以及阜阳市辖区的闻集等14个乡镇雨量站自2010年9月6日08时～2010年9月7日08时的1日雨量均超250 mm，最大1日雨量超百年一遇，其中曹市、小涧及赵庙最大1日雨量甚至超过310 mm。

此次淮北平原强降水具有明显特点，雨势急雨强大，多数雨量站最大3日雨量超过300 mm，最大1日雨量超过250 mm，高于1954年、2003年及2007年淮河流域流域性大涝年的最大3日和最大1日降水量。但在降水区所在的颍河和茨淮新河并没有出现明显的洪水险情，整个降水过程中茨淮新河主要大型控制闸水位均比较平稳，开闸泄水顺畅，未出现下游顶托现象，而颍河界首站和阜阳闸虽然出现超警戒水位的洪水，但由于及时开启茨河铺往茨淮新河分洪，缓解了颍河界首至阜阳段的洪水压力，所以界首站和阜阳闸洪水平稳过境。此次安徽省淮北平原地区特大暴雨并未形成区域性大洪水，未出现洪水漫堤、大堤决口等险情，洪灾损失不大。

(2) 淮北平原主要农作物涝渍灾害损失

依据主要雨量站雨量资料，总结分析得到此次暴雨过程降水量覆盖的雨量等值线图，进而计算各县淹没范围。

淮北平原秋季作物主要为大豆和玉米，零星种植花生等其他作物。依据2009年的安徽省统计年鉴资料，统计淮北4市主要农作物播种面积，并计算各主要农作物的种植比例，来反映淮北平原主要农作物的种植结构。依据各定点观测点逐日淹没水深及地下水水位变化过程数据及淮北平原主要农作物取样考种结果，选取各观测点最大淹没水深及淹没历时这两个指标来反映该区作物的受灾程度，通过统计分析计算，得出不同淹没程度下农作物受涝损失情况，具体如表3.3.3所示。

由淮北平原四市八县/区的降水分布范围、不同受涝区的耕地类型分布、不同受涝区的主要农作物的受涝损失率，进而可合理评估各受涝区主要农作物的受涝经济损失，具体如表3.3.3所示。

表3.3.3　淮北平原主要农作物不同受涝情况下的减产损失率

品　种	最大淹没水深(cm)	淹没历时(天)	损失率	平均损失率
大豆	30	3	14.45%～41.05%	31.42%
	30	4	34.79%～57.23%	46.01%
	40	4	79.30%～91.49%	86.02%
	45	4	100.00%	100.00%
	30～50	5	100.00%	100.00%
玉米	30	3	14.88%～92.90%	53.80%
	30～40	4	51.09%～65.00%	58.05%
	50～60	5	72.51%～100.00%	86.26%

表 3.3.4　调查评估淮北平原四市农作物直接经济损失汇总表

地　区	农作物受灾面积(万亩)	玉米受涝损失(吨)	大豆减产损失(吨)	农作物直接经济损失(亿元)
淮北市	37.45	9 069.24	6 150.93	0.489
阜阳市	219.12	47 354.85	15 853.96	1.740
宿州市	14.71	51.57	162.42	0.009
亳州市	216.01	61 123.02	32 412.40	2.843
合计	487.30	117 598.68	54 579.71	5.081

由表 3.3.4 可知,淮北平原四市因涝减产损失玉米 11.76 万吨,大豆 5.46 万吨,按当时市价玉米 2.0 元/kg 和大豆 5.0 元/kg 估算,主要农作物减产损失达 5.08 亿元。因此,此次暴雨过程虽未形成区域性大洪水,但由于正值秋季作物灌浆后期,作物受涝损失也十分严重,因此对淮北平原洼地进行综合治理刻不容缓。

3.3.2　区域涝渍演变规律

3.3.2.1　时间演变规律

淮河流域的受灾面积、受灾率、成灾面积和成灾率均呈现减小的趋势(图 3.3.2、表 3.3.5)。从年代变化来看,水灾最为严重的时段出现在 20 世纪 60 年代,而在此之后均有所缓解,且相对于 20 世纪 60 年代,20 世纪 70 年代成灾率大幅降低,这一方面是由于 20 世纪 70 年代,受灾面积相对较小,另一方面,亦是由于在 20 世纪 70 年代,该区域修建了大量的水利工程,对洪水的确起到了较大的削峰作用,而在 20 世纪 80 年代至 2000 年期间,虽然受灾率相对较高,但成灾率却在逐渐减小。总体来看,近 50 年来,由于区域水利工程不断增加,使得该地区抵御水灾的能力有所提高。

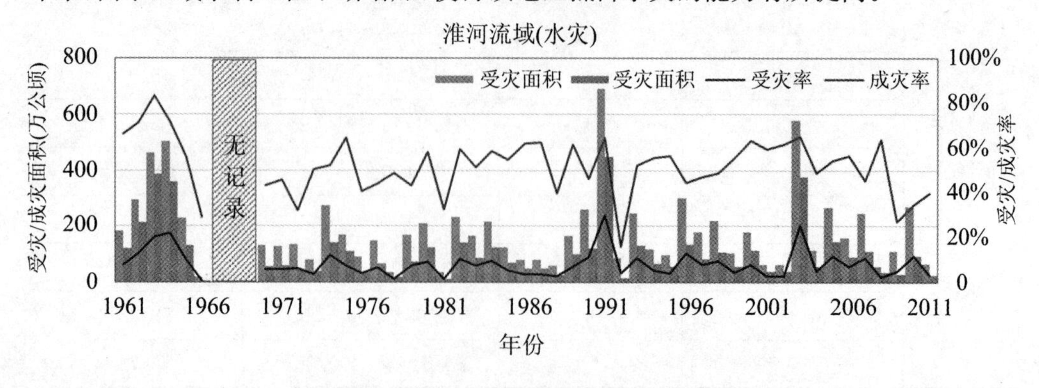

图 3.3.2　淮河流域水灾灾害面积年际变化

表 3.3.5　淮河流域水灾灾情统计

统计量	1960年代	1970年代	1980年代	1990年代	2000年之后	倾向率	显著性
受灾面积	282.14	143.48	141.96	222.62	180.61	-7.97%	↘
成灾面积	202.33	70.69	77.47	120.60	94.24	-11.90%	↘
受灾率	12.29	6.25	6.18	9.70	7.87	-0.35%	↘
成灾率	63.01	47.99	52.81	50.35	50.56	-1.59%	↘

图　例

受灾面积（万公顷）　受灾/成灾面积倾向率　显著增加
成灾面积（万公顷）　（万公顷/10a）　增加但不显著
受灾率（%）　受灾率/成灾率倾向率　减小但不显著
成灾率（%）　（%/10a）　显著减小

3.3.2.2　空间演变规律

从空间分布来看，淮河上游北岸、淮河中游、沂沭泗河地区等地区易遭受水灾，且 20 世纪 60 年代、20 世纪 90 年代至 21 世纪 00 年代期间，水灾发生范围相对较广。20 世纪 60 年代期间，水灾成灾率相对较大，尤其是淮河北岸及山东半岛地区，但在 20 世纪 70 年代期间，水灾问题得到较大程度改善。虽然在 20 世纪 80～90 年代，淮河上游地区成灾率有所增加，但在 21 世纪 00 年代，大部分地区的水灾成灾率再次降低(图 3.3.3～图 3.3.4)。

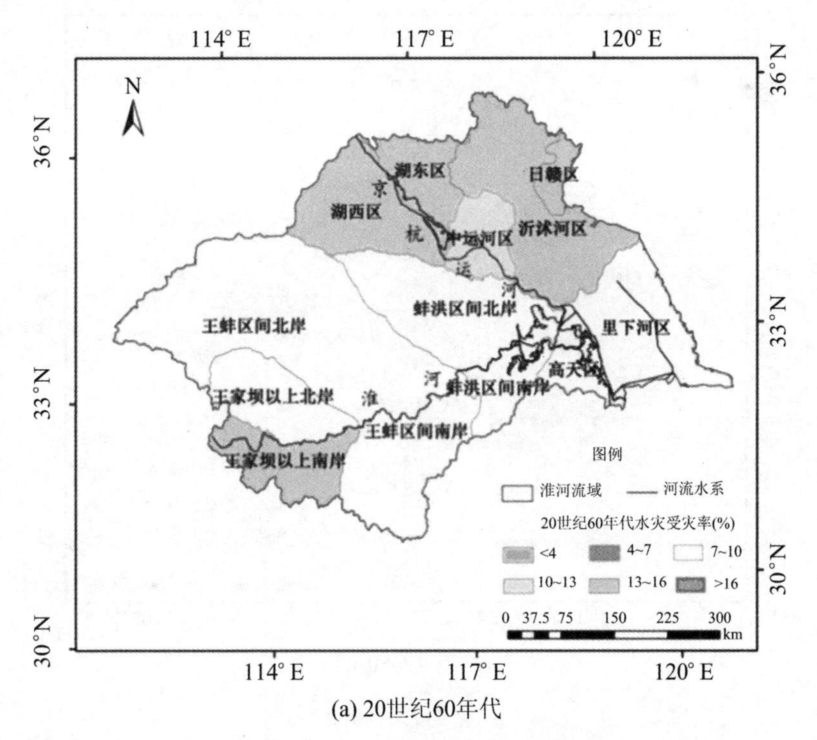

(a) 20世纪60年代

图 3.3.3　淮河流域受灾率年代变化

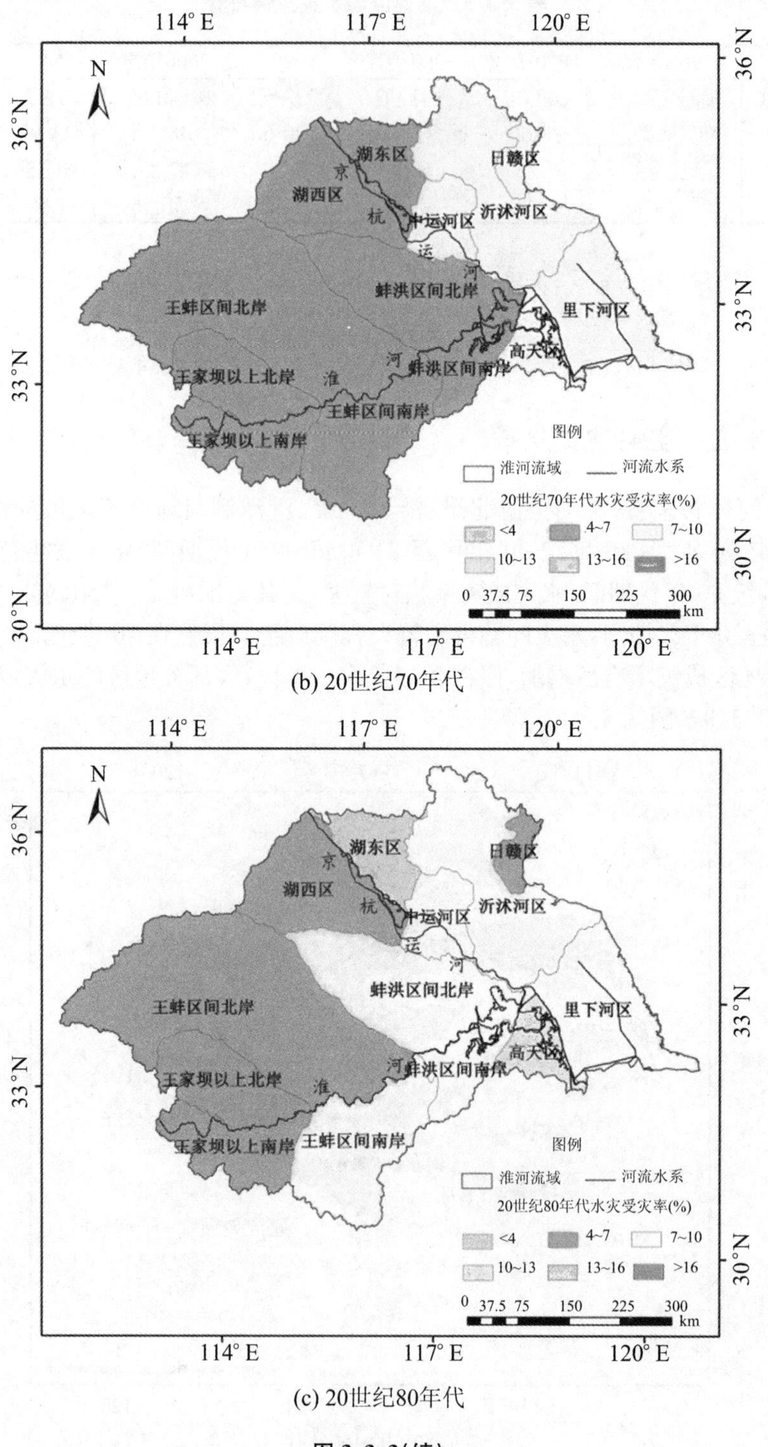

(b) 20世纪70年代

(c) 20世纪80年代

图 3.3.3(续)

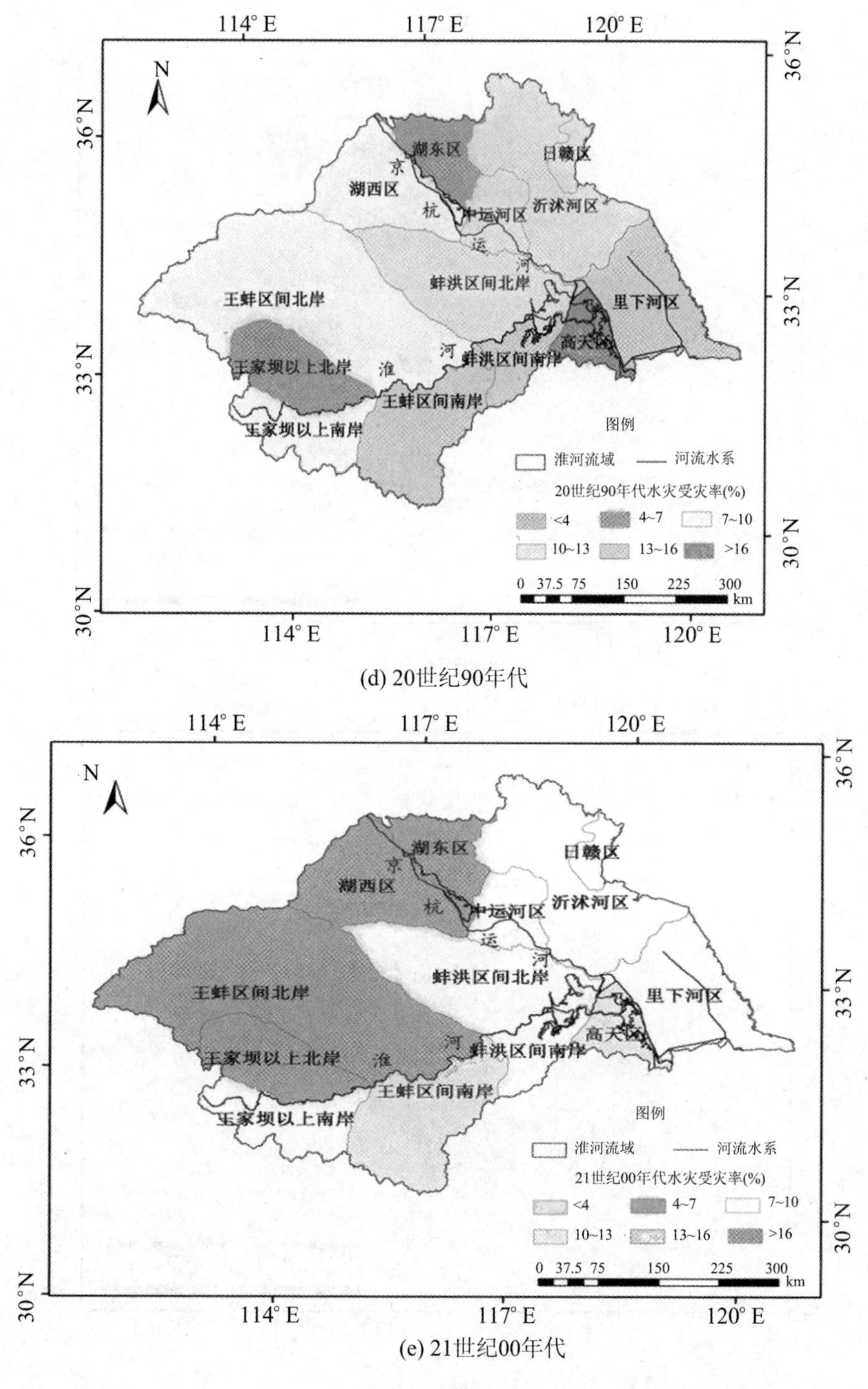

(d) 20世纪90年代

(e) 21世纪00年代

图 3.3.3(续)

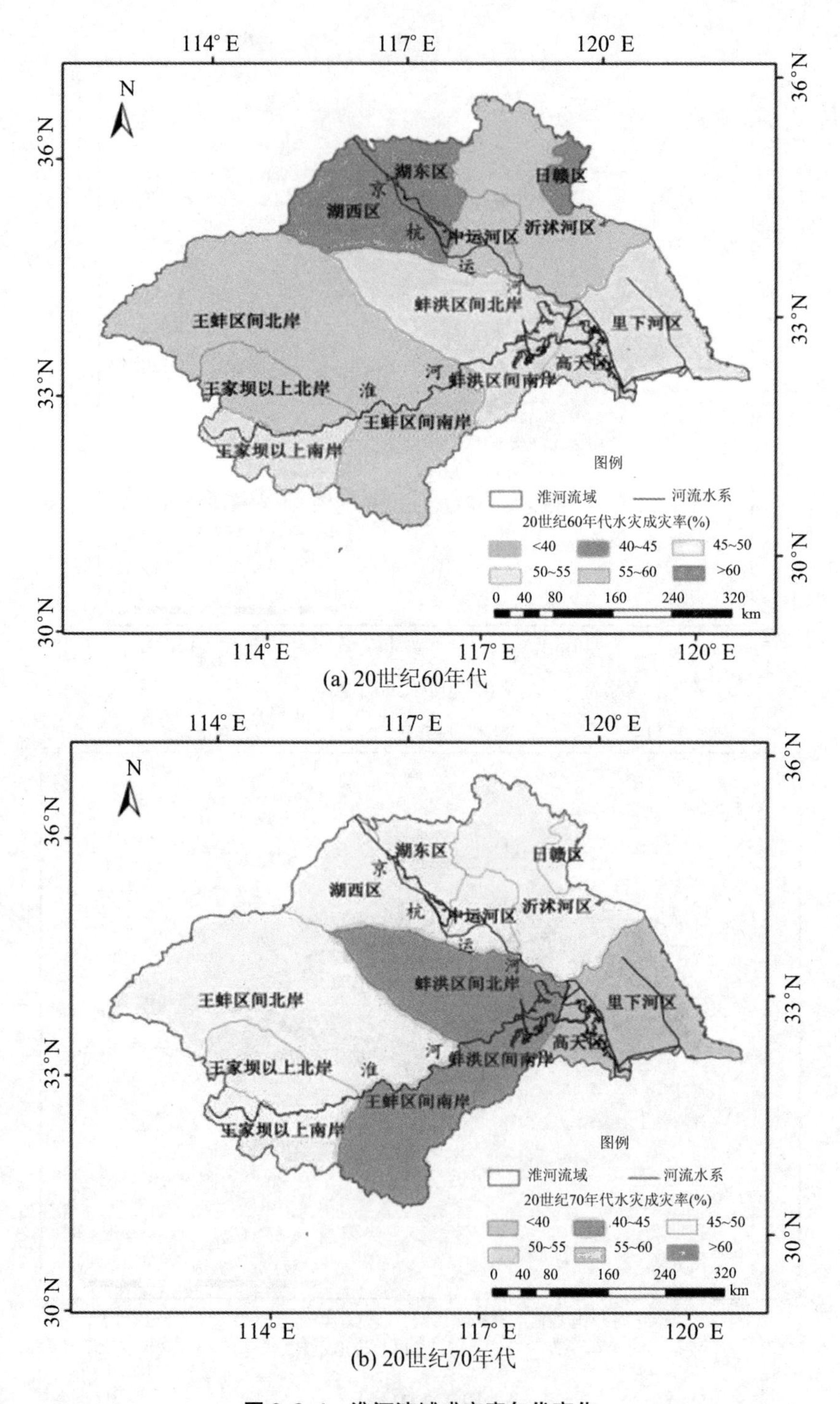

图 3.3.4 淮河流域成灾率年代变化

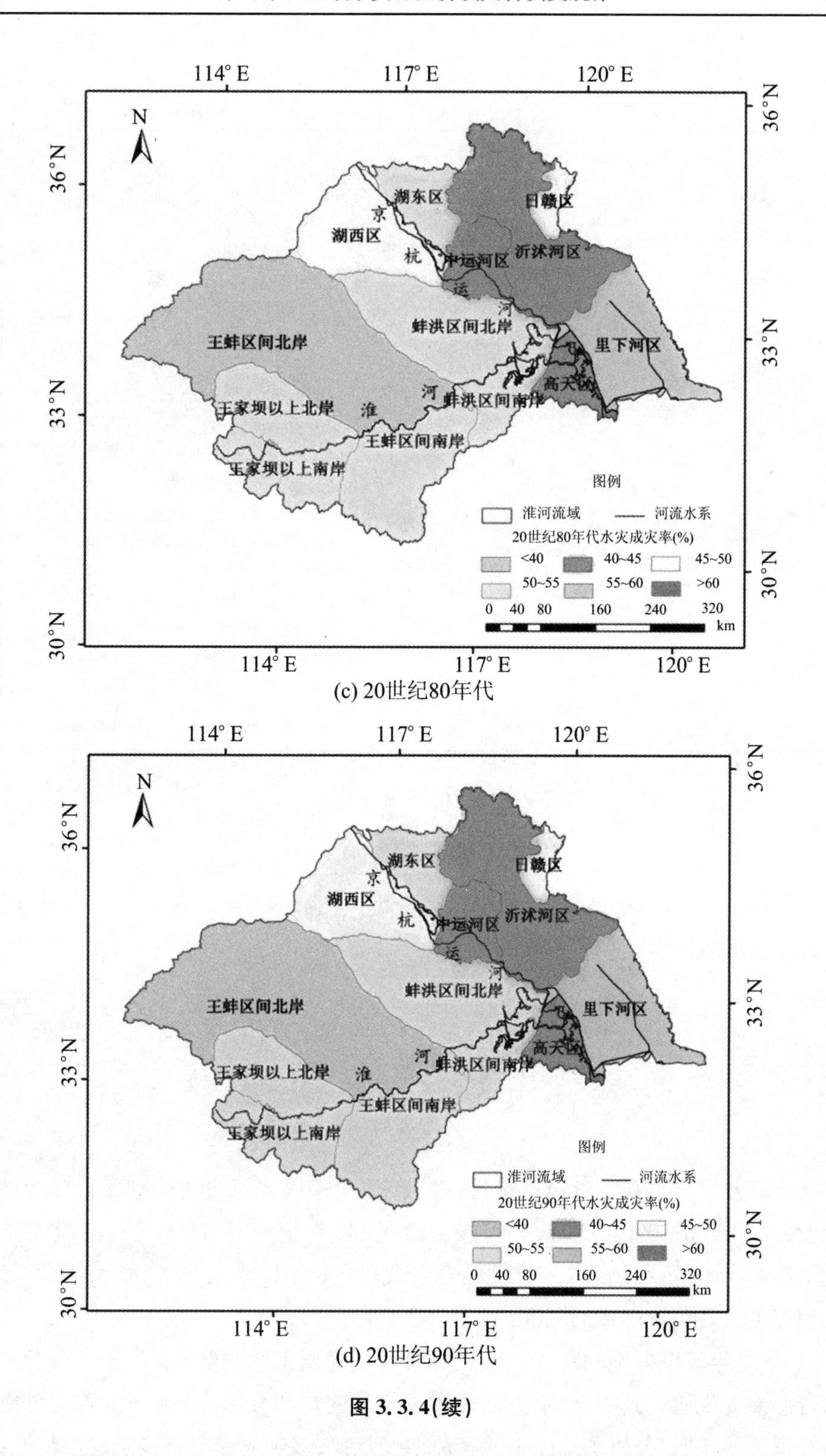

(c) 20世纪80年代

(d) 20世纪90年代

图 3.3.4(续)

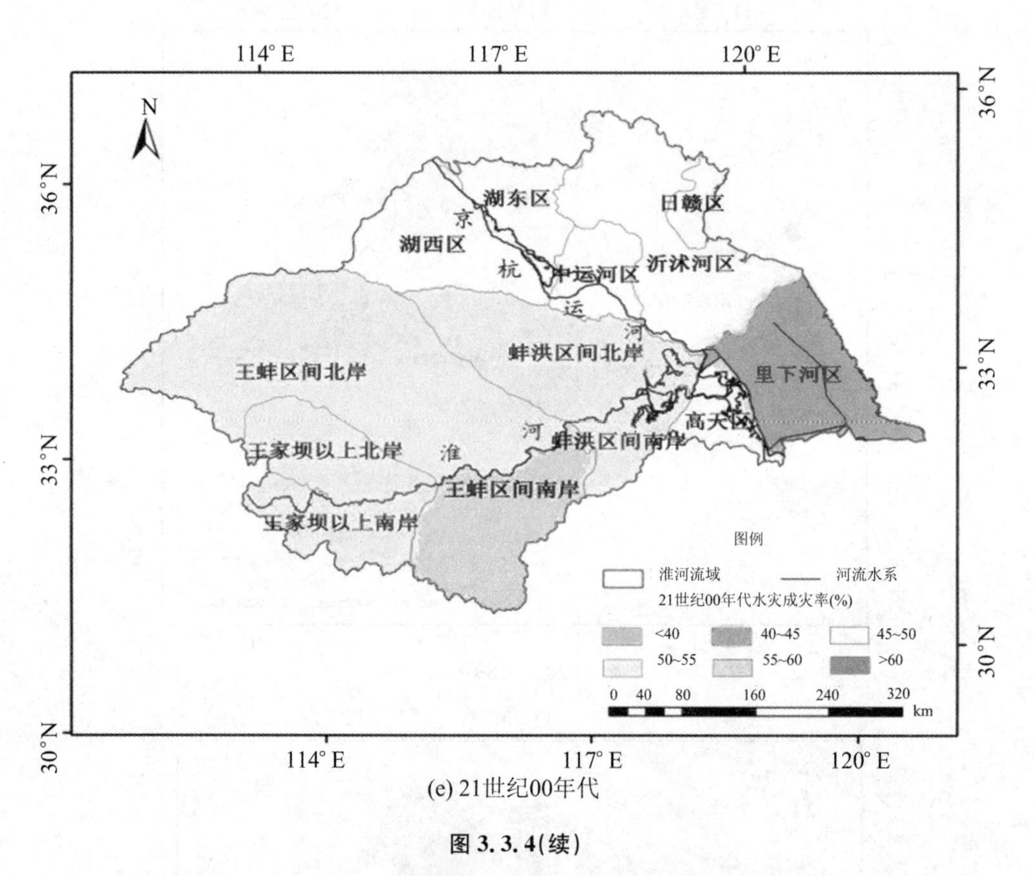

(e) 21世纪00年代

图 3.3.4(续)

总体而言,淮河上游、蚌洪区间北岸以及沂沭泗河地区水灾成灾率较高;淮河下游以及沂沭泗河地区水灾受灾率较高。

3.4 小　　结

基于淮北平原水利工程历史资料,将水资源开发及涝渍灾害治理历程分为自然调蓄阶段(20 世纪 60 年代以前)、排涝除渍阶段(20 世纪 60～80 年代)、涝渍强排阶段(20 世纪 90 年代至 2000 年)和排蓄结合阶段(2000 年以来)4 个阶段,剖析了每个阶段工程产生的效益及存在的问题。

以 60 余年长序列不间断气象水文资料和关键要素监测数据,系统识别了水循环与水资源演变规律。其中,降水方面分析了年代变化和分区降水特征;通过径流数据的插补延长与还原,分析了淮北平原径流演变规律;基于典型实验区土壤水特性数据,分析了区域土壤水变化规律；识别了浅层地下水空间分布特征、变化动态特征和代际变化；分析了 1980～2014 年的区域水面蒸发以及不同水平年的潜水蒸发。

通过查阅文献资料，剖析了典型年旱灾和涝灾事件的基本情况；在分析受灾（水灾）面积、成灾面积、受灾率、成灾率的基础上，简要识别了淮北平原涝渍灾害的时间和空间演变规律。

第4章　区域水资源与涝渍灾害演变机理

4.1　基于流域水循环的区域水资源演变与涝渍灾害的形成机理

4.1.1　基于流域水循环的区域水资源演变机理

水资源演变是水循环过程中降水、入渗、土壤水、蒸散发、地表径流以及地下径流等环节共同作用的结果。降水是淮北平原水资源的来源，该区域1956～2014年降水量呈现出70～80年代减少而90年代以后增加的整体特征。20世纪80年代以来，为应对区域农田系统涝渍灾害，采取了涝渍强排措施，在淮北平原建设了大量农田排水系统，使得区域排水能力得到显著提高，淮北平原区地表径流产汇流过程显著加快，产生了大量无法利用的涝渍水，降低了地表水资源可利用率。与此同时，降水入渗明显减少，农田土壤水分不足，地下水难以得到有效的补充。而且，由于土壤水分不足使深层土壤蒸散发进一步加剧了地下水的消耗，导致地下水水位出现明显下降，尤其是在城镇集中用水区域更为严重。进入21世纪以来，淮北平原农田开始强调排蓄结合的涝渍应对模式，通过农田蓄水系统调蓄地表径流过程，对涝渍水进行回收和重复利用，以补充地下水、保障适宜的土壤水分、支撑区域水生态环境。

淮北平原区利用农田排蓄系统建设，改变了区域自然水循环过程。一方面，排水系统保证了农田多余地表水的及时排出，避免形成涝渍水；另一方面，蓄水系统通过涝渍水的回收和重复利用，补偿了区域土壤水和地下水。通过地表水—土壤水—地下水互动转化的立体调蓄，形成了“大气—地表—土壤—地下—沟渠/洼地—地下—土壤—地表—大气”的闭路水资源体立体调控模式，实现了涝渍水的科学应对和资源化利用。

4.1.2　基于流域水循环的区域涝渍灾害形成机理

4.1.2.1　变化环境下涝渍孕灾环境风险剧增

近年来，淮北平原区降水呈明显的增加趋势，而其蒸发量表现出了微弱的减小趋势，使区域产水量显著增加，为涝渍灾害的发生提供了充足的水分来源。另一方面，在气候变化背景下，区域极端气候事件频发、广发，且易发生“旱涝急转”等现象，为涝渍灾害的发生提供了气候环境。

4.1.2.2　局部排水系统不健全，工程标准低。

从20世纪80年代开始，淮北平原建成了大量以大、中沟为主的排涝工程，能够在1～2天内排出涝水，有效地保障作物不受涝水的影响。但局部地区工程标准偏低，且与大沟配套的田间小沟排水工程不足，以致在河道、大沟甚至中、小沟水位都不太高的情况下，相邻的农田却仍存在涝水。如安徽利辛县大沟密度较高，但中、小沟较少，小沟规格标准低，整个农田排水系统布局不够合理。

4.1.2.3　外水顶托、排水不畅

变化环境下流域产水量显著增加不仅加剧了农田本身的排水压力，而且会因上游河道的径流增加导致农田排水受河道径流顶托，甚至形成河水倒灌致使农田受淹。调查中发现与河道相衔接的大沟，尚有相当多的沟口未建控制性建筑物或已建但起不到控制作用。利辛县朱集闸以上有8条大沟均未控制，受西淝河水倒灌引起严重的洪涝灾害；涡阳县入涡河的41条沟中，其中较大的沟口28处，真正具有防洪能力的只有5处，遇有洪水，涡河沿岸就会出现严重的农田排水问题。

4.2　调蓄系统对区域水循环及涝渍过程的影响机理

4.2.1　蓄水系统

农田沟网控制工程兴建后，大沟蓄水与地下水的相互影响规律就成为本项研究的重要内容之一。工程蓄水改变了原有(无控制工程)大沟的水位状况，从而影响到两侧农田地下水水位变化。大沟可直接承蓄降水，而控制区的地下水主要由降水补给，同时受灌溉、潜水蒸发、作物利用等因素影响，由于各自变化的复杂性，形成了大沟水位和地下水水位相互关系的3种类型：

1. 以大沟向地下水补给为主的类型

这种情况发生在降水不多，控制大沟直接承蓄降水蓄水，大沟水位较高，而降水很难补给地下水，且地下水水位受潜水蒸发、作物利用等影响而下降的时候。此时大沟水位始终高于地下水水位，大沟水补给地下水。此外，在大沟引(提)水量进行地下水回补时，大沟水与地下水关系也属这种类型。

2. 以地下水向大沟水补给为主的类型

这种类型发生在以下几种情况：降水较少，大沟水位低于地下水水位；雨后排水时段；利用控制工程蓄水灌溉时段。

3. 地下水水位与大沟水位几乎同步变化的类型

大沟水与地下水的关系除上述两种类型外，均可归结于此种类型。

大沟水位与地下水水位的关系类型见图 4.2.1。

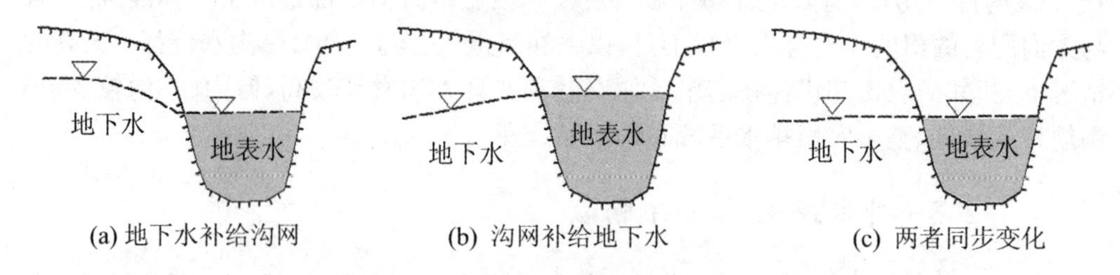

图 4.2.1 大沟水与地下水关系分类图

淮北地区大沟间距一般为 1～3 km。在这个大沟间距范围内，如两侧大沟均无控制工程，并假设大沟排水标准、降水和蒸发等外界影响因素相同，那么大沟对地下水的影响范围应小于或等于大沟间距的 1/2。如两侧大沟为一侧有控制而一侧无控制，则在降水发生后，受大沟水位差异的影响，同一断面内不同点地下水的排降速度不尽相同，在直观上表现为大沟控制范围可能不相同。无控制大沟水位较低，水力坡度较大，地下水的出流能力强，控制范围就大；反之，有控制大沟在一定程度上抑制了地表和地下径流的排泄，出流能力弱，控制范围就小。如两侧大沟均有控制工程，并假设试区降水、蒸发、大沟规格和控制工程排水标准等外界影响因素相同，那么大沟对地下水的影响范围仍然应小于或等于大沟间距的 1/2。

4.2.2 排水系统

农田排水工程的兴建，引起与水平衡要素有关的水文情势发生显著变化，同时也对生态环境产生一定的影响，称之为排水工程的水文效应。

4.2.2.1 显著改变地表径流过程

排水工程的兴建所引起的地表径流规律的变化，主要表现在洪峰、净雨深及峰量关系指数等因素的变化上。

① 对于小洪水（中沟水位在半槽以下），标准高的排水区比标准低的排水区，或者说治理后比治理前的洪水总量有减小趋势。

② 对于大洪水（中沟水位达半槽以上排水），在输水通畅的条件下，标准高的排水区其洪峰模数和洪水总量（或净雨深）比标准低的大。

③ 同一流域治理前后在相同条件下洪峰洪量有明显差异。小洪水时，治理后的峰量减小，大洪水时则增大。

④ 治理后峰量关系指数增大。

4.2.2.2　改变土壤中水分运移规律

平原区地下水为降水入渗—蒸发型，由于健全了排水系统，改变了平原入渗—蒸发型的水分垂直运动结构。同时，雨后在相同条件下，治理标准高的排水区土壤水分减少速度快，而连阴雨时适宜于农作物生长的土壤含水率天数亦多。另一方面，因田间排水沟的开挖，改变了地下水下降浸润半径和潜水蒸发面，使得土壤水分横向和垂向排泄量加大，从而加速了地下水水位的消退。

4.3　农田单元水循环及涝渍过程对农作物的影响

4.3.1　农作物生长与需水规律

4.3.1.1　农作物生长阶段划分

在作物生育阶段的划分中，要考虑到播前底墒和成熟收割期的雨情对产量有影响。前者决定了作物能否适时播种，后者不仅会因阴雨连绵而导致已成熟的种子发芽、霉烂，造成减产损失，而且会影响下一季作物的适时播种。所以这两个时期也是与生育阶段有密切关系的一部分因素。为便于统计，以淮北平原典型农作物小麦、大豆为代表，其生长大体上划分为5个阶段。

1. 小麦播前(底墒)和各生育阶段的划分

第一阶段为播前(底墒)期：9月1日至10月10日。

第二阶段为播种、出苗、拔节期：当年10月11日至次年3月20日。

第三阶段为孕穗、抽穗、扬花期：3月21日至4月30日。

第四阶段为灌浆、成熟期：5月1日至31日。

第五阶段为成熟收割期：5月20日至6月10日。此阶段与前一阶段有12天重叠，主要考虑如在5月20日以后遇连绵阴雨，就难以适时收割并影响下一季作物及时播种。

2. 大豆播前(底墒)期和各生育阶段的划分

第一阶段为播前(底墒)期：5月20日至6月10日。

第二阶段为播种、苗期和分枝期:6 月 11 日至 7 月 31 日。

第三阶段为开花结荚期:8 月 1 日至 8 月 31 日。

第四阶段为鼓粒、成熟期:9 月 1 日至 9 月 30 日。

第五阶段为收割期:10 月 1 日至 10 日。

4.3.1.2 农作物生长需水量

作物在生长发育期间消耗的水量即作物需水量,这里所指的是田间需水量。不同类别作物,同类作物不同品种,同品种作物的不同生长期和不同生产水平以及不同的水文年份,需水量都不同。因此它既与作物本身的特性、耕作措施、施肥水平、产量水平有关,还受到气象条件和土壤条件的影响,因而同种作物有地区上和水文年份上的差别,并非是一个固定值。为此,我们根据淮北平原各实验站历年的实验成果和我所新马桥农水实验站近年来的坑测实验资料,对淮北地区水稻、小麦等七种主要农作物需水量及其规律进行了系统分析,并根据气象资料,采用彭曼法对水稻、小麦、大豆等主要农作物的需水量进行了分时、分区计算,提出了不同保证率年份的需水量规律,以期充分发挥灌溉工程效益。

某种作物的需水量是指当其他耕作条件一定时,作物达到计划产量时的需水量。具体来讲:旱田作物的需水量即作物的蒸腾量和棵间水面蒸发量(土壤蒸发)之和,即腾发量;水田作物的需水量即作物蒸腾量、棵间水面蒸发量和稻田地下渗漏量之和。它是确定作物灌溉制度、制定排灌规划以及实施农田排灌的重要依据。据安徽省(水利部淮委)水利科学研究院重点实验室实验资料,淮北地区主要农作物多年平均全生长期需水量:冬小麦 449.9 mm,冬油菜 378.7 mm,夏玉米 458.6 mm,大豆 426.6 mm,棉花 486.0 mm,花生 418.7 mm,水稻 614.5 mm,山芋 402.7 mm。各生育阶段需水量详见表 4.3.1。

表 4.3.1 淮北平原农作物生育阶段及需水量统计表

	生育阶段	播种~出苗	出苗~返青	返青~拔节	拔节~抽穗	抽穗~灌浆	灌浆~成熟
冬小麦(449.9 mm)	起讫时间	10 月 10 日~12 月 20 日	12 月 21~次年 2 月 10 日	2 月 11 日~3 月 20 日	3 月 21 日~4 月 20 日	4 月 21 日~5 月 15 日	5 月 16 日~5 月 31 日
	需水量(mm)	91.3	33.7	43.2	135.0	112.5	34.2
	生育阶段	播种~出苗	出苗~现蕾	现蕾~开花	开花~结荚	结荚~成熟	
冬油菜(378.7mm)	起讫时间	10 月 15 日~次年 1 月 25 日	1 月 26 日~3 月 10 日	3 月 11 日~4 月 10 日	4 月 11 日~5 月 10 日	5 月 11 日~5 月 20 日	
	需水量(mm)	95.0	78.5	88.2	119.0	22.0	

续表

作物	项目						
夏玉米(458.6mm)	生育阶段	播种～出苗	出苗～拔节	拔节～抽雄	抽雄～灌浆	灌浆～成熟	
	起讫时间	6月10日～6月20日	6月21日～7月05日	7月06日～7月31日	8月01日～8月15日	8月16日～9月15日	
	需水量(mm)	54.8	52.1	136.1	83.2	130.6	
夏大豆(426.6 mm)	生育阶段	播种～出苗	出苗～分枝	分枝～开花	开花～鼓粒	鼓粒～成熟	
	起讫时间	6月10日～6月17日	6月18日～7月10日	7月11日～7月31日	8月01日～8月31日	9月01日～9月25日	
	需水量(mm)	21.3	80.0	88.5	170.3	66.5	
夏棉花(486.0 mm)	生育阶段	播种～出苗	出苗～现蕾	现蕾～开花	开花～吐絮	吐絮～成熟	
	起讫时间	6月05日～6月15日	6月16日～7月15日	7月16日～7月31日	8月01日～9月10日	9月11日～10月18日	
	需水量(mm)	34.0	94.8	54.9	219.7	82.6	
麦茬山芋(402.7 mm)	生育阶段	发根～分枝	分枝～结薯	块根膨大	茎叶渐衰		
	起讫时间	6月03日～6月10日	6月11日～7月07日	7月08日～8月20日	8月21日～10月10日		
	需水量(mm)	7.9	54.2	183.5	142.1		
控灌水稻(614.5 mm)	生育阶段	泡田～返青	返青～分蘖	拔孕期	抽穗开花	乳熟期	黄熟成熟
	起讫时间	6月15日～6月31日	7月01日～8月05日	8月06日～8月20日	8月21日～9月01日	9月02日～9月25日	9月26日～10月05日
	需水量(mm)	140.0	170.0	80.0	73.9	120.6	30.0
花生(418.7 mm)	生育阶段	播种～出苗	花针期	结果期	饱果成熟		
	起讫时间	4月20日～5月05日	5月06日～6月25日	6月26日～8月10日	8月11日～9月5日		
	需水量(mm)	35.0	101.0	180.7	102.0		

4.3.1.3 主要农作物生长需水规律

1. 水稻生长需水规律

淮北地区的水稻种植主要分布在沿淮一线及东南部的低洼地区。根据安徽省和全国各地的多年实验资料分析，水稻生理和生态需水的田间腾发量与产量存在相关关系，而田间渗漏量与土壤、地下水水位以及耕作等条件有关，与产量不存在相关关系。因此，采用有底测坑中的田间腾发量作为水稻生理、生态需水量和需水规律，进行实验测定。

近年来固镇县境内的新马桥农水实验站和利辛县双桥实验站的坑测资料表明:水稻需水量随着产量的提高而增大,杂交稻一般为 650～700 mm,个别年份可达 850 mm,而常规稻为 600 mm 左右,但需水系数(每千克稻谷耗水千克数)却随着产量的增高而减小。需水量强度(每日需水量)的规律性,无论杂交稻或常规稻,历年基本一致,一般需水强度最大的时期为拔节孕穗和抽穗开花期,成熟期和蘖期次之,返青阶段需水强度最小(详见表 4.3.2 和表 4.3.3)。

表 4.3.2　新马桥实验站水稻各生育阶段需水量实验成果

生育阶段	移栽～分蘖	分蘖～拔节	拔节～灌浆	灌浆～成熟	全生育期
起止日期	6 月 19 日～6 月 30 日	7 月 1 日～7 月 31 日	8 月 1 日～9 月 1 日	9 月 2 日～9 月 28 日	6 月 19 日～9 月 28 日
天数	12	31	32	27	102
阶段需水量(mm)	44.2	200.4	227.35	145.6	617.19
需水强度(mm/日)	3.68	6.45	7.10	5.39	6.05

表 4.3.3　利辛双桥站水稻各生育阶段需水量实验结果

生育阶段	起止日期	天数	阶段需水量(mm)	需水强度(mm/日)
返青期	6 月 11 日～6 月 15 日	5	22.1	4.42
分蘖期	6 月 16 日～7 月 15 日	30	138.9	4.63
拔节孕穗期	7 月 16 日～8 月 16 日	32	289.1	9.03
抽穗开花期	8 月 17 日～8 月 23 日	7	60.7	8.67
成熟期	8 月 24 日～10 月 8 日	46	255.3	5.55
全生长期	6 月 11 日～10 月 8 日	120	766.1	6.83

根据新马桥站近几年实验资料分旬统计,水稻生长期需水强度最大时期出现在 7 月下旬到 8 月上、中旬,此时正值水稻拔节～孕穗和抽穗～开花阶段。这个时期气温高,稻株叶面积系数最大,蒸腾、蒸发强烈,以致稻株的生理、生态需水强度最大(表 4.3.4)。

表 4.3.4　新马桥站水稻分旬需水强度统计数

需水(mm/日)	6 月		7 月			8 月			9 月			10 月
品种	中旬	下旬	上旬	中旬	下旬	上旬	中旬	下旬	上旬	中旬	下旬	上旬
汕优 63	3.33	4.76	3.59	6.25	11.0	7.25	8.57	8.91	7.30	6.00		
汕优 63	2.90	2.65	6.84	5.51	12.76	9.01	5.84	7.74	6.97	4.44	6.27	1.8
台粳 83		4.99	7.34	6.80	8.55	8.10	5.32	5.70	7.87	3.98	4.17	
汕优 63	6.55	5.30	9.77	7.28	8.74	11.81	11.30	8.42	9.66	7.10	3.99	

水稻的需水量包括稻田的渗漏量。它虽与产量无相关关系，但在长期淹灌水层的条件下，适当的渗漏量、适时的土壤换水，可保证足量的向根部供氧，使根部顺利进行有氧呼吸。据测定：淮北地区的砂姜黑土和潮土的淹灌水层的稻田，一般日平均渗漏量为3～5 mm，而潮棕壤土和水稻土地区一般日平均为1～2 mm。随着水稻节水灌溉技术的发展，长期淹灌水层的灌溉制度得以改革，多为水层和湿润相结合的灌溉方法，则无需通过渗漏量来补充稻田土壤的氧气。所以淮北地区稻田渗漏量不仅是水稻的无谓耗水，且增加了稻田养分的流失，应通过耕作、灌溉等措施加以限制。

2. 小麦生长需水规律

小麦的需水量测定过去多为田测，自1984年开始安徽省水科院新马桥农水实验站、赵宋实验点和萧县岱西站则以坑测为主、田测为辅进行资料收集。经分析77组实验资料分析得出：冬小麦产量在250～400 kg/亩，其需水量值为350～450 mm。田测和坑测资料均表现：需水量值由北向南有递减之趋势。经回归分析分别得出田测和坑测的需水量与产量之间相关关系如下：

田测

$$Y=375.8+0.1552X, r=0.3212>r_{0.05(54)}=0.262$$

坑测

$$Y=332.44+0.2583X, r=0.416>r_{0.05(23)}=0.402$$

淮北各地冬小麦需水量虽有差异，田测与坑测值亦有不同，但需水规律基本一致。从新马桥站坑测资料(表4.3.5)可以看出：小麦在拔节以前，各阶段需水量小，需水强度低，日需水强度为0.66～1.1 mm，越冬阶段最小，仅有0.04 mm/天，旬需水规律资料(表4.3.6)也反映在3月中、下旬以后，其强度逐渐增大。这说明需水强度是由气温的高低(生态环境)和叶面积系数(生理特性)综合影响的结果。若以拔节为分界线进行统计，则拔节前需水约占总量的32%，而拔节后约占68%，所以拔节后的充足供水是保证小麦获得高产的关键所在。

表4.3.5　冬小麦各生育阶段需水量实验结果

生育阶段	起止时间	天数	需水量(m^3/亩)		需水强度(m^3/(亩·日))		需水模数	
			N_1	N_2	N_1	N_2	N_1	N_2
播种～出苗	10月15日～10月22日	8	8.84	17.06	1.11	2.13	2.95%	5.64%
出苗～分蘖	10月23日～11月20日	29	23.4	19.14	0.81	0.66	7.80%	6.32%
分蘖～越冬	11月21日～11月5日	45	35.0	22.55	0.78	0.50	11.68%	7.45%
越冬～返青	2月6日～2月10日	36	1.58	1.64	0.04	.005	0.53%	0.54%
返青～拔节	2月11日～3月10日	28	18.49	25.08	0.66	0.90	6.17%	8.29%

续表

生育阶段	起止时间	天数	需水量（m^3/亩）		需水强度（m^3/（亩·日））		需水模数	
			N_1	N_2	N_1	N_2	N_1	N_2
拔节～抽穗	3月11日～4月20日	41	106.88	91.55	2.61	2.23	35.64%	30.25%
抽穗～灌浆	4月21日～4月30日	10	44.94	37.4	4.49	3.74	14.98%	12.36%
灌浆～成熟	5月1日～5月30日	30	60.73	88.21	2.02	2.94	20.25%	29.15%
全生长期	10月15日～5月30日	227	299.87	302.63	1.32	1.33	100%	100%

表4.3.6 冬小麦生长期旬需水强度(mm/日)(新马桥站坑测)

月	10月			11月			12月			1月		
旬	上	中	下	上	中	下	上	中	下	上	中	下
第一次		1.7	1.7	1.0	1.0	1.4	1.1	1.1	1.5	0.1	0.1	0.1
第二次			2.4	2.0	1.8	0.9	0.9	1..4	2.0	1.1	0.3	0.1
月	2月			3月			4月			5月		
旬	上	中	下	上	中	下	上	中	下	上	中	下
第一次	0.1	0.1	0.4	2.4	1.7	3.8	4.4	5.8	6.7	4.3	4.4	0.5
第二次	0.1	0.3	0.2	0.6	1.5	2.3	3.3	3.7	3.6	3.5	3.3	2.9

3. 油菜生长需水规律

油菜在本地区种植历史较短，近几年才大面积种植。油菜体大叶茂，喜冷凉、湿润，需水量大。根据新马桥实验站的坑测资料分析：油菜需水量值与其种子的品种特性有关，芥菜型和白菜型油菜，生长期为212 mm左右，田间需水量为310～323 mm；甘蓝型油菜的生长期为210～235 mm，其株高体大，产量也明显高于其他品种的油菜，测定的田间需水量值为395～464 mm。由于实验年度的油菜品性差异，一致生长期、产量均不同，同一品种的测定系列太短，所以难以进行油菜产量与需水量之间的相关分析。尽管如此，油菜一生的需水规律仍然有共同点。据1987年以来的15组数据的相关分析（表4.3.7）显示，各生育阶段的需水强度的大小排列顺序为：开花～结荚期＞成熟期＞蕾苔期＞苗期。苗期需水强度最小，蕾苔期的需水强度显著提高，至营养生长和生育生长并进的开花结荚期达到需水高峰。自4月中旬以后，已是角果成熟阶段，由于气温日趋升高，影响需水量的气象因子如气温、日照等也表现为逐渐增高、增长，因此，成熟期叶面积系数虽然在明显下降，但需水强度却为次高峰。

表 4.3.7　秋播油菜各生育期的需水量

生育期	起讫阶段	日需水量(mm/日)	
		范围	均值
苗期	播种～现蕾	0.80～1.37	1.03
蕾苔期	现蕾～始花	0.95～2.33	1.47
开花结荚期	始花～终花	2.13～6.70	3.52
成熟期	终花～成熟	1.50～4.90	2.85
全生育期	播种～成熟	1.29～1.98	1.64

4. 棉花生长需水规律

棉花是重要的经济作物，在淮北地区种植历史悠久，种植面积也较大，但由于该地旱涝频繁，影响了棉花产量的提高。因棉花本身特性，对水分亏盈反应敏感，故产量水平一直波动不定，因此，掌握棉花的需水特性，搞好棉花的灌溉排水，是保证本地区棉花丰产重要的工作。

在 20 世纪 50～60 年代，安徽省就对淮北平原地区棉花的需水特性进行过实验，后因种种原因而中断。自 1985 年以后，安徽省在该地区的南、北部分设新马桥农水实验站和萧县岱西实验站开展科学实验。十多年来，共收集田测、坑测需水量资料 40 多组，经分析，一般春棉需水量为 550～685 mm，夏棉需水量为 400～530 mm。

棉花生长期长，根系深，影响其需水量的因素也很多。根据历年实验资料分析：淮北地区同一年份，同一种测定方法，产量水平相当时，需水量值由北向南递减。因需水量测定方法不同，其值变化较大，经统计，22 组坑测资料的多年平均产量(籽棉，下同)为 252.7 kg/亩，需水量值为 618.4 mm，20 组田测资料的多年平均产量为 226.5 kg/亩，需水量为 355.30 mm。经回归分析，长系列的产量与需水量之间不存在明显的相关关系，这主要是因为需水量值的大小是多种因素综合影响的结果，且棉花产量还受品种、病虫防治等因素影响。因此，两者间的相关关系不显著。尽管如此，同一实验地点同一水文年份的棉花需水量值会随产量的增加而增加，需水系数随产量的增加而下降(表 4.3.8)。

表 4.3.8　棉花需水量与产量及需水系数 K 值的关系

实验地点	测试方法	品种	籽棉产量(kg/亩)	需水量(mm)	需水系数(K)	备注
省水科院新马桥站	坑测	邯郸 14	261.5 283.0	625.95 640.95	1 596 1 510	淮北平原南部

续表

实验地点	测试方法	品种	籽棉产量(kg/亩)	需水量(mm)	需水系数(K)	备注
萧县岱西站	坑测	徐州553	282.0 270.5 250.5	672.75 654.75 633.15	1 590 1 587 1 688	淮北平原北部

棉花各生育时期的需水量和需水强度是不相同的，但具有一定的规律性。多年实验资料表明：不同水文年份、不同地区、不同品种，棉花的需水强度变化趋势基本一致（表4.3.9）。需水高峰表现在花铃期，此阶段耗水占生育期耗水的50%左右；而播种期、苗期需水强度较小，基本趋势表现为中间大，前后期较少，这是由棉花的生理特性及相应时期的气象条件所决定的。旬需水强度的规律表现更为明显，详见表4.3.10。

表4.3.9 棉花需水规律 单位：mm

生育阶段	新马桥站（坑测）		萧县岱西站（坑测）	
	第一次	第二次	第一次	第二次
播种期	0.51	0.77	1.56	1.54
苗期	1.02	1.80	2.37	2.12
现蕾期	2.97	5.03	3.70	3.07
花铃期	6.72	6.81	4.91	6.18
吐絮期	2.97	1.98	2.46	2.71
全生育期	3.38	3.53	3.37	3.09

表4.3.10 棉花旬需水规律 单位：mm

月	四		五			六			七	
旬	中	下	上	中	下	上	中	下	上	中	下
第一次		0.77	0.71	0.89	1.89	3.86	3.53	5.54	5.69	7.25	8.87
第二次		0.47	0.54	0.54	0.51	0.89	0.81	4.82	6.14	6.62	8.61

月	八			九			十				
旬	上	中	下	上	中	下	上	中	下		
第一次	6.30	4.79	3.96	3.51	3.29	2.48	1.59	1.17	1.17		
第二次	6.45	4.52	5.18	3.99	3.56	3.35	3.06	2.21			

5. 玉米生长需水规律

夏玉米产量高、需水量大，全生育期的需水量随地区、品种、水文年份不同而异，其值的变化范围也比较大。位于淮北平原南部的省水科院新马桥农水实验站和位于淮北平原北部的萧县岱西实验站测定结果(表 4.3.11)表明:淮北平原夏玉米需水量值为 307.5～513.9 mm,且北部需水量大,南部相对较小。

夏玉米的需水量与籽粒产量的关系比较复杂,由于受气象、土壤、品种、施肥水平、病虫害防治等诸因素的综合影响,据对全省多年资料的统计分析,长系列资料两者间不存在相关关系,但同一品种的某一水文年份需水量随产量的提高而增加。田、坑测的多年资料大体表现为:产量水平在 400 kg/亩(试区产量,下同)以上,需水量值为 450 mm 左右,400 kg/亩以下,需水量值为 375 mm。

表 4.3.11　夏玉米坑测需水量实验结果

实验地点	统计样本数	产量(kg/亩)		需水量(mm)		备注
		范围	均值	范围	均值	
新马桥站	n=25	203.7～592.0	381.20	307.5～500.9	366.3	测坑面积
岱西站	n=17	413.0～600.3	497.08	311.4～513.9	421.85	为 6.67 m^2

夏玉米的不同生长期对水分的要求各不相同,各阶段的需水强度差异亦较大,这主要是由各生育阶段的生育特点及气象因素决定的。虽然玉米地总需水量是品种、农业技术措施、灌溉制度等因素综合的结果,不同地点不同年份在数值上有所不同,但其一生中各阶段的需水特性仍有一定规律,表 4.3.12 所示资料表明:各生育期需水强度的大小排列顺序为:抽雄至灌浆＞拔节至抽雄＞灌浆至成熟＞播种至拔节。抽雄至灌浆阶段需水强度最大,说明该阶段是玉米需水临界期,是夏玉米营养生长和生殖生长并进且旺盛阶段,因此这一阶段的水分供应对玉米产量影响至关重大。

表 4.3.12　夏玉米各生育期的需水量

生育期	第一次			第二次		
	天数	需水量(mm)	平均日需水量(mm/日)	天数	需水量(mm)	平均日需水量(mm/日)
苗期	38	112.2	2.95	40	81.24	2.03
拔节期	14	56.6	4.04	17	113.61	6.69
抽雄期	11	56.6	5.15	10	104.85	10.49
灌浆～成熟期	34	102.8	3.02	30	131.21	4.37
全生育期	97	328.3	3.38	97	430.91	4.44

6. 大豆生长需水规律

大豆是安徽省淮北平原地区主要农作物之一。其种植面积大,对大豆的灌溉实验研究起步早,先后在宿县、阜阳两地下属各实验站和省水科院各实验站(点)进行了大量实验，并分别提出实验研究成果。根据已取得的研究成果和综合分析近几年的实验资料发现：淮北大豆生育期一般为100～120天，多年平均需水量为375～450mm，且同一品种大豆在同一水文年份内的需水量值有随产量提高而增大的趋势，需水系数有随产量的提高而减小的趋势。

大豆的需水量，在不同年份和不同地区因气象、土壤、品种、产量等因素的差异而有变化，但不同地区、不同水文年份各生育阶段的需水规律基本相同，表4.3.13所示资料表明：大豆开花期的需水强度最大，这是因为大豆的开花阶段植株生长繁茂，对水分要求高，且多为高温天气，故大豆的生理需水和生态需水均强烈。其他各生育阶段的需水强度排列顺序波动不定，但相差甚微，这主要是受气象因子的变化影响所致。全生育期的需水强度相对比较稳定，多年平均在3.75 mm左右变化。

表4.3.13　夏大豆各生育阶段需水量(新马桥坑测)

生育阶段	第一次			第二次		
	天数	需水量(mm)	日均需水量(mm/日)	天数	需水量(mm)	日均需水量(mm/日)
苗期	18	51.6	2.87	25	81.03	3.24
分枝期	26	77.85	2.99	25	68.25	2.73
开花期	29	159.0	5.48	26	170.91	6.57
鼓粒～成熟期	28	89.85	3.21	31	80.96	2.61
全生育期	101	378.3	3.75	107	401.15	3.75

4.3.2　降水对作物生长的影响机理

4.3.2.1　有效降水量实验研究

天然条件下，降落在旱地上的任一次降水过程中，降水入渗并能储存在根系吸水层内的雨量称为有效降水量或降水有效利用量；其量与降水量之比称之为降水有效利用系数。它是影响灌溉制度制定和农业节水研究的基本参数之一。欲使更多的降水量转化成有利于农作物吸收利用的土壤水和地下水，应寻求不同水文气象条件下降水入渗并储存在农作物根系吸水层内的有效降水量及其变化规律，从而减少灌溉次数或灌溉水量，实现农业节水增效目标。

根据以往的实验研究，利用五道沟实验站地下水水位控制埋深为1.0 m、1.5 m、2.0 m，测筒面积为2.0 m^2和4.0 m^2，土样为原状砂姜黑土的6套大型地中蒸渗仪，以小麦、夏玉米为对象，各设计3个水平、6个处理，开展为期3年的农作物有效降水量观测实验研究。利用长系列资料中的，年降水量频率接近设计频率为5.0%、25.0%、

50.0%、75.0%、95.0%等典型年条件下，不同容根层 1.0 m、1.5 m、2.0 m 的次、月、季、年有效降水量，取得了较理想的实验研究成果，并进行合理性检验，修正完善，以便实际应用。

根据有效降水量定义，在对其进行实验研究时，主要考虑在自然条件下，从不同降水强度及其过程中产生的 4 个水量入手进行观测研究。4 个水量依次是：次(或场)降水量、降水过程中的陆面蒸腾蒸发量(简称腾发量)、降水及产流过程中向土壤中入渗并储存在土壤中的水量以及深层渗漏量(或称入渗补给地下水量)。这几个量中较难测定的是入渗并储存在土壤中的雨量，所以实验研究的重点在于分析入渗规律、确定不同条件下的入渗雨量。对其进行测定的方法有很多种，本研究采用型地中蒸渗仪装置进行实验研究。依据本装置很容易就能测定一次或一场降水产生的地表径流量和深层渗漏量，并通过相关要素，如水面蒸发量等，可利用水量平衡原理，计算储存在根系吸水层中的有效降水量。

淮北地区浅层地下水资源较丰富，多年平均地下水水位埋深一般为 1～5 m，其中南部为 1.0～2.5 m，中部为 3.5 m 左右，北部为 4.0～7.0 m。地下水的这一埋藏特点，有利于旱田发展井灌，以改善土壤水分状况。而土壤水分的大小决定了农作物根系的发育、分布以及主根的延伸深度。实验结果表明，降水或灌溉表层(0～0.5 m)，即根系发育层的土壤水分经常保持在田间持水量的 55%～85%，就会有 60%～85%的根系量分布在该层，农作物的主根一般都可延伸到 1.0 m 以下；当降水量少且灌溉次数也少，表层土壤水分仅占田持水量的 50%～55%时，分布在该层的根系量一般也能达到 60%～70%，小麦的主根可延伸至 2.0 m 甚至更深处，并从地下水中获取一定的水量。显然，科学有效地调控农作物根系层内的土壤水分状况，对作物的正常生长发育至关重要。依据本地区的地下水埋深和作物根系的一般特点，设计地下水水位控制埋深为 1.0 m、1.5 m、2.0 m 共 3 个水平的大型地中蒸渗仪装置共 6 套，即同一地下水埋深 2 套(或称 2 个处理)，以小麦、夏玉米为对象进行为期 3 年(2004～2006 年)的平行实验观测。以此探求可供实际应用的有效降水量及其降水有效利用系数。

1. 降水量观测

降水量直接取用五道沟实验站雨量观测资料。并规定在对时段降水量进行次、场和月、季、年统计分析时，以日降水量为准。对任一次(降水间断时间小于 1 小时)或一场(两次降水间隔时间 $t \leqslant 24$ 小时)降水过程的降水入渗量进行分析时，以虹吸式自记降水量资料为准，以此了解同等条件下的降水历时、降水强度以及雨期蒸发量等对入渗雨量和渗漏量的影响。

2. 径流量和渗漏量观测

供实验用的地中蒸渗仪装置就是一个较完美的降水—径流—入渗—作物蒸腾蒸发(简称腾发)量等水平衡要素相互转化的观测装置。降水后从径流量观测筒中测得的水量为地表径流量；降水入渗并使包气带土壤达到田间持水量后的降水量，在重力作用下入渗补给地下水，即从渗漏量观测筒中测得的水量为渗漏量。

3. 雨期腾发量观测计算方法

据国内大型蒸发实验站实验结果表明，E601 型水面蒸发观测仪测得的蒸发值与陆面蒸腾蒸发量(即农田腾发量)相当。故本研究取用的雨期腾发量(P_e)，直接采用五道沟实验站的 E601 型水面蒸发观测仪测得的蒸发量进行计算，并作如下规定：

降水过程中有自记雨量时，P_e 按下式计算：

$$P_e = \frac{\sum_{i}^{n} E_o i}{T} t \tag{4.3.1}$$

式中，P_e 是雨期腾发量，单位为 mm；E_o 是降水过程中的日水面蒸发量，单位为 mm；i，n 为降水过程日数；T 是降水开始之日至结束之日的总历时，单位为 h；t 是降水过程中的净降水历时，单位为 h。

当降水过程中无自记雨量记录，日水面蒸发量 E_o 小于等于同日降水量 P 时，日腾发量 P_e 取 E_o 的一半。当日水面蒸发量 E_o 大于同日降水量 P 时，日腾发量 P_e 取同日降水量之值。

4. 有效降水量计算方法

平原区降水过程中，一般视被测试单元(或系统)的侧向流进、流出的地下水水量相等，并且在不考虑雨期地下水的补给(即潜水蒸发)量时，对旱地而言，有效降水量指天然条件下，任一次降水过程中降水入渗并能储存在根系吸水层内的雨量，可记为：

$$P_o = P - R_s - D - P_e \tag{4.3.2}$$

$$\alpha_o = \frac{P_o}{P} \tag{4.3.3}$$

式中，P_o、α_o是有效降水量和降水量有效利用系数；P 是一次降水过程的总降水量；R_s 是地表径流量；D 是渗漏量；P_e 是雨期腾发量，以上各量单位均为 mm。

关于式中的雨期腾发量是否为有效雨量，存在两种不同的认识。一般认为雨期腾发量是在较短时间内完成的，还来不及被作物吸收利用，故视其为无效雨量。基于这一认识，有的研究者在估算作物某生育阶段或统计月、季、年的有效降水量时，甚至把单独一次(或一日)小于 5 mm 的降水过程视为无效降水量。另一种观点认为无论降水量大小，降水过程中蒸发蒸腾消耗掉的雨水亦应视为有效雨量。两种观点都有一定的道理，此不加以评论。但本研究在分析计算和统计不同时段(月、季、年)的有效降水量时，认为前一种观点更符合实际，故也将雨期腾发量作为无效降水量处理，以此确定各次大气降水过程的雨期腾发量。这里需指出的是，降水过程中的雨期腾发量和雨间腾发量是两个不同的概念，不能混为一谈。

5. 有效降水量实验结果

为便于叙述和将本项目观测实验期间，不同计算时段的降水量与同期多年平均值比较，特将五道沟实验站 1951 年 10 月～2001 年 9 月灌溉年的各时段多年平均降水量及 2004 年、2005 年同期降水量列出如表 4.3.14 所示。

表 4.3.14　实验年份的月、季、年降水量与多年平均值比较统计表　　单位:mm

时段	10	11	12	次年1月	2	3	4	5	6	7	8	9
1951～2001年	45.3	35.4	17.8	21.9	29.8	54.0	53.3	68.9	124.5	216.7	137.9	73.8
2003～2004年	111.5	53.9	11.4	22.7	15.0	30.9	30.5	104.8	82.0	124.6	65.0	82.6
2004～2005年	2.4	32.9	24.0	11.7	32.7	34.5	34.5	49.3	68.5	494.8	316.4	127.0

2004年度，即2003年10月～2004年9月，灌溉年降水日数累计达58天，累计降水量为734.9 mm，属偏枯年份，6套地中蒸渗仪均未测到地表径流。但其中使根系发育层的土壤得到充分补充，即一次连续降水(两次降水间隙时间 $t \leqslant 24$ 小时)的降水量大于等于30 mm的降水过程，共有10次，其中有10次、9次和7次分别使地下水埋深为1.0 m、1.5 m、2.0 m的实验处理产生了渗漏量。以地下水控制埋深为1.0 m的实验处理为例，全年测得渗漏量为202.5 mm，雨期腾发量为92.4 mm，有效降水量为440.0 mm，有效降水量系数为0.599，其中小麦生长期的当年10月～次年5月为216.3 mm，有效降水量系数为0.568；大豆、玉米等夏季作物生长期的6～9月为223.7 mm，有效降水量系数为0.63。其他实验处理及其相关特征值详见表4.3.15。

表 4.3.15　实验处理及其相关特征值　　单位:mm

项目 / 年份	P	P_e	Δ=1.0 mm			Δ=1.5 mm			Δ=2.0 mm		
			D	P_0	α_0	D	P_0	α_0	D	P_0	α_0
2003年10月	111.5	9.9	86.6	15.0	0.135	83.3	18.3	0.164	75.3	26.3	0.236
2003年11月	53.9	4.5	27.1	22.3	0.414	19.6	29.8	0.553	18.1	31.3	0.581
2003年12月	11.4	2.4		9.0	0.789		9.0	0.789		9.0	0.789
2004年1月	22.7	1.9	2.0	18.8	0.828	1.1	19.7	0.868	0.2	20.6	0.907
2004年2月	15.0	3.4		11.6	0.773		11.6	0.773		11.6	0.773
2004年3月	30.9	3.9		27.0	0.874		27.0	0.874		27.0	0.874
2004年4月	30.5	1.1		29.4	0.964		29.4	0.964		29.4	0.964
2004年5月	104.8	10.0	11.6	83.2	0.794		94.8	0.905		94.8	0.905
2003年10月～2004年5月	380.7	37.1	127.3	216.3	0.568	104.0	239.6	0.629	93.6	250.0	0.657
2004年6月	82.0	15.4	19.7	46.9	0.572	15.8	50.8	0.620	9.7	56.9	0.694
2004年7月	124.6	20.9	36.1	67.6	0.543	21.7	82.0	0.658	1.9	101.8	0.817
8	65.0	8.2	10.6	46.2	0.711	7.4	49.4	0.760		56.8	0.874
9	82.6	10.8	8.8	63.0	0.763	1.8	70.0	0.847		71.8	0.860
2004年6月～9月	354.2	55.3	75.2	223.7	0.632	46.7	252.2	0.712	11.6	287.3	0.811
2003年10月～2004年9月	734.9	92.4	202.5	440.0	0.599	150.7	491.8	0.669	105.2	537.3	0.731

2005年度，即2004年10月至2005年9月灌溉年降水日数为79天，累计降水量为1 228.7 mm，属丰水年，是五道沟实验站自1953年以来观测到的次大降水年，虽较最大年(1996年10月～1997年9月)降水量1 252.8 mm少24.1 mm，但本年度降水量分配的不均匀性造成的旱涝渍灾害却更加严重得多。该年度属典型的涝年有旱降水分配年型，即自2004年10月小麦播种到2005年5月底收割，全生长期降水量仅为222.0 mm，属7.1年一遇的干旱年；而秋季作物生长期6～9月降水量丰沛，降水日数高达51天，累计降水量达1 006.7 mm，其中7月和8月两个月的降水量达811.2 mm，占全年降水量66.0%。遭遇的7月3日～10日、7月27日～8月9日、8月17日～23日、9月16日～27日等4次雨量多、强度大的连续阴雨天气过程，造成了极严重的涝渍灾害，致使夏玉米、大豆、花生、夏棉等作物较正常年份减产50%～60%，即使喜水作物水稻也因“阴多阳少籽粒稀”减产达20%以上。

在降水量丰枯交替明显年景条件下，3个设计水平(6个实验处理)的有效降水量及其降水有效利用系数与前一年度相比，有显著不同，即由于经常出现的连续阴雨天气，在同数量降水情况下较前期少雨或干旱条件下的有效降水量明显偏小。而前一年度10月至次年5月因降水量分布有类似于2005年6～9月的情况，有效降水量明显偏小。此仍以地下水控制埋深为1.0 m的实验处理为例。例如，2003年10月至2004年5月累计降水量为380.7 mm，有效降水量系数为0.568。而2004年10月至2005年5月降水量为222.0 mm，有效降水量系数却高达0.872。究其原因，一是前一年度相邻两次较大降水过程的间隔时间较短，且后一场降水量较大。如2003年10月1日～5日降水量为48.5 mm，已使整个1.0 m土层处于饱和状态；在仅相隔4天后，即10月11日～12日的降水量达63.0 mm，这就使较多的降水量转化成为渗漏量。二是降水量集中。例如，2004年5月27日的1日降水量就达57.0 mm，较同等条件下，同数量分散降水渗漏量要大许多。三是与同一季节降水量的次数、数量、降水量分布有关。例如前一年度的10月至次年5月中就有10月、11月、次年5月的降水量都远超过了多年平均值；其中11月和次年5月的降水量甚至分别为多年平均值的2.5倍和1.5倍。而2004年10月至2005年5月的各月降水量中，除2004年12月份的降水量较多年平均值偏多6.2 mm，2005年2月略多于多年平均值外，其他各月都较多年平均值小很多。

同时2005年度这期间没有出现过强降水过程，即在各次降水过程中，1日降水量超过30.0 mm的只有1次，仅为36.0 mm。由于每次降水过程的前期土壤较干燥，致使后一年度，即2004年10月～2005年5月有较前一年度更多的降水量储存在根系吸水层内。但到2005年6～9月就不相同了，其间累计降水量高达1 006.7 mm，除6月份降水量较多年平均偏少外，其他各月都远远超过多年平均值。由于阴雨天气多，降水前期土壤过湿，加上每次降水过程长且雨量强度大，所以存留在根系吸水层内的雨量与上述情况相反，即同等条件下相对较小，即7月、8月和9月的降水量虽高达494.8 mm、316.4 mm和127.0 mm，但有效降水量系数却只有0.283、0.319和0.593，远较前一年同期的0.543、0.711和0.763偏小许多，其他实验处理及其相关特征值详见表4.3.16。

表4.3.16　2005年度不同地下水埋深地中蒸渗仪有效降水量成果表　单位：mm

项目 年份	P	P_e	Δ=1.0 mm				Δ=1.5 mm				Δ=2.0 mm			
			R_s	D	P_0	α_0	R_s	D	P_0	α_0	R_s	D	P_0	α_0
2004年10月	2.4	1.2			1.2	0.500			1.2	0.500			1.2	0.500
2004年11月	32.9	4.3			28.6	0.869			28.6	0.869			28.6	0.869
2004年12月	24.0	1.7		1.4	20.9	0.871			22.3	0.929			22.3	0.929
2005年1月	11.7	1.2			10.5	0.897			10.5	0.897			10.5	0.897
2005年2月	32.7	2.8			29.9	0.914			29.9	0.914			29.9	0.914
2005年3月	34.5	5.8			28.7	0.831			28.7	0.831			28.7	0.831
2005年4月	34.5	4.8			29.7	0.861			29.7	0.861			29.7	0.861
2005年5月	49.3	5.2			44.1	0.895			44.1	0.895			44.1	0.895
2004年10月～2005年5月	222.0	27.0		1.4	193.6	0.872			195.0	0.878			195.0	0.878
2005年6月	68.5	9.5			59.0	0.861			59.0	0.861			59.0	0.861
2005年7月	494.8	23.7	47.8	283.4	139.9	0.283	47.8	246.7	176.6	0.357	44.1	178.3	248.7	0.503
2005年8月	316.4	16.6	75.1	123.7	101.0	0.319	75.1	102.4	122.3	0.387	75.1	90.4	134.3	0.424
2005年9月	127.0	12.8		38.8	75.4	0.593		33.0	81.2	0.639		25.3	88.9	0.700
2005年6月～9月	1006.7	62.6	122.9	445.9	375.3	0.373	122.9	382.1	439.1	0.436	119.2	294.0	530.9	0.527
2003年10月～2004年9月	1228.7	89.6	122.9	447.3	568.9	0.463	122.9	382.1	634.1	0.516	119.2	294.0	725.9	0.591

4. 地中蒸渗仪长系列观测资料有效降水量统计分析

五道沟实验站自1965年开始，为深入研究和揭示农田排水与灌溉等水文气象要素相互关系及其变化规律，设立了潜水动态观测实验场。运用地中蒸渗仪装置，对不同土壤（砂姜黑土、砂壤土）、不同地下水水位控制埋深（控制埋深幅度由地表～5.0 m）的有/无作物条件下的降水量、地表径流量、入渗量、渗漏量、潜水蒸发量等要素进行天然条件下的长期观测实验，至今已积累有40多年的观测实验资料系列。

为便于与本项目观测实验成果衔接或比较，此次对长系列资料统计分析以砂姜黑土为对象，仍以地下水控制埋深为1.0 m、1.5 m、2.0 m的地中蒸渗仪观测实验资料为准进行统计分析，并力求从长系列资料统计分析中探求有效降水量（或降水有效利用系数）与主要影响因素的一般规律，以便于实际应用。经过反复探索，取得了较理想的

研究成果,并分述如下:

(1) 有效降水量长系列观测资料统计

有效降水量长系列观测资料统计见表 4.3.17。

表 4.3.17 降水量系列实测典型年频率、年份、降水量统计表

项目 \ 典型年(%)	5%	10%	20%	25%	50%	75%	80%	90%	95%
实测典型年频率	5.1%	10.3%	20.5%	25.6%	48.7%/51.3%	74.4%	79.3%	89.7%	94.9%
年份	1996~1997	1971~1972	1963~1964	1992~1993	1973~1974/1974~1975	1975~1976	1980~1981	1965~1966	2000~2001
降水量(mm)	1 255.2	1 123.0	1 025.8	1 003.0	871.7/865.8	718.5	700.7	619.2	563.9

(2) 典型年不同时段有效降水量及其系数分析

共对前述的 9 种典型年降水量资料进行了较详细地统计分析计算,此仅以 3 个设计水平、3 种典型年,即 P 为 5.1%、48.7%和 94.9%时的有效降水量及其有效降水系数分析,结果如表 4.3.18 所示。

表 4.3.18 典型年有效降水量、有效降水量系数分析成果表

P	Δ		10	11	12	1	2	3	4	5	6	7	8	9
5.1%		P	83.6	144.3	2.2	7.4	20.9	85.4	68.4	75.3	183.7	515.4	52.8	15.8
	1.0	P_o	33.3	31.7	1.7	4.4	15.8	35.5	43.0	69.4	79.0	115.7	48.2	14.9
		α_o	0.40	0.22	0.77	0.60	0.76	0.42	0.63	0.92	0.43	0.23	0.91	0.94
	1.5	P_o	45.0	41.8	1.7	4.4	19.0	43.3	51.6	69.4	110.8	125.9	48.2	14.9
		α_o	0.54	0.29	0.77	0.60	0.91	0.51	0.75	0.92	0.60	0.24	0.91	0.94
	2.0	P_o	52.5	48.4	1.7	4.4	19.0	59.7	56.5	69.4	117.2	130.7	48.2	14.9
		α_o	0.63	0.34	0.77	0.60	0.91	0.70	0.83	0.92	0.64	0.25	0.91	0.94
48.7%		P	9.4	0.5	0	6.1	32.4	47.3	101.5	160.4	73.6	159.4	227.4	53.7
	1.0	P_o	6.4	0	0	2.8	27.8	40.9	93.7	116.0	33.7	116.1	69.3	47.5
		α_o	0.62			0.46	0.86	0.87	0.92	0.72	0.46	0.73	0.31	0.89
	1.5	P_o	6.4	0	0	2.8	27.8	41.4	93.9	140.0	39.8	116.7	84.5	47.5
		α_o	0.68			0.46	0.86	0.88	0.93	0.87	0.54	0.73	0.37	0.89
	2.0	P_o	6.4	0	0	2.8	27.8	43.0	94.3	143.8	45.7	131.7	84.2	47.5
		α_o	0.68			0.46	0.86	0.91	0.93	0.90	0.62	0.83	0.37	0.89

续表

P	Δ		10	11	12	1	2	3	4	5	6	7	8	9
94.9%		P	83.1	71.0	18.0	70.2	52.6	7.8	38.4	5.5	36.0	92.4	84.9	4.0
	1.0	P_o	20.7	11.9	10.3	17.0	21.3	6.7	36.3	2.1	25.1	68.0	48.7	0.6
		α_o	0.25	0.17	0.57	0.24	0.41	0.86	0.95	0.38	0.70	0.74	0.57	0.15
	1.5	P_o	30.0	12.5	11.4	26.7	23.6	6.7	36.3	2.1	25.1	71.5	67.4	0.6
		α_o	0.361	0.176	0.633	0.380	0.449	0.859	0.945	0.382	0.697	0.774	0.794	0.150
	2.0	P_o	37.4	21.7	12.6	33.4	26.6	6.7	36.3	2.1	25.1	75.1	70.2	0.6
		α_o	0.45	0.31		0.48	0.51	0.86	0.95	0.38	0.70	0.81	0.83	0.15

(3) 同频率典型年不同时段有效降水量及其系数分析

统计灌溉年相关观测实验资料时，其统计时段是，从前一年10月1日起到翌年9月30日止。其中把前一年10月1日起到翌年5月31目的时段划定为午季成熟作物的生长期。淮北地区通常以小麦为代表；而每年的6月1日到9月30日为秋熟作物生长期，淮北地区通常以夏大豆、夏玉米为代表。所谓同频率，就是将午秋二季观测的降水量系列分别由大到小排频计算，把频率相同的季降水量组合成灌溉年降水量，借此了解可能发生这样的降水量年型时的有效降水量及其系数，这对进一步拟定农田排水与灌溉对策有很重要的实用价值。因此，对五道沟实验站降水量频率接近为5%、20%、25%、50%、75%、80%、95%等7种年型的不同时段的有效降水量及其系数进行了较详细地统计分析计算，此将部分，即P为20.5%、48.7%和74.4%这3种年型的统计分析成果列出（表4.3.19、表4.3.20）。

表4.3.19　午季和秋季成熟作物生长期降水量同频率典型年特征统计值表

项目 \ 典型年		5%	20%	25%	50%	75%	80%	95%
实测典型年频率		5.1%	20.5%	25.6%	48.7%/51.3%	74.4%	79.5%	94.9%
午季成熟作物（当年10月至次年5）	年份	1990～1991	1986～1987	1989～1990	1971～1972/1978～1979	1985～1976	1963～1964	1977～1978
	降水量(mm)	501.7	453.4	387.5	300.9/299.6	249.5	230.8	194.2
秋季成熟作物(6～9月)	年份	2000	1984	1979	1971/1974	1986	1976	2001
	降水量(mm)	863.1	679.4	638.5	542.9/514.1	453.8	372.5	217.3
秋季成熟作物（10～9月）	降水量(mm)	1364.8	1132.8	1026.0	843.8/813.7	703.3	603.3	411.5

表 4.3.20　同频率典型年不同时段有效降水量及其系数分析成果表

P	Δ		10	11	12	1	2	3	4	5	6	7	8	9
20.5%		P	34.3	16.3	29.5	41.1	45.5	118.4	33.5	134.9	78.8	232.2	119.1	249.3
	1.0	P_o	27.9	11.9	26.5	14.4	31.7	64.2	26.5	72.9	66.1	56.9	83.7	78.7
		α_o	0.81	0.73	0.90	0.35	0.70	0.54	0.79	0.54	0.84	0.25	0.70	0.32
	1.5	P_o	29.1	11.9	26.5	23.2	38.0	66.0	26.5	88.9	66.1	102.2	88.9	85.8
		α_o	0.85	0.73	0.90	0.56	0.83	0.56	0.79	0.66	0.84	0.44	0.75	0.34
	2.0	P_o	29.1	11.9	26.5	32.4	43.0	67.5	26.5	99.8	66.1	102.8	89.1	89.7
		α_o	0.85	0.73	0.90	0.79	0.95	0.57	0.79	0.74	0.84	0.44	0.75	0.36
48.7%		P	14.2	22.4	12.0	24.0	27.5	95.4	6.4	99.0	221.5	46.4	148.8	126.2
	1.0	P_o	10.2	19.0	11.3	22.5	13.7	58.9	2.5	90.8	149.5	25.3	101.5	49.3
		α_o	0.72	0.85	0.94	0.94	0.50	0.62	0.39	0.92	0.68	0.55	0.68	0.39
	1.5	P_o	10.2	19.0	11.6	22.5	18.1	64.3	2.5	90.8	152.6	25.8	124.9	65.9
		α_o	0.72	0.85	0.94	0.94	0.66	0.67	0.39	0.92	0.69	0.56	0.84	0.52
	2.0	P_o	10.2	19.0	11.3	22.5	23.2	61.9	2.5	90.8	154.7	25.9	129.0	75.1
		α_o	0.72	0.85	0.94	0.94	0.84	0.65	0.39	0.92	0.70	0.56	0.87	0.60
74.4%		P	106.3	19.7	20.6	11.2	3.4	34.5	26.2	27.6	95.7	230.2	31.4	96.5
	1.0	P_o	32.3	14.4	16.7	9.0	0.8	29.2	20.6	21.2	87.4	110.4	18.1	58.4
		α_o	0.30	0.73	0.81	0.80	0.24	0.85	0.79	0.77	0.91	0.48	0.58	0.61
	1.5	P_o	44.1	15.0	16.9	9.1	0.8	29.2	20.6	21.2	87.4	163.5	19.1	88.6
		α_o	0.42	0.76	0.82	0.81	0.24	0.85	0.79	0.77	0.91	0.71	0.61	0.92
	2.0	P_o	52.0	15.2	17.0	9.5	0.8	29.2	21.2	21.2	87.4	191.2	20.2	88.6
		α_o	0.49	0.77	0.83	0.85	0.24	0.85	0.77	0.77	0.91	0.83	0.64	0.92

（4）前期影响雨量计算方法

各实验处理的不同时段的降水量与其有效降水量之间，都存在降水量多时有效降水量不一定多的情况。此以地下水控制埋深为 2.0 m 的实验处理为例，将各个年型的当年 10 月至次年 5 月、6～9 月的降水量及其有效降水量和降水有效利用系数列入表 4.3.21。

表 4.3.21　各个年型的当年 10 月至次年 5 月、6～9 月的降水量及其有效降水量和降水有效利用系数

P	项目\时段	当年 10 月至次年 5 月	6～9 月	P	项目\时段	当年 10 月至次年 5 月	6～9 月
72.9%	P(mm)	380.7	354.2	94.9%	P(mm)	346.6	217.3
	P_o(mm)	250.0	287.3		P_o(mm)	176.8	171.0
	α_o	0.657	0.811		α_o	0.510	0.787
5.9%	P(mm)	222.0	1 006.7	20.5%	P(mm)	453.4	679.4
	P_o(mm)	195.0	530.9		P_o(mm)	336.7	357.7
	α_o	0.878	0.527		α_o	0.742	0.526
5.1%	P(mm)	482.9	767.7	48.7%	P(mm)	300.9	542.9
	P_o(mm)	314.3	311.0		P_o(mm)	241.4	384.7
	α_o	0.651	0.405		α_o	0.802	0.709
48.7%	P(mm)	360.6	514.1	74.4%	P(mm)	249.5	453.8
	P_o(mm)	318.2	309.1		P_o(mm)	165.5	387.4
	α_o	0.882	0.601		α_o	0.663	0.854

由表 4.3.21 可以看出，8 种年型中多数年份的当年 10 月至次年 5 月和 6～9 月的有效降水量与降水量成正比。少数年份却与之相反，例如，1997 年 6～9 月降水量为 767.7 mm，有效降水量只有 311.0 mm，而 1986 年 6～9 月降水量仅 453.8 mm，有效降水量却高达 387.4 mm。造成这两种截然相反情况的原因，除主要与一次降水历时长短、降水强度、降水总量有关外，还与本次降水过程之前的土壤湿度状况，即前期影响雨量 P_a的大小有密切关系。这就是说，条件相同的两次降水量，由于前期影响雨量不同，有效降水量也不同。同等条件下，前期影响雨量大的降水过程，有效降水量小，反之亦然。前期影响雨量用下式求得，即

$$P_{a,t+1} = K(P_{a,t}) \tag{4.3.4}$$

$$P_{a,t+1} = K(P_{a,t+P_t}) \tag{4.3.5}$$

式中，$P_{a,t}$、$P_{a,t+1}$是 t 日前期影响雨量和 t 日后一天的前期影响雨量；K 是土壤水分消退系数，如按不同季节、不同计算时取值，可提高计算精度；P_t是第 t 日的降水量。

式(4.3.4)是计算时段无雨条件下的算法，而式(4.3.5)是计算时段内某 t 日遇雨但没有产生地表径流的算法，如果 t 日降水并产生径流 R_t 仍按此式计算，P_a 值就偏大，合理的计算式应是

$$P_{a,t+1} = K(P_{a,t} + P_t - R_t)$$

但由于 R_t 难以划分成逐日降水产生的径流量，因此，实际计算时仍用式(4.3.5)计算，但会确定一个上限值 I_m 为控制。当计算的 $P_{a,t+l} > I_m$ 时，以 I_m 代替 P_a。I_m 称为流

域最大蓄水量，以毫米计。下面是不同土壤的 K、I_m 分析和拟定方法。

计算 P_a 值的关键，在于对 $P_{a,t}$ 起算点，即开始起算日期的拟定。其有 3 种拟定方法：一是选一次大的降水过程，使计算土层的含水量达到田持以上，这时取雨停之日的 $P_{a,t}=I_m$，然后连续逐日演算至本次降水之前一日；二是选久旱不雨之日，一般取本次降水前第 25～30 天的 P_a 作起算日，经统计分析，砂姜黑土近似取 5～8 mm，即冬季取 6～8 mm，春季、夏季取 3～5 mm 连续演算至本次降水之前一日；三是直接用实测土壤水资料公式计算土层含水量，然后连续演算至本次降水之前，公式如下：

$$\theta = 10rh(\theta_1 - \theta_2) \tag{4.3.6}$$

式中，θ 是计算土层的土壤平均含水量，单位为 mm；r 是计算土层的土壤平均干容重，单位为 g/cm^3；h 是计算土层厚度，单位为 cm；θ_1 是计算土层的实测土壤平均含水率，按百分比换算；θ_2 是计算土层的土壤平均凋萎含水率，按百分比换算；10 是单位换算系数。

(5) 次降水量、前期影响雨量、降水有效利用系数相关分析

从上述的典型年各次降水资料中，挑选如下降水量作为分析的基本资料即：

① 取两次(或两场)降水间隔时间 $t \geqslant 5$ 天的降水过程。

② 一次连续降水量 $P \geqslant 10.0$ mm 的降水过程。

③ 对于 3 日以上的连续降水过程，其前期影响雨量 P_a 的取值，采用雨前 P_a 值和本次降水过程中的 P_a 最大值的平均值。

据此绘制了地下水控制埋深为 2.0 m 实验处理的次降水量(P)—前期影响雨量(P_a)—降水有效利用系数(α_o)三变量相关关系图，可知三变量之间的点据分布趋势有较好的关系。

(6) 月降水量、月平均前期影响雨量、月降水有效利用系数相关关系分析

通常在计算某时段的有效降水量时，多以月降水有效利用系数与该月的月降水量相乘。为便于实际应用，对前述设计的 3 个水平 6 个实验处理的各月降水量、月有效降水量、月降水有效利用系数等分析计算结果，并绘制成地下水控制埋深为 1.0 m、1.5 m、2.0 m 实验处理的月降水量(P)—月平均前期影响雨量(P_a)—月降水有效利用系数(α_o)三变量相关关系。有了这三张图，同类地区就可以比较方便地分别查算当地下水水位埋深在 2.0 m 以浅时，以月为单位的降水有效利用系数及其相应的有效降水量。对于地下水埋深大于 2.0 m 区域的有效降水量计算，此依据同数量的降水量、前期影响雨量条件下，地下水埋深 2.0 m 的 α_o 较地下水埋深为 1.5 m 的 α_o 增大趋势分析，可在地下水埋深为 2.0 m 的 α_o 的基础上，增加 2.0%～5.0%。这里须指出：

① 上述以 P_a 为参数的三变量相关关系，从总的点群分布趋势看规律性较好，唯在月降水量小于 50 mm，前期影响雨量小于 40 mm 的点据上规律性相对较差一些。因此对 α_o 的取值可根据当时的天气、作物生态、月降水量的分布情况，适当增减。

②在用算术平均法统计计算月平均前期影响雨量时，对于连续 3～5 天的降水过程，除取雨前 P_a 值外，还要取降水期间的最大 P_a 参与月平均计算；对于 5 天以上的连

续阴雨的降水过程应取雨前 P_a、次大 P_a、最大 P_a 这3个值参与月平均 P_a 计算。这样处理的理由是长时期时断时续连续降水致使中后期有更多的雨水成为无效降水。如不采取这样的处理，三变量关系点据分布趋势较散乱，尤其是久旱后遇一次大强度、长历时、总量大的降水过程，若只取本次降水过程前 P_a 的话，其点据与多数点据不合群。

通过有效降水实验发现，降水有效利用系数与时段降水量、前期影响雨量之间有较好的相关关系，比直接用典型年法取得的各时段降水有效利用系数更符合实际。所以在制定不同作物的灌溉制度或计算不同时段的有效降水量时，当根据此关系进行求算为好。但有时候，当计算值并不要求很精确时，尤其是在基层人员对前期影响雨量的分析计算感到有一定难度的情况下，为便于基层水利工作者的实际应用，同时又不至于造成较大误差，对此次典型年降水资料中一次降水量为10～376.7 mm的114次降水过程进行分级统计，把某一级别降水中所占比重最大和次大(即出现次数最多和次多)的降水有效利用系数 α_0 定为这一级的取用值。据此，求得砂姜黑土区不同地下水埋深条件下的降水量与降水有效利用系数关系如表4.3.22所示，由此相关关系可直接计算出不同时段的有效降水量。

表4.3.22　砂姜黑土区降水有效利用系数 α_0 分析成果表

Δ(m)	P(mm)			
	＜50	50～150	150～200	＞200
1.0	1.0～0.85	0.80～0.65	0.60～0.50	0.45
1.5	1.0～0.9	0.85～0.75	0.70～0.60	0.50
2.0	1.0～0.95	0.90～0.80	0.75～0.65	0.55

注：1. P 为次降水量；α_0 为次降水有效利用系数；Δ 为地下水埋深。
2. Δ＞2.0 m 并且一次降水量 P＞50 mm 时，各级 α_0 相应增加4%、3%和2%

4.3.2.2　降水量对农作物各生育阶段的影响

淮北平原地区主要农作物属于旱作物，其生长期内天然降水是其生长需水的主要来源，但由于降水的年际变化大，年内分配又存在较大的随机性，因此与作物需水常常发生矛盾。降水的多少往往直接影响到作物的产量。现分析五道沟地中蒸渗仪测筒、大田在不同降水情况下小麦、大豆多年产量与降水量的关系。

1. 降水量对小麦各生育阶段的影响

(1) 底墒好且降水分布均匀

1969～1970年全生长期降水只有204.2 mm，属于干旱年份，但由于播前底墒好(9月份降水量为194.4 mm)，出苗齐，自2月以后到成熟，各月降水分布均匀，且能满足生长需水要求，所以产量没受影响，9个测筒总产量达到1 503.0 g，高于多年平均水平。

(2) 生长期降水丰沛且分布均匀

1972～1973 年,全生长期降水量为 460.7 mm,是 1963～1987 年这 24 年中的第二大降水量,但由于各月降水分布比较均匀,地下水埋深控制在 0.6 m 以下的测筒产量均大于多年平均产量;1.5 m 埋深的测筒产量最高,0.5 m 以浅埋深的作物受渍,产量较低,9 个测筒总产量 1 137.3 g。

(3) 播前旱、而后涝

1973～1974 年全生长期降水量为 357.6 mm,属降水偏丰年份,由于播前旱,即从 1973 年 8 月 3 日到 10 月 20 日的 78 天中总降水量只有 89.1 mm,而同期水面蒸发量竟达 228.4 mm,土壤干燥,墒情不好,地下水控制埋深大于 0.5 m 的测筒,播种后,苗出不齐先后两次灌水 15.7 mm 和 10 mm 后,苗才出齐,到生长后期的 4～5 月又遇涝渍危害,降水量竟达 251.9 mm,因此产量普遍降低。9 个测筒的总产量为 1 087.3 g,与降水偏丰的 1970 年、1976 年、1980 年三年总产量平均 1 516.4 克相比,减产 429.1 g,即减产百分比为 28.3%。

(4) 播前涝、而后旱

1983～1984 年全生长期降水量为 252.7 mm,属枯水年份,但由于播前涝,即 1983 年 9 月 1 日至 10 月 20 日的 50 天内降水量达 228.3 mm,土壤湿度太大,小麦推迟到 11 月 9 日播种,排水条件差的农田延迟到 11 月下旬播种,以后到成熟收割,一直遇上干旱少雨天气,1983 年 11 月至 1984 年 5 月总降水量只有 106.7 mm。这种天气状况致使小麦大幅度减产,9 个测筒的总产量只有 591.3 g,与多年平均总产量 1 062.7 g 相比减产 471.4 克,即减产 44.4%。

据五道沟实验站多年实测资料分析,降水对产量的影响可归纳为以下 6 点:

① 播前底墒的多少对产量有影响,因此,当此阶段降水量小于 90 mm 或大于 160 mm 时,务必采取灌排措施,以保证适时播种。

② 在播种—拔节期绝大多数年份的降水量均不能满足小麦正常生长需水要求,除极特殊年份(如 1966 年 3 月 1 日～7 日降水量达 208.3 mm)外,即使出现集中暴雨且产生短期地面积水对产量的影响亦远不如其他阶段严重:尤其 1978～1990 年的 13 年中,小麦产量随降水量的增加而增加。此阶段如适时适量灌溉,则能起到明显的增产效果。

③ 一般只要能保证适时播种和播种至拔节期不至于出现大旱或大涝(渍)天气,且在小麦生长后期,即在孕穗～扬花或灌溉成熟期降水分配适当,其量不超过 100 mm,均能获得较好收成。当地有"尺麦怕寸水"之说,实测资料分析的确如此,当降水量超过 100 mm 时,小麦明显减产。

④ 灾害性天气过程以及不适时的连绵阴雨、冻害、冰雹和干热风等也往往造成较严重的减产损失。

⑤ 随着生产水平的不断提高,优良品种的引进,作物抗御灾害的能力也逐渐增强。

4.3.2.3　降水量对大豆各生育阶段的影响

大豆从6月上旬播种到9月底成熟的全生长过程中，一直处在雨水丰沛、高温高热季节，此阶段多年平均降水量占年降水量的59%。就各生育阶段的降水量而言，不但年季变化大，而且年内分配也极不均匀，详见表4.3.23。

表4.3.23　大豆播前及各生育阶段降水特征　单位：mm

特征值 生育阶段	播前底墒期	播种～分枝期	开花～结荚期	鼓粒～成熟期
	5月21日～6月10日	6月11日～7月31日	8月1日～8月31日	9月1日～9月30日
多年平均 P	41.4(5)	303.9(20)	128.6(10)	70.0(9)
最大年	124.9(11)	526.7(28)	358.2(15)	249.3(14)
最小年	5.8(1)	116.9(11)	30.6(4)	2.8(3)
年际倍比	21.5	4.5	11.7	89.0
附注	1. 栏中括号内数字为降水日数；2. 年际倍比系数为最大年降水量与最小年降水量之比			

从表中不难看出播前有59%的年份降水量少且底墒不足，影响适时播种，但在播种到分枝期的51天中，雨水丰沛，降水量在250～530 mm的就有17年，个别年份降水日数竟长达28天。由于连绵阴雨土壤过湿，而不能及时进行田间管理导致草荒，危害作物正常生长。然而，到大豆结荚和鼓粒阶段，正是需要充足水分之际，往往多干旱天气。据资料统计，在27年中，8月份降水量不足100 mm的就有13年，9月降水不足60 mm的亦有13年，而这两个月相应的E601型水面蒸发量多年平均分别为146 mm和113 mm。这种年际，年内降水分配不均给农业生产带来极为不利的局面。为此，必须统配好地表、地下水资源，解决好排、灌问题，方能取得成效。

至于各阶段降水量对产量影响，据初步分析，得出播前底墒等各个生育阶段相应的能达到亩产110 kg的适宜降水范围，见表4.3.24。

表4.3.24　大豆播前及各生育阶段适宜降水量范围

生育阶段	播前底墒	播种～分枝	开花～结荚	鼓粒～成熟
起止日期	5月21日～ 6月10日	6月11日～ 7月31日	8月1日～ 8月31日	9月1日～ 9月30日
适宜降水量范围(mm)	40～70	200～260	100～150	70～110

4.3.3　土壤水对作物生长的影响机理

适宜的土壤水分是保证作物正常生长发育，获得稳产高产的重要条件之一。由于作物生理特性决定了它在不同生长阶段对水分有着不同的要求，所以，土壤水分的过高或过低对其生长发育都会产生不利影响，最终导致减产。

4.3.3.1 土壤水对小麦生长的影响

土壤水分的变化直接影响小麦生长与单产，据地下水控制埋深为 0.1 m 和 0.2 m 的测筒的多年实验，每年返青前无论是出苗还是长势，均比其他控制埋深大的测筒好。这主要是因为地下水埋深浅，土壤湿度大，能充分满足种子发芽及苗期生长所需的水分。但到返青之后植株渐渐黄枯，长势远不及其他测筒，特别是抽穗、灌浆时烂根死亡率大。说明小麦生长后期如果土壤湿度太大，不利于植株生长。另据实验资料，本区表土（地面下 0.5 m 以上）的土壤水分变化虽受降水蒸发影响大，但与地下水的关系却相当密切；地面下 0.5～0.8 m 土层的土壤水分主要受地下水水位控制，而 0.8 m 以下土壤水分受蒸发的影响较小（表 4.3.25）。

表 4.3.25 土壤含水率 W 与地下水埋深关系比较

地下水埋深 (m)	0～地下水面 W	1.0 m 以内 $W_{1.0}$	0.5 m 以内 $W_{0.5}$	蒸渗仪测筒 $W_{0.5}$	备　注
0	40.0%	40.0%	40.0%		
0.1	31.2%	31.2%	31.2%	33.0%	
0.2	29.0%	29.0%	29.0%	34.2%	
0.3	27.0%	27.0%	27.0%	31.6%	
0.4	26.0%	26.0%	26.0%	29.4%	
0.5	25.2%	25.2%	25.2%	27.6%	
0.6	24.5%	24.5%	24.5%	26.0%	
0.7	23.9%	23.9%	23.9%	24.4%	
0.8	23.4%	23.4%	23.4%	23.0%	
0.9	23.2%	23.2%	22.9%	21.9%	表土层最大含水率，只在雨后几小时内才会测得
1.0	22.8%	22.8%	22.5%	20.9%	
1.1	22.6%	22.6%	22.1%	20.0%	
1.2		22.4%	21.9%	19.3%	
1.3		22.3%	21.8%	18.6%	
1.4		22.2%	21.7%	18.0%	
1.5	22.6%	22.1%	21.6%	17.6%	
1.6			21.5%	17.1%	
1.7			21.4%	16.8%	
1.8			21.3%	16.4%	
1.9			21.2%	16.1%	
2.0	22.5%	22.0%	21.1%	15.8%	
2.2	22.5%	21.8%	21.0%	15.7%	

表4.3.25分析了土壤剖面的水分变化，而了解和掌握作物生长期内土壤水分的时程变化尤其重要，这样可为制定旱涝灾害对策提供依据。此次分析，着重统计了受气象因素影响大而且与植株生长关系最密切的表土层(0～0.5 m)的平均含水率的年内、年际变化，并把每年逐日土壤含水率的18%～26%作为适宜作物生长的土壤水分指标进行天数统计，如表4.3.26所示，由此可知表层土壤水分的年内分配、年际变化规律与降水年分配不均匀、年际变化大的现象是一致的。

表4.3.26 1987～2009年0～0.5 m土层平均含水率特征值统计

月份		10	11	12	1	2	3	4	5
0～0.5 m土层平均含水率	多年平均	21.2%	22.4%	22.5%	23.4%	23.9%	23.7%	21.1%	19.2%
	最大	27.5%	26.7%	26.5%	26.2%	34.4%	27.4%	25.1%	24.6%
	最小	12.8%	15.5%	14.5%	18.7%	18.9%	19.8%	13.9%	15.4%
适宜含水率(18%～20%)天数(d)	多年平均	22%	22%	28%	29%	26%	24%	21%	21%
	最大	24%	25%	30%	30%	32%	25%	23%	22%
	最小	9%	11%	14%	22%	11%	9%	5%	12%

据安徽省水科院实验资料记载，1964年小麦在抽穗～扬花期，自4月1日至17日连续阴雨12天，降水量达163.8 mm，雨前地下水埋深0.70 cm。降水期间地下水升至地表并有2天时间地面积水深达2 cm，而且雨止后直到4月27日地下水埋深还处在0.5 m的位置，导致4月1日至27日0～0.5 m土层的日平均含水率达32.0%，超过了田间最大持水率31.7%之值。接着5月15日至28日又出现连阴雨天气，雨日数十天，降水量107 mm。地下水埋深由0.91 m升至地表，并且之后小于0.3 m的持续天数长达13天。有15天的0～0.5 m土层日平均含水率为32.1%，这对小麦后期生长极为不利。当年产量与同等生产水平下风调雨顺的1976年相比少72.8%，与常年平均产量相比减产47.6%。另外，小麦生长期中的多数连阴雨天气，自雨止之日起都会有延续10天以上(最长可达16天)的0～0.5 m土层含水率占田间最大持水率比重88.0～102.2%的情况发生，远远超过了实际需要的含水量。这说明一旦出现这种状况，尤其在生长后期，应立即采取排水措施。

4.3.3.2 土壤水对大豆生长的影响

大豆生长也不例外，尤其苗期多阴雨天气并经常发生地面积水现象，从而影响作物正常生长。据省水科院实验资料记载，1969年7月6日至16日降水日数为9天，降水量160.9 mm，造成近6天的地面积水，深度达6 cm，导致从7月6日至27日0～0.5 cm土层的日平均土壤含水率一直维持在30.8%，占田间最大持水率的97.2%，最终因涝渍造成严重减产，其产量比同等条件下的1976年少69.7%。因土壤水分不足造成作物减产的最好例子是1978年大旱，大豆全生长期(6～9月)降水日数只有24

天，总降水量仅 237.2 mm，同期的 E601 型水面蒸发量则高达 856.7 mm，而 0～0.5m 土层的土壤含水率最小时只有 13.2%，严重缺水导致大量农田几乎颗粒无收，该区 3 000多亩大豆平均亩产只有 7.5 kg。

4.3.4 地下水对作物生长的影响机理

4.3.4.1 地下水利用量对作物各生育期的影响

1. 地下水利用量对小麦各生育期的影响

以 1993 年、2007 年和 2010 年资料为例，点汇逐日的潜水埋深 0.4 m、0.8 m 和 1.5 m的小麦多耗水量，见图 4.3.1、图 4.3.2、图 4.3.3。从 2 张图中都可以看出，3 年小麦多耗水量在潜水埋深 0.4 m 处最大，随着埋深的增加小麦多耗水量逐渐减少。在冬小麦返青期(3 月 6 日～3 月 20 日)，小麦潜水蒸发量与裸地潜水蒸发量的差值较小。小麦进入拔节期冬小麦与裸地潜水蒸发量的差异渐渐加大，在灌浆期两者之间的差值达到了最大，此时也是小麦的生长盛期，是作物蒸腾耗水强度最大的阶段。而裸地潜水蒸发量的变化仅仅是随着气温的回升有所增加，但是增加的幅度远远小于冬小麦的增加量，所以使得二者之间的差异加大。小麦在 5 月 25 日左右进入乳熟期，随着小麦的黄熟，小麦叶面积减小，根系死亡，潜水蒸发量减少并逐渐与裸地的潜水蒸发量接近。

而多耗水量变化的年际差异主要是埋深 1.5 m 的耗水量，2007 年的冬小麦整个生长期在 1.5 m 埋深的耗水量较 1993 年、2010 年明显偏少，和裸地潜水蒸发相近。2010 年的乳熟期在 0.8 m 埋深的耗水量较 1993 年有明显增幅，说明由于品种的更新换代，作物各阶段的生长耗水会有细微差异。在每个埋深的小麦多耗水量图可以用多项式近似拟合，见图 4.3.1～图 4.3.3。

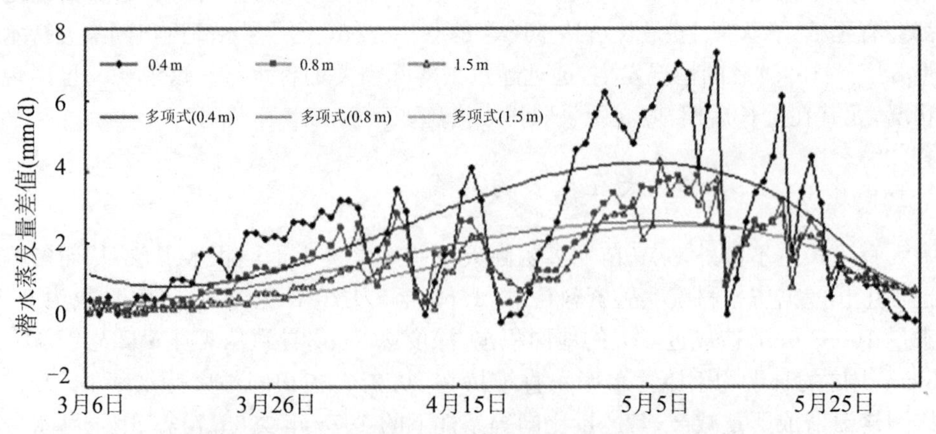

图 4.3.1 亚黏土 1993 年冬小麦多耗水量逐日过程线

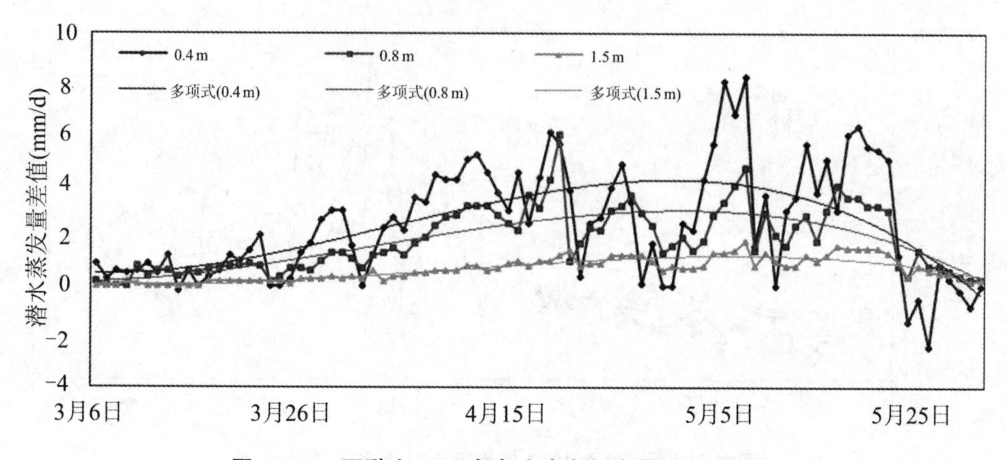

图4.3.2　亚黏土2007年冬小麦多耗水量逐日过程线

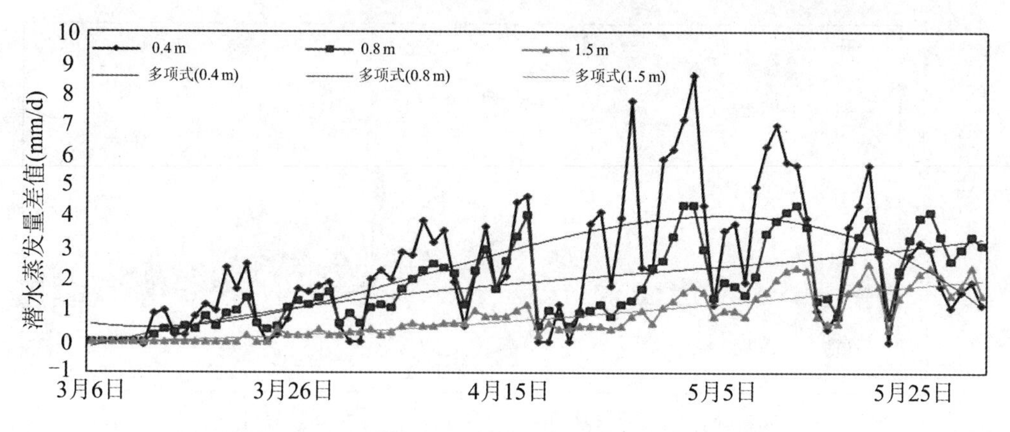

图4.3.3　亚黏土2010年冬小麦多耗水量逐日过程线

2. 地下水利用量对大豆各生育期的影响

以1993年、2007年和2010年资料为例，点汇逐日的潜水埋深0.4 m、0.6 m和1.0 m的大豆多耗水量，见图4.3.4、图4.3.5、图4.3.6，图中的多耗水量数据已经扣除了灌溉水量，从3张图中都可以看出，大豆苗期潜水蒸发量和裸地潜水蒸发量的差异较小，趋势线比较平缓。由于大豆在7月28日进入开花～结荚期，大豆的潜水蒸发量逐渐加大，并逐渐超过裸地潜水蒸发量，使得二者的差异加大，大豆进入黄熟期，大豆潜水蒸发量与裸地的差异又逐渐减小。

而两年的多耗水量变化的差异是，1993年，埋深1.0 m时多耗水量最大，埋深0.6 m时次之，埋深0.4 m时大豆的多耗水量最小，和2010年的多耗水量埋深规律恰恰相反。究其原因在于随着农业技术的发展，大豆品种改良，导致作物耗水特性发生改变。这说明，作物多耗水量与作物品种和土壤质地都有关系。每个埋深的大豆多耗水量图可以用多项式近似拟合，见图4.3.4、图4.3.5和图4.3.6。

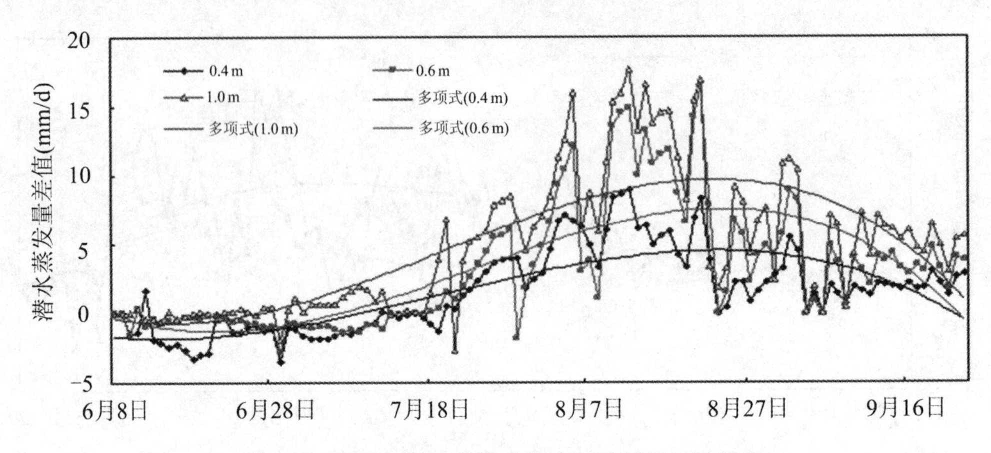

图 4.3.4 亚砂土 1993 年大豆多耗水量逐日过程线

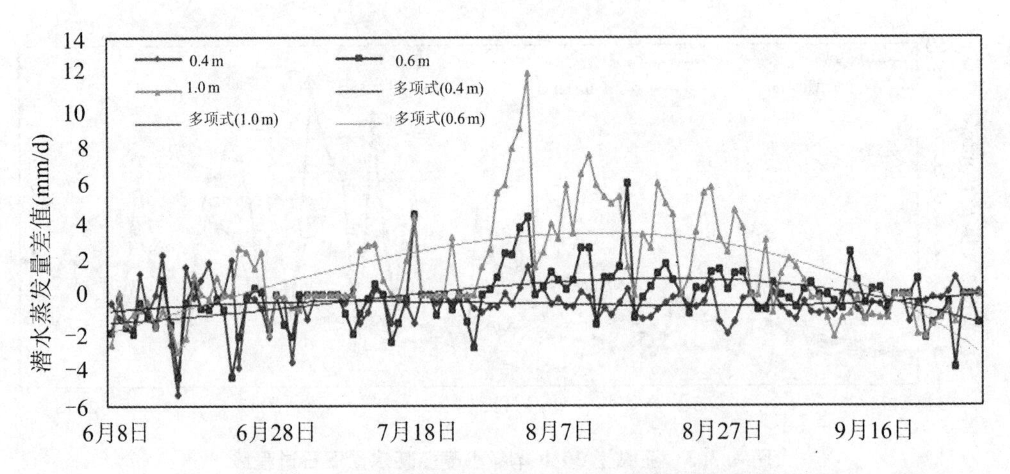

图 4.3.5 亚砂土 2007 年大豆多耗水量逐日过程线

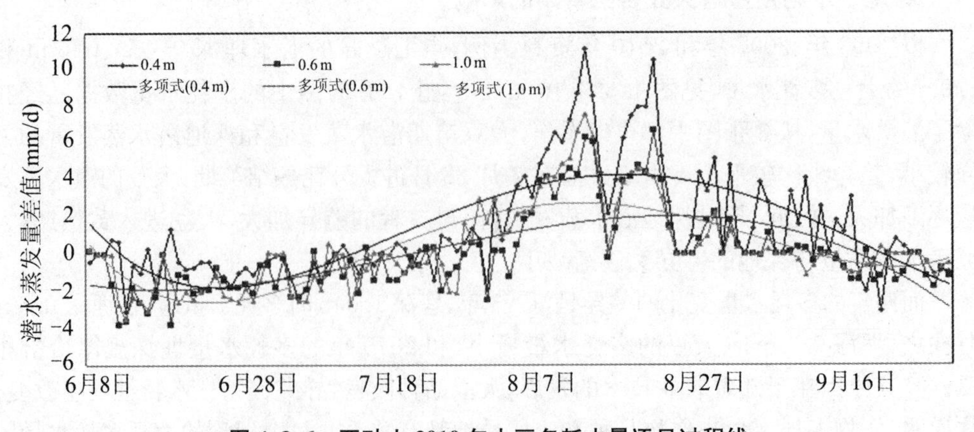

图 4.3.6 亚砂土 2010 年大豆多耗水量逐日过程线

3. 有作物潜水蒸发量拟合与验证

根据上述分析结果,可以把有作物情况下的潜水蒸发分为两部分计算:

① 同样条件下的裸土蒸发量,可以用前文推荐公式和参数计算。

② 作物多耗水量,可以用图 4.3.1 至图 4.3.6 拟合出的多项式计算。

把两部分的结果相加就可以得到有作物的潜水蒸发拟合结果,见表 4.3.27。

表 4.3.27　叠加多项式法 1993 年作物潜水蒸发量拟合决定性系数

埋　深(m)	亚黏土、小麦	亚砂土、大豆
0.4	0.75	0.81
0.8	0.82	0.73
1.5	0.77	0.73

由表可见,这一方法拟合出的潜水蒸发的决定性系数均在 0.7 以上,最大达到 0.83,比经验公式法直接计算出的结果要好得多。但是该方法在不同年份之间拟合出的多项式系数差别较大,比如用 1993 年拟合出的参数预报 1994 年的潜水蒸发,决定性系数都在 0.5 以下,可见该方法通用型很差,不推荐使用。

4.3.4.2　地下水埋深对作物生育期耗水量影响

上节的分析表明,作物多蒸发水量与生育期密切相关,于是分析逐生育期的作物多耗水量规律,并尝试以此拟合有作物潜水蒸发量。

1. 作物逐生育期多耗水量分析

统计 1994～1998 年砂姜黑土、黄潮土不同埋深下小麦、大豆各生育期的多耗水量(表 4.3.28、表 4.3.29),表中每个生育期、每个埋深下所列的数据都是 5 年的平均值。个别数据出现负值,主要是因为那些时间的作物活性较低,而且作物的遮蔽抑制了棵间蒸发,从而导致潜水蒸发较少。

表 4.3.28　亚黏土作物各生育期多耗水量统计

埋　深(m)		0.2	0.4	0.6	0.8	1.0	1.5	2.0	3.0
小麦	出苗～分蘖	1.42	5.33	13.72	18.34	18.76	12.68	6.70	0.00
	越冬期	1.38	−1.49	18.56	9.42	15.76	7.86	4.35	8.95
	返青～拔节	20.06	44.85	42.38	25.12	20.08	11.38	4.35	0.05
	抽穗～成熟	20.36	84.48	65.92	41.58	41.64	28.72	15.60	4.30

续表

埋深(m)		0.2	0.4	0.6	0.8	1.0	1.5	2.0	3.0
大豆	出苗～分枝	1.38	10.57	8.06	2.78	4.00	3.64	1.35	0.90
	分枝～开花	39.46	13.87	18.14	6.58	5.60	1.02	1.15	0.50
	开花～结荚	26.94	17.90	13.96	9.08	7.54	0.34	0.30	0.00
	结荚～灌浆	68.70	54.83	49.12	38.60	30.56	6.94	0.80	0.00
	灌浆～成熟	39.56	34.13	40.22	43.08	42.08	15.06	1.20	0.00

表 4.3.29 亚砂土作物各生育期多耗水量统计

埋深(m)		0.2	0.4	0.6	1.0	2.0	3.0	4.0
小麦	出苗～分蘖	−21.83	−4.28	−7.32	2.34	42.10	32.55	10.95
	越冬期	−27.89	−30.60	−33.28	−7.48	15.75	2.35	13.00
	返青～拔节	−26.92	62.38	61.8	77.36	70.70	31.70	−0.85
	抽穗～成熟	−12.29	110.48	127.06	91.64	92.80	58.30	10.25
大豆	出苗～分枝	4.10	−21.05	−9.22	−7.46	4.40	0.25	5.05
	分枝～开花	43.27	2.23	55.66	62.62	15.60	0.95	3.55
	开花～结荚	17.93	17.45	46.14	42.68	12.00	0.65	0.20
	结荚～灌浆	24.93	47.63	123.82	115.84	40.65	17.15	3.45
	灌浆～成熟	−17.27	6.45	59.86	72.82	50.15	24.25	2.20

2. 有作物潜水蒸发量拟合与验证

将利用表 4.3.28 和表 4.3.29 统计出的不同作物各生育期多耗水量相关数据，叠加到相应条件下的裸土潜水蒸发量上，就得到了有作物时的潜水蒸发量。把计算出的所有埋深的数据与 1994～1998 年的实测值比较，发现决定性系数在 0.7 左右，小麦的拟合效果稍差一点。拟合效果比经验公式法直接计算出的结果要好一些，但略逊于前面的逐年多项式拟合。

根据以上的率定结果，选用 1991～1993 年的数据进行验证，验证结果见表 4.3.30。验证的决定性系数在 0.55～0.69 之间，比率定期要低 0.1 左右，但仍然高于用经验公式法直接计算出的结果。验证结果表明，裸土潜水蒸发叠加生育期多耗水量计算有作物的潜水蒸发量的相关的参数具备较好的适用性，再加上该方法参数较少，故推荐用这一方法计算有作物的潜水蒸发。

表 4.3.30　生育期叠加法作物潜水蒸发量拟合与验证决定性系数

作物	参数拟合期(1994～1998 年)		验证期(1991～1993 年)	
	亚黏土	亚砂土	亚黏土	亚砂土
小麦	0.66	0.60	0.55	0.56
大豆	0.70	0.75	0.69	0.69

4.4　涝渍灾害对作物产量的影响

4.4.1　涝渍对作物生育环境的破坏

水、肥、气、热是作物生长的四大要素，水是四要素之首，同时对肥、气、热起着促进和制约作用。砂姜黑土是安徽省淮北平原地区面积最大的低产土壤，占淮北耕地面积52%以上，砂姜黑土之所以低产，主要是旱、涝、渍害所引起，其次是瘦和僵。

4.4.1.1　涝渍对土壤肥力的影响

首先，当地面形成积水时，容易使蓄存在土壤中的那些溶于水的肥料以地表水的形式排走；其次，长时间涝渍即使不形成冷浸田，也容易将地下矿物带到地表形成盐碱地；第三，过湿使土壤团粒结构遭到破坏，本身降低了地力，加之作物受渍，难以正常获取养分。

4.4.1.2　涝渍与土壤的通气性

土壤通气不良是作物遭受涝渍灾害的主要表现形式，一般认为，旱作地的通气空隙以占土壤体积的 15%左右为宜，小于 10%就会产生水、气矛盾，影响作物正常生长。砂姜黑土的通气空隙比较低，当土壤含水量达到田持时，除耕层可达 10%左右外，其余各层只有 5%(表 4.4.1)，直接影响气体交换，使作物根系呼吸受阻。在连绵雨季，由于地下水水位较高，加之蒸腾蒸发作用微弱，以致包气带土壤水分经常保持在田持以上，土壤空气状态更加恶化。根据五道沟实验站 1980 年(正常年份的观测，在大、中、小沟配套，缺少田间降渍工程情况下)，从 6 月下旬到 9 月中旬的近三个月时间里，虽然没有发生地面积水，但由于大部分时间地下水水位埋深在 0.5 m 以内，0～0.3 m土层内的空气容量(指未被水占据的空隙)一半以上的时间在 10%以下，0.6～0.8 m

土层内的空气容量绝大部分时间在5%以下,就更不用说有地面积水时土壤的通气状况了。

表 4.4.1 砂姜黑土的空隙特征

土层深度(cm)	总孔隙度	持水孔隙度	通气孔隙度	单独团聚体内孔隙度	<0.003 mm 的微孔隙	
						占持水孔隙
0～20	51.11%	41.4%	9.89%	38.10%	21.56%	52.05%
20～34	47.23%	41.71%	5.52%	30.30%	33.25%	79.71%
34～54	44.12%	40.98%	3.14%	31.03%	32.94%	80.38%
54～82	44.36%	38.95%	5.41%	32.22%	33.79%	88.75%

4.4.1.3 涝渍与土壤的温度(热力条件)

作物对土壤的湿度有一定的要求,而涝渍则破坏了自然界给予作物正常生长的湿度环境。

从表4.4.2、表4.4.3的对比可以看出,本地区地温基本上符合小麦对温度的要求,但水温低于这个要求。从表4.4.3可知,积水能使苗期14天中大于8℃的有效积温减少39.2℃,达不到总积温150℃的要求。可见,积水对小麦的温度环境有一定的影响。而且,寒冬季节有地面积水时,其地表冻土层内土壤还会冻结,直接将部分弱苗、新生苗冻死。五道沟实验站1989年冬小麦苗期积水后期就出现个别小麦植株冻死的现象。而且,地温日差较小,不利于干物质的积累。

表 4.4.2 小麦各生育阶段适宜温度 单位:℃

生育阶段	适宜范围	最高	最低	附注
分芽	15～20	30～35	1～2	10℃以下易感染病害
分蘖	13～18	18	2～4	出苗到分蘖的14天中,高于3℃的有效积温需150℃左右
拔节～孕穗	18～20	30	10	
抽穗～开花	18～20	30	9～11	干热气候减产严重
成熟	20			

引自《土壤与农作物》。

表 4.4.3　小麦各生育阶段地面积水温差统计表

生育阶段	时间	水温(℃)	地面温度(℃)	水气温度差(℃)	水与地面温度差(℃)	水与根系活动层温差(地下 20 cm)(℃)
苗期	11月5日	14.2	17.0	0.3	2.8	2.3
拔节	3月31日	14.9	17.8	−2.2	2.9	−3.4
灌浆	5月1日	16.6	18.0	−0.5	1.4	1.0

引自五道沟实验站1990年实验资料。

4.4.1.4　涝渍对作物根系的影响

当土壤过湿(接近或超过田持)时，土壤通气不良，使得作物呼吸困难，作为主要呼吸器官的根系，必然会有相应的反应。大田调查取样时，我们发现，受涝渍地块下面根系变得白、粗、脆，取出时不黏土。同时，根系浅扎，主干附近会增生出水平生长的毛根，这样的地块中的小麦大多出现了倒伏现象。大豆也有类似现象。

地下水埋深与作物生长关系也很密切：从我站历年地中蒸渗仪(控制不同埋深)测筒作物观测记载中也可以发现，苗期埋深较浅的测筒小麦长势旺盛，拔节后期，浅测筒小麦长势逐渐变差，说明地下水水位抑制小麦根系的下扎。

4.4.2　涝渍灾害对小麦各生育阶段的影响

小麦正常播种是10月上旬至10月中旬，个别年份因阴雨绵绵致使小麦推迟至霜降乃至立冬才播种，从而导致减产。例如，1983年9月1日至10月23日，50天内降水228.3 mm，由于土壤湿度太大，致使播种期推迟至11月上旬，排水条件差的农田延迟至11月下旬播种，加上生长后期干旱少雨，使1984年小麦产量与风调雨顺的同等生产水平的1986年相比减产20.4%。

为了研究作物因涝渍而晚播的减产情况，我们于1989年进行了小麦晚播实验，晚播筒于1989年1月14日播种，较正常筒(1988年10月20日)迟播了85天，结果是，晚播实验的测筒较参证实验筒减产61.7%，说明晚播有一定的减产，晚播越久，减产损失越严重。

4.4.2.1　小麦分蘖拔节灌浆期减产分析

在绝大多数年份小麦分蘖～拔节期的降水量均不能满足其正常生长的需水要求，此生育阶段以旱为主。对此阶段降水量与小麦产量进行相关分析发现，小麦产量与降水量成正比，说明，小麦适时适量灌以分蘖水、拔节水，增产效果显著。

有的特殊年份，此阶段也将产生涝渍，如1966年。为此，我们先后进行了小麦此期各生育阶段不同天数的积水实验，其中，苗期实验是在出苗后才 5 天的幼苗期进行的，实验成果见表 4.4.4。总的说来，积水三天减产不太明显，砂土地则能耐 6 天左右的积水，但超过此限则有 20%以上的减产。

表 4.4.4　小麦各生育阶段积水实验减产成果表

天数	砂姜黑土			砂壤土	
	幼苗期	拔节孕穗	扬花灌浆	幼苗期	拔节抽穗
3	11.4%	2.8%	22.8%	14.2%	10.0%
6	26.4%	28.8%	27.7%	3.7%	31.9%
9	28.6%	23.8%	33.2%	16.8%	34.7%
12	79.1%	11.5%	30.7%		

4.4.2.2　成熟、收割期涝渍减产分析

对于成熟～收割期的降水量，就绝大多数年份来说，对产量不会有什么影响，但特殊年份因阴雨过多而造成的灾害性减产损失却不能低估。例如 1980 年 5 月 20 日至 6 月 10 日降水量达 124.9 mm，由于阴雨连绵，小麦成熟了不能收割，已割的来不及运或脱粒而致霉烂，未割的麦穗上生了芽。据五道沟地区韦店乡各村上报统计，平均减产 23.7%。

1990 年灾情之重则属新中国成立以来所罕见，五道沟地区该年自 5 月 18 日到 7 月 15 日，59 天中，有 37 天下雨，共降水 657.7 mm，而且由于当年整个淮河流域普降大雨，江河蓄满，担负本地区排水任务的徐家沟由于北淝河水水位过高而不能正常排涝，当地地下水水位自 6 月 13 日以来一直处于 0.4 m 以浅，部分地区甚至长期积水。从大田抽样情况看，早熟品种，排水好的地块亩产可达 430 千克，但中熟、晚熟品种分别减产 17%和 21%，千粒重减少 3 g。对于中、晚熟品种，在排水条件不好的情况下，减产达 33%；早熟品种，在排水条件不好时减产 12%，详见表 4.4.5，此表也证明了前述的分析。

据五道沟站所在地，宿县地区良种繁殖场当年上报的统计，(良种场于 5 月 31 日开机收割)4 300 亩小麦仍有 800 亩未收割，已收割的 3 500 亩小麦有 2 500 亩因雨水而发芽或未能及时晒干，比预计产量少收 45 万千克，减产 37.5%，而且收回的小麦有 73%因发芽、霉变、出苗率低而不能作种。另外，由于地下水水位长期居高不下，土壤过湿，无法实施机械化播种，严重影响了黄豆的播种，到 6 月 28 日，该场仅播黄豆 200 亩，预计因晚播或不能播种而减收 40%左右，经济损失 18 万元，两项损失合计达 96 万元。由此可见成熟至收割期的涝渍灾害损失之巨大，详见表 4.4.5。

表 4.4.5　1991 年小麦大田取样成果表

考种项目 取样地点	品种及 成熟时间	排水及 实验条件	穗头 粒数	成熟密度 (株/m²)	千粒重 (g)	单产 (g/m²)	穗产 (g)	减产
站内实验地	8112 早熟	好	29.2	640	37.0	683	1.08	
良种场四连	同　上	好*	31.6	621	36.7	721	1.16	
站内实验地	同　上	好、积水 6 天	26.4	628	37.2	617	0.98	12%
良种场四连	同　上	差**	25.6	716	33.9	620	0.87	12%
良种场二连	167 迟熟	好	33.5	526	31.9	552	1.06	21%
良种场二连	同　上	差	31.3	545	27.9	473	0.87	33%
站内实验地	5418 中熟	好	20.9	704	39.7	585	0.83	17%
站内实验地	同　上	缺　肥	34.4	503	24.5	316	0.63	55%

注：*者，为取样点靠近干沟或斗农沟旁边（排水条件好）；**者，为取样地点在大块农田中间即地中洼（排水条件差）。

4.4.3　涝渍灾害对大豆减产的影响

大豆从 6 月上旬播种到 9 月底成熟收割的成长过程中，一直是雨水丰沛、高温高湿的季节，但此阶段降水年际变化大，年内分配不均（表 4.4.6）。通常的减产原因是播前底墒不足，因旱晚播；还有就是播种～分枝期涝渍严重，按 6 月 11 日～7 月 31 日 40 天统计，28 年中，降水量大于 800 mm 的就有 14 年，而且，此阶段由于大豆苗小株矮，抗涝渍能力弱，加之土壤过湿，不能及时田管，并且草荒也加重了涝灾损失。

表 4.4.6　大豆播前及各生育阶段降水特征(mm)(1964～1991 年)

项目	播　前 5 月 21 日～ 6 月 10 日	播种～分枝 6 月 11 日～ 7 月 31 日	开花～结荚 8 月 1 日～ 8 月 31 日	鼓粒～成熟 9 月 1 日～ 9 月 30 日
P(平均)	42.3	314.1	125.6	83.0
最大	124.9	588.3	301.3	249.3
最小	5.8	116.9	30.3	2.8
$>P$ 的年数	12	14	11	11

为了解因自然因素而晚播的大豆的减产情况，我们先后多次进行晚播实验，据 1989 年实验，晚播 5 天减产 19%左右，晚播 10～15 天，减产 21%左右。另外，还利用五道沟实验站地中蒸渗仪测筒，在 1989～1991 年分别进行大豆各生育阶段的积水实验。成果表明，大豆苗期积水 8 天以上，减产 80.5%，旁枝期积水 8 天以上减产

26.8%，而且，积水时间越长，减产幅度越大。

4.4.4 作物涝渍减产特征及御灾机理

前已述及，涝渍导致作物减产，单个生育期作物的"承灾"能力及减产幅度却有较大差异。

对小麦来说，幼苗期（出苗5天前后）受涝，能使弱苗渍死，未死的壮苗则分蘖增多，且成穗率高，无穗苗数减少，穗产、千粒重都增大。而分蘖后期至拔节期受涝渍，则抑制营养生长，促进生殖生长，结果是成穗率高，株矮，单株产量低，比较而言，此阶段涝渍减产幅度较小。

小麦从开花到成熟这一个月的阶段遭受涝渍，易造成小麦贪青晚熟及锈病猖獗，降低单产、降低千粒重。此阶段涝渍会抑制干物质积累，减产主要表现在单株产量减少。更为严重的是，成熟收割时，若遭遇连绵阴雨，不仅仅是小麦生理减产，更主要会导致"歉收"，甚至是丰产不丰收。本书写作之年午季，早熟小麦是丰产的，如早熟的8112品种，其主要生理指标达到历史最好水平，原预计产量可达432千克，但因涝渍却较历史水平歉收20%以上，由此可见，此阶段涝渍损失是严重的（表4.4.7）。

表4.4.7 小麦生育阶段积水实验减产特征（1990、1991年）

生理指标 积水阶段	约合亩产 (kg/亩)	减产幅度	株产 (g)	千粒重 (g)	总亩 (株/m^2)	成穗苗 (株/m^2)	无穗苗 (株/m^2)	株高 (cm)
参证筒	400.0		1.0	34.5	1012	800	212	80
出苗后5天	239.2	40.2%	1.02	37.3	800	660	140	78
拔节～孕穗	314.0	21.5%	0.83	33.3	1 054	810	244	73
扬花～灌浆	286.4	28.4%	0.79	33.5	1 058	760	298	79
成熟	208.0	33.0%	0.87	33.9		718		73

如前所述，大豆生育期总是旱、涝交替发生。以1989年为例，大豆生育期内共降水703.1 mm，雨水偏丰，但由于降水不均，花荚期受涝，花荚期降水358.2 mm，是同期多年平均121.1 mm的3倍；3月24日降水198 mm，大大高于当地农田排水标准，大部分农田积水受涝。据调查，实验区内，一块百亩农田普遍积水30 cm左右，持续1～2天。而鼓粒～收割的一个月里，降水只有10.6 mm，不足同期多年平均的1/8，因此旱情较重。使1989年的积水实验个性特征明显。例如，由于后期干旱，苗期积水3天的测筒反而增产6%，而积水6天以上则减产30.5%，这说明大豆苗期（接近分枝期）能耐涝3天。在生态观测时，我们发现，积水3天时，尚看不出植株有何反应，从第4天开始，水面下近地面部分的黄豆主干上出现白根，白根水平伸长；第9天时，白根平均长达8 cm，部分在10 cm以上，原生根系下扎较参证筒（未积水）浅5 cm左右，固氮

瘤减少 5%。积水 3 天的测筒在积水时看不出变化，而在后期干旱时，较别的测筒长势稍好。其各阶段减产特征见表 4.4.8。

表 4.4.8　大豆旱、涝、晚播减产特征(1989 年)

实验内容	瘪角比	单株产量(g)	每平方米产量(g)	减产	百粒重(g)	株高(cm)
参证筒平均	16.1%	6.4	384		13.1	38.4
晚播 5 天平均	14.5%	4.7	310	19.3%	12.6	30.6
晚播 11 天平均	9.5%	4.5	304	20.8%	12.6	25.5
苗期积水 6 天以上	11.8%	4.0	267	30.5%	11.8	28.3
旁枝期积水 3 天以上	8.6%	4.3	283	26.3%	13.8	37.4
自然状态(受旱)	16.4%	5.5	330	14.1%	13.0	35.9
苗期积水 3 天	11.7%	6.6	408.6	6%	13.6	36.6

受实验手段和经费的限制，涝渍对土壤肥力破坏程度的定量分析，涝渍对土壤通气性的破坏程度，不同作物及不同品种可抗御涝渍的能力等，均有待于进一步研究与探索。

4.5 小　　结

本章剖析了水循环过程对于淮北平原水资源演变及区域涝渍灾害的影响机理，主要表现在：

① 变化环境下涝渍孕灾环境风险剧增；

② 局部排水系统不健全，工程标准低；

③ 外水顶托、排水不畅。

在此基础上通过野外控制实验，量化识别了大沟蓄水对地下水的影响范围和对水位的影响以及农田排水对区域水循环的水文效应机理的影响。

涝渍灾害对作物产量的影响首先表现在破坏作物生育环境上：

① 涝渍影响土壤肥力；

② 涝渍灾害导致土壤通气不良；

③ 涝渍则破坏了作物正常生长的湿度环境；

④ 涝渍灾害导致作物根系浅扎，出现倒伏现象。

本章通过田间正交实验分析了涝渍灾害对小麦和大豆各生育阶段的影响机理以及涝渍灾害与减产幅度的关系。

第 5 章　区域水资源多目标立体调蓄模式与关键阈值

5.1　区域水资源多目标立体调蓄模式

5.1.1　区域水资源多目标立体调蓄思路

水资源系统是一个复杂系统，在整个系统内，各个部门都有各自不同的利益要求和期望目标。农田区水资源多目标、多层次、多过程立体调蓄研究，不仅涉及流域/区域水循环过程和水资源系统相关内容，还与区域社会经济系统运行、生态环境系统变化及社会可持续发展、科学技术水平提高等诸多因素有关。本书中农田区水资源多目标立体调蓄的内容总体是基于“理论分析—调蓄体系—技术手段—工程实践”的思路开展相关研究工作的。

农田区水资源多目标立体调蓄的科学基础是“自然—人工”二元水循环理论。农业水循环系统是一个在人类活动作用下，从取、输水到用、耗水再到排水以及与此相联系的包括粮食生产和农业产业结构调整的人工干预过程，其实质是伴随自然水循环过程的农业人工侧支循环，是“自然—社会”二元水循环大系统中社会水循环子系统的重要组成部分。

农田区水资源多目标立体调蓄系统是指在特定的研究区域范围内，遵循高效性、合理性和可持续性的原则，充分利用农田区各种工程措施与非工程措施，通过合理地利用当地地下水资源，科学地利用有限的大沟调蓄水量，安排最优的作物布置，同时结合不同灌溉工程系统（水井、田间及输水工程）的运行实际，选择最佳节水灌溉工程系统，从而获得最大的灌溉经济效益。

农田区水资源多目标立体调蓄系统采用区域基础水文分析、降水径流模拟、水量调控数学模型描述信息管理系统、决策支持系统、技术经济分析、定量定性评价、多目标决策分析等技术手段，灵活运用了农田区地表—土壤水—地下水的垂直与水平运动中的天然水势差及水动力学条件，构建了完整的淮北平原区水资源多目标立体调蓄关键技术体系。

农田区水资源多目标立体调蓄系统工程实施的主要工作是加紧研究区相关配套

工程措施和非工程措施建设，强化地表水、地下水及农田水利工程调蓄等优化调度，以实现在一定的来水水量条件下，把有限水量分配到不同的作物或作物的各生育阶段，使产量达到最大。

5.1.2 区域水资源多目标立体调蓄模型构建

淮北平原浅层地下水水位动态的变化与农田沟洫排水系统的调节密切相关，农田沟洫排水标准不同对浅层地下水水位升降变化的影响不同。本章研究浅层地下水的垂向调节及安全开采量的计算以及基于作物对地下水天然利用和沟网调蓄条件下的地下水多年均衡调节的计算。

5.1.2.1 农作物对地下水天然利用和土壤水动态调蓄作用

淮北平原浅层地下水是农灌区主要的灌溉水资源，而农田土壤水分的多少对农作物的生长至关重要。农作物生长是否需要灌溉，关键取决于田间土壤水分的多少，若土壤水分处于适宜作物生长的范围内，就不需要灌溉，否则就要考虑灌溉或排水。基于适宜农作物生长及对浅层地下水的安全开采，首先要通过科学实验回答地下水的垂向分布的5个方面的埋深特征值：

① 考虑农作区生长排涝降渍要求的最低地下水水位埋深，3～5年一遇的最大3日暴雨(167～215 mm)经排水系统排水要在3～5天内使地下水水位降至地面以下0.5 m，即满足作物排涝降渍要求的排涝降渍安全埋深。根据实验资料，排涝降渍安全埋深为0.5 m。

② 不同作物生长适宜的地下水水位埋深，即适宜埋深。根据实验资料，淮北平原砂姜黑土区不同作物为0.8～1.5 m，黄泛砂土区为1.0～2.0 m。

③ 作物生长对地下水利用的极限埋深，也称潜水蒸发临界埋深或极限埋深。据五道沟实验站多年实验，淮北中南部砂姜黑土区为3.0～3.5 m，在淮北平原北部黄泛砂土区为5.0 ～5.5 m。

④ 雨后地下水水位在经排水沟网的排泄作用下，会在一定时间段内维持一个相对稳定的地下水水位，即排水沟网调蓄的地下水水位埋深即高效埋深。根据排水实验资料，淮北平原中南部砂姜黑土区沟洫调节埋深为1.2～1.5 m，淮北平原北部黄泛砂土区沟洫调蓄埋深为1.5～1.8 m。

⑤ 地下水在开采过程中不能超过其可开采量。可能在某时段或干旱季节里因开采动水位会大幅下降，但在多年调节下要得到降水补给恢复而不能持续下降。要满足多年均衡要求，存在一个多年均衡可持续最大开采深度(也称可持续开采最大埋深)。经地下水多年均衡调节模拟计算，淮北平原中南部砂姜黑土区 H_{max} 为6.0～8.0 m，淮北平原北部黄泛砂土区 H_{max} 为7.0～9.0 m。从安全开采角度考虑，淮北平原取值为6.0～8.0 m。以淮北平原浅层地下水存储空间为研究单元，在垂向自上而下，从作物

受渍害安全埋深(0.5 m)→作物生长适宜地下水埋深(0.8～1.5 m)→沟网调蓄埋深(1.5 m)→作物生长对地下水利用极限埋深(3.5～5.5 m)→地下水多年均衡最大开采埋深(可持续埋深)(8.0～10.0 m)。

土壤水是降水、地表水及地下水相互转化的纽带,主要接受降水入渗补给及地下水毛细管水的补给。根据降水、地表水、土壤水和地下水动态均衡原理,平原区田间农作物根系发育密集层主要在0～0.5 m,其土层的水量平衡模型可表示为

$$\Delta W = P_s + I_s + E'_g - E_T \tag{5.1.1}$$

式中,ΔW 为计算时段土壤蓄水变量,单位为 mm;P_s为时段内有效降水量,单位为 mm;I_s为时段内灌溉水量,单位为 mm;E'_g为时段内潜水蒸发过程补给包气带土壤水量,单位为 mm;E_T 为时段内土壤蒸腾蒸发量,单位为 mm。

由式(5.1.1)可知,ΔW 实际上反映了土壤的调节能力,因此可以其亏缺水量的多少来决定灌水量的大小。它除了与降水和灌溉水量有关外,还与潜水蒸发关系密切,而潜水蒸发与潜水埋深有关。据五道沟实验站大型蒸渗仪筒测量及小流域实验区多年实验资料,适宜于小麦、大豆生长的地下水水位埋深分别为1.0～1.5 m和0.8～1.2 m。若把地下水水位埋深通过农田沟洫始终调控于此理想状态,作物便可天然利用土壤水和地下水而不需人工灌溉。但实际上地下水水位不可能始终处于此理想状况,水位会因接受降水补给而升高,因消耗而降低,所以存在一个合理调控的问题。国内以往在地下水调节计算中,有的把潜水蒸发极限埋深3.5～4.5 m作为起调水位;有的把区域多年平均地下水水位作为起调水位,其水位埋深一般取2～3 m;也曾以田间沟洫调蓄埋深1.5 m作为起调水位埋深,其共同点是在计算时把起调水位埋深以浅的地下水全部作为排水弃水处理。经近年多次反复实验比较,认为这3种方法均没有考虑到农田排水过程的实际情况。因为,健全的排水系统雨后地下水水位消退需要一个过程。据上述3～5年一遇3日暴雨的排水设计要求,地下水水位排至地面以下0.5 m、0.8 m和1.0 m以下分别需要3天、7天和10天,在此排水期间,作物要天然利用地下水。当地下水水位埋深处在0.5 m以浅时,作物处于受渍状态,耗水微弱,这时的地下水可作为弃水处理;而当地下水埋深处于0.5～1.5 m时作物渍害消除,蒸腾加剧,除了一部分消耗于沟洫排泄外,较大部分消耗于潜水蒸发(作物的天然利用量)。例如,小麦生长期当地下水埋深控制在0.6 m、1.0 m和1.5 m时,其潜水蒸发量分别占全生长期需水量的51.8%、30.5%和15.0%(表5.1.1),此量在包气带中被作物天然利用,即供作物蒸腾和棵间蒸发。由此可见,这部分水量在作物生长过程中起着至关重要的作用,若忽视此量,就要增加地下水灌溉水量。据此建立了地下水埋深 $h \geqslant 0.5$ m时的月潜水蒸发量与地下水埋深的经验关系式(表5.1.2),以供地下水调节计算时应用。

表 5.1.1　不同作物不同地下水控制埋深潜水蒸发量统计表

作　物	生　长　期		地下水水位控制埋深 h(m)				备　注
			0.6	1.0	1.5	2.0	
小　麦	当年10月～次年5月	E_g(mm)	233.0	137.0	67.3	30.0	小麦需水量
		δ	51.8%	30.5%	15.0%	6.7%	449.9 mm
大　豆	6～9月	E_g(mm)	212.5	120.0	32.9	11.8	大豆需水量
		δ	49.9%	28.2%	7.7%	2.8%	425.5 mm
玉　米	6～9月	E_g(mm)	264.8	182.6	97.5	33.2	玉米需水量
		δ	57.9%	40.0%	21.3%	7.3%	456.8 mm

表 5.1.2　潜水蒸发经验公式待定参数各月取值表

月份	1	2	3	4	5	6	7	8	9	10	11	12
a	27.24	32.00	72.43	19.61	178.15	45.16	152.70	405.22	227.44	40.34	38.57	40.46
b	0.320	0.370	0.244	0.281	0.394	0.251	0.136	0.165	0.239	0.301	0.477	0.263

$$E_g = a \times b^h \tag{5.1.2}$$

式中，a、b 为待定参数，其取用值见表 5.1.1；E_g 为潜水蒸发量，单位为 mm；h 为地下水埋深，单位为 m。

综上所述，在浅层地下水实际动态调节过程中，一方面要结合排水工程的运行实际，综合考虑满足作物生长对降渍要求的最小地下水水位埋深 H_{min} 和沟洫排泄作用下的调蓄埋深 $H_{调}$；另一方面，还要考虑现行灌溉机具的提水能力(扬程)和抽水井(机电井和小口土井)的使用深度，即最大可开采深度 H_{max}。而确定最大可开采深度 H_{max} 时要考虑保证地下水能在多年开采条件下保持均衡，不至于地下水水位持续下降，此即可恢复的最大开采深度，称为多年均衡最大开采深度 H_{max}。根据淮北平原分区水文地质条件及给水度大小，经地下水多年均衡调节模拟计算，得出淮北平原中南部砂姜黑土区 H_{max} 为 6.0～8.0 m，淮北平原北部黄泛砂土区 H_{max} 为 7.0～9.0 m。因此，可把地下水调节库容分成以下 4 个部分：

① H_{min} 以上的地下水作为弃水由农田沟洫排出。

② H_{min} 到沟洫调蓄埋深 $H_{调}$ 之间的地下水库容[H_{min}，$H_{调}$]，一部分消耗于沟洫排泄，一部分消耗于潜水蒸发(即供作物利用)。

地下水水位处于此阶段时，一般旱作物不需要灌溉。根据野外多年实验得知，淮北平原中南部砂姜黑土区沟洫调节埋深为 1.2～1.5 m，淮北平原北部黄泛砂土区沟洫调节埋深为 1.5～1.8 m。

③ $H_{调}$ 到 H_{max} 之间的地下水库容[$H_{调}$，H_{max}]主要消耗于灌溉开采和少量的潜水蒸发。

④ H_{max} 以下的地下水相当于“死库容”，不能开采利用。也就是说，当调节时段的

埋深超过 H_{max}时,应调整该时段内的灌溉水量,使得该时段调节埋深等于 H_{max}。

据此分析,土壤水和地下水调节计算的概念性模型可绘制如图 5.1.1 所示。

将调节时段内降水入渗补给量与潜水蒸发量和沟洫排泄量之差值作为该时段可利用的水资源量。若某时段的调节埋深 $H_i > H_{max}$,则该时段就是破坏时段,以破坏时段数确定破坏季和破坏年,以此计算灌溉保证率。考虑作物对地下水天然利用和土壤水调蓄作用下的地下水多年调节计算数学模型概括如图 5.1.1 所示。

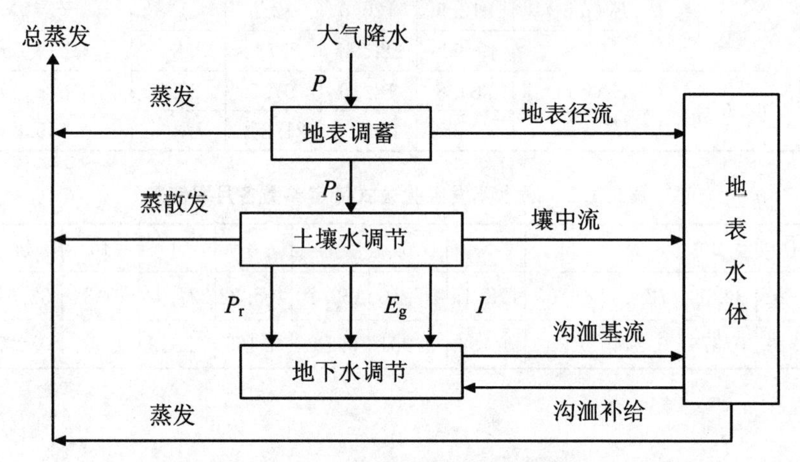

图 5.1.1 地下水调节计算概念模型

$$
\text{土壤水调节}\begin{cases}\text{播前}: m_a = W_{\text{适}} - W_{\text{实}} \\ \text{生长期}\begin{cases}\text{若 } P_{si} + E'_{gi} + \Delta W_{i-1} - ET_i \leqslant -30, \text{则 } 30 \leqslant m_a \leqslant 60 \\ \text{若 } P_{si} + E'_{gi} + \Delta W_{i-1} - ET_i > -30, \text{则 } m_a = 0\end{cases}\end{cases}
$$

$$
\text{地下水调节}\begin{cases}H_i \leqslant H_{min}\begin{cases}D_i = 1\,000\mu(H_{min} - H_i) \\ H_i = H_{min}\end{cases} \\ H_{min} < H_i \leqslant H_{\text{调}}\begin{cases}D_i = V \times d \\ I_{mi} = \alpha_{gi} P_i - E_{gi} - D_i \\ H_i = H_{i+1} + \dfrac{E_{gi} + D_i - \alpha_{gi} P_i}{1\,000\mu}\end{cases} \\ H_{\text{调}} < H_i \leqslant H_{max}\begin{cases}D_i = 0 \\ I_{mi} = \alpha_{gi} P_i - E_{gi} - D_i \\ H_i = H_{i+1} + \dfrac{E_{gi} - (1-\beta_i) m_{ai} - \alpha_{gi} P_i}{1\,000\mu}\end{cases} \\ H_i > H_{max}\begin{cases}D_i = 0 \\ I_{mi} = \alpha_{gi} P_i - E_{gi} - D_i \\ m'_{ai} = \dfrac{(1-\beta_i) m_{ai} - 1\,000\mu(H_i - H_{max})}{(1-\beta_i)} \\ H_i = H_{max}\end{cases}\end{cases}
$$

式中，P 为时段降水量，单位为 mm；D 为时段排弃水量，单位为 mm；I_m 为时段可利用的灌溉水资源量，单位为 mm；V 为沟洫水位消退速度，单位为 mm/d；d 为沟洫把地下水排至 $H_{调}$ 所需天数；α、β、μ 分别为降水入渗补给系数、灌溉回归系数和抽水含水层给水度；E_g 为潜水蒸发量，单位为 mm；m_a'为修正后的计划灌溉水量，单位为 mm；H_i 为 i 时段地下水埋深，单位为 m；H_{min}、$H_{调}$、H_{max} 为最小地下水水位埋深、沟洫排泄作用下的调蓄埋深和最大地下水限制埋深，单位为 m；i 为调节时段。

本次研究中计算以旬为计算时段。

5.1.2.2 浅层地下水水位降落漏斗和布井密度影响

通过浅层地下水多年调节计算得到的地下水可开采量，认为只要不超过 H_{max}，就能从井中抽出地下水，但实际情况却并不是如此。实际上当区域地下水水位下降到某个 H 时，抽水井中的水位已经下降到 H_{max}。若再继续进行抽水，则必然出现吊泵的现象。即通过地下水多年调节计算得到的地下水可开采量没有考虑抽水时地下水水位降落漏斗的影响，因此在实际的应用中通常将调节计算得到的可开采系数乘以一个小于 1.0 的系数后，再作为实际应用时的可开采系数。因此，对地下水多年调节计算模型进行改进，再用来计算安全开采系数。

在考虑抽水过程中地下水水位降落漏斗影响的基础上，同时综合考虑实际地区的布井密度得到安全开采系数，进而得到相应的地下水安全开采量。其计算过程介绍如下：

1. 单井抽水影响分析

单井抽水影响分析主要考虑单井抽水时的地下水水位降落漏斗的影响。图 5.1.2 所示为开采时地下水水位降落漏斗示意图。实际的抽水过程，受抽水漏斗的影响，抽水井中的水位往往比含水层中的水位下降得快。由图可以看出，以某一流量 Q 进行抽水，当抽水达到稳定时，影响半径 R 处水位埋深为 Δ_c，井中水位埋深为控制埋深 Δ_{max}，并且满足潜水井的 Dupuit 公式(式(5.1.3))。那么当地下水埋深小于 Δ_c 时，能够以定流量 Q 从含水层中源源不断地抽水；但当水位埋深大于 Δ_c 时，以定流量 Q 进行抽水不可能达到稳定状态，由式(5.1.3)知，此时要想稳定地从含水层抽水，必须减小抽水流量至 Q'并满足式(5.1.4)。

$$(\Delta_{max} - \Delta_c)^2 = Q(\pi K)^{-1} \ln R r_w^{-1} \tag{5.1.3}$$

$$(\Delta_{max} - \Delta)^2 = Q'(\pi K)^{-1} \ln R r_w^{-1} \tag{5.1.4}$$

下面以实例说明：假设某地区渗透系数 K=3.75 m/d、抽水井影响半径 R=50 m、抽水井井径为 r_w=0.2 m、抽水井井深为 8 m(Δ_{max}=8 m)，由调节计算模型得到该计算时段内的可开采量为50 m^3/d，由式(5.1.3)计算得 Δ_c=3.2 m。若此时的地下水埋深小于 3.2m，那么能安全稳定地以 50 m^3/d 的流量从含水层获取水量；但若此时地下水埋深大于 3.2 m(假设为 4 m)，那么根据式(5.1.4)只能安全稳定地以 34 m^3/d 的流量从含水层获取水量，若再以 50 m^3/d 的流量进行抽水必然出现掉泵现象（水泵位于井底）。

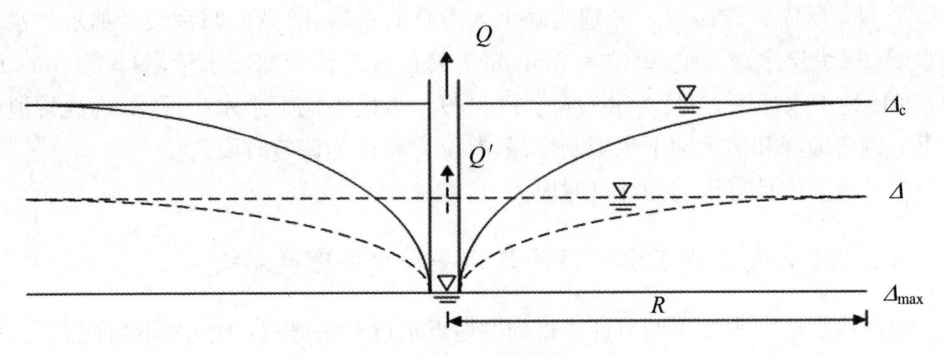

图 5.1.2 地下水水位降落漏斗示意图

2. 群井抽水影响分析

一般的布井距离（相邻两口井间的距离）都为影响半径的 2 倍，以防止群井抽水时井与井之间的干扰。因此面积为 A 的区域能够布井的最大数量 N_{max} 可用式(5.1.5)估算：

$$N_{max} = \mathrm{int}\ (((2R)^{-1}A^{0.5} + 1)^2) \tag{5.1.5}$$

当区域需要抽水时，布井数量的不同会导致所需单井抽水流量的不同。井数量越多，单井所需抽取的流量越小，相应的安全临界埋深越大，抽水量能够得到保证的概率越大；井数量越少，单井所需抽取的流量越大，相应的安全临界埋深越小，抽水量能够得到保证的概率越小。本节定义的布井密度系数见式(5.1.6)。

$$\varphi_w = N^{-1} N_{max} \tag{5.1.6}$$

下面以实例说明，10 km^{2}的面积上最多能布井 1 064 眼。若埋深为 4 m，那么能够从单井中稳定抽出的水量为 34 m^3/d，当区域布井 1 000 眼(φ_w=0.94)时，区域的安全开采量就为 3.4 万 m^3/d；当区域布井 500 眼(φ_w=0.47)时，区域的安全开采量就为 1.7 万 m^3/d。另外，当区域布井 1 000 眼(φ_w=0.94)时，每眼井所需的抽水量为 50 m^3/d；当区域布井 500 眼(φ_w=0.47)时，每眼井所需的抽水量为 100 m^3/d。因此，根据单井影响的分析区域内实际布井密度与每眼井实际能够从含水层抽取的稳定流量（安全开采量）密切相关。

5.1.2.3 浅层地下水多年垂向调节计算模型

综合上述分析，采用考虑农田沟洫调蓄作用下的地下水多年调节计算模型来计算安全开采系数，得到基于作物对地下水天然利用和沟网调蓄条件下的地下水多年立体调节计算模型，该改进地下水多年调节计算数学模型概括如下：

1. 土壤水调节情景

播前：

$$m_a = W_{适} - W_{实}$$

生长期,若

$$P_{si} + E'_{gi} + \Delta W_{i-1} - ET_i \leqslant -30$$

则 $30 \leqslant m_a \leqslant 60$。

若

$$P_{si} + E'_{gi} + \Delta W_{i-1} - ET_i > -30$$

则 $m_a = 0$。

$$m_a = \begin{cases} m_a & (H_i \leqslant H_c) \\ 1\,000\varphi_w N_{max} \pi K(\Delta_{max} - \Delta)^2 (\ln R r_w^{-1})^{-1} A^{-1} & (H_i > H_c) \end{cases}$$

2. 地下水调节情景

$$H_i \leqslant H_{min} \begin{cases} D_i = 1\,000\mu(H_{min} - H_i) \\ H_i = H_{min} \end{cases}$$

$$H_{min} < H_i \leqslant H_{调} \begin{cases} D_i = V \times d \\ Q_{safei} = \begin{cases} \alpha_{gi} P_i - E_{gi} - D_i & (H_i \leqslant H_c) \\ 10\,000\varphi_w N_{max} \pi K(\Delta_{max} - \Delta)^2 (\ln R r_w^{-1})^{-1} A^{-1} & (H_i > H_c) \end{cases} \\ H_i = H_{i+1} + \dfrac{E_{gi} + D_i - \alpha_{gi} P_i}{1\,000\mu} \end{cases}$$

$$H_{调} < H_i < H_{max} \begin{cases} D_i = 0 \\ Q_s = \begin{cases} \alpha_{gi} P_i - E_{gi} - D_i & (H_i \leqslant H_c) \\ 10\,000\varphi_w N_{max} \pi K(\Delta_{max} - \Delta)^2 (\ln R r_w^{-1})^{-1} A^{-1} & (H_i > H_c) \end{cases} \\ H_i = H_{i+1} + \dfrac{E_{gi} - (1-\beta_i) m_{ai} - \alpha_{gi} P_i}{1\,000\mu} \end{cases}$$

地下水多年调节计算模型中计算分区首先以淮北平原县区为单位,并根据各县土壤岩性和控制水位 H_{max} 的不同对研究区进一步划分,这与计算水资源量分区不同,原因是安全开采量计算方法中分区 H_{max} 不同,通过对分区进行了细化,得到计算分区。结合研究区特点,确定各计算分区调节计算参数,然后在各计算分区中根据前面介绍的地下水多年垂向调节计算模型,以旬为调节时段,分别对各个分区进行地下水多年调节计算。根据调节计算结果,确定各分区的安全开采系数,计算各分区地下水的安全开采量,进而得到整个淮北平原区浅层地下水安全开采量。

5.2　立体调蓄系统关键参数选取

农业生产中一切形式的水均需通过农业水循环系统的动态转化来实现其资源价值,而土壤水资源作为农业生产最直接的水分源泉,一切形式的水只有转化为土壤水才能被农作物吸收利用。基于淮北平原区长系列水循环要素演变规律和多情景控制实验,分析了典型农作物(小麦、玉米和大豆等)生长与降水、土壤水和浅层地下水之间的关系;并结合淮北平原区水循环演变机理与规律,提出"大气—地表—土壤—地下—沟渠/洼地—地下—土壤—地表—大气"闭路水资源多目标立体调控模式。

围绕"排蓄结合、涝为旱用、常态与极值相结合、长序列优化"等序贯决策需求,在保障基本农业供水的同时,加强土壤水资源的合理利用和农业"耗水"管理,科学选取了农田区水资源多目标立体调蓄系统的关键参数,主要包括地表径流、土壤含水量和地下水水位控制阈值三个方面的参数,如降水填洼量、暴雨洪涝期排涝降渍埋深、沟网调节埋深以及淮北平原区砂姜黑土、黄泛砂土等典型土壤的潜水蒸发临界埋深和多年均衡开采深度阈值等(图 5.2.1)。

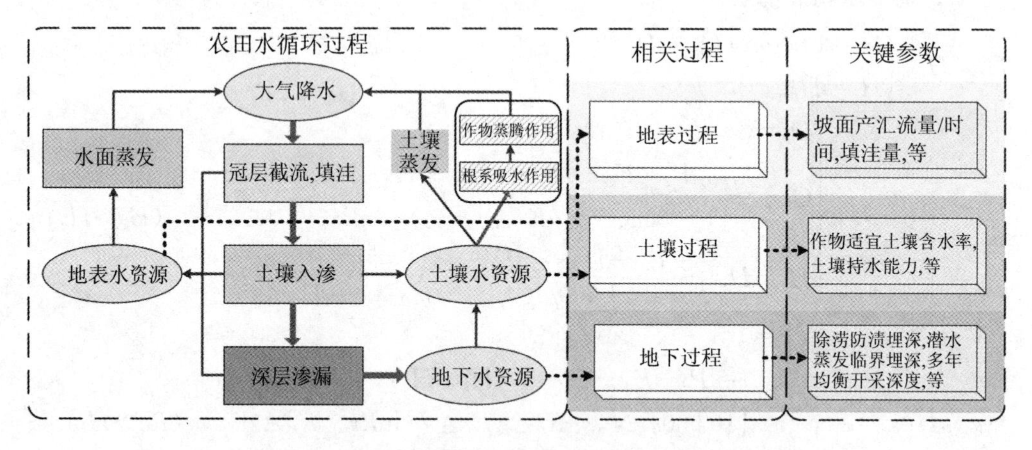

图 5.2.1 淮北平原区水资源多目标立体调控关键参数

5.3 作物生长适宜土壤含水量确定

5.3.1 不同作物生长适宜的土壤水分指标

淮北平原属于半干旱半湿润地区,旱作物特别是夏秋季旱作物的旱、涝、渍灾害常在同一生长季节发生,甚至在某一生育阶段交替发生。灌溉不能适时适量,不仅不能收到灌溉增长的效果,甚至加重了涝渍灾害。要做到灌溉适时适量,就要及时掌握作物的旱情。了解作物是否受旱可通过测定作物有关生理生态指标等方法来确定,但是测定作物根际土壤水分含量是最直接可靠的方法。测定土壤水分简便易行,而且水利气象系统和有些农业部门,已设立了土壤墒情测报站网,可提供土壤干旱程度的信息。

不同作物或同一作物的不同生育阶段,其生理生态要求的适宜土壤水分范围不同。其受旱明显减产的土壤水分下限相差很大。作物各个生育期(或阶段)缺水都会对其生长产生不良影响,但对缺水的敏感程度却不同。我们把作物对水最敏感,即水对作物生长发育和产量影响最大的生育时期称为作物需水临界期。这一时期缺水,会对作物生长发育造成最大的危害,甚至会带来难以弥补的损失。

夏收作物以小麦、油菜为主,大宗秋收作物以大豆、山芋、棉花和玉米为主,各种作物的需水临界期各不相同。根据已有研究,油菜的需水临界期为抽薹至开花期;小麦需水临界期为拔节孕穗和抽穗开花期;玉米需水临界期为抽雄至灌浆期;棉花的需水临界期为开花结铃期;山芋的需水临界期不明显。对油菜、小麦、玉米、大豆和棉花等旱作物的需水临界期的适宜土壤水分下限,进行实验观测和对已有资料整理分析,将其实验方法和研究成果分述于后。

5.3.1.1　油菜

1993 年至 1994 年在新马桥农水实验站进行了油菜需水临界期的土壤水分适宜下限的实验研究。实验采用筒测法,测筒用镀锌白铁皮制成,直径 28 cm,高 60 cm,有底。供试品种为白菜型小油菜。实验期间各处的施肥水平相同,并用活动防雨棚隔绝雨水,用特制专用称定期称重计量,控制测筒的土壤含水量。在油菜需水关键期(本次实验控制在蕾苔后期到花期)控制不同土壤湿度进行实验,具体时间为 1994 年 3 月 26 日～4 月 26 日,共 30 天。其余时间各测筒土壤水分均相同。

油菜的控制实验期间,所控制土壤含水率与其产量基本上成正比。但随着土壤含水率进一步增大,产量增幅趋缓,直到含水率达到某一数值,产量达最高;随后产量呈下降趋势,这时植物受到渍害影响而减产。本次实验条件下,实验最高产量是 11 号和 19 号测筒,两筒平均粒重为 23.96 g,折合亩产 259.5 kg,其对应的平均含水率土壤 22.87%。同历年的实验资料比较,产量已达最高,说明此次所控制的土壤含水率为最高水平。实测最低产量是 13 号测筒,总粒重为 5.74 g,折合亩产 62.18 kg,其相对应的土壤含水率为 13.52%,此时的含水率已接近淮北砂姜黑土区油菜的凋萎含水率水平,生育性状已受到严重影响,所以表现为产量最低。

适宜土壤水分下限指标,随作物及其不同生育期有所变化。在田间条件下,作物对水分降低的适应性,有一定的伸缩幅度。在作物生育期内,当土壤含水量降低到某一下限水平后,即需灌溉。本次实验资料证明:油菜生长的营养期所允许的适宜土壤含水率下限在田间持水量 65%左右,低于该水平将影响作物的生长,从而严重降低其产量。

5.3.1.2　玉米

1994 年在省水科院新马桥农水实验站有底测筒中进行了夏玉米需水临界期的土壤水分适宜下限的实验研究。实验采用裂区设计,以实验的延续时间因素为主区,土壤含水率作为副区处理。因受测筒数量限制,每一实验组合重复 2 次,区组之间的排列为随机排列。由于玉米的需水临界期是抽雄～灌浆期,因此控制实验安排在此期间进行,其余时间每一测筒的土壤含水率均相等。

在玉米的产量构成因素中,随着灌溉水平提高,株高和茎粗一般呈上升趋势,而每株的平均穗长、平均穗粗和百粒重则呈波动状态。在本次实验条件下,各测筒的产量主要受土壤含水率高低的影响。通过对实验结果的方差分析和新复极差计算,说明当土壤含水率控制到某一水平时实验小区的产量不随这一水平所持续时间的长短而改变。同时也表明,当土壤含水率为65%～75%(含水率占田间持水率的百分比,下同)时的平均产量最高(152.2 g),且同土壤含水率为75%～85%时的测筒平均产量相差不显著:但同土壤含水率为55%～65%时的测筒平均产量差异显著(显著水平为5%)。综上所述,玉米在抽雄～灌浆期的适宜土壤含水率为65%～85%:适宜土壤含水率下限为65%左右。

5.3.1.3 小麦

小麦生长期的总降水量及其分配,年际变化很大。因此确定小麦是否需要继续灌溉,主要要看小麦根系活动层的土壤水分含量、拔节、孕穗和抽穗开花三个发育期耐寒程度如何。根据水科院北淝河实验站,以田间持水量为34.5%的沿湿潮土进行的耐旱实验的结果,拔节期受旱影响最严重,孕穗期比拔节期减产为少,开花期又比孕穗期耐旱。当土壤含水率下限从80%(田间持水量的百分比,下同)降到60%时,拔节和抽穗～开花期分别减产15.7%和13.4%;土壤含水率下限从70%降到60%时,拔苗和抽穗～开花期分别减产6.4%和7.6%;当土壤含水率持续降低到46%时,拔苗期受旱籽粒无收,孕穗期受旱减产75%,开花期受旱减产只达57%。

安徽省水科院赵宋实验点的实验结果表明,小麦对土壤湿度的要求有随产量水平的提高而提高的趋势。施肥中等的,抽穗～开花期土壤水分,以70%～95%产量为最高,土壤含水率下限从80%降到60%时,拔节和抽穗～开花期各减产13%和10%,土壤含水率下限从70%下降到60%时拔节和抽穗～开花期各减产5.5%,高水条件下以80%～90%的产量最高,在抽穗～开花期,当土壤含水量下限从80%和70%降到60%时,分别减产9.8%和6%。

综上所述,小麦在拔节孕穗和抽穗开花期土壤含水率下限为60%与70%、80%相比,其产量相差不大,受旱减产幅度小于10%,因此,小麦在需水关键期的适宜土壤水分下限为60%～70%。

5.3.1.4 大豆

安徽省水科院赵宋实验点大豆适宜的土壤含水率实验(简测井隔绝雨水)结果表明,无论施肥水平是高还是中等,大豆所需的土壤含水率,苗期和成熟期以70%～95%(占田间持水量百分比,下同)为优;中肥水平条件下,花荚期以80%～95%为优,比70%～98%含水率条件下的实验处理增产11.4%;高肥水平条件下,花荚期则以

70%～95%含水率条件下的实验处理增产11.4%，为324 kg，比以80%～95%含水率条件下的次高产量322.8 kg亩增产0.4%，两者相差甚小。因此，大田生产中，大豆的灌水下限在不同的生产条件下，成熟期0～40 cm土层的土壤含水率以60%左右为宜，花荚和鼓粒期的适宜土壤水分下限为70%～75%。

5.3.1.5　棉花

棉花和其他旱作物一样，各个生育阶段都应有适宜的土壤湿度才能生长良好，当土壤湿度低于或高于这个范围时，对作物生长和发育都是不利的，难以获得高产。

根据安徽省水科院赵宋实验点筒测实验结果，棉花各生育时期的适宜土壤水分，均以土壤湿度保持70%～95%（占田间持水率百分比，下同）为好，高产量花铃期的适宜土壤水分下限为70%左右。不同阶段受旱减产程度不同，蕾铃期土壤湿度降低到60%时，将显著影响产量，减产32.4%，土壤温度降至55%时，蕾铃将大量脱落严重影响产量，减产可达62.9%。生产上此时土壤干旱，应注意及时灌水，以满足棉花生长需要。而在苗期和吐絮期，当土壤水分降到55%～60%时，只减产19.2～23.9%。

5.3.2　土壤水变化对作物产量的影响

适宜的土壤水分是保证作物正常生长发育，获得稳产高产的重要条件之一。由于作物生理特性决定了它在不同生长阶段对水分有着不同的要求，所以，土壤水分过高或过低对其生长发育都会产生不利影响，最终导致减产。

5.3.2.1　小麦生长期的土壤水变化

土壤水分的变化直接影响小麦生长与单产，据地下水控制埋深为0.1 m和0.2 m的测筒的多年实验，每年返青前无论是出苗还是长势，均比其他控制埋深大的测筒好。这主要是因为地下水埋深浅，土壤湿度大，能充分满足种子发芽及苗期生长所需的水分。但到返青之后植株渐渐黄枯，长势远不及其他测筒，特别是抽穗、灌浆时烂根死亡率大。这说明小麦生长后期如果土壤湿度太大，就不利于植株生长。另据实验，本区表土（地面下0.5 m以上）的土壤水分变化虽受降水蒸发影响大，但与地下水的关系却相当好。地面下0.5 m至0.8 m土层的土壤水分主要受地下水水位控制，而0.8 m以下土壤水分受蒸发的影响较小。此次分析着重统计计算了受气象因素影响大而且与植株生长关系最密切的表土层（0～0.5 m）的平均含水率（土壤水分占干重的百分数）年内、年际变化，并把每年逐日土壤含水率的18%～26%作为适宜作物生长的土壤水分指标，进行天数统计。由实验可知表层土壤水分的年内分配、年际变化与降水的年分配不均匀、年际变化大的规律是一致的。

据安徽省水科院实验资料记载，1964年小麦在抽穗～扬花期，自4月1日至17日连续阴雨12天。降水量达163.8 mm，雨前地下水埋深0.70 cm。降水期间地下水升至地表，并有2天时间地面积水深达2 cm，而且雨止后直到4月27日地下水埋深还处在0.5 m的位置，导致4月1日至27日的0～0.5 m土层的日平均含水率达32.0%，超过了田间最大持水率(31.7%)。接着5月15日至28日又出现连阴雨天气，雨日数10天，降水量107 mm。地下水埋深由0.91 m升至地表，并持续13天小于0.3 m。有15天的0～0.5 m土层日平均含水率为32.1%。这些情况对小麦后期生长极为不利。当年产量与同等生产水平下风调雨顺的1976年产量相比变少72.8%，与常年平均产量比变少47.6%。另外，小麦生长期中的多数连阴雨天气，自雨止之日起的0～0.5 m土层含水率占田间最大持水率比重在88.0%～102.2%都要延续10天以上(最长可达16天)，远远超过了实际需要的含水量之值。这就告诉我们，一旦出现这种状况，尤其在生长后期，决不可等闲视之，应立即采取排水措施。

5.3.2.2 大豆生长期的土壤水变化

大豆生长也不例外，尤其是苗期多阴雨天气并经常发生地面积水现象，从而影响作物正常生长。据实验资料记载，1969年7月6日至16日降水日数9天，降水量160.9 mm，造成近6天的地面积水，深度达6 cm，导致0～0.5 cm土层的日平均土壤含水率从7月6日至27日一直维持在30.8%，占田间最大持水率的97.2%，最终因涝渍造成严重减产，其产量与同等条件下的1976年产量比要少69.7%。因土壤水分不足造成作物减产的最好例子是1978年；该年大旱，大豆全生长期(6～9月)降水日数只有24天，总降水量仅237.2 mm，同期的E601型水面蒸发量则高达856.7 mm，而0～0.5 m土层的土壤含水率最小时只有13.2%，这种严重的缺水，导致了大量农田几乎颗粒无收，该区3 000多亩大豆平均亩产只有7.5 kg。

5.4 面向地下水可恢复性水位控制阈值

5.4.1 研究区潜水蒸发临界埋深

5.4.1.1 潜水蒸发公式的合理性分析

最简单的潜水蒸发计算是使用潜水蒸发系数，记做C，

$$C = \frac{E_g}{E_0} \tag{5.4.1}$$

式中，E_g是潜水蒸发量；E_0是水面蒸发量。

把历年的潜水蒸发资料分为无作物、有作物5～8月和有作物其他月份，点绘系数

C 与潜水埋深的关系,见图 5.4.1、图 5.4.2。图中的散点比较规则,可以用曲线来拟合。改进以往在安徽淮北平原区使用的阿维里扬诺夫公式:

$$C = \frac{E_g}{E_0} = \lambda\left(1 - \frac{Z}{Z_m}\right)^n \tag{5.4.2}$$

式中,Z、Z_m 是埋深和临界埋深;n 是反映土壤特性和有无作物覆盖的影响指数;λ 是因作物蒸腾影响而加大潜水蒸发的改正系数 λ_1 和土壤透水能力的改正系数 λ_2 之积。

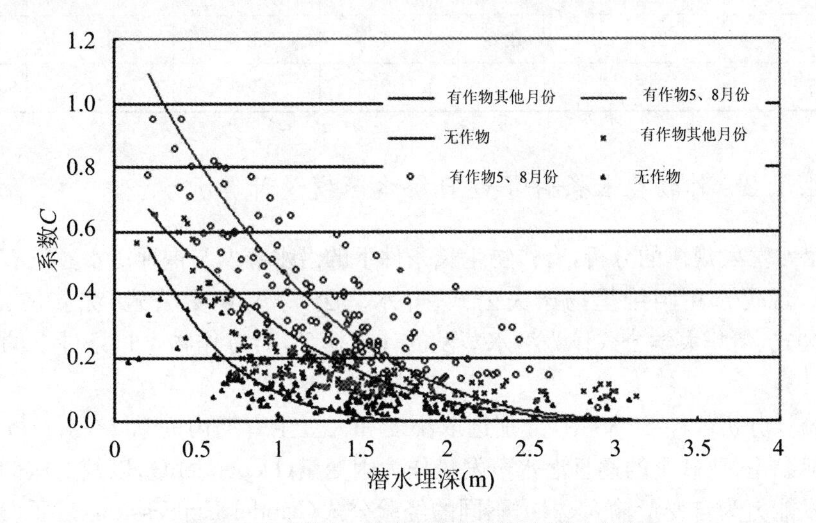

图 5.4.1　亚黏土月潜水蒸发系数与潜水埋深

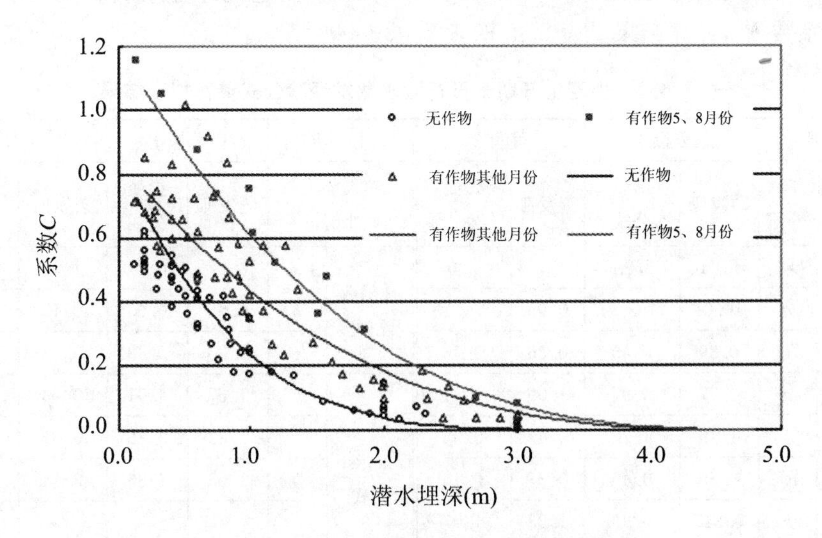

图 5.4.2　亚砂土月潜水蒸发系数与潜水埋深

拟合出的曲线参数见表 5.4.1,可以直接在逐月潜水蒸发计算中使用。

表 5.4.1　潜水蒸发系数 C 的参数成果

参　数	亚黏土			亚砂土		
	有作物		无作物	有作物		无作物
	5～8 月份	其他月份		5～8 月份	其他月份	
λ	1.1～1.3	0.8	0.8	1.0～1.2	0.85	0.85
n	3.0	3.0	4.5	3.0	3.0	4.5
Z_m	3.5	3.5	2.5	5.0	5.0	4.0

5.4.1.2　作物生长条件下逐日潜水蒸发量计算

由潜水蒸发规律的分析，有作物生长条件下的潜水蒸发与裸地潜水蒸发有着显著的不同。现仍选用阿维里扬诺夫公式、叶水庭公式、幂函数公式、沈立昌公式、反logistic公式、清华大学公式作为潜水蒸发的计算模型，对有作物生长条件下的潜水蒸发进行计算。

在统计分析软件 SPSS 中，分别选取小麦和大豆生育期内的 0.2～4.0 m 不同潜水埋深亚黏土、亚砂土的逐日潜水蒸发量作为因变量(Dependent)，以其对应的埋深与大气蒸发能力为自变量输入，根据不同的经验公式(Model Expression)需要设定参数(Parameters)及其初值，运用 Levenberg-Marquardt 法迭代计算来确定模型参数以及决定性系数 R^2，计算结果见表 5.4.2、表 5.4.3。

表 5.4.2　小麦生育期逐日各潜水蒸发经验公式参数拟和结果

土　质		砂姜黑土		黄潮土	
蒸发能力来源		蒸发皿	彭曼公式	蒸发皿	彭曼公式
阿维里扬诺夫公式	H_{max}	9.11	1 858.64	4.10	2.0
	n	10.01	2263.78	0.95	−0.33
	R^2	0.39	0.45	0.36	0.46
叶水庭公式	a	0.77	0.97	1.09	1.41
	b	1.19	1.22	0.43	0.35
	R^2	0.39	0.45	0.37	0.46
沈立昌公式	k	0.817	0.93	1.23	1.07
	u	1.15	1.02	1.05	1.07
	a	0.98	1.17	0.96	1.27
	b	2.0	2.0	0.92	0.73
	R^2	0.39	0.45	0.34	0.45

土　质		砂姜黑土		黄潮土	
蒸发能力来源		蒸发皿	彭曼公式	蒸发皿	彭曼公式
幂函数公式	a	0.22	0.28	1.09	1.41
	b	0.66	0.65	0.43	0.35
	R^2	0.36	0.43	0.37	0.46
反 logistic 公式	k	1.67	4.61	0.93	−1 654 366
	r	1.32	3.88	0.01	−1 176 770
	b	1.55	1.36	2.14	0.354
	R^2	0.39	0.45	0.39	0.462
清华大学公式	E_{max}	14.26	24 445	13.40	79 578.1
	n	0.28	0.35	0.70	0.92
	R^2	0.15	0.21	0.19	0.32

表 5.4.3　大豆生育期逐日各潜水蒸发经验公式参数拟和结果

土　质		砂姜黑土		黄潮土		土　质		砂姜黑土		黄潮土	
蒸发能力来源		蒸发皿	彭曼公式	蒸发皿	彭曼公式	蒸发能力来源		蒸发皿	彭曼公式	蒸发皿	彭曼公式
阿维里扬诺夫公式	H_{max}	9 044.7	16 716.6	2.0	2.0	幂函数公式	a	0.18	0.21	0.65	0.90
	n	19 091.9	38 215.0	−0.084	−0.11		b	0.98	1.03	0.42	0.38
	R^2	0.40	0.43	—	0.10		R^2	0.39	0.43	0.15	0.19
叶水庭公式	a	1.25	1.68	1.33	1.73	反 logistic 公式	k	279 099	779 430	1.02	1.35
	b	2.11	2.29	0.55	0.51		r	223 287	464 776	0.01	0.01
	R^2	0.40	0.43	0.23	0.28		b	2.1	2.29	10.02	1 047
沈立昌公式	k	1.87	1.67	1.88	3.53		R^2	0.4	0.43	0.27	0.32
	u	1.77	1.74	2.07	0.74						
	a	0.48	0.74	0.39	0.77	清华大学公式	E_{max}	1.48	1.73	3.66	5.79
	b	3.13	3.35	1.09	1.02		n	0.66	0.67	1.85	1.52
	R^2	0.44	0.44	0.25	0.25		R^2	0.03	0.03	0.04	0.06

从以上两表的分析中可以看出，利用以上 6 种方法计算作物生育期内的逐日蒸发结果均不是很理想，相关系数最好的只达到 0.46。

从表 5.4.2 所示的小麦参数非线性回归分析结果可以看出：

① 对于亚黏土，阿维里扬诺夫公式、叶水庭公式、沈立昌公式、反 logistic 公式表现基本相近，幂函数公式次之，但是阿维里扬诺夫公式拟合出的极限埋深 H_{max} 仅为 0.11 m，不符合实际情况。

② 对于亚砂土，反 logistic 公式的表现略强，其次为幂函数公式和叶水庭公式，再次为阿维里扬诺夫公式和沈立昌公式。此时阿维里扬诺夫公式拟合出的极限埋深 H_{max} 为 4.10 m，与 4.2.3 节分析出的极限埋深 5.0 m 比较接近。

③ 各公式对亚黏土和亚砂土的回归分析结果基本相近，但拟合效果普遍较差，不推荐使用上述公式进行种植小麦时的逐日潜水蒸发计算。

从表 5.4.3 所示的大豆参数非线性回归分析结果可以看出：

① 对于亚黏土，拟合效果由好到差依次是沈立昌公式、叶水庭公式和幂函数公式，阿维里扬诺夫公式和反 logistic 公式参数不收敛。

② 对于亚砂土，反 logistic 公式的表现略强，其次为沈立昌公式、叶水庭公式和幂函数公式，阿维里扬诺夫公式参数不收敛。

③ 各公式对亚黏土和亚砂土的回归分析结果比较相近，但拟合效果普遍较差，不推荐使用上述公式进行种植大豆时的逐日潜水蒸发计算。

5.4.1.3 作物生长条件下逐月潜水蒸发量计算

分别选取1993～1998年种植小麦、大豆条件下的0.2～4.0 m不同潜水埋深砂姜黑土、黄潮土的月潜水蒸发量为因变量，以其对应的埋深与大气蒸发能力为自变量输入，根据不同的经验公式需要设定参数及其初值，运用Levenberg-Marquardt法迭代计算来确定模型参数以及决定性系数R^2，计算结果见表5.4.4。

表5.4.4 逐月潜水蒸发经验公式参数拟和结果

土质		砂姜黑土		黄潮土	
蒸发能力来源		蒸发皿	彭曼公式	蒸发皿	彭曼公式
阿维里扬诺夫公式	H_{max}	4 277.66	3.83	1.99	2.0
	n	2 789.28	3.38	−0.12	−0.43
	R^2	0.53	0.50	0.38	0.40
叶水庭公式	a	1.05	1.24	1.24	1.42
	b	1.62	1.66	0.41	0.41
	R^2	0.53	0.52	0.43	0.45
沈立昌公式	k	0.53	0.79	0.94	0.81
	u	0.56	0.81	0.57	0.83
	a	1.31	1.19	1.01	1.20
	b	2.56	2.61	0.87	0.86
	R^2	0.54	0.52	0.40	0.42

土质		砂姜黑土		黄潮土	
蒸发能力来源		蒸发皿	彭曼公式	蒸发皿	彭曼公式
幂函数公式	a	0.22	0.25	0.72	0.85
	b	0.81	0.82	0.31	0.31
	R^2	0.52	0.50	0.34	0.36
反logistic公式	k	7 191.9	2 235.9	1.024	1.21
	r	2 600.7	7 548.3	0.001	0.001
	b	1.62	1.66	7.533	7.43、4
	R^2	0.53	0.52	0.47	0.49
清华大学公式	E_{max}	1 793.0	3 079.1	1 753.01	193 676.4
	n	0.303	0.353	0.77	0.90
	R^2	0.157	0.145	0.22	0.24

从表5.4.4所示的有作物参数非线性回归分析结果可以看出：

① 对于亚黏土，拟合效果好坏依次是沈立昌公式、叶水庭公式和幂函数公式，阿维里扬诺夫公式、反logistic公式和清华大学公式参数不收敛。

② 对于亚砂土，叶水庭公式表现略强，其次为沈立昌公式和幂函数公式，阿维里扬诺夫公式、反logistic公式和清华大学公式参数不收敛。

③ 各公式对亚黏土和亚砂土的回归分析结果比较相近，但拟合效果均在0.6以下，不推荐使用上述公式进行有作物时的逐月潜水蒸发计算。

5.4.1.4 作物生长条件下不同生育期阶段潜水蒸发量计算

分别选取1993～1998年小麦、大豆生育期内的0.2～4.0 m不同潜水埋深砂姜黑土、黄潮土的不同生育期阶段潜水蒸发量为因变量，以其对应的埋深与大气蒸发能力为自变量输入，根据不同的经验公式需要设定参数及其初值，运用Levenberg-Marquardt法迭代计算来确定模型参数以及决定性系数R^2，计算结果见表5.4.5、表

5.4.6。

表5.4.5 小麦生育期各阶段逐日各潜水蒸发经验公式参数拟和结果

土质		砂姜黑土		黄潮土	
蒸发能力来源		蒸发皿	彭曼公式	蒸发皿	彭曼公式
阿维里扬诺夫公式	H_{max}	0.11	1 858.6	4.10	2.0
	n	10.01	2 263.8	0.95	−0.334
	R^2	0.39	0.45	0.357	0.457
叶水庭公式	a	0.77	0.97	1.09	1.41
	b	1.19	1.22	0.43	0.35
	R^2	0.39	0.45	0.37	0.46
沈立昌公式	k	0.82	0.93	1.23	1.07
	u	1.15	1.02	1.05	1.07
	a	0.98	1.17	0.86	1.27
	b	2.0	2.0	0.82	0.73
	R^2	0.39	0.45	0.34	0.45

土质		砂姜黑土		黄潮土	
蒸发能力来源		蒸发皿	彭曼公式	蒸发皿	彭曼公式
幂函数公式	a	0.22	0.28	1.09	1.41
	b	0.66	0.65	0.43	0.35
	R^2	0.36	0.42	0.37	0.46
反logistic公式	k	1.67	4.61	0.93	−1 654 366
	r	1.32	3.88	0.01	−1 176 770
	b	1.55	1.36	2.14	0.35
	R^2	0.39	0.45	0.39	0.46
清华大学公式	E_{max}	14.26	24 445.02	13.4	79 578
	n	0.28	0.35	0.70	0.92
	R^2	0.15	0.21	0.19	0.32

从表5.4.5所示的分析中可以看出，利用以上6种方法计算作物生育期各阶段的逐日蒸发结果均不是很理想。相关系数最好才达到0.46，计算精度并没有得到提高，故不推荐将上述公式用于有作物生长条件下的不同生育期内潜水蒸发的计算。

表5.4.6 大豆生育期各阶段逐日各潜水蒸发经验公式参数拟和结果

土质		砂姜黑土		黄潮土	
蒸发能力来源		蒸发皿	彭曼公式	蒸发皿	彭曼公式
阿维里扬诺夫公式	H_{max}	9 044.7	16 716.6	2.0	2.0
	n	19 091	38 214	−0.084	−0.109
	R^2	0.40	0.43	—	0.103
叶水庭公式	a	1.25	1.68	1.33	1.73
	b	2.11	2.29	0.55	0.51
	R^2	0.40	0.43	0.23	0.28
沈立昌公式	k	1.87	1.67	1.88	3.53
	u	1.77	1.74	2.07	0.74
	a	0.48	0.74	0.39	0.77
	b	3.13	3.35	1.09	1.02
	R^2	0.44	0.44	0.25	0.25

土质		砂姜黑土		黄潮土	
蒸发能力来源		蒸发皿	彭曼公式	蒸发皿	彭曼公式
幂函数公式	a	0.18	0.21	0.65	0.90
	b	0.98	1.03	0.42	0.38
	R^2	0.39	0.43	0.15	0.19
反logistic公式	k	279 099	779 430	1.023	1.35
	r	223 287.6	464 776	0.01	0.01
	b	2.11	2.29	10.02	10.47
	R^2	0.40	0.43	0.27	0.32
清华大学公式	E_{max}	1.48	1.73	3.66	5.78
	n	0.66	0.67	1.85	1.52
	R^2	0.03	0.03	0.04	0.06

5.4.1.5　有作物潜水蒸发公式的选择

由前文可知，在无作物条件下，亚黏土的逐日潜水蒸发可以用沈立昌公式和叶水庭公式进行模拟，决定性系数能够达到0.6以上，亚砂土的逐日潜水蒸发各公式都没有很好的表现；时段长在逐旬以上时，关于亚黏土的决定性系数能够达到0.7～0.9，对于亚砂土阿维里扬诺夫公式和反logistic公式参数不收敛，沈立昌公式、叶水庭公式和幂函数公式的拟合决定性系数能达到0.7～0.9。

由于有作物生长时，潜水蒸发在很大程度上取决于作物本身，沈振荣等分析认为，无作物条件下的潜水蒸发计算公式应用在有作物生长条件下，计算结果与实测结果的相关性很差，决定性系数一般为0.3～0.5。在有作物生长的情况下，潜水蒸发的驱动因素不再单纯地取决于地上的大气条件。在作物生育盛期，在地下水埋深3 m以内，潜水蒸发主要受作物蒸腾耗水强度制约，此时，大气的蒸发能力（如水面蒸发强度）成为间接影响因素。这一特点使得地下水的极限埋深（通常是根据裸地潜水蒸发测定的）的位置加深了，其加深的深度因作物的根系发育状况（根深发育和根系密度）而异。

本节分析表明，有作物的情况下计算逐日潜水蒸发，常用的6个公式均表现较差，即便将计算时段增加到逐月，各公式的表现仍然不尽如人意。由此可见，无作物生长条件下的潜水蒸发公式不能直接应用于有作物生长的情况。

5.4.2　典型作物适宜地下水水位

淮北平原区地下水埋深较浅，年平均地下水埋深1～4 m，变幅在2 m以内。地下水水位过高，土壤经常处于水饱和状态，含氧量少，会造成作物根系老化、叶片早衰而减产。地下水水位过低，作物不易利用地下水，易产生干旱，不适时灌水就会影响产量。对于作物来说，地下水水位控制不合理会影响产量。因此，在淮河平原地区，合理地控制地下水水位可以起到改善作物生态环境，协调水、肥、气、热状况，促进作物的生长发育，提高作物产量的作用。

在地下水浅埋区，大气水、植物水、土壤水和潜水一起构成一个完整的农田水分系统。已有的研究成果表明，潜水对SPAC（土壤—植物—大气）系统的作用是不可低估的。土壤水动态变化和地下水动态变化相互作用、相互影响。同时，土壤水分状况会诱发作物从形态到生理的许多方面的反应，可影响到作物生育的各个方面和阶段，作物生育状况会改变自身水分消耗并反过来影响到土壤水分状况。因此，潜水的存在必将影响作物的生长发育过程。

5.4.2.1　实验站测筒作物生长实验

五道沟实验站地下水埋藏特点是埋藏浅（小麦生长期多年平均1.15 m，大豆生长期多年平均0.87 m)，遇雨陡升缓降，会较长时间维持在根系活动层，影响作物正常生长。因为根系活动层内一方面要有足够的水分供其吸收，另一方面也要有空气供其呼吸，同时作物的根在吸收土壤中的矿物质时，必须要有分解土壤矿物质的微生物的帮助，而这种微生物也需要土壤中含有一定的空气，才能生长和活动。所以，地下水埋藏就不宜太浅，太浅产量就会受到影响，当然太深也不好。

本节利用五道沟实验站20世纪90年代前和21世纪后的作物产量和地下水水位埋深实验成果进行对比分析，讨论主要农作物的适宜地下水埋深。

1. 玉米生长实验

通过对玉米的考种资料进行分析得知：对于砂姜黑土而言，地下水埋深控制在0.6～2.0 m的玉米籽粒重较大。对于黄潮土而言，地下水埋深控制在1～2 m的玉米百粒重和籽粒重相对较大。与同期大田玉米的生长状况相比，砂姜黑土地下水控制埋深为1～1.5 m处的玉米生长状况最为接近。在砂姜黑土测筒中种植的玉米产量普遍比在黄潮土里种植的玉米产量高。从图5.4.3可知，2011年测筒玉米最适宜地下水埋深为1.5～1.8 m。

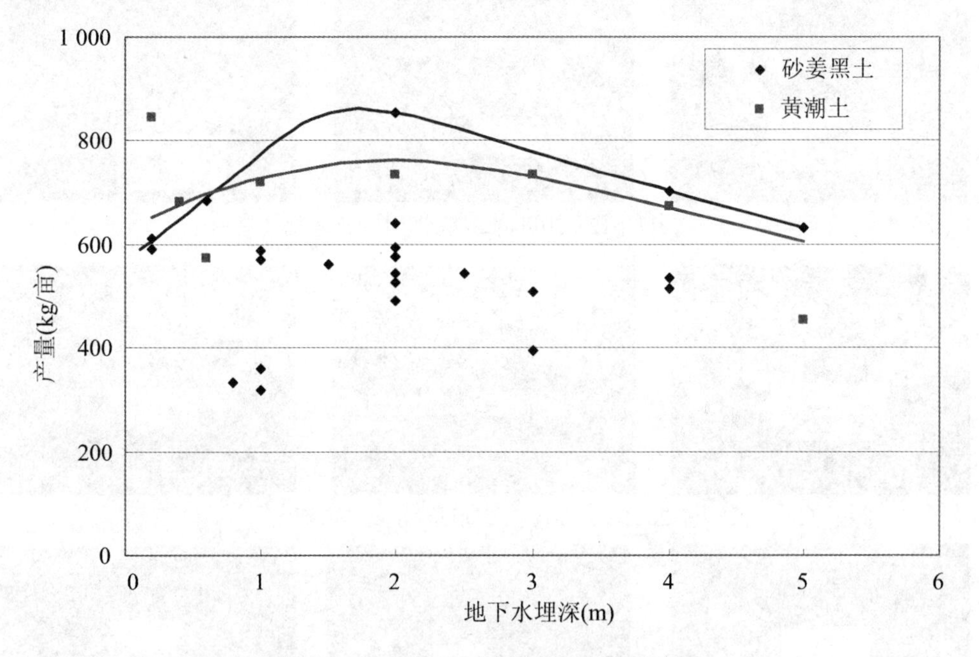

图5.4.3　玉米地下水埋深与产量关系图

2011年玉米全生育期降水量575.1 mm，比多年平均降水量偏多16.5%。测筒玉米在品种、种植方式、化肥相同条件下，长势主要取决于玉米根系活动层的土壤水分，而玉米根系活动层的土壤水分主要取决于降水和地下水补给(潜水蒸发)，从高产外包线看，正常年份高产埋深在0.8～1.2 m，而当年降水丰足，适宜埋深会降到2.0 m。这与历史成果是一致的。

2. 小麦生长实验

2011 年小麦适宜地下水埋深实验于 2011 年 10 月开始，该年站内实验地于 10 月 20 日播种，地中式蒸渗仪测筒中的小麦于 10 月 27 日适时播种，小麦品种为皖麦 24，播种时测筒中施尿素 20 kg/亩，二铵钾肥 15 kg/亩的底肥。实验中没有进行灌溉。小麦于 2012 年 6 月 5 日收割，小麦生育期 223 天。小麦实验共采用 40 个测筒，其中装有砂姜黑土的测筒 32 个，装有黄潮土的测筒 8 个(图 5.4.4)。

2011年11月9日，二期试验小麦苗期

2011年12月30日，二期试验小麦返青期

2012年3月8日，二期试验小麦分蘖期

2012年4月2日，二期小麦拔节期

图 5.4.4　二期小麦实验现场记录

2012年4月27日，二期小麦抽穗期

2012年5月22日，二期小麦乳熟期

图 5.4.4(续)

通过对 2011 年小麦生育期适宜地下水埋深实验考种资料分析：对于砂姜黑土而言，地下水埋深控制在 1.0 m 的籽粒重和千粒重最大。对于黄潮土而言，地下水埋和籽粒重相对较大。大田里的小麦考种结果与控制埋深在 2.5 m 的测筒埋深控制在0.8～1.5 m 的小麦千粒重里的小麦考种结果接近。砂姜黑土里的小麦长势普遍好于黄潮土中的小麦长势。

2011～2012 年小麦全生育期降水量 249.3 mm，比多年平均降水量偏少 11.5%。测筒小麦在品种、种植方式、化肥等条件相同时，长势主要取决于小麦根系活动层的土壤水分，而小麦根系活动层的土壤水分主要取决于降水和地下水补给(潜水蒸发)，从高产外包线看，正常年份高产埋深在 0.8～1.5 m，而当年降水正常偏旱，适宜埋深亦在 0.8～1.5 m(图 5.4.5)。这与历史成果是一致的。

3. 大豆生长实验

2012 年地中式蒸渗仪测筒中的大豆于 2012 年 6 月 25 日适时播种，大豆品种为中黄 1 号。参与实验装有砂姜黑土的测筒有 32 个，装有黄潮土的测筒有 8 个。实验过程中没有施肥和灌溉。大豆于 9 月 22 日收割，生育期 89 天。

对大豆的考种资料进行分析，装有砂姜黑土的测筒埋深在 0.8 m 控制水位下有较高的百粒重和每平方米的籽粒重，装有黄潮土的测筒在地下水控制埋深在 2.0 m 时有较高的百粒重和每平方米的籽粒重，如表 5.4.7 所示。

2012 年大豆全生育期降水量 477.0 mm，比同期多年平均降水偏少 10.5%，尤其是分枝～花荚期降水偏少达 81.1%，致使当年大豆产量偏低。从高产外包线看，正常年份高产埋深在 0.8～1.2 m，而当年降水正常偏旱，适宜埋深仍在 0.8～1.2 m(图

5.4.6)。这与历史成果是一致的。

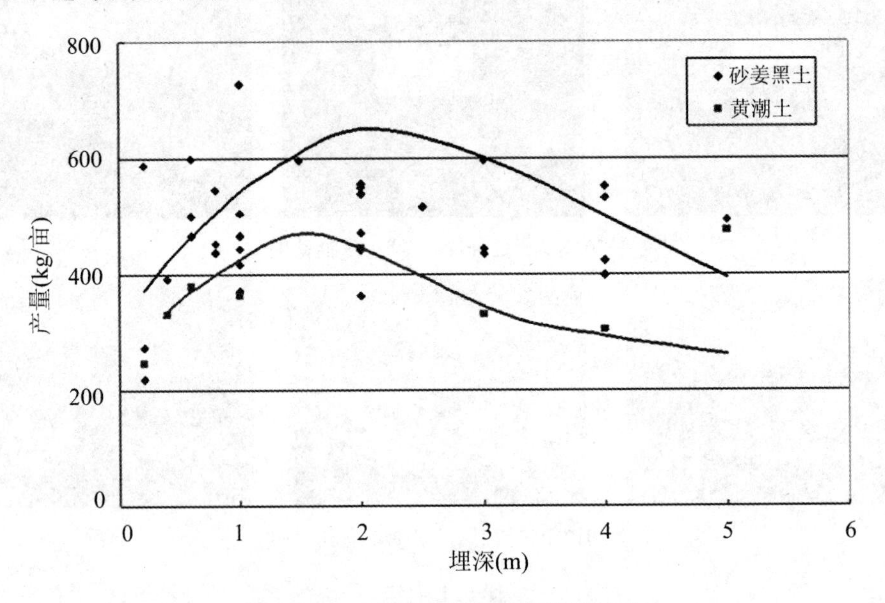

图 5.4.5 二期小麦埋深与产量关系图

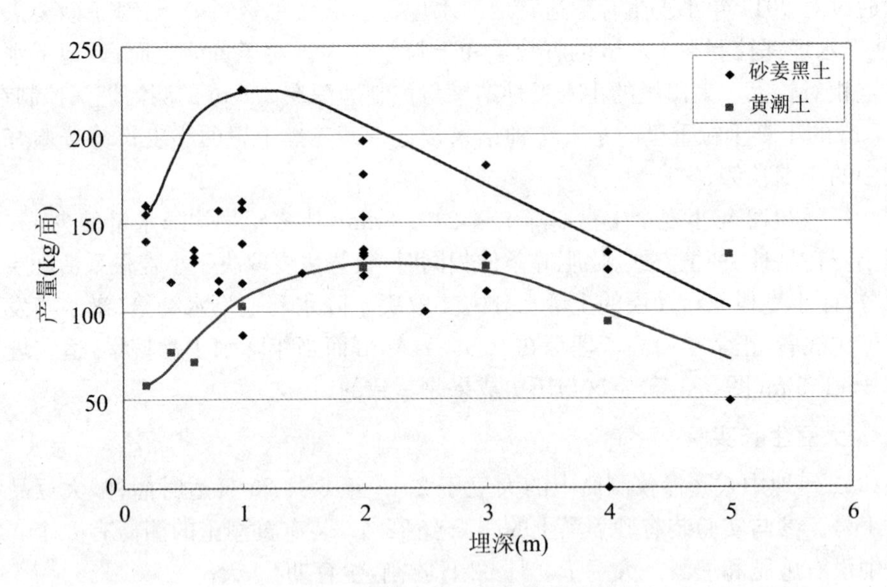

图 5.4.6 三期大豆埋深与产量关系图

20 世纪 90 年代之前的地下水埋深实验成果详见表 5.4.7,小麦适宜生长的地下水埋深在 0.5～1.5 m 之间,在此范围内,小麦产量变动幅度不大;大豆和玉米的最大单产量所对应的地下水埋深为 0.6 m 左右。此表由地中蒸渗仪测筒实验资料整理而得,但与农田实际情况也是吻合的。

表 5.4.7　不同地下水埋深对作物产量的影响(S=0.3 m²)

作物\埋深(m)	0.1	0.2	0.3	0.4	0.5	0.6	1.0	1.5	2.0	备注
小麦(g)	245	357	479	486	494	514	514	490	463	1970～1988平均
大豆(g)		186.4		163.6		208.2	132.4	104.0	65.0	1972大青豆
玉米(g)		107.4		185.9		195.5	147.0	137.5	96.0	1978～1979平均

4. 作物生长实验总结

分析五道沟近年来的主要农作物小麦和大豆的考种资料:砂姜黑土小麦(2002～2008年)、黄潮土小麦(1992年、2003年、2004年、2006～2008年)、砂姜黑土和黄潮土大豆(1998年、2000年、2006～2009年)与相应年份的地下水埋深,分析并找出最适合两种主要农作物生长的地下水埋深条件,如图5.4.7所示。可以看出,总体来说近两年小麦产量较高,可能是近年来小麦品种烟农19号比2003年的皖麦19号产量要高。砂姜黑土和黄潮土种植的小麦,最高亩均产量是700 kg,砂姜黑土发生在潜水埋深0.8 m,黄潮土发生在潜水埋深1.0 m附近。地下水埋深在2.0m以下,砂姜黑土的小麦亩产量维持在亩均550 kg的水平,而黄潮土的小麦亩产量微幅波动在[500kg,600kg]区间,大田小麦亩产量维持在450 kg左右(以2005年为准,大田面积300 m²)。

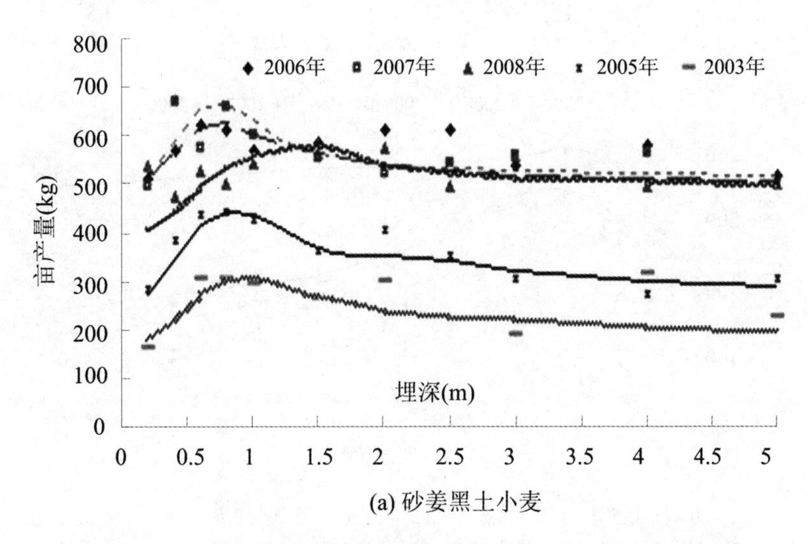

(a) 砂姜黑土小麦

图 5.4.7　五道沟蒸渗仪测筒主要农作物产量与地下水埋深实验成果

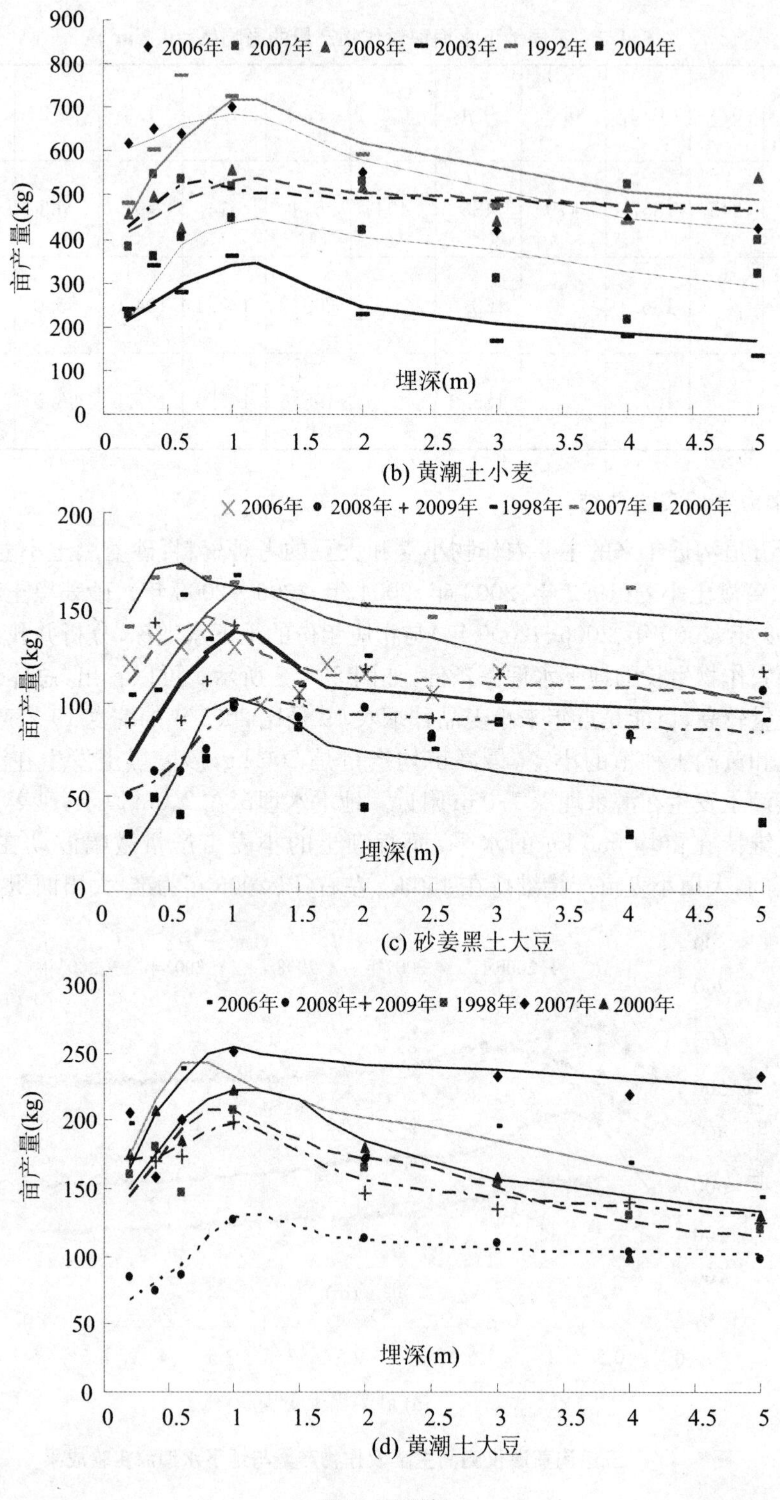

900
800
700
600
500
400
300
200
100
0
亩产量(kg)
埋深(m)
0 0.5 1 1.5 2 2.5 3 3.5 4 4.5 5
2006年 2007年 2008年 2003年 1992年 2004年
(b) 黄潮土小麦
200
150
100
50
0
亩产量(kg)
埋深(m)
0 0.5 1 1.5 2 2.5 3 3.5 4 4.5 5
2006年 2008年 2009年 1998年 2007年 2000年
(c) 砂姜黑土大豆
300
250
200
150
100
50
0
亩产量(kg)
埋深(m)
0 0.5 1 1.5 2 2.5 3 3.5 4 4.5 5
2006年 2008年 2009年 1998年 2007年 2000年
(d) 黄潮土大豆

图 5.4.7(续)

分析说明，适当地控制地下水水位埋深，小麦的产量会有所提高，而且效果明显。维持在地下水水位最佳埋深，理论上亩产量最大能提高250kg左右，这个产量而且非常可观。

对于大豆(分别有豫豆22号、17号、19号、16号)而言，从图5.4.7中(c)、(d)可以看出，两种土质种植的大豆产量最高时的地下水埋深均在1.0 m左右。在地下水埋深1.0 m时，黄潮土大豆最高亩产量达250 kg，而砂姜黑土大豆最高亩产量在170 kg左右。随着地下水埋深的增加，多数年份黄潮土大豆亩产量维持在150 kg或者以上，而砂姜黑土大豆亩产量维持在100～150 kg之间，由此可以得出黄潮土比砂姜黑土更适宜种植大豆。

通过实验站测筒农作物产量与地下水关系实验，对适宜作物生长的地下水埋深总结如下：

(1) 小麦

结合五道沟小麦根系下扎观测实验与作物生长控制地下水埋深实验，从作物根系的发育过程来看，冬小麦根系在整个生育过程中呈现出快—慢—快—慢的增长趋势，播种至出苗前和拔节后至灌浆这段时期出于较快的生长阶段，结合观察蒸渗仪测筒实验小麦长势，砂姜黑土中，播种至苗期，地下水埋深宜控制在0.4 m以内，然后适宜地下水埋深逐渐下移，以0.5～0.8 m为宜；拔节期后，地下水埋深宜控制在0.8～1.5 m，较为利于小麦对水分的吸收。黄潮土平均适宜地下水埋深比砂姜黑土下移0.4～0.6 m，适宜地下水埋深为1.2～1.6 m。

(2) 大豆

根系的生长大致经历4个时期：砂姜黑土中，播种后20天以内，根系干重增长缓慢，长度增至0.2 m左右；播种后1～2个月，根系干重呈指数增长，根长从0.2 m增至1.3 m；播种后2～2.5月，根系干重的增长由快变慢，维持在1.4 m以内。从根系的发育过程来看，大豆分枝后，地下水埋深控制在0.8～1.2 m，较利于大豆吸收水分。黄潮土平均适宜地下水埋深比砂姜黑土下移0.4～0.8 m，适宜地下水埋深为1.2～1.8 m。

(3) 玉米

砂姜黑土土壤，玉米根系的生长过程呈现慢—快—慢的增长趋势，根系最长可达2.07 m。由于玉米的根系吸水多集中在上层，因此从根系的生长过程来看，地下水埋深控制在0.8～1.2 m最利于玉米的生长。黄潮土平均比砂姜黑土适宜地下水埋深下移0.5～1.0 m，适宜地下水埋深为1.3～1.6 m。

5.4.2.2　农田作物产量与地下水埋深关系

1. 固镇县历年作物产量与地下水埋深关系

选取淮北平原中南部的固镇县新马桥镇韦店乡历年小麦、大豆单产与其生长期对应的月平均地下水埋深，根据历年产量作外包线。图5.4.8所示为大田大麦产量与其生长期当年 10 月～次年 5 月平均埋深关系，图 5.4.9 所示为大田大豆产量与其生长期 6～9 月平均埋深关系。

由图 5.4.8 可知，按大麦产量水平分成两个等级，1982 年以前产量较低，但随着埋深变动而动的趋势关系明显，最适宜埋深为 0.7～1.0 m；1983～1987 年产量较高，存在较好的产量和埋深的关系，最适宜的埋深为 0.9～1.3 m。

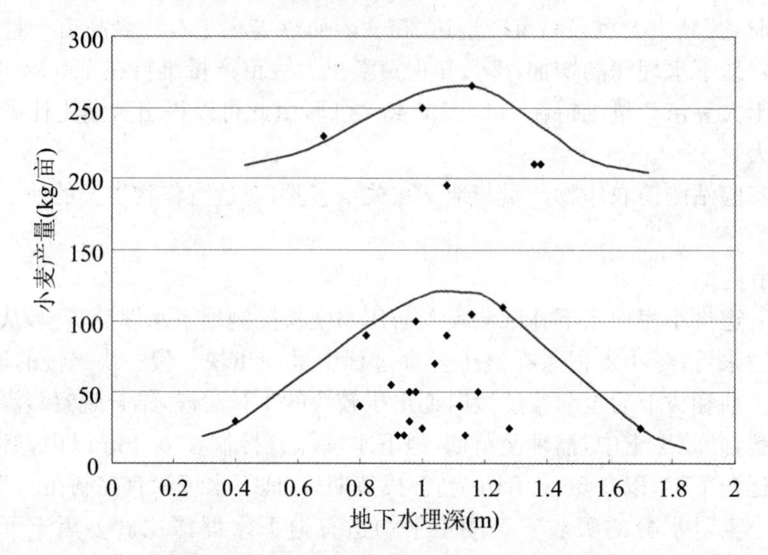

图 5.4.8 小麦大田产量与地下水埋深关系图

由图 5.4.9 可知，按大豆产量水平分成两个等级，1982 年以前产量较低，但随着埋深变动而动的趋势关系明显，最适宜埋深为 0.8～1.0 m；1983～1987 年产量较高，也存在较好的产量和埋深的关系，最适宜的埋深为 0.8～1.2 m(表 5.4.8)。

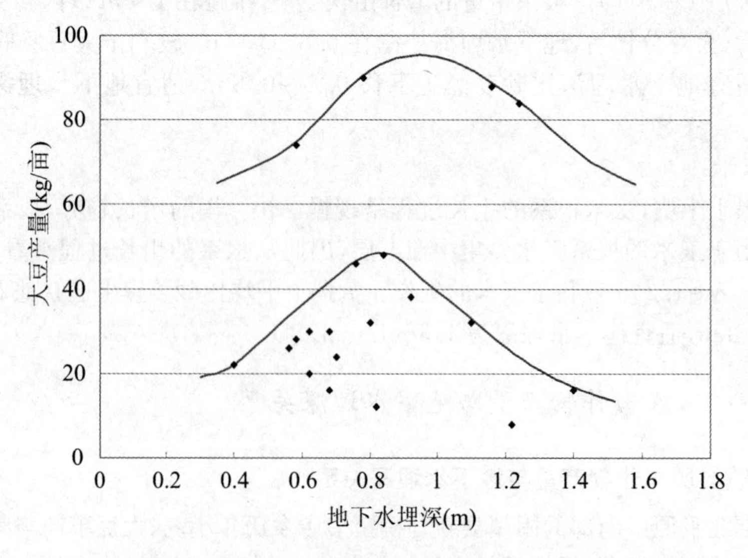

图 5.4.9 大豆大田产量与地下水埋深关系图

表5.4.8　固镇县韦店小麦大田产量与地下水埋深关系表　单位:kg

年　份	埋深(m)	小麦产量	年　份	埋深(m)	小麦产量	年　份	埋深(m)	小麦产量
1962	0.4	30	1971	0.98	100	1980	1.28	25
1963	0.8	40	1972	1	25	1981	1.7	25
1964	0.82	90	1973	1.04	70	1982	1.08	195
1965	0.9	55	1974	1.08	90	1983	1.36	210
1966	0.92	20	1975	1.12	40	1984	1.38	210
1967	0.94	20	1976	1.14	20	1985	0.68	230
1968	0.96	30	1977	1.16	105	1986	1.16	265
1969	0.96	50	1978	1.18	50	1987	1	250
1970	0.98	50	1979	1.26	110			

表5.4.9　固镇县韦店大豆大田产量与地下水埋深关系表　单位:kg

年　份	埋深(m)	大豆产量	年　份	埋深(m)	大豆产量	年份	埋深(m)	大豆产量
1965	0.4	22	1972	0.7	24	1979	1.22	8
1966	0.56	26	1973	0.76	46	1980	1.4	16
1967	0.58	28	1974	0.8	32	1981	0.58	74
1968	0.62	20	1975	0.82	12	1982	0.78	90
1969	0.62	30	1976	0.84	48	1983	1.16	88
1970	0.68	16	1977	0.92	38	1984	1.24	84
1971	0.68	30	1978	1.1	32			

2. 临泉县历年作物产量与地下水埋深关系

选取淮北平原西部临泉县为分析对象,分别绘制历年小麦、大豆和玉米单产与对应的地下水埋深关系图,如图5.4.10、图5.4.11和图5.4.12所示。

由图5.4.10可见,临泉县的小麦单产呈波浪式上升趋势。采用5年滑动平均值法消除产量增长综合因素影响,线上点据为增产点,线下点据为歉收点。小麦增产是品种、施肥、植保、水利综合作用的结果,而滑动平均值法基本消除了产量增长的品种、施肥、植保等方面的因素影响。

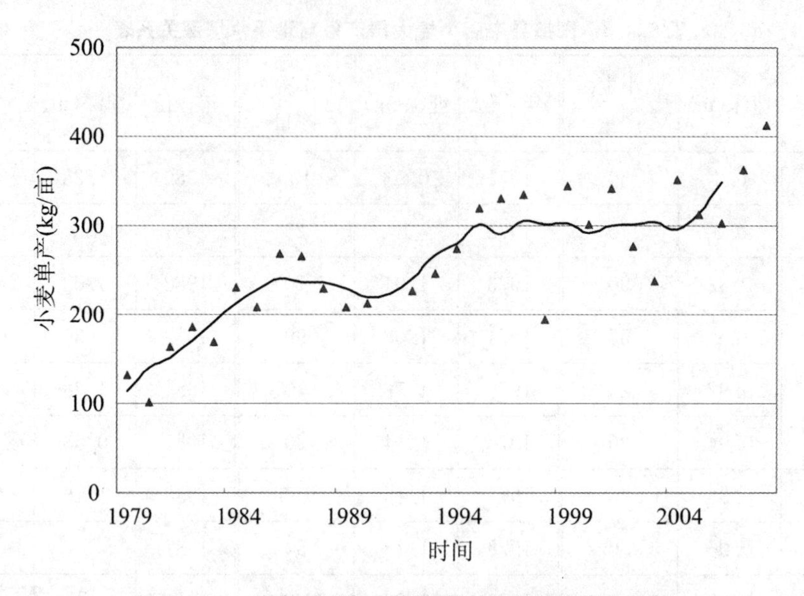

图 5.4.10　临泉县历年小麦丰歉对比及单产变化趋势

通过点绘丰产年增产量与同期当年 10 月～次年 5 月平均地下水埋深散点图，并作增产点据外包线，最大增产区间即可看作适宜地下水埋深区间，如图 5.4.11 所示。由图可知，临泉县小麦生长期（当年 10 月～次年 5 月）适宜地下水埋深范围为 1.5～2.5 m。

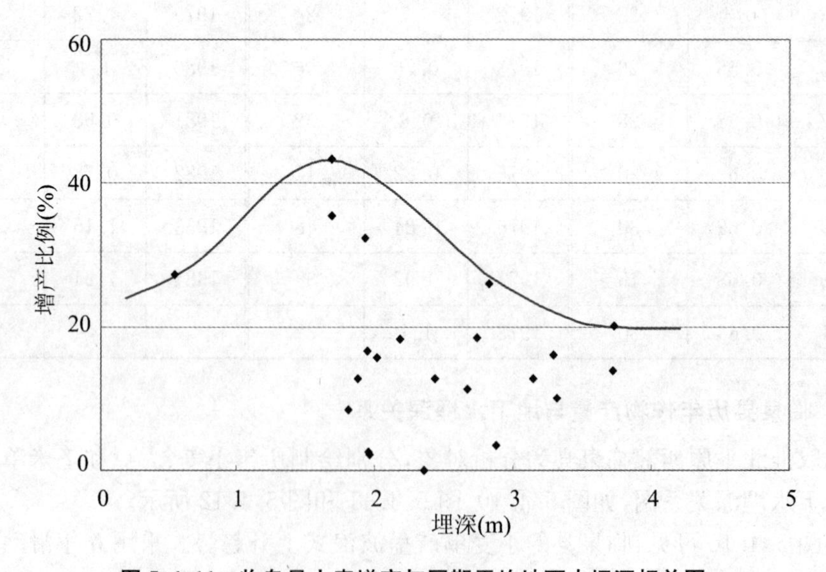

图 5.4.11　临泉县小麦增产与同期平均地下水埋深相关图

如图 5.4.12 可知，临泉县的大豆单产呈波浪式上升趋势。采用 5 年滑动平均值法消除产量增长综合因素影响，线上点据为增产点，线下点据为歉收点。大豆增产是品种、施肥、植保、水利综合作用的结果，而滑动平均值法基本消除了产量增长的品种、施肥、植保等方面因素的影响。通过点绘丰产年增产量与同期 6～9 月平均地下水埋深散点图，并作增产点据外包线，最大增产区间即可看作适宜地下水埋深区间，如图 5.4.13所示。由图可知，临泉县大豆生长期（6～9 月）适宜地下水埋深范围为 1.5～3.0 m。

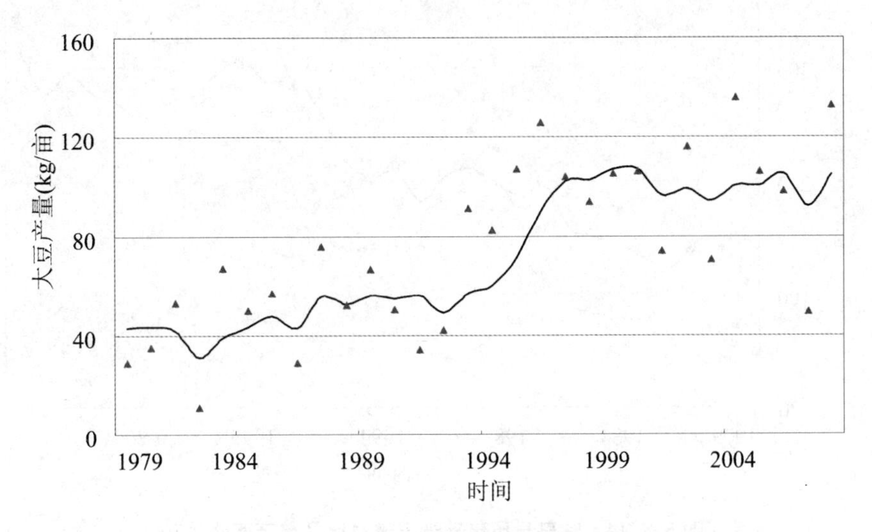

图 5.4.12 临泉县历年大豆丰歉对比及单产变化趋势

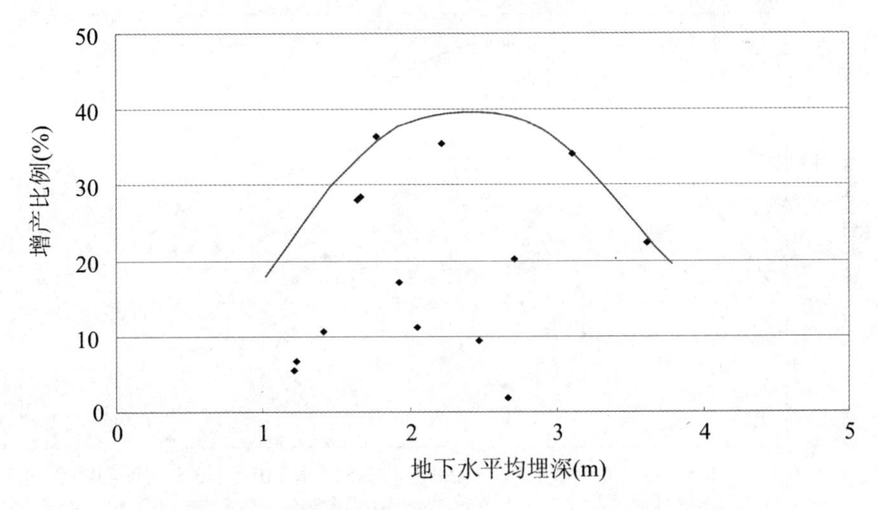

图 5.4.13 临泉县大豆增产与同期平均地下水埋深相关图

如图 5.4.14 所示，临泉县的玉米单产呈波浪式上升趋势。采用 5 年滑动平均值法消除产量增长综合因素影响，线上点据为增产点，线下点据为歉收点。玉米增产是品种、施肥、植保、水利综合作用的结果，而滑动平均值法基本消除产量增长的品种、施肥、植保等方面因素的影响。通过点绘丰产年增产量与同期 6～9 月平均地下水埋深散点图，并作增产点据外包线，最大增产区间即可看作适宜地下水埋深区间，如图5.4.15所示。由图可知，临泉县玉米生长期（6～9月）适宜地下水埋深范围为1.5～2.0 m。

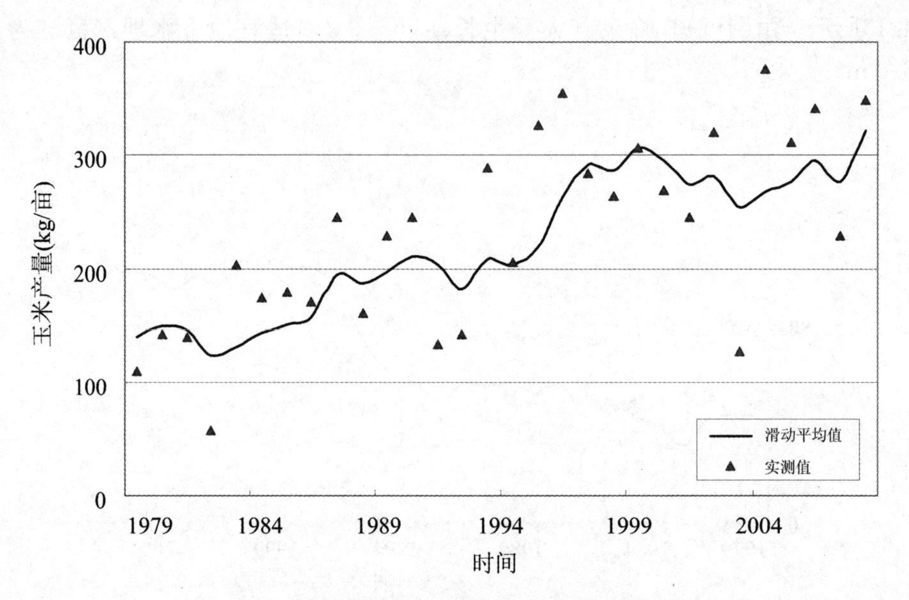

图5.4.14 临泉县历年玉米丰歉对比及单产变化趋势

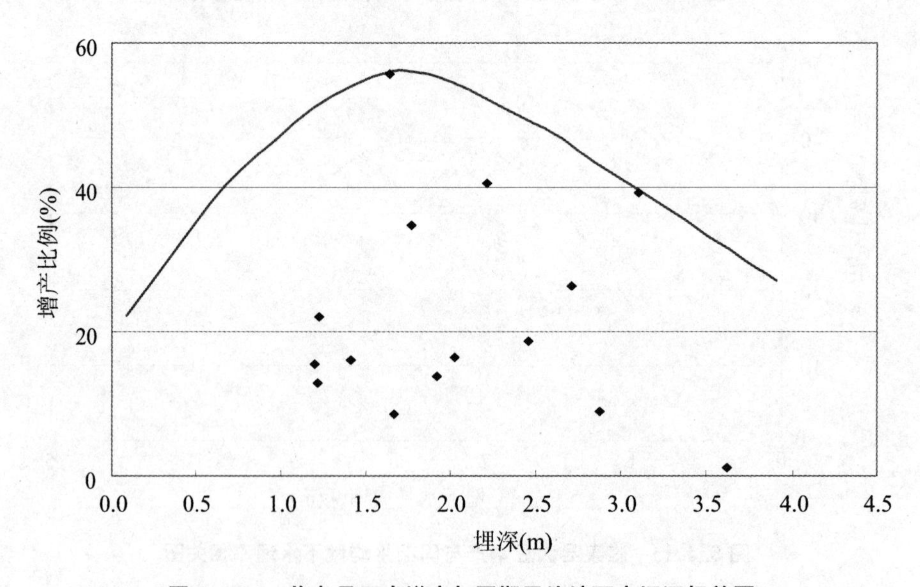

图5.4.15 临泉县玉米增产与同期平均地下水埋深相关图

5.5 小　结

本章统筹考虑浅层地下水的垂向调节、安全开采量、作物对于地下水天然利用及沟网调蓄条件下的地下水多年均衡调节，建立了淮北平原区水资源多目标立体调蓄系统。并围绕“排蓄结合、涝为旱用、常态与极值相结合、长序列优化”等序贯决策需求，选取适宜的作物生长土壤水和地下水控制阈值等水资源多目标立体调蓄系统的关键参数。在此基础上，定量分析了淮北平原区典型作物需水临界期和最适土壤含水量，并结合地下水的可恢复性特征，合理确定了砂姜黑土和黄泛砂土区潜水蒸发临界埋深和常年均衡开采深度阈值。

第6章　农田区地表水调蓄工程及关键工程参数

6.1　农田区地表排水工程及关键工程参数

农田排水工程的兴建导致与水平衡要素有关的水文情势发生显著变化，同时也对生态环境产生了一定的影响，称之为排水工程的水文效应。通过对排水实验场的资料的分析，从排水工程的水文效应出发来研究排水技术指标和工程系统标准。

6.1.1　地表径流规律发生显著改变

排水工程的兴建所引起的地表径流规律变化，主要表现在洪峰、净雨深及峰量关系指数等因素的变化上。据实验资料分析，有以下规律：

1. 小洪水(中沟水位在半槽以下)

标准高的排水区比标准低的排水区，或者说治理后比治理前的洪水总量有减小趋势。对五道沟两个排水区(Ⅰ区和Ⅱ区)同期实测的次降水径流深 R 介于 20～60 mm 之间的孤立小洪水进行比较，Ⅰ区平均径流系数为 0.65，Ⅱ区为 0.69，Ⅰ区产水量比Ⅱ区偏小 6.7%。

再用同类地区较大流域控制站王市集站(控制面积 1 390 km^2)的资料验证，结论相同。

2. 大洪水(中沟水位达半槽以上排水)

在输水通畅的条件下，标准高的排水区其洪峰模数和洪水总量(或净雨深)比标准低的大。

3. 同一流域治理前后

同一流域治理前后在相同条件下洪峰洪量有明显差异。治理后的流域，小洪水时峰量减小，大洪水时则增大。

4. 治理后峰量关系指数增大

对于平原地区，排水河道排涝模数的计算常采用公式(6.1.1)：

$$M = KR^m F^n \tag{6.1.1}$$

式中，M 是排涝模数，单位为 $m^3/(s \cdot km^2)$；R 是设计净雨深，单位为 mm；F 是排水面积，单位为 km^2；K 是反映河网配套程度、沟道坡度、降水历时以及流域形状等因素的综合系数；m 是峰量关系指数；n 是递减指数。

上式中的峰量关系指数 m，因流域面积及其治理程度不同而异。一般小流域治理标准高，因此 m 大于大流域。经资料分析，排水面积小于 20 km^2 的特小流域 M=0.85～1.43；大流域（F>500 km^2）M=0.65～0.85，但当下游顶托、漫滩时，大、小流域的 m 值均降低。同一流域治理后 m 值增大，例如，西淝河控制站和王市集水文站，治理后在相同条件下 m 增大到 1.02 和 0.65。另外，式(6.1.1)中的 K 值随着流域内排水工程的发展而逐渐增大，洪水情势也因此向着峰高、量大、下泄快、泄势猛的方向发展。排水效果比较见表 6.1.1 和表 6.1.2。

表 6.1.1　五道沟不同排水标准的农田排水实验区排水效果比较

排水区名	排水区面积(km^2)	前期状况	次降雨量(mm)	雨前地下水埋深(m)	雨后地下水埋深(m)	洪峰流量(m^3/s)	洪峰模数($m^3/(s \cdot km^2)$)	净雨深(mm)	次径流系数
Ⅰ区中沟	0.4	干旱	185.9	2.53	0	2.45	6.12	88.8	0.48
Ⅱ区中沟	0.8	干旱	185.9	1.90	0	2.37	2.96	79.5	0.43
Ⅰ区中沟	0.4	湿润	149.3	0.18	0	2.50	6.25	136.0	0.91
Ⅱ区中沟	0.8	湿润	149.3	0.24	0	3.36	4.20	130.3	0.87

表 6.1.2　王市集站流域治理前后排水效果比较

洪水分类	$P+P_a$ (mm)	治理前			治理后		
		R(mm)	Q_m (m^3/s)	M ($m^3/(s \cdot km^2)$)	R (mm)	Q_m (m^3/s)	M ($m^3/(s \cdot km^2)$)
小洪水	121.0	23.0	91.7	0.066	10.0	54.2	0.039
大洪水	228.0	85.0	222.4	0.16	107.0	417.0	1.0.30

附注：五年一遇设计排涝模数 M_5=0.46；P 为次降水量；P_a 为前期影响雨量；F=1 390 km^2。

6.1.2　土壤中水分运移规律的改变

6.1.2.1　改变了平原入渗—蒸发型的水分垂直运动结构

平原区地下水为降水入渗—蒸发型。但是由于健全了排水系统，这种规律发生了改变。实验表明，在相同条件下，地下水埋深小于 0.8 m 时，排水沟对横向排除壤中流的作用是显著的。例如，暴雨后地下水埋深在 0.5 m 时的横向排泄量（横向排泄量＝C_7井排泄量－12 号仪排泄量）占C_7井总排泄量的 29.1%，其中，12 号仪为潜水蒸发测筒，水量仅消耗于垂直排泄即潜水蒸发；C_7井地下水消耗于潜水蒸发和横向排泄。消耗量采用$\mu \cdot \Delta h$计算，μ为给水度，Δh为降幅。

6.1.2.2 加速土壤水分减少

雨后在相同条件下，治理标准高的排水区土壤水分减少速度快，而连阴雨时适宜于农作物生长的土壤含水率天数亦多。资料分析成果如表 6.1.3、表 6.1.4 所示。

表 6.1.3 连续阴雨天气不同排水系统 0～0.5 m 土层土壤水消退比较

站　名	降水日数(日)	降水量(mm)	取土样位置	适宜土壤水率天数(日)	备　注
孟庄	35	763.2	无台条田区	23.0	
孟庄	35	763.2	33 m 台条田中心	52.5	条田沟深 1.0 m
五道沟	36	795.4	沟距 100 m 田块中心	28.5	沟深 1.0 m
五道沟	36	795.4	沟距 200 m 田块中心	25.0	沟深 1.5 m
小潘家	35	763.2	距青北 15 沟 361 m	19.0	沟深 2.0 m

表 6.1.4 连阴雨天气不同工程标准壤中水消退规律比较

站名	位置	序号	降水日数(日)	降水量(mm)	不同沟洫	地下水水位		土壤含水量	
						在地面下 0.3 m 以内天数(日)	在地面下 0.5 m 以内天数(日)	适宜天数(日)	超过适宜值上限天数(日)
三一沟排水区	棠棣	1	16	519.5	只有大沟	27	31	0	32
					只有大、中、小沟	23	26	3	29
					大、中、小沟加台条田	6	14	12	20
	丁后郢	2	21	498.6	只有大沟	26	30	0	32
					只有大、中、小沟	18	24～25	1	31
					大、中、小沟加台条田	7	17	11	21

6.1.2.3　加速地下水水位消退

田间排水沟的开挖，改变了地下水下降浸润半径和潜水蒸发面，横向和垂向排泄量加大，从而加速了地下水水位的消退。暴雨后畅排条件下不同排水区地下水水位消退情况见表 6.1.5 至表 6.1.7。

表 6.1.5　五道沟Ⅰ区间距为 100 m 田间沟双沟单向排水(沟深 1.0 m)　单位：mm

时间		$Ⅰ_4$ 沟	A_1 井	A_2 井	A_3 井	$Ⅰ_3$ 沟
8 月 4 日	雨后 0 天	19.5	20.05	20.04	20.02	19.48
8 月 5 日	雨后 1 天	19.28	19.97	19.97	19.88	19.26
8 月 6 日	雨后 2 天	19.26	19.8	19.81	19.72	19.24
8 月 7 日	雨后 3 天	19.26	19.6	19.62	19.55	19.23
8 月 8 日	雨后 4 天	19.25	19.46	19.47	19.44	19.23
8 月 9 日	雨后 5 天	19.24	19.39	19.4	19.38	19.22
8 月 10 日	雨后 6 天	19.24	19.35	19.35	19.34	19.22
8 月 11 日	雨后 7 天	19.24	19.32	19.32	19.31	19.22
8 月 12 日	雨后 8 天	19.23	19.29	19.29	19.27	19.21
8 月 13 日	雨后 9 天	19.23	19.26	19.26	19.25	19.21
8 月 14 日	雨后 10 天	19.23	19.26	19.25	19.24	19.2
8 月 15 日	雨后 11 天	19.23	19.24	19.23	19.22	19.2
8 月 16 日	雨后 12 天	19.22	19.23	19.22	19.21	19.19

表 6.1.6　五道沟Ⅱ区间距为 200 m 田间沟双沟单向排水(沟深 1.5 m)　单位：mm

时间		$Ⅱ_4$	C_1 井	C_2 井	$C_3(D_4)$井	C_4 井	C_5 井	$Ⅱ_3$
8 月 4 日	雨后 0 天	19.46	19.92	19.93	19.94	19.93	19.92	19.47
8 月 5 日	雨后 1 天	18.93	19.85	19.9	19.91	19.89	19.88	19.02
8 月 6 日	雨后 2 天	18.92	19.7	19.79	19.83	19.83	19.78	18.99
8 月 7 日	雨后 3 天	18.91	19.52	19.62	19.71	19.7	19.64	18.98
8 月 8 日	雨后 4 天	18.91	19.38	19.46	19.56	19.54	19.48	18.97
8 月 9 日	雨后 5 天	18.9	19.3	19.36	19.44	19.41	19.37	18.96
8 月 10 日	雨后 6 天	18.9	19.25	19.29	19.35	19.33	19.3	18.96
8 月 11 日	雨后 7 天	18.9	19.2	19.24	19.28	19.27	19.25	18.96
8 月 12 日	雨后 8 天	18.9	19.16	19.19	19.23	19.22	19.22	18.96

续表

时间		$Ⅱ_4$	C_1井	C_2井	$C_3(D_4)$井	C_4井	C_5井	$Ⅱ_3$
8月13日	雨后9天	18.9	19.13	19.15	19.19	19.18	19.17	18.95
8月14日	雨后10天	18.9	19.12	19.14	19.17	19.16	19.15	18.95
8月15日	雨后11天	18.9	19.1	19.12	19.14	19.14	19.13	18.95
8月16日	雨后12天	18.89	19.08	19.09	19.12	19.12	19.11	18.95

表6.1.7 五道沟实验站大沟单向排水(沟深3.0 m) 单位:mm

时间		界沟	B_1井	B_2井	B_3井	B_5井
8月4日	雨后0天	19.41	19.76	19.89	19.95	19.9
8月5日	雨后1天	18.57	19.55	19.82	19.83	19.77
8月6日	雨后2天	18.43	19.27	19.67	19.74	19.69
8月7日	雨后3天	18.41	19.11	19.45	19.65	19.61
8月8日	雨后4天	18.36	19.01	19.29	19.57	19.52
8月9日	雨后5天	18.16	18.95	19.21	19.51	19.43
8月10日	雨后6天	18.1	18.87	19.14	19.45	19.37
8月11日	雨后7天	17.95	18.78	19.07	19.4	19.31
8月12日	雨后8天	17.77	18.68	18.99	19.34	19.24
8月13日	雨后9天	17.59	18.6	18.93	19.29	19.2
8月14日	雨后10天	17.44	18.54	18.88	19.24	19.17
8月15日	雨后11天	17.3	18.51	18.84	19.19	19.15
8月16日	雨后12天	17.27	18.46	18.78	19.14	19.13

据排水实验区资料分析,雨后地下水水位在作物主要根系层(地面下0.3 m)的滞留时间为:只有大沟的农田为7～9天;只有大、中沟的农田为5天;大、中、小沟具备的田块为3～4天;而三沟加两田沟(田头沟及田间沟)的农田仅1天,比其他田块提前3～8天,这就大大减轻了受渍危害。再据五道沟实验资料,暴雨后3～5天地下水水位消退速度最快,可使田面中心地下水水位降至地面下0.3～0.7 m(图6.1.1)。

五道沟Ⅰ区和三沟加两田沟区排水效果都好,但工程标准偏高。五道沟Ⅱ区降渍沟为沟距50 m、沟深0.8 m的田间沟,耕种时配一耙宽加深0.2 m的墒沟以后,多年来基本未发现涝渍现象,故认为以此种沟系布局好。

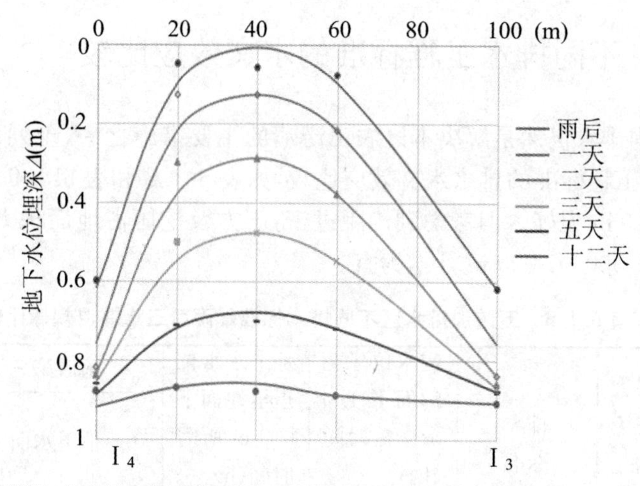

(a) 五道沟实验站Ⅰ区沟间距为100 m田间沟双沟单向排水(沟深1.0 m)

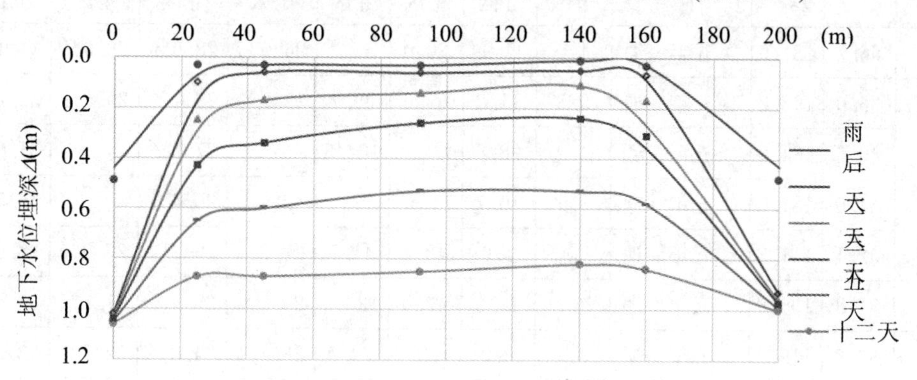

(b) 五道沟实验站Ⅱ区沟间距为200 m田间沟的双沟单向排水(沟深1.5 m)

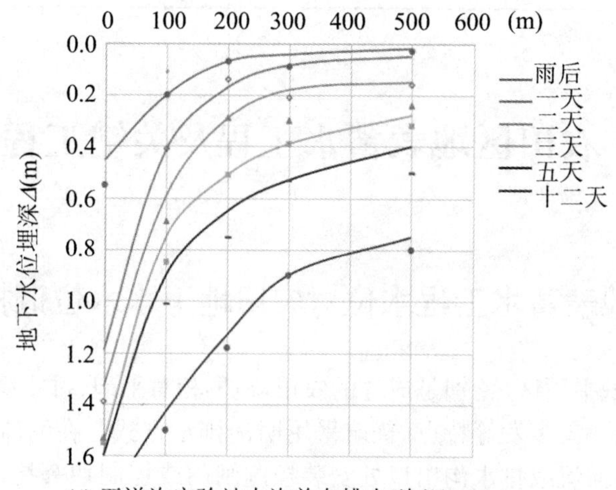

(c) 五道沟实验站大沟单向排水(沟深3.0 m)

图 6.1.1　暴雨后畅排条件下不同排水区地下水水位消退情况

6.1.3 不同排水工程标准的水文效应比较

当前，明沟排水仍然是解决本区农田涝渍的主要措施之一，现列出大暴雨和连阴雨时不同排水工程标准的排水水文效应比较，如表6.1.8和表6.1.9所示，由表可见，小沟沟距以100 m为好。但考虑到沟距过密，土方及挖压占地面积太大，目前可按沟距200 m，沟长500～1 000 m开挖为宜。

表6.1.8　五道沟排水区不同排水标准暴雨后三水消退规律比较

序号	最大一小时雨量(mm)	最大三天雨量(mm)	排水标准	沟水位降至沟面下1.0 m所需时间(h)		地下水水位退至地面下0.3 m所需时间(h)		雨后第三天土壤含水率			
								0～地下水面		0～0.5 m土层	
				Ⅰ区	Ⅱ区	Ⅰ区	Ⅱ区	Ⅰ区	Ⅱ区	Ⅰ区	Ⅱ区
1	66.7	181.9	＞五年一遇	4.0	5.9	20.0		26.0%	28.6%	28.6%	34.4%
2	35.6	192.2	＞五年一遇	9.3	11.2	65.6	89.7	28.9%	29.1%	29.5%	33.2%
3	89.6	184.3	＞五年一遇		28.8		104.3		27.0%		31.6%
4	47.6	181.9	＞五年一遇	8.1	10.7		27.0		26.4%		28.5%
5	32.1	111.8	＜五年一遇	0	1.0	48.2	41.7	27.2%	25.3%	27.9%	28.0%
6	31.3	196.6	＞五年一遇	13.6	14.2	42.0	120.0	25.8%	25.4%	27.7%	33.5%
7	30.5	119.7	＜五年一遇	2.1	6.3		70.0	23.1%	24.3%	32.7%	33.9%
8	32.4	170.5	＞五年一遇	8.6	13.2	45.0	134.0	28.4%	29.2%	29.3%	33.1%

6.2 农田区地表蓄水工程及关键工程参数

6.2.1 地表蓄水工程水位对农田地下水水位调控的影响因素

针对淮河流域平原区，特别是成片的农田，地形相对平坦、排水缓慢、易成涝渍、降水时空分布不均、旱灾多发等特点，普遍采用明沟排水方式。在河流和较大的明沟排水系统中，通过在河流或排水沟出口处安装控制闸门或控制堰等控制设施，控制出口处水位、流量，从而控制上游整个排水沟系统的水位，提高地下水利用量，减少地下水的不当排泄量，减少农业灌溉频次与用水量，节约水资源。

表 6.1.9　不同工程标准完整排水系统连续阴雨 15 天以上地下水水位变化对比

年份	降雨特征				地下水位特征									
					Ⅰ区					Ⅱ区				
	起止时间	降雨日数（日）	最大三天雨量（mm）	总降雨量（mm）	雨前埋深（m）	埋深 0.15 m 以上滞留时间（h）	埋深 0.5 m 以下天数（日）	末日埋深（m）	末日第三天埋深(m)	雨前埋深（m）	埋深 0.15 m 以上滞留时间（h）	埋深 0.5 m 以下天数（日）	末日埋深（m）	末日的第三天埋深（m）
1965	6月30日～7月22日	20	178.7	299.9	2.54	44.2	3	0.12	0.60	1.84	400.0	2	0.03	0.26
1975	6月20日～7月16日	17	111.8	139.6	0.77	31.0	18	0.76	0.81	0.92	129.0	7	0.48	0.71
1977	7月17日～7月30日	10	119.9	165.8		改水稻				1.02	69.0	6	0.16	0.51
1979	6月18日～7月24日	19	163.2	384.8	0.76	20.0	11	0.22	0.55	1.13	118.0	11	0.05	0.27
1980	6月16日～7月20日	21	196.6	369.6	0.90	36.0	23	0.18	0.65	0.81	118.0	9	0.03	0.31
1987	7月1日～8月6日	23	170.5	388.9	1.02	13.0	16.1	0.16	0.46	1.14	44.0	4	0.14	0.26
备注	相邻两次降水间隔时间≤3天视为连续降水													

河沟蓄水工程通过对地下水调控技术和调控装置，控制排水沟中的水位升降，直接影响到排水沟之间农田的浅层地下水水位的升降，从而实现地下水水位控制。由于在安装橡胶坝、控制闸门或控制堰，排水沟上游的排水沟系是连同的，升高出口控制水位，整个控制区域的排水沟系水位上升，使整个控制区域的农田浅层地下水水位上升；相反，降低出口控制水位，则整个控制区域的排水沟系水位下降，使整个控制区域的农田浅层地下水水位下降。也就是说农田浅层地下水水位的深度由排水沟中水位控制，农田地下水水位的埋深调控，可以通过升降排水沟出口处水位高度来实现。排水沟出口处水位高度的确定，受到很多因素影响，分述如下：

当地下水埋深过浅时，容易产生渍害。不同种类的作物，对浅层地下水水位的埋深要求不同。同一种作物在不同的生长阶段对地下水水位的埋深要求不同。也就要求对排水沟出口处水位的高度进行相应的调整。

不同土壤类型，其水力传导度不同。不同的农田土壤类型要求排水沟中的水位高度要有相应的变化。在排水沟中相同的水位高度，当土壤的水力传导度较低时，在两排水沟中央的地下水埋深较浅，不理想；当土壤的水力传导度较高时，在两排水沟中央的地下水埋深较深，除渍效果较好。若要使排水沟中央的地下水埋深满足作物生长要求，当田间土壤水力传导度低时，则要求较低的排水沟水位；当土壤水力传导度高时，则要求较高的排水沟水位。

确定排水沟中水位高度需要考虑到降水和蒸发。当降水量持续较多时，需要适当降低排水沟中水位；当降水量较少，田间蒸发蒸腾量较大时，需要适当升高排水沟中水位，使排水沟中的水向农田中回流渗入土壤中，补充土壤中水分亏缺。排水沟的尺寸大小，其容积不同，对田间水分蓄积不同，排水沟对土壤水分的排除和供给能力不同。因此，排水沟系的容积大小也会影响到排水沟水位对田间地下水水位的影响。

在土壤的水力传导度能够满足一定标准的条件下，利用明沟排水系统同样可以进行灌溉。从控制区域排水沟出口的控制堰下游水体，用水泵向控制堰上游抽水，升高排水沟系的水位。通过提高浅层地下水水位向作物根系层土壤供水，当然会存在靠排水沟近的地方地下水水位较高，离排水沟远的地方地下水水位较低的情况。通过排水沟水位的升降调节农田地下水水位，是明沟排水系统实现地下水水位控制的主要手段。

6.2.2 地表蓄水工程对地下水影响范围分析

6.2.2.1 无控制工程大沟对地下水的影响范围

根据安徽省水科院农水所王友贞，汤广民教授等有关研究成果，分别选取八丈沟、车辙沟和大芦沟实验区观测资料，分析无控制工程大沟对地下水的影响范围。分析得出：八丈沟实验区无论是排水时段，还是地下水水位稳定时段，对于不同N断面（大沟间距2.2 km)、S断面(大沟间距1.54km),N断面地下水水位的峰值均出现在距沟1 400 m左右,S断面地下水水位峰值出现在距沟1 050 m左右,无控制工程大沟对地下水的影响范围为1 000～1 400 m;车辙沟实验区在地下水稳定时段内,距无控制大沟1 090～1 590 m范围内地下水水位变化小,无明显流向。因此可以认为地下水的影响范围为1 300 m。在排水时段内,无控制大沟排水能力强,其影响范围为1 590 m。综合两实验区的分析成果,在沟距为2 000 m左右,两侧大沟一侧有控制,一侧无控制时,无控制工程大沟对地下水的影响范围在1 300～1 600 m之间。

6.2.2.2　控制工程蓄水阶段对地下水的影响范围

据安徽省水科院王友贞、汤广民等同志八丈沟大沟建闸坝蓄水蓄满实验资料,对不同时段地下水变化进行对比分析得出,在距八丈沟1 000 m以外范围,不同时段N、S断面地下水水位线近似平行,也即时段地下水水位成等幅变化,这说明1 000 m以外范围地下水水位受大沟蓄水影响甚小,其变化主要受降水、蒸发影响所致,而1 000 m范围以内的地下水水位变化不存在等幅关系,而且大沟水位恒定,这说明地下水水位不等幅变化是大沟蓄水和降水、蒸发等因素共同影响所致。从不同观测时段分析,大沟控制工程对地下水的影响范围约1 000 m。

以2002年为例,选择节制闸与滚水坝之间M断面地下水动态变化过程进行分析。8月16日(雨后2天),节制闸处于蓄水状态,其后9月、10月、11月降水分别为41.3 mm、17.4 mm和7.6 mm。8月26日M断面两侧的西红丝沟和车辙沟水位分别为26.42 m和26.30 m,水位相近,受两侧大沟影响的地下水变化趋势基本一致。受大沟水位影响,9月1日在距车辙沟1 000 m以外范围的地下水明显向西红丝沟一侧排泄。至10月1日,经过1个月地下水水位趋于稳定,11月1日和12月1日的地下水水位均呈现稳定变化趋势,即在距车辙沟约1 000 m范围内的地下水无明显排泄趋势,而在距西红丝沟约1000m的范围内的地下水则明显向西红丝沟排泄。因此认为,在大沟间距为2 040 m,且一侧大沟有控制而一侧无控制的情况下,有控制工程大沟对地下水的影响为1 000 m。

综合上述分析可见,控制大沟在蓄水阶段的影响范围随大沟间距的变化而变化。起初蓄水阶段大沟影响范围小,随着时间的推移,影响范围不断增加,当大沟水位趋于稳定时,影响范围接近大沟间距的1/2。当大沟间距为2 000～2 200 m时,其影响范围为大沟一侧800～1 200 m,平均为1 000 m;当大沟间距为1 540 m时,其影响范围为大沟一侧400～800 m,平均为600 m。

6.2.3　地表蓄水工程对地下水水位变化的影响

控制工程修建后,随着大沟蓄水水位的增加,大沟两侧影响范围内的地下水水位也随之发生变化。现根据实测资料,对大芦沟、八丈沟实验区、车辙沟实验区两实验区大沟有、无控制工程对地下水变化影响进行综合分析。

车辙沟实验区 2002 年和 2003 年分别为偏丰年和丰水年。江南楼滚水坝平均年抬高地下水水位为 0.25 m;2002～2003 年非汛期,平均年抬高地下水水位 0.25 m;汛期平均年抬高地下水水位 0.20 m。春店节制闸在 2002 年汛期开启一次,在 2003 年多次开启,2002 年和 2003 年年均抬高地下水水位分别为 0.45 m 和0.41 m。固镇县大芦沟滚水坝多年平均抬高地下水水位 0.41 m,年最大地下水水位差在 0.75～1.65 m之间。八丈沟实验区在 1999～2003 年平均抬高地下水水位 0.23 m。在非常排水沟关闭的 1999 年、2000 年和 2003 年,年均抬高地下水水位分别为 0.32 m、0.33 m和 0.26 m,平均为 0.3 m。1999～2003 年非汛期,多年平均抬高地下水水位 0.31 m,在非常排水沟关闭的 1999 年、2000 年和 2003 年,年均抬高地下水水位分别为 0.45 m、0.40 m 和 0.36 m,平均为 0.4 m。

在 1999～2003 年间,对比有/无控制工程的地下水水位,八丈沟实验区的年最大地下水水位差在 0.66～1.06 m 之间;车辙沟实验区受江南楼滚水坝影响的年最大地下水水位差在 0.65～1.35 m 之间;受春店节制闸影响的 2002 年最大地下水水位差为 0.71 m,最小地下水水位差为 0.20 m;2003 年最大地下水水位差为 0.83 m,最小地下水水位差为 0 m。从以上分析中可以看出,大沟上修建控制工程后对地下水的抬升作用非常明显。固镇县大芦沟滚水坝多年平均抬高地下水水位 0.41 m,年最大地下水水位差在 0.75～1.65 m 之间;八丈沟滚水坝在其控制蓄水期间,多年平均抬高地下水水位为 0.3 m,年最大地下水水位差在 0.66～1.06 m 之间;江南楼滚水坝多年平均抬高地下水水位为 0.25 m,年最大地下水水位差在 0.65～1.35 m 之间;春店节制闸多年平均抬高地下水水位为 0.43 m,年最大地下水水位差在 0.71～0.83 m 之间。

6.2.4 地下水向河沟地表水排泄实验分析

地下水水位即是土壤包气带自由重力水的液面。地下水与河沟地表水的补排关系体现在地下水水力坡度线的变化上。地下水水力坡度线又称地下水浸润线,即土壤中包气带和饱和带的交界面。水力坡度是垂直于河流方向的单位长度的水力位线的升降值。水力坡度的大小主要取决于河水水位涨落变化、地下水水位涨落变化、地面与河道水位固有高差以及土壤介质的导水性能等。影响水力坡度的因素较多,水力坡度变化复杂,同时水力坡度又是分析河道地表水与两岸地下水之间补排关系的重要参数。为分析水力坡度年际、年内变化情况,寻求地下水与河沟地表水补排变化规律,项目组先后在固镇、蒙城等地进行了若干相关实验,取得了淮北平原区地下水与河沟地表水补排变化规律的原创性认识。

6.2.3.1 固镇五道沟实验站实验

1980 年,五道沟水文水资源综合实验站为研究新淝河与两岸地下水的补排关系,在固镇县原韦店乡境内设立了一排垂直于新淝河的地下水水位观测排孔，排孔布置如表6.2.1所示。

表6.2.1 新淝河地下水补排观测排孔设置情况表

新淝河排孔	水位点	河道	1#	2#	3#	4#	5#	6#	7#
	起点距(m)	0	10	30	50	75	110	160	250

五道沟水文水资源实验站所在地韦店乡平均地面高程在19.8～20.5 m之间，据五道沟水文水资源实验站同期C_7井地下水水位观测记录，在1981～1985年5年中，地下水水位最高的时候能达到地表，最低的埋深不超过2.3 m。1981年最小地下水埋深只有0.15 m，1982年最小地下水埋深为0.14 m，1983年地下水水位则升至地面，形成地面积水，1984年最小地下水埋深仅为0.01 m，1985年最小地下水埋深是0.22 m，地下水水位高低变幅在0～2.29 m之间，也就是说，新淝河河间地块地下水水位在17.8～20.0 m之间，而同期新淝河水水位则在15.06～18.30 m之间变动。新淝河地表水要比河间地块地下水水位低1.7～2.8 m，新淝河的开通，势必引起两侧同期地下水水位的下降。由于新淝河地表水水位始终低于两岸同期地下水水位，因此，新淝河排孔资料只能用于单向研究河流两侧地下水向地表水排泄的状况。

图6.2.1点绘了新淝河排孔历年7月实测水力坡度线，从图上可以看出，离河两侧150 m内，水力坡度线较陡，而150 m外水力坡度线则较平缓，河水水位变幅在3.0 m左右时，单侧影响达250 m以上(后期实验证明影响宽度达500 m)。

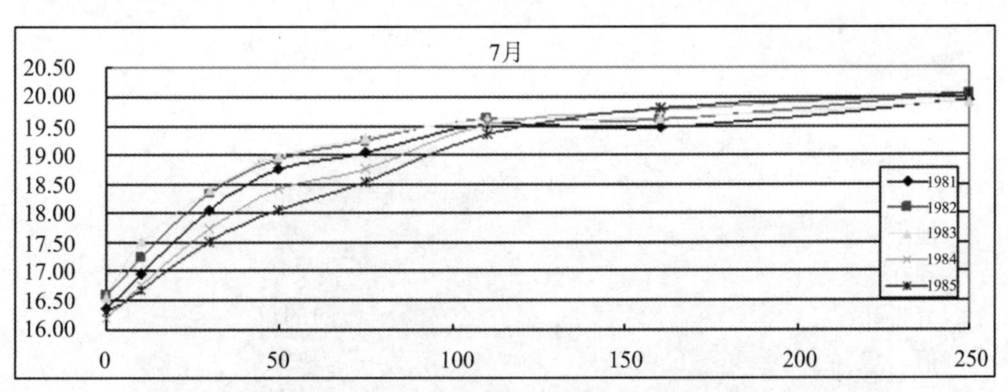

图6.2.1 五道沟典型月地下水排泄水力坡度线

6.2.3.2 蒙城芡河、立仓橡胶坝实验

该组排孔共8个，观测孔编号为A_1～A_8，位于芡河橡胶坝上游54 m处，垂直于芡河(图6.2.2、图6.2.3)。实验于2012年5月开始至2012年10月结束，为期半年。对观测数据，按不同天气状况(晴天、雨天)，对平均地下水水位变化趋势进行分别处理，分析见图6.2.4。图中显示地下水浸润曲线从田间到河沟为下降曲线，属地下水

向河沟排泄型；A_8 排测孔距离茨河 516 m，该孔地下水水位受到河沟补给的影响效果不是很明显，地下水水位与河水水位落差在 2 m 左右。

图 6.2.2　蒙城县茨河橡胶坝

图 6.2.3　蒙城县立仓示范区

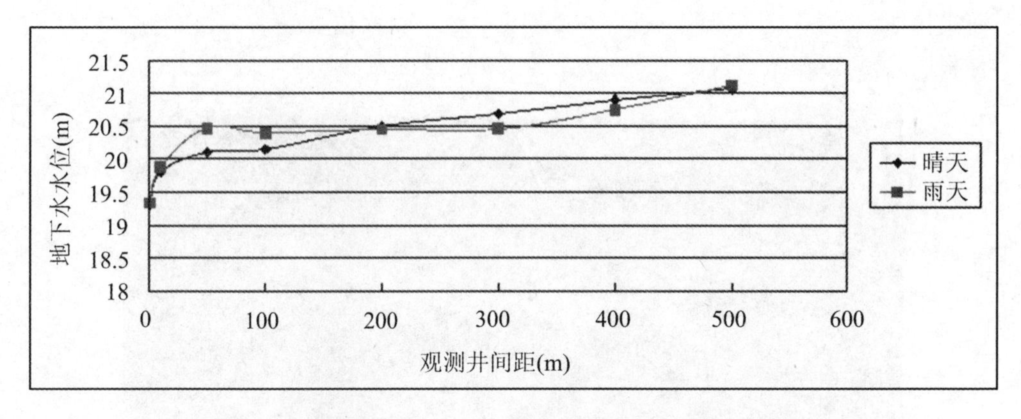

图 6.2.4　垂直茨河 $A_1 \sim A_8$ 观测井地下水水位变化趋势图

6.2.3.3　蒙城北淝河板桥橡胶坝排孔观测实验

板桥橡胶坝排孔观测实验距离北淝河板桥橡胶坝上游 3 940 m，总设共 25 个观测排孔，编号 $K_1 \sim K_{25}$，其中垂直鹿庄沟布设 1 排 7 眼观测排孔，编号 $K_1 \sim K_7$，鹿庄沟为垂直北淝河的一条大沟(图 6.2.5、图 6.2.6)。按两种天气状况下(晴天、雨天)点绘的平均地下水水位变化如图 6.2.7 所示。从图中可以看出，随着离河道距离的增加，地下水水位变化总体呈上升趋势，且在 250 m 以后水力坡度线变化趋于平缓。地下水水位与河水水位落差在 1 m 左右。

图 6.2.5　蒙城北淝河橡胶坝

图 6.2.6　蒙城板桥示范区

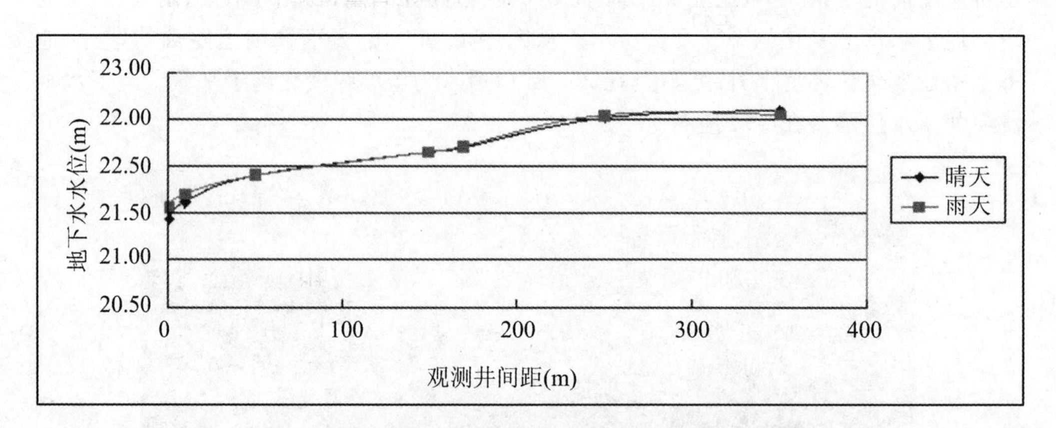

图 6.2.7　垂直鹿庄沟 K_1～K_7 地下水水位变化趋势图

分析上述三次原型实测资料还可得出，地下水排泄宽度随地下水水位与河沟地表水水位差的大小不同有一定幅度的变化，250 m 以内水力坡度变化显著，实测最大排泄宽度在 500 m 左右，250～500 m 之间地下水排泄水力坡度变化平缓。

6.2.5 蓄水工程形式及工程参数

6.2.5.1 沟网流蓄水控制工程规格

① 大沟间距平均取2～3 km,断面为口宽20 m、底宽5.0 m、深5.0 m。

② 大沟的长度平均取10～20 km,平均每条大沟的集水面积为10～15 km^2。

③ 对长度为10 km以下的大沟采用一级控制,控制工程类型为坝或闸;长度为20～40 km的大沟和小河流采用两级及三级闸坝控制,控制工程类型为滚水坝(混凝土坝、橡胶坝)和节制闸。

6.2.5.2 大沟蓄水控制方案

现状的大沟控制建筑物大多只有1级。淮北平原的大沟一般长度在10～20 km,一般来说,垂直等高线方向的大沟,其控制级数包括现有的防洪闸在内,分1～3级比较合适,即大沟长度在10 km以内分2级,大于10 km可分为3级。使控制段尾水深度降低值维持在0.5 m左右。平行于等高线上的大沟只需进行1级控制;介于两者之间的大沟,控制级数采用1～2级即可。

6.2.5.3 蓄水水位控制指标

淮北平原有的县(市)大沟控制建筑物控制蓄水水位太高,如亳州市谯城区淝河镇全部大沟都实现了控制,控制沟水位距地表只有0.3～0.4 m。

建议在类似的西北和北部的这样的地区,其闸前水位应降低到地面以下1.0 m左右,滚水坝顶应位于地面以下1.2～1.5 m;平原中部闸坝兴利蓄水水位分别以低于田面1.2 m和2.0 m、南部和沿淮地区闸前兴利水位以低于田面1.5～2.5 m比较适宜。

6.2.5.4 控制运行调度原则

蓄水工程布置与管理要解决好蓄与排之间的矛盾。

对于控制工程为闸的,应在汛前预泄大沟蓄水,汛末及非汛期拦蓄雨水。同时,根据控制区的作物种植类型,在不影响排水的前提下,蓄水供作物关键需水期灌溉用使用。

对控制工程为坝的,控制运用比较简单,但对设有非常排水沟的应在发生超标准洪水时及时使用非常排水沟,对在坝上设有溢流口和小闸门的应参照闸的控制运用规则进行。

总体调控原则:适度排水、适时蓄水、以蓄促补、排蓄联控。

6.3 立体调蓄工程布局

6.3.1 地下水调蓄措施

淮北平原浅层地下水主要补给途径是：

① 降水入渗；

② 灌溉回归；

③ 河、湖、库、塘地表水渗补；

④ 地表旱改水渗漏补给。

其中以降水入渗补给为主，个别地区后三种补给略有差异，如沿淮中南部地区，凤台、潘集、怀远、五河等县，水稻种植面积局部比例较大，这些地区浅层地下水在汛期常常升临至地面，多年平均地下水埋深不到1 m。就地下水人工调蓄措施来讲，降水入渗不可控，灌溉回归、地表旱改水补给都需要地表水丰沛，受补给条件制约，只有河、湖、库、塘地表水渗补才是经济可行的地下水人工调蓄措施，因为它拦蓄的是废弃的雨洪资源。

淮北平原是安徽省水资源紧缺地区，人均水资源量不到安徽省人均的一半，未来生产、生活、生态用水还有进一步增加的趋势，水资源日趋紧张，致使各地高度重视对过境水资源及雨洪资源的利用。目前，域内各大支流均建有多座拦河节制闸，安徽省境颍泉河上有杨桥闸、耿楼闸、阜阳闸、颍上闸；茨淮新河上有茨河铺闸、插花闸、阚疃闸、上桥闸；涡河上有大寺闸、涡阳闸、蒙城闸；浍河上有南坪闸、蕲县闸、固镇闸。拦河蓄水，一方面增加地表水蓄积量，另一方面减缓周边地下水的排泄或增加河道地表水对地下水的补给。

6.3.2 农田降渍实验分析

排涝降渍排水系统的功能应使农田土壤水分适宜作物生长，有利于灌溉系统的布置，使土壤向良性发展，不断改进生态环境，同时又不致挖压土地过多、费工太大等。并且要以迅速排除地表径流、疏干耕作层土壤饱和水及在无雨条件下旱作物能充分利用地下水为原则。

从砂姜黑土区的实际情况出发，规划排水系统应考虑暴雨后根系发育层(地面下0.5 m)内的土壤中重力水能迅速排除。降渍实验结果表明，其降渍标准为：在暴雨后地下水水位升临地面的情况下，经3天排水应使田块中心的地下水水位降至地面下0.5 m；耕作层0～30 cm内的土壤在10～20天连阴雨情况下不致过湿；距地面0.5 m

以下的地下水水位应相对缓慢下降。前者利于排涝降渍，后者得以保墒耐旱，以维持土壤水、肥、气、热平衡。

另据青沟站、五道沟实测资料分析，大、中、小田间沟结合深墒沟构成的明沟排水系统，尤其是目前已经开挖大、中、小沟的地区，配上田间沟，其土方量每平方公里约为1.2万m^3，则农田排水可达到5～10年一遇标准，3～5年一遇最大三日降水量为167～215 mm不受涝的要求，雨后3～5天可使地下水水位降至地面下0.5 m，并在连阴雨15～20天的雨期内，地下水埋深控制在0.5 m以下的天数占60%以上，满足降渍要求。

6.3.3　农田排涝降渍排水系统工程布局与规格分析

6.3.3.1　工程总体布局

农田排涝降渍排水系统工程总体布局包括大沟走向、固定沟网级数以及沟网衔接，需要根据地形情况及流域面积大小等综合确定。大沟的走向取决于地形情况，根据安徽淮北平原整体地形，大沟多成南北方向，局部东西方向；沟网的级数取决于大沟排水面积的大小；各级沟网之间衔接形式视当地地形而定，一般平坡地按梳子形布置，波浪地形按篦子形布置，如图6.3.1所示。

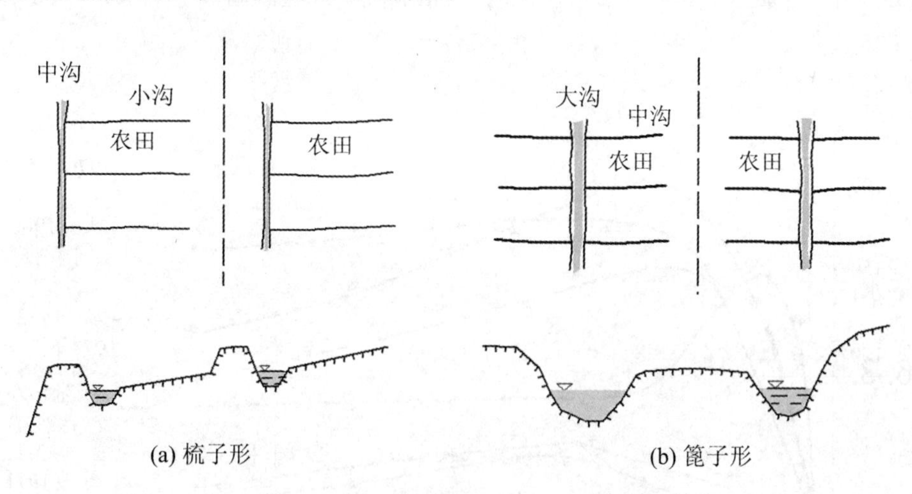

图6.3.1　农田排涝降渍排水系统沟网衔接形式

田间沟网布置形式按照“三涝两渍”和“三涝一渍”方式布置，如图6.3.2所示。一般来说，“三涝两渍”的排水系统布置形式多适用于淮北平原中南部地区，“三涝一渍”的布置形式多适用于淮北平原北部地区。

据五道沟潜水动态仪(Lysimeter)的多年实验，在其对比实验条件一致情况下，得作物产量与地下水水位埋深关系如图6.3.3所示。图中各曲线大致分为4部分：

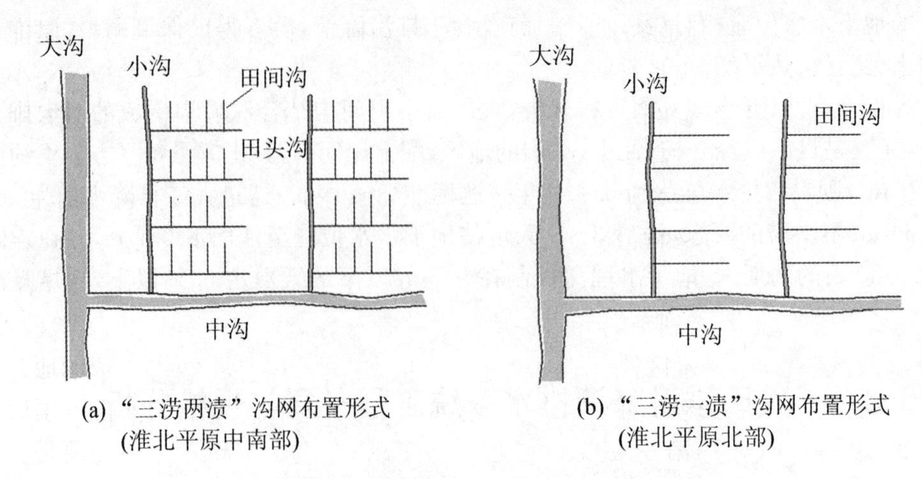

图 6.3.2 农田排涝降渍排水系统田间沟网布置形式

① 地下水水位埋深小、土壤过湿、通气不足,使作物窒息减产。

② 为最优地下水水位埋深,土壤中水、气、温协调,造成高产环境。

③ 地下水水位埋深较大,毛细管水上升不满足植物生理需水要求,如无其他形式的供水,将会减产。

④ 耕作层超出毛细管强烈升高范围之外,根系实际已不能从地下水中获得水分。这种情况下,产量已不受地下水水位控制,仅依靠降水或灌溉调节土壤水分,满足作物生长。

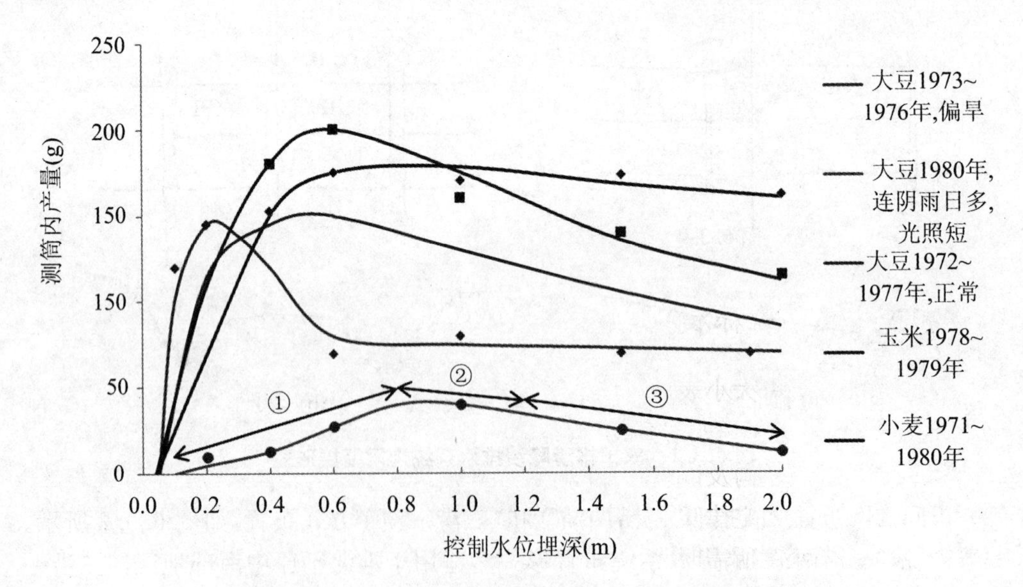

图 6.3.3 作物多年平均产量与当地下水水位埋深关系

分析地下水对作物生长及产量的影响还要考虑降水和气候条件以及肥力因素的

影响，而且每种作物特别是冬小麦虽易被驯化，对环境有一定的适应能力，但还是能分析得到本区主要旱作物生长对地下水水位的控制埋深要求。在正常雨水情况下：小麦为1.0～1.5 m，大都在0.8 m左右；玉米为0.8～1.0 m。如遇雨水特丰或特枯，则对地下水要求相应要低些或高些。

由于本区土壤结构性差，“干起坷垃湿粘犁”，易涝易旱。为使旱作物正常生长，暴雨后根系发育层（地面下约0.5 m）以内土壤中重力水必须迅速排出，一般配合良好耕种方式，可使耕作层0.3m内的土壤在连阴雨情况下不致过饱和，而0.5 m以下地下水应相对缓慢下降，前者利于排涝降渍，后者利于保墒耐旱，调节土温。经实验验证，重新规划后的五道沟排水区符合这一要求。如Ⅰ区暴雨后第3天和第12天的地下水水位埋深是0.5 m和0.9 m，前3天的消退速度是后9天的1.3倍。而Ⅱ区，暴雨后第12天的平均消退速度与第3天的接近（见图6.3.4），说明3天以后的消退主要是靠潜水蒸发来实现的。

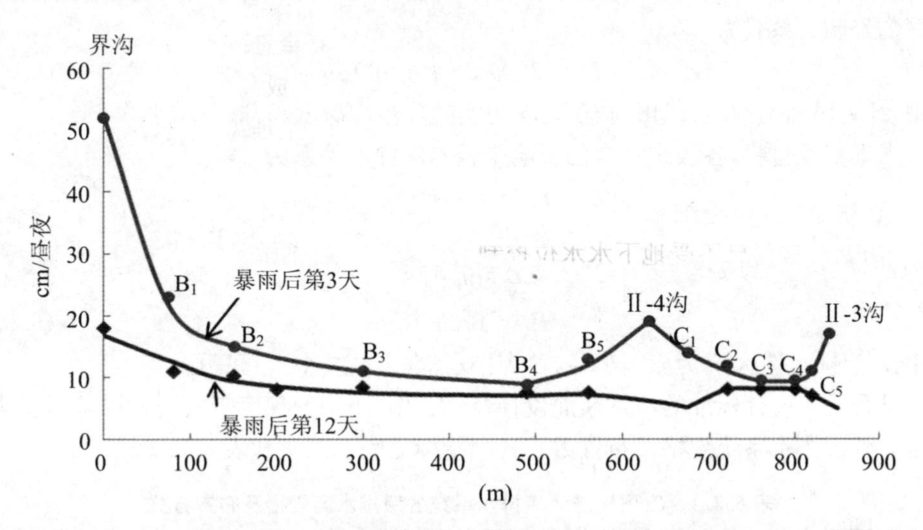

图6.3.4　暴雨后第3、第12天沟、井水位消退规律

6.3.3.2　工程标准及规格参数

由于本地区产流大小表现为全剖面饱和产流，因前期旱，地下水埋深大或雨强超过20 mm/h，由于相对滞水层的作用，上层先饱和先产流。流域局部面积产流得到上层土壤调节，因此，小沟及以下的沟距，沟深以考虑地下水深度对作物生长影响为主要依据较恰当。由达西定律知：土壤中出流量的大小与地下水面坡降成正比，所以地下水水位下降一定深度所需时间与地下水面坡降成反比，其关系式为

$$T = aJ^{-n}, \quad J = \frac{\Delta h}{L} \tag{6.3.1}$$

式中：T为地下水水位下降至一定深度所需时间；a、h为与地下水消退有关的参数；J

为地下水面坡降；Δh 为地下水水位与稳定沟水位之差；L 为测井至排水沟距离。

由实测资料计算结果，得 3 种经验关系式：

① 沟系畅排条件下：

$$T = 12.0J^{-0.318} \tag{6.3.2}$$

得

$$L = 4 \times 10^{-4} T^{3.14} \times \Delta h \tag{6.3.3}$$

② 大沟闸控自由排水，中、小沟受变动回水顶托时：

$$T = 17.0J^{-0.318} \tag{6.3.4}$$

③ 大部分为农作区和大沟翻板闸门控制排水时：

$$T = 340J^{-0.318} \tag{6.3.5}$$

据实地考察和实验分析，一般旱作物耐淹时间不允许超过 3 天，以使用雨后 36 小时内田面中心地下水水位降至地面下 0.3 m 为准。据此由式(6.3.6)得田间沟沟距与沟深的经验关系式为

$$L = 30\Delta h, \quad B = 60\Delta h \tag{6.3.6}$$

式中，B 为田间沟沟距(或田面宽)；Δh 为实际降渍沟深度，一般不小于 0.5 m。

根据实验材料，各级排水沟的影响半径与沟深的关系为

$$h = 0.17r^{0.45}$$

或

$$r = 50h^{2.23} \tag{6.3.7}$$

$$B = 100h^{2.23} \tag{6.3.8}$$

式中，h 为排水沟深；r 为影响半径；B 为排水沟(大、中、小沟)间距。

结合排涝设计标准的沟系断面设计，将大、中、小沟的深度带入公式可求得相应的沟距。各级排水系统规格及布置方式各项指标见表 6.3.1 和表 6.3.2。

表 6.3.1 农田排涝降渍排水系统各级排水沟规格及布置方式

沟 级	口宽(m)	沟深(m)	底 坡	边 坡	沟距(m)	控制面积(亩)	布置方式
大 沟	15～20	3～5	1∶8 000	1∶2(或 2.5)	1 500～2 000	15 000	篦式
中 沟	8～10	1.5～2.0	1∶5 000	1∶1.5(或 2.0)	500～1 000	1 500～3 000	梳式
小 沟	4～6	1.0～1.5	1∶3 000	1∶1.1(或 1.5)	150～300	200～450	梳式
田头沟	1～1.5	0.7～0.8		1∶0.5	40	10	灌排两用
田间沟(墒沟)	0.3	0.2～0.3			一耙		

表6.3.2　农田排涝降渍排水系统每平方公里工程建设标准计算表

布置方式	土方工程及其他标准									建筑物	
	沟级	挖填面积(m^2)	挖压占地宽(m)	平均间距(m)	条数(条)	长度(m)	土方(m^3)	工日(天)	占地	建筑物名称	数量(座)
篦式	大沟	40.0	30.0	2 000	1	500	18 400	12 270	1.5%	大沟桥	0.5
梳式	中沟	12.0	15.0	500	1	1 000	12 000	4 800	1.5%	中沟桥	3
梳式	小沟	3.3	7.5	200	10	4 500	14 850	4 950	3.4%	小沟桥	6
灌排两用	田间沟	0.52	1.0	40	100	1 800	9 360	2 340	1.8%	涵管桥	4
共计							54 610	24 360	8.2%		13.5

综上所述，地下水保持一定高度，可使农田水分适宜作物生长，同时不致挖压过多，有利于土壤良好性状的发展和生态环境的不断改善。因此最佳的排水系统应能迅速排除地面径流，疏干耕作层土壤饱和水分。据实验分析，淮北砂姜黑土区按大、中、小沟结合种植方式，按照分区排水原则，不搞成网格，打乱水系。对于5～10年一遇的暴雨洪水，连阴雨15～20天可达到排涝除渍的要求。此种排水系统土方标准每平方千米50 000 m^3 左右。大沟间距1.5～2.0 km，沟深3～5 m，底坡1∶8 000，口宽15～20 m，边坡1∶2或2.5；中沟间距500～1 000 m，沟深1.5～2.0 m，口宽8～10 m，底坡1∶5 000，边坡1∶1.5或1∶2.0；小沟间距150～300 m，深1.0～1.5 m，口宽4～6 m，底坡1∶3 000，边坡1∶1或1∶1.5；田间沟根据地形沟深一般取0.7 m左右为宜，田间宽采用60倍的沟深。按此布局，田间沟控制面积约10亩；小沟控制面积200～450亩；中沟控制面积约2 500亩；大沟控制面积约15 000亩。

6.4　小　　结

本章基于淮北平原区不同实验流域排涝降渍排水、农田排水蓄水工程技术等实验研究，提出了以大沟、中沟、小沟等排涝沟及田头沟、田间沟等降渍沟（“三涝两渍”和“三涝一渍”）为主的农田区地表水调水工程体系以及在大沟上逐级建闸坝蓄水回补地下水的工程体系，起到适时、适度调控沟网地表水、田间土壤水及地下水水位的三控目的，并对调蓄工程体系对地下水的影响范围和影响程度进行了定量化分析，从而确定了排涝沟和降渍沟的最优空间分布格局，从而系统地形成了适应淮北平原中南部地区的“三涝两渍三控”及适应于淮北平原北部地区的“三涝一渍三控”的排蓄结合立体综合工程体系。创立了“排—蓄—补”相结合及可以实现排涝降渍、蓄控减排、优灌节水及增产增收等多种目标的工程体系。

第7章 农田土壤水调控及灌溉制度优化

7.1 适时适量灌溉技术

单井可灌面积是灌溉工程规划设计和灌溉经济评价中很重要的指标。它不仅与单井出水量有关,还与渠道输水技术和田间节水技术等因素有关。长期以来,对此问题尚未有过专门研究,认识也颇不一致,尤其是在应用高新节水型灌溉工程和灌溉技术的治理区。有些地方规划灌溉工程的指导思想就是为了抗旱,因此为了减少单位面积投资,盲目地扩大单井可灌面积,从而导致轮灌周期过长,失去节水灌溉的意义。为此,将淮北平原常用的节水灌溉工程,即渠灌、低压管灌、喷灌等3种形式,分别以单井出水量(水源条件、输水方式、喷头数量)为研究对象,按4年一遇一般干旱年和10年一遇干旱年,对单井可灌面积进行如下分析计算,供基层单位应用参考。

7.1.1 渠灌

渠灌是淮北平原地区较普遍的灌溉输水形式,分土渠和防渗渠两种。防渗渠道有现浇混凝土渠、混凝土预制板渠和U形混凝土渠等类型,与渠灌配套的田间灌水技术有沟灌和畦灌。渠灌系统的单井可灌面积,主要取决于单井出水量和作物日最大耗水强度,而作物日最大耗水强度也是计算作物灌溉周期的重要参数。根据安徽省水科院实验资料,淮北地区主要旱作物小麦、玉米、棉花和大豆日最大耗水强度,一般干旱年和干旱年从南到北的变化范围是:75%年景为4.80~5.80 mm/d,90%年景为5.20~6.24 mm/d;水稻从南到北的变化范围是:75%年景为8.30~8.90 mm/d,90%年景为9.40~10.20 mm/d。对于纯旱作物区来说,同时灌溉的几种作物可认为其灌水周期大致相同,常用的单井可灌面积计算公式为

$$A_{\mathrm{m}} = Q_t \cdot \eta_1 \cdot \frac{\eta_2}{Ke_{日}} \tag{7.1.1}$$

式中,A_{m}为单井可灌面积,单位为亩;t为每天的灌水时间,单位为h;Q为单井出水量,单位为$\mathrm{m^3/h}$;η_1、η_2分别为渠道输水和田间灌水利用系数,据实验资料取值;$e_{日}$为作物日最大耗水强度,单位为mm;K为将单位mm/d变成$\mathrm{m^3}$/(亩·d)的换算系数。

在同时灌溉的几种作物日最大耗水强度相差较大的情况下，例如，水稻和旱作物灌水周期差异较大时，单井可灌面积 A_m 采用下式计算：

$$A_m = Q_t \cdot \frac{\eta}{K}\sum_{i=1}^{n} e_{日i}\frac{X_i}{\eta_{2i}} \tag{7.1.2}$$

式中，X_i 为 i 种作物的种植比例；n 为同时灌溉的作物种类，η_{2i} 为灌溉 i 种作物的田间灌水利用系数，其他符号意义同前。

分析淮北平原地区水文地质条件，不同富水程度，稳定单井出水量变化范围大致为 20～50 m³/h，现取 20 m³/h、30 m³/h、40 m³/h、50 m³/h 四级分别计算。下面将旱作区计算结果列于表 7.1.1，为便于比较，将土渠一并计算理出。

表 7.1.1 渠灌系统单井可灌面积计算表

单井出水量 Q(m³/h)	单井可灌面积 A_m(亩)							
	土渠（旱作区和水稻、旱作物连作区）				防渗渠（旱作区和水稻、旱作物连作区）			
	75%（旱）	75%（水、旱）	90%（旱）	90%（水、旱）	75%（旱）	75%（水、旱）	90%（旱）	90%（水、旱）
20	31.8	29.1	28.1	25.7	59.0	53.9	52.1	35.0
30	47.7	43.7	42.2	38.6	88.4	80.9	78.1	52.4
40	63.6	58.2	56.2	51.5	117.9	107.8	104.2	70.0
50	79.6	72.8	70.3	64.3	147.4	134.8	130.2	87.4
附注	1. 土渠：$\eta_1=0.502$，$\eta_2=0.80$；防渗渠：$\eta_1=0.93$，$\eta_2=0.80$；$t=14$ h/d；旱作物：$e_{日}$，75%=5.3 mm/d，$e_{日}$，90%=6.0 mm/d；$e_{日}$，75%=8.6 mm/d，$e_{日}$，90%=9.7 mm/d。 2. 旱，表示旱作区；水、旱，表示水稻和旱作物连作区							

7.1.2 管灌

淮北井灌区和河灌区均有管灌，管材有 PVC 管、PE 管和混凝土管，管径为 110 mm，管内工作压力为 0.03～0.1 MPa，支管间距为 100～120 m，管网一般布置成“I”形、“E”形或“土”形。其配套的田间灌水技术主要有常规沟畦灌和退管灌。其中退管灌是指在出水口套接软管，由远及近，分节后退灌溉的一种方法。它与常规沟畦灌相比，具有节水、提高灌水质量和可人为控制灌水定额等优点，因此被当地群众广泛采用。该系统单井可灌面积计算公式与渠灌相同，只是参数取值不同。现将旱作区计算结果列入表 7.1.2。

表7.1.2　管灌系统不同设计保证率单井可灌面积计算表

单井出水量 $Q(m^3/h)$	A_m(亩)				计算参数
	75%(旱)	75%(水、旱)	90%(旱)	90%(水、旱)	
20	64.5	59.1	57.0	52.2	$\eta_1=0.97$，$\eta_2=0.84$，$t=14$ h/d；旱，$e_日$，75%＝5.3 mm/d，$e_日$，90%＝6.0 mm/d；水、旱，$e_日$ 75%＝8.6 mm/d，$e_日$，90%＝9.7 mm/d
30	96.8	88.6	85.6	78.3	
40	129.1	118.1	114.0	104.4	
50	161.4	147.7	142.6	130.5	

7.1.3　喷灌

淮北平原地区目前发展的喷灌形式主要以半固定式为主，在有些城郊经济作物区采用固定式喷灌、微喷、滴灌等。对于喷灌系统来说，单井可灌面积的计算不同于渠灌和管灌，它主要与所带喷头数、喷头流量及作物日耗水强度等因素有关，所带喷头数取决于单井出水量和配套的泵型。

设支管上喷头间距为 L，支管间距为 b，其喷头喷洒的有效湿润面积为 S，则有 $S=L\cdot b$。因此，单喷头全圆喷洒和扇形喷洒的平均喷灌强度 f 分别按下式计算：

$$f_{圆}=\frac{1\,000q\eta_2}{bL} \tag{7.1.3}$$

$$f_{扇}=\frac{1\,000q\eta_2\alpha}{bL\cdot 360^\circ} \tag{7.1.4}$$

式中，q 为为单喷头喷水量，单位为 m^3/h；η_2 为喷洒水有效利用系数；α 为扇形喷洒范围内的中心角。喷灌作业时，同时携带的最多喷头数为 n，在水泵扬程满足要求情况下，应有

$$n=\mathrm{INT}\left(\frac{\eta_1 Q}{q}+0.5\right)$$

INT代表取整符号。因此，全圆喷洒和扇形喷洒的 A_m 计算公式分别是式(7.1.5)和式(7.1.6)。

$$A_{m圆}=\frac{3\mathrm{INT}\left(\frac{\eta_1 Q}{q}+0.5\right)qt\eta_2}{2e_{日}} \tag{7.1.5}$$

$$A_{m扇}=\frac{3\mathrm{INT}\left(\frac{\eta_1 Q}{q}+0.5\right)qt\eta_2}{2e_{日}}\times\frac{360^\circ}{\alpha} \tag{7.1.6}$$

若单喷头平均喷灌强度 f 已知，则全圆喷洒和扇形喷洒的 A_m 计算公式分别为式(7.1.7)和式(7.1.8)。

$$A_{m圆}=\frac{\mathrm{INT}\left(\frac{\eta_1 Q}{q}+0.5\right)bLtf_{圆}\ \eta_2}{667e_{日}} \tag{7.1.7}$$

$$A_{m扇}=\frac{\mathrm{INT}\left(\frac{\eta_1 Q}{q}+0.5\right)bLtf_{圆}\ \eta_2}{667e_{日}} \tag{7.1.8}$$

式中符号意义同前。

目前本地区喷灌大田作物时，常用的喷灌设备及配套水泵大多是由水利部中灌公司推荐的喷灌离心泵、D170Iss50 型深井泵(油、电两用)和 200QJ 型潜水电泵；采用的单喷头流量为 q=2.98～3.47 m^3/h，组合间距为 18×18 m 和 18×24 m。从实际应用中得知，该喷灌系统同时配用的最多喷头数 n≤15。下面将淮北平原地区喷灌大田旱作物时，作全圆喷洒的单井可灌面积计算结果列于表 7.1.3。

表 7.1.3　喷灌系统单井可灌面积计算表

单井出水量 Q(m^3/h)	A_m(亩)		计算参数
	75%	75%	
20	64.5	59.1	组合间距 18×18 m，q=3.47 m^3/h，η_1=0.98，η_2=0.90，t=14 h/d；$e_{日}$75%=5.3 mm/d，$e_{日}$90%=6.0 mm/d
30	96.8	88.6	
40	129.1	118.1	
50	161.4	147.7	

以上计算结果表明：

① 井径 40～70 cm，单井出水量达 40 m^3/h 以上的井灌区，规划单井可灌面积当以 10 年一遇的干旱年为依据，其面积以 100～120 亩为宜。即使是在单井出水量≥50 m^3/h的地区，其单井最大可灌面积也只能控制在 150 亩左右。对于单井深度 30～40 m，单井出水量＜40 m^3/h 的井灌区，单井可灌面积以 80～100 亩为宜。

② 在单井出水量一定时，单井可灌面积因不同的节水工程形式而有不同，其中喷灌单井可灌面积最大，在同等条件下，比土渠大 2.5 倍左右，比防渗渠和管灌大 1.2 倍左右。因此，考虑到工、农业用水增加、灌溉水资源日趋紧缺以及从群众的经济承受能力出发，淮北平原地区现阶段宜发展半固定式和地面移动式喷灌。在具体应用时，A_m 的采用值，应以 10 年一遇干旱年作物需水量最敏感期(即对产量影响最大时期)的灌溉周期为依据进行取值。

③ 计算参数是影响计算精度的重要因素。因此，在大力发展节水灌溉的同时，需加强对不同作物的日需水量、不同节水措施条件下田间水有效利用系数等参数的实验研究，将规划设计建立在科学基础上。

④ 作为一种补充型灌溉水源,在砂姜黑土区的富水区,一种井径25～30 cm,井深10～12 m的小口土井得到广泛应用。对于这种井型的单井可灌面积,依据实践经验,以控制在15亩为宜。如能配一机泵带6～8个单喷头(单井头流量3.5 m^3/h)的地面移动软管实施喷灌,遇降水频率为75%的一般干旱年时,也会取得较好的井灌经济效益。

7.2 土壤墒情监测与预报

7.2.1 土壤墒情监测技术

墒情指土壤湿度的情况,可用土壤含水量占烘干土重的百分数表示:

土壤含水量=水分重/烘干土重×100%

也可以用土壤含水量相当于田间持水量的百分比、或相对于饱和水量的百分比等相对含水量表示。根据土壤的相对湿度可以知道,土壤含水的程度、还能保持多少水量,在灌溉上有重要的参考价值。

从20世纪60年代至今,国内外专家学者对土壤水分研究已取得很多成果。在美国、以色列、澳大利亚等发达国家,农田水分监测和灌溉已向自动控制方向发展。也就是说,根据农田墒情和作物需水要求自动给作物适时、适量地补充水分。从墒情监测到适时、适量灌水信息处理和发布等均由计算机完成,可获得最佳的节水增产效果。

土壤水分是“三水”转化的纽带,对农作物的生长起到至关重要的作用。墒情预报目前较为成熟方法的主要有以下4种:一是经验相关预报模型;二是非饱和带土壤水量平衡模型;三是根层土壤水量平衡模型;四是土壤水动力学模型。本章采用的是经验相关模型和非饱和带土壤水量平衡模型。

7.2.2 土壤墒情预报方法与模型

墒情预报是农田用水和区域水资源管理的一项基础工作,对于农田灌溉排水的合理实施和提高水资源的利用率等有重要作用。墒情预报主要是对田间土壤含水率的预报。

国内外已有许多的关于土壤墒情预报方法的研究,所采用的方法概括起来可大致分为水量平衡法、土壤水动力学法、经验公式法件、消退指数法、时间序列法和神经网络模型法等。

对作物耕作层土壤水分的增长和消退程度进行预报,是制定合理的灌溉制度,进行适量灌水、提高土壤水分利用效率的基础和关键。

墒情预报就是对土壤水分的增长和消退进行的预报，其关键是掌握田间根系层土壤水分的消长规律。目前常用的墒情预报方法多从探求土壤含水量的变化规律及其与主要影响因素之间的关系入手，预报单站或区域内未来土壤水分的增减情况及其对作物生长的影响程度。综观各类方法，可分为确定性方法和随机性方法两类。确定性模型主要有经验性或半经验性模型、概念性模型、机理性模型、反推识别法等；随机性模型主要有时间序列模型、考虑有关因素随机特性的随机模型等。目前常用的墒情预报方法有经验性或半经验性模型、水量平衡模型、概念性模型、机理性模型等以及考虑时间或其他有关因素随机特性的随机性方法等。近年来，由于人工神经网络具有较强的自学能力及逼迫任意连续函数和非连续函数的能力，所以也有学者将其用于对土壤墒情的预测、预报研究中。

由于土壤水的增消变化影响因素众多，土层水量变化复杂，空间变异性较大，所以上述方法中，有的理论较为成熟，但实际应用却很难，如以土壤水动力学方法为代表的机理性模型和水量平衡模型；而有的方法，如经验公式法，虽简单且涉及参数较少，但模型参数只能适用于特定的时间和地区，难以推广使用。神经网络模型虽然有自身的一些优点，但仍存在模型建立过程简单、内部机制不清楚等局限性。

无论采用哪种模型，其预报模型的应用和预报方案的编制要靠广大的技术人员来完成，而准确判断一个墒情预报模型的优劣应具备两个条件：一是预报精度要满足实际应用要求；二是模型结构要尽可能简化，即模型参数尽可能减少，且参数易得，便于基层应用。本节所用的模型是经过在安徽省淮北平原多年实验研究后提出的一种实用土壤墒情预报模型，属于半经验半理论模型。

7.2.2.1 预报方法

1. 经验公式和消退系数法

消退系数法是根据土壤水垂向变化规律，应用水文预报的方法，通过推求逐日土壤水消退系数 K 值以预测土壤水的变化情况。

表层土壤含水量是随着降水、灌溉、径流、下渗、蒸发等因素的变化而变化的。根据降水产流理论和包气带水运移理论，就一次降水而言，降水量为 P，产径量为 R，初损失量为 I，则三者关系式为

$$R = P - I \tag{7.2.1}$$

而在降水初损历时中，表层土壤与地面的水量平衡关系可简要表达为

$$I = I_{\mathrm{m}} - P_{\mathrm{a}} \tag{7.2.2}$$

式中，I_{m}为流域中的最大初损，实际上也间接代表地表的蓄水量；P_{a}为本次降水开始时的前期影响雨量。显然，影响损失（或产流量）的最主要因素是前期影响雨量（即前期土壤含水量），其计算公式为

$$P_{\mathrm{a}} = \sum_{i=1}^{n} P_i K^{ti} \tag{7.2.3}$$

当 $t=1$ 天，并且前、后两日连续晴天时，用下式计算：

$$P_{a,t+1}=KP_{a,t} \tag{7.2.4}$$

如果在 t 日有降水，但未产流，则

$$P_{a,t+1}=K(P_{a,t}+P_t) \tag{7.2.5}$$

式中，P_a为前期影响雨量；P_i为前期降水量；K 为土壤含水量的日消退系数；t_i为对应于 P_i的前期降水距本次降水的时间；$P_{a,t}$、$P_{a,t+1}$为分别为 t 时的和 $t+1$ 时的前期影响雨量；P_t为 t 时降水量，以上各量除 K 外，均以 mm 计。当 $P_{a,t}+P_t\geqslant I_m$时，以 I_m值作为 P_a的上限值计算。

考虑到灌溉和农作物根系分布特点，其研究目标选定为失墒敏感层(0～0.2 m)和根系发育层(0～0.5 m)。依据上述降水径流预报理论，把表示根系发育层(0～0.5 m)土壤水分的量化指标称为墒情指数，则墒情指数计算模型可表示为式(7.2.6)，这就是实用墒情预报的技术原理。其特点是结构简单、参数易得、精度可靠，公式如下：

$$\theta_{a,t}+1=K_t(\theta_{a,t}+P_t+q_t) \tag{7.2.6}$$

式中，$\theta_{a,t+1}$、$\theta_{a,t}$为分别为第 $t+1$ 日和第 t 日墒情指数，单位为 mm；P_t为第 t 日的降水量；q_t为第 t 日的灌水量，单位为 mm；K_t为为第 t 日的土壤水分消退系数。

2. 水量平衡法

水量平衡法是将作物根系活动区域以上土层视为一个整体系统，输入项有降水量、灌水量、侧向补给量、地下水补给量；输出项有作物蒸腾蒸发量、地面径流量、侧向流出量和深层渗漏量，在任意时刻系统的水量应保持平衡，数学表达式为

$$W_{i-1}+P_i+I_i+V_i+K_i-(ET_{ci}+R_{oi}+Q_i+G_i+W_i)=0 \tag{7.2.7}$$

式中，W_{i-1}、W_i为第 $i-1$、第 i 日土层内的蓄水量；P_i为第 i 日总降水量；I_i为第 i 日灌水量；V_i为第 i 日土层侧向补给量；K_i为第 i 日地下水补给量；ET_{ci}为第 i 日作物需水量；R_{oi}为第 i 日地面径流量；Q_i为第 i 日侧向流出量；G_i为第 i 日深层渗漏量。

在旱作物灌溉中，一般不允许有深层渗漏。若忽略土层侧向补给量和侧向流出量，即认为在土层中，其水平面上不发生土壤水流动，并将上式中的降水和径流项用径流系数法概括，则上式可简化为

$$W_{i-1}+P_{ei}+I_i+K_i-(ET_{ci}+W_i)=0 \tag{7.2.8}$$

式中，P_{ei}为第 i 日有效降水量，单位为 mm。

有效降水量计算公式为

$$Pe=\alpha P \tag{7.2.9}$$

其中，α 为降水入渗补给系数，其值为一次降水量，与降水强度、降水延续时间、土壤性质、地面覆盖及地形等因素有关，取值如下：

$$\alpha=\begin{cases}0 & (P<5\text{ mm})\\ 1\sim0.8 & (5\text{ mm}\leqslant P\leqslant50\text{ mm})\\ 0.7\sim0.8 & (P>50\text{ mm})\end{cases} \tag{7.2.10}$$

地下水补给量与地下水埋深、土壤质地、作物需水强度等有关，计算模型为

$$K = ETe^{-\sigma H_o} 。 \tag{7.2.11}$$

式中，σ 为经验系数，对砂土、壤土、黏土可分别取值为 2.1、2.0 和 1.9；H_o为地下水埋深，单位为 m。

若将土层蓄水量换算为相应时刻的土壤含水率，则式(7.2.8)可变形为

$$\theta_i = \theta_{i-1} - \frac{1\,000(ET_{i-1} - P_{e,i-1} + I_{i-1} + K_{i-1})}{\theta_f A H_m} \tag{7.2.12}$$

式中，θ_{i-1}，θ_i 为第 $i-1$、第 i 日土壤含水率，旱作物为田间持水率的百分数；θ_f 为田间持水率(占土壤孔隙率百分数)；ET_{i-1}为第 $i-1$ 日作物需水量，单位为 mm；$P_{e,i-1}$为第 $i-1$ 日有效降水量，单位为 mm；I_{i-1}为第 $i-1$ 日灌水量，单位为 mm；K_{i-1}为第 $i-1$日地下水补给量，单位为 mm；H_m 为下作物根系深度，单位为 m；A 为物根土壤孔隙度。

当地下水水位在 3 m 以下时，可不考虑地下水补给量，因而在非灌水日的土壤水量平衡计算公式为

$$\theta_i = \theta_{i-1} - \frac{1\,000(ET_{I-1} - P_{e,i-1} + I_{i-1})}{\theta_f A H_m} \tag{7.2.13}$$

利用上式推求 θ_f，应在递推起始日实测一次土壤含水率，选择生育期以前的一次降透雨或者灌水之后 1～2 天作为初始日。每次灌水或降透雨都将改变 θ_i 的变化趋势，在进行逐日土壤水量平衡时应作为新的初始状态，进行新的递推。

进行作物实时灌溉预报可依据水量平衡原理，对土壤含水量(水层)逐日变化过程进行预测计算和灌水日期、灌水量的预测。由于地表以下 0.5 m 土层是许多旱作物的主要根系层，是水分转化最活跃的区域，故为了方法的简化和通用性，以 0.5 m 土层储水量为研究对象检测和预报其在作物生长期的变化规律。区域 0.5 m 土层内旱作物水量平衡方程为

$$W(x,y)_t = W(x,y)_{t-1} + P_e(x,y)_\tau + I(x,y)_\tau + G_e(x,y)_\tau - ET(x,y)_\tau \tag{7.2.14}$$

式中，(x,y)为空间某点坐标；T 为某时间；τ 为点坐标到 t 的时段长；$W(x,y)_t$为一段时刻 0.5 m 土体水分储量；$W(x,y)_{t-1}$为 1 分储时刻 0.5 m 土体水分储量；$P_e(x,y)_\tau$为 τ 时段内有效降水量；$I(x,y)_\tau$为 τ 时段内灌溉水量；$G_e(x,y)_\tau$为 τ 时段内地下水对 0.5 m 土层的补给量；$ET(x,y)_\tau$为 τ 时段内作物蒸发蒸腾量。

对于研究区域各最小分区，在确定了最小分区的合理取样数目和代表点位置后，t 时刻的 0.5 m 土体土壤水分状况 W_D是各代表点土壤水分状况的集合，见式 7.2.15。

$$W_D = \{W(x,y)_t \mid (x,y) \in D\} \tag{7.2.15}$$

将稻田分为有水层和无水层两种情况进行水层或者土壤水分逐日模拟和预报，稻田无水层的土壤水分监测和预报方法与旱作物区域基本相同。有水层的稻田水量平衡方程形式如下：

$$HP_t = HP_{t-1} + RF_t + IR_t - ET_t - DP_t - RO_t \tag{7.2.16}$$

式中，HP_t为时段末田面水层深度，单位为 mm；HP_{t-1}为 $t-1$ 时段初田面水层深度，

单位为 mm；RF_t 为 t 时段内降水量，单位为 mm；IR_t 为 t 时段内灌溉水深，单位为 mm；ET_t 为 t 时段内作物蒸腾蒸发量，单位为 mm；DP_t 为 t 时段内渗漏量，单位为 mm；RO_t 为 t 时段内地表径流量，单位为 mm。

区域（各代表田块）的土壤含水率、作物情况、地下水补给（深层渗漏）和降水等作为输入量，通过上述旱作物和水稻实时灌溉预报方法，进行区域（各代表田块）土壤储水量（水层）逐日变化过程的预测计算和灌水日期、灌水量的预测。

平衡方程中有的参数，例如 ET、DP 等只有通过预测才能得到，可以通过预报 ET 进行计算预报。ET 的实时预报方法是利用天气类型修正系数计算。气象要素缺测时可采用经验计算方法等。稻田最小分区灌溉预报以各代表田块预报结果为基础。对于旱作物最小分区，以监测的代表点土壤水分状况作为时段初区域水分状态，进行区域土壤水分状况的预测（图 7.2.1）。

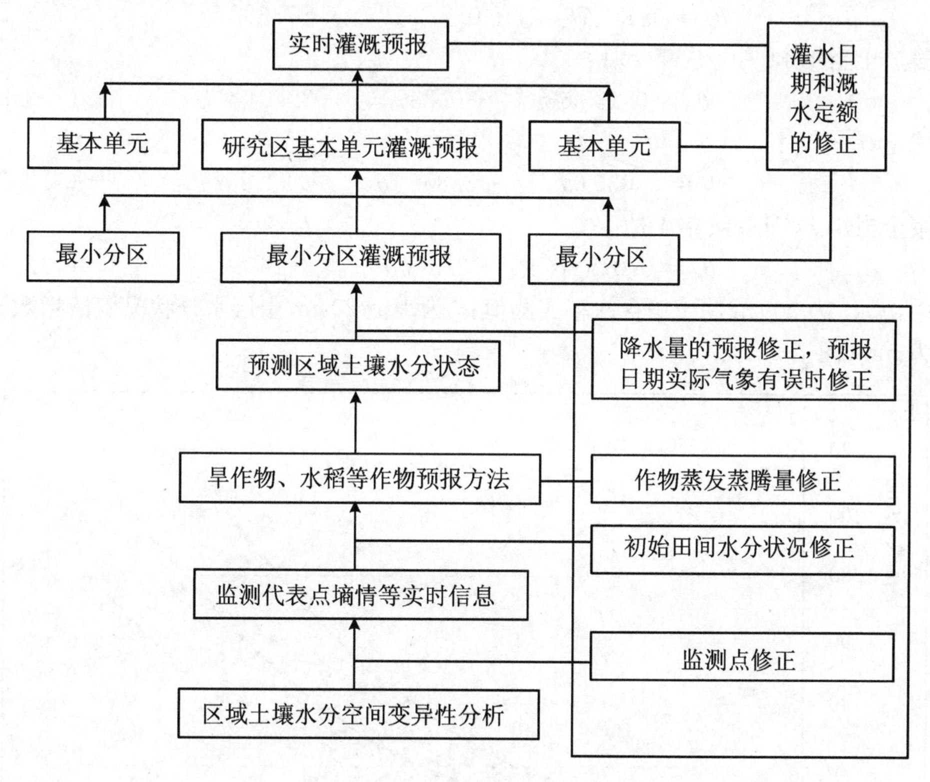

图 7.2.1　作物实时灌溉预报模型

7.2.2.2　预报模型

1. 实测土壤含水率计算模型

主要包括失墒敏感层和根系发育层土层平均含水率，其计算公式为

$$\theta_{0\sim0.2}=\frac{\theta_1+\theta_2}{2} \tag{7.2.17}$$

$$\theta_{0\sim0.5}=\frac{\sum_{i=1}^{5}\theta_i}{5} \tag{7.2.18}$$

式中，θ_1、θ_2、θ_3、θ_4、θ_5为相应于测点深度为 5 cm、15 cm、25 cm、35 cm、45 cm 处的实测土壤含水率。

2. 20 cm 土层墒情指数计算模型

采用 20 cm 土层土壤平均含水率计算 20 cm 土层墒情指数，考虑两种主要土壤类型：砂姜黑土和砂壤土。经 10 种相关曲线优选，得其相关曲线为抛物线形。

砂姜黑土 5～10 月：

$$\theta_a=0.1137\theta_{0\sim0.2}^2+0.7735\theta_{0\sim0.2}-7.3825 \tag{7.2.19}$$

砂姜黑土当年 11 月～次年 4 月：

$$\theta_a=0.1356\theta_{0\sim0.2}^2+0.23\theta_{0\sim0.2}-3.7644 \tag{7.2.20}$$

砂壤土 5～10 月：

$$\theta_a=0.0356\theta_{0\sim0.2}^2+3.8597\theta_{0\sim0.2}-22.567 \tag{7.2.21}$$

砂壤土当年 11 月～次年 4 月：

$$\theta_a=0.0786\theta_{0\sim0.2}^2+2.3771\theta_{0\sim0.2}-16.52 \tag{7.2.22}$$

其中，$\theta_{0\sim0.2}$为 20 cm 深土壤含水率实测值；θ_a为表征 20 cm 土层水分状况墒情指数，单位为 mm(图 7.2.2)。

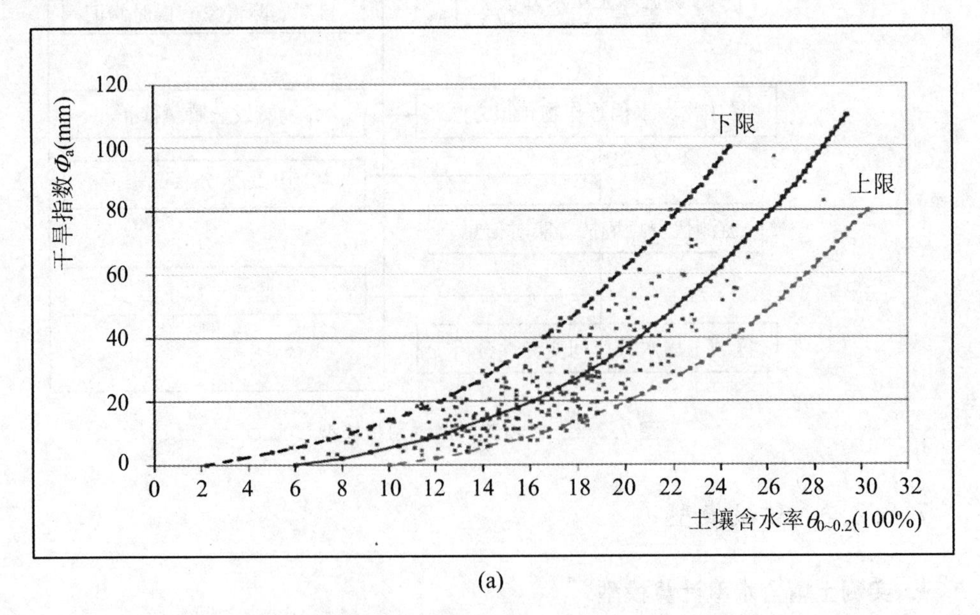

(a)

图 7.2.2 20 cm 土层墒情指数计算结果((a)为 11～4 月，(b)为 5～10 月)

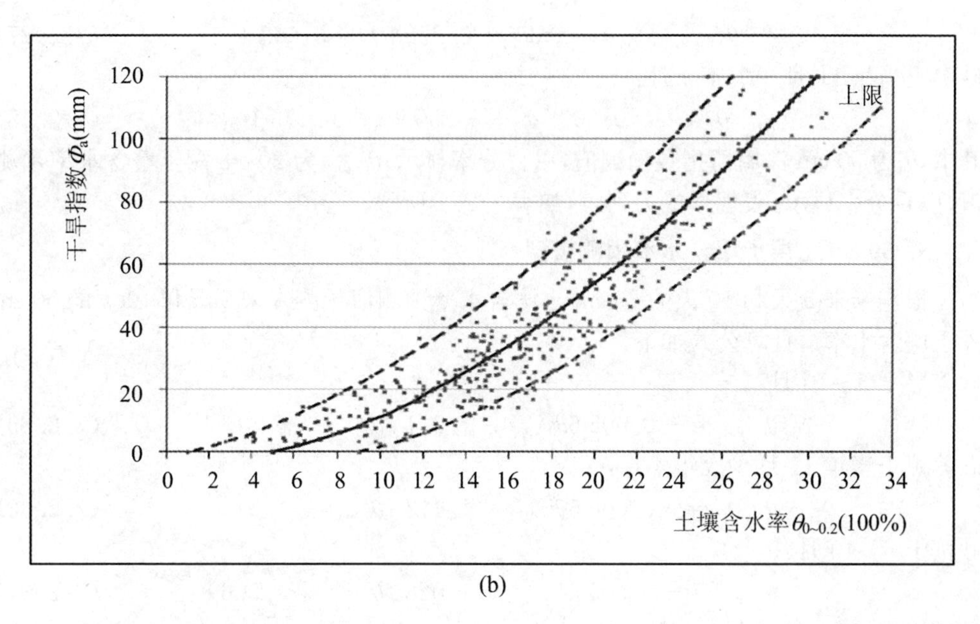

(b)

图7.2.2(续)

3. 50 cm土层墒情指数预测模型

预测期为未来5天和10天。用第t日的50 cm土层的实时墒情指数预测第$t+n$日的50 cm土层的墒情指数。计算公式为

$$\theta_{a,t+n} = (K_t)^n(\theta_{a,t} + P_t + Q_t) \tag{7.2.23}$$

式中，$\theta_{a,t}$为第t日的墒情指数计算值，单位为mm；$\theta_{a,t+n}$为第$t+n$日的墒情指数预测值，单位为mm；P_t为预测期间的预期降水量累计，单位为mm；Q_t为预测期间的预期灌水量累计，单位为mm；K_t为土壤水分消退系数，根据土壤类型和预测时段不同具有不同值。

如果预测时段为跨月的，说明K_t值不同，则要根据所跨月份的天数来进行积运算，如2002年4月28日预测今后5天的墒情指数，时段跨了4月和5月，则上式变为

$$\theta_{a,t+5} = (K_4)^2(K_5)^2(\theta_{a,t} + P_t + Q_t) \tag{7.2.24}$$

4. 20 cm土层土壤含水率预测模型

根据未来5天和10天的50 cm土层墒情指数预测值预测未来5天和10天的20 cm土层土壤含水率。计算时根据测站的土壤类型和预测时间所处月份采用下列公式：

砂姜黑土5～10月：

$$\theta_{0\sim0.2} = -0.001\theta_a^2 + 0.312\,9\theta_a + 6.170\,6 \tag{7.2.25}$$

砂姜黑土当年11月～次年4月：

$$\theta_{0\sim0.2} = -0.001\,2\theta_a^2 + 0.331\,2\theta_a + 7.366\,8 \tag{7.2.26}$$

砂壤土5～10月：

$$\theta_{0\sim0.2} = -0.0003\theta_a^2 + 0.2266\theta_a + 5.6424 \quad (7.2.27)$$

砂壤土当年11月～次年4月：

$$\theta_{0\sim0.2} = 0.0005\theta_a^2 + 0.2559\theta_a + 6.1751 \quad (7.2.28)$$

其中，θ_a为50 cm深墒情指数预测值，以百分率显示；$\theta_{0\sim0.2}$为20 cm深土壤含水率预测值，以百分率显示，表现形式为列表，如表7.2.1所示。

5. 50 cm土层土壤含水率预测模型

根据未来5天和10天的20 cm土壤含水率预测值预测未来5天和10天的50 cm深土壤含水率。计算公式如下：

砂姜黑土5～10月：

$$\theta_{0\sim0.5} = -0.0056\theta_{0\sim0.2}^2 + 1.0213\theta_{0\sim0.2} + 5.8161 \quad (7.2.29)$$

砂姜黑土当年11月～次年4月：

$$\theta_{0\sim0.5} = -0.0065\theta_{0\sim0.2}^2 + 1.1137\theta_{0\sim0.2} + 3.9156 \quad (7.2.30)$$

砂壤土5～10月：

$$\theta_{0\sim0.5} = -0.0036\theta_{0\sim0.2}^2 + 1.0287\theta_{0\sim0.2} + 4.5068 \quad (7.2.31)$$

砂壤土当年11年～次年4月：

$$\theta_{0\sim0.5} = -0.0042\theta_{0\sim0.2}^2 + 1.0219\theta_{0\sim0.2} + 5.5389 \quad (7.2.32)$$

其中，$\theta_{0\sim0.5}$为50 cm深土壤含水率实测值，从百分率显示；$\theta_{0\sim0.2}$为20 cm深土壤含水率预测值，从百分率显示。

示例见表7.2.1。

表7.2.1　土层土壤含水率预测情况计算表

市名	测站名称	T日(实测)			T+5日(预测)			T+10日(预测)		
		50 cm深墒情指数	20 cm土壤含水率	干旱级别	50 cm深墒情指数	20 cm土壤含水率	干旱级别	50cm深墒情指数	20cm土壤含水率	干旱级别
*	*	*	*	*	*	*	*	*	*	*

6. 灌水时间预测模型

首先确定一次旱情的开始和结束时间。砂姜黑土区：把墒情指数θ_a消退至35 mm的时间定义为轻旱开始时间；砂壤土：把墒情指数θ_a消退至30 mm的时间定义为轻旱开始时间，把一次旱情直至迎来丰富降水过程或透墒水前的最后一个晴天作为一次旱情的结束日期。因此，把轻旱开始时间，即墒情指数消退至35 mm或30 mm的日期定为适时、适量灌水时间；把重旱开始时间，即墒情指数消退至20 mm或15 mm的日期定为抗旱灌水时间。

从数据库中获取土壤含水率，用50 cm土层的实时墒情指数预测模型获得50 cm土层的墒情指数预测值，用灌溉时间预测模型和灌溉定额预测模型分别计算旱情发生时的灌溉时间和灌水定额。灌水时间包括适时灌水时间和抗旱灌水时间。预测指标值根据土壤类型不同，适时灌水时间：砂姜黑土的墒情指数预测值≤35 mm，砂壤土为墒情指数预测值≤30 mm；抗旱灌溉时间（重旱开始时间）：砂姜黑土为墒情指数预测值≤20 mm，砂壤土为墒情指数预测值≤15 mm。计算公式如下：

$$\theta_{a,t+n} = (K_t)^n(\theta_{a,t} + P_t + Q_t) \tag{7.2.33}$$

式中，$\theta_{a,t}$为第t日的墒情指数计算值，单位为mm；$\theta_{a,t+n}$为第$t+n$日的墒情指数预测值（预测指标值），单位为mm；K_t为土壤水分消退系数，根据土壤类型和预测时段不同具有不同值，具体值同50 cm深墒情指数预测模型；Q_t为第t日灌水量，单位为mm。

如果预测时段为跨月的，则说明K_t值不同，要根据所跨月份的天数来进行积运算，如，2002年4月28日预测今后n天的墒情指数，时段跨了4月和5月，计算公式演变为

$$\theta_{a,t+5} = (K_4)^2(K_5)^{n-2}(\theta_{a,t} + P_t + Q_t) \tag{7.2.34}$$

计算结果n即为适时/抗旱灌水时间，取小数点后一位。若实测数据计算所得墒情指数已经达到轻旱或重旱指标，n值取0，反映相应旱情开始日期即为实测日期。

7. 灌水定额预测模型

包括适时灌水定额和抗旱灌水定额。计算公式如下：

$$q = 667\gamma H(\theta_{上} - \theta_{0.5预}) \tag{7.2.35}$$

式中，γ为土壤容重，取值与土壤类型及预测时段有关，单位为t/m³；H为计划湿润层厚度，单位为m；$\theta_{上}$为适宜作物生长的土壤含水率上限，以百分率显示，取值与土壤类型和所预报的时段有关；$\theta_{0.5预}$为轻旱/重旱开始时的50 cm深预测土壤含水率，以百分率显示；q为适时/抗旱灌水定额m³/亩，各参数取值见表7.2.2。

表7.2.2　灌水定额计算模型参数取值表

土壤类型	6月、10月、11月、12月、1月	其他月份
砂姜黑土	H=0.3 m	H=0.5 m
	$\theta_{上}$=24%	$\theta_{上}$=26%
	γ=1.39　t/m³	γ=1.40　t/m³
砂壤土	H=0.3 m	H=0.5 m
	$\theta_{上}$=24%	$\theta_{上}$=26%
	γ=1.34　t/m³	γ=1.36　t/m³

7.2.3 参数指标确定及预报流程图

7.2.3.1 土壤水分消退系数的实验分析确定

土壤水分消退系数 K 是墒情预报模型中的重要参数，它反映了土壤特性、下垫面、农作物生长阶段和需水、气象等综合因素。据五道沟实验站多年实验资料分析，淮北平原地区主要农作物各生长阶段的消退系数见表 7.2.3，砂姜黑土和砂壤土各月的简化取值见表 7.2.4。

表 7.2.3 淮北地区主要农作物不同生育阶段土壤水分日消退系数

作物	项目	内容
小麦	生育阶段	播种期 ～ 分蘖 ～ 返青 ～ 拔节～ 抽穗 ～ 灌浆 ～ 成熟
	日期	10 月 10 日～11 月 20 日～2 月 10 日～3 月 20 日～4 月 20 日～5 月 10 日～5 月 31 日
	K	0.95～0.98 0.97～0.98 0.95～0.96 0.94～0.96 0.92～0.95 0.90～0.93
大豆	生育阶段	播种期 ～ 出苗 ～ 分枝 ～ 开花 ～ 鼓粒 ～ 成熟
	日期	6 月 10 日～6 月 17 日～7 月 10 日～7 月 31 日～8 月 14 日～9 月 25 日
	K	0.91～0.94 0.91～0.95 0.90～0.93 0.89～0.93 0.90～0.95
夏玉米	生育阶段	播种期 ～ 出苗 ～ 拔节 ～ 抽雄 ～ 灌浆 ～ 成熟
	日期	6 月 10 日～6 月 20 日～7 月 5 日～7 月 31 日～8 月 15 日～9 月 12 日
	K	0.91～0.94 0.90～0.94 0.89～0.93 0.87～0.92 0.89～0.94
夏棉花	生育阶段	播种期 ～ 出苗 ～ 现蕾 ～ 开花 ～ 吐絮 ～ 吐絮以后
	日期	6 月 5 日～6 月 15 日～7 月 15 日～7 月 31 日～9 月 10 日～10 月 10 日
	K	0.91～0.93 0.91～0.93 0.90～0.92 0.87～0.93 0.91～0.96

表 7.2.4 淮北地区土壤日消退系数 K 值各月取值

土壤类型	月份 / 项目	1	2	3	4	5	6	7	8	9	10	11	12
砂姜黑土	K_1	0.979	0.970	0.948	0.936	0.924	0.912	0.921	0.928	0.939	0.951	0.960	0.971
	K_2	0.973	0.966	0.956	0.954	0.934	0.910	0.935	0.934	0.951	0.959	0.965	0.973
	K	0.97	0.97	0.95	0.94	0.92	0.91	0.93	0.92	0.94	0.96	0.96	0.97
砂壤土	K	0.98	0.98	0.97	0.96	0.95	0.93	0.95	0.94	0.96	0.97	0.97	0.98

附注：K_1 为 E601 蒸发皿实测资料分析计算值；K_2 为潜水控制埋深为零的潜水蒸发实测资料分析计算值；K 为取值

7.2.3.2 墒情指数范围及干旱指标分析研究

墒情指数的大小直接反映土壤的干旱程度，据五道沟实验站多年实验资料分析，淮北地区砂姜黑土和砂壤土的干旱级别分级见表7.2.5。

表7.2.5 墒情指数干旱分级表

墒情指数范围 θ(mm)	砂壤土		后果	措施
>105	水分过多	涝或渍	影响作物产量	农田需排水
60～105	水分适宜	适宜	作物正常生长	不排不灌
30～60	水分偏少	偏少	影响作物产量	适时适量灌溉
15～30	缺水	小旱(轻旱)	造成减产	适时适量灌溉
<15	严重干旱	大旱(重旱)	无法播种，部分作物绝收	抗旱或造墒播种
墒情指数范围 θ(mm)	砂姜黑土		后果	措施
>100	水分过多	涝或渍	影响作物产量	农田需排水
65～105	水分适宜	适宜	作物正常生长	不排不灌
35～65	水分偏少	偏少	影响作物产量	适时适量灌溉
20～35	缺水	小旱(轻旱)	造成减产	适时适量灌溉
<20	严重干旱	大旱(重旱)	无法播种，部分作物绝收	抗旱或造墒播种

7.2.3.3 墒情预报作业流程图

一次墒情预报的作业和墒情信息的发布，都需要经过信息采集、预报地区和土壤类型的选择、模型计算、干旱级别判断等几个步骤。现采用信息系统，通过建立墒情、农业生产、作物需水、灌溉等基本信息数据库，从而解决了大范围农田的墒情预报问题。其墒情预报作业流程见图7.2.3。

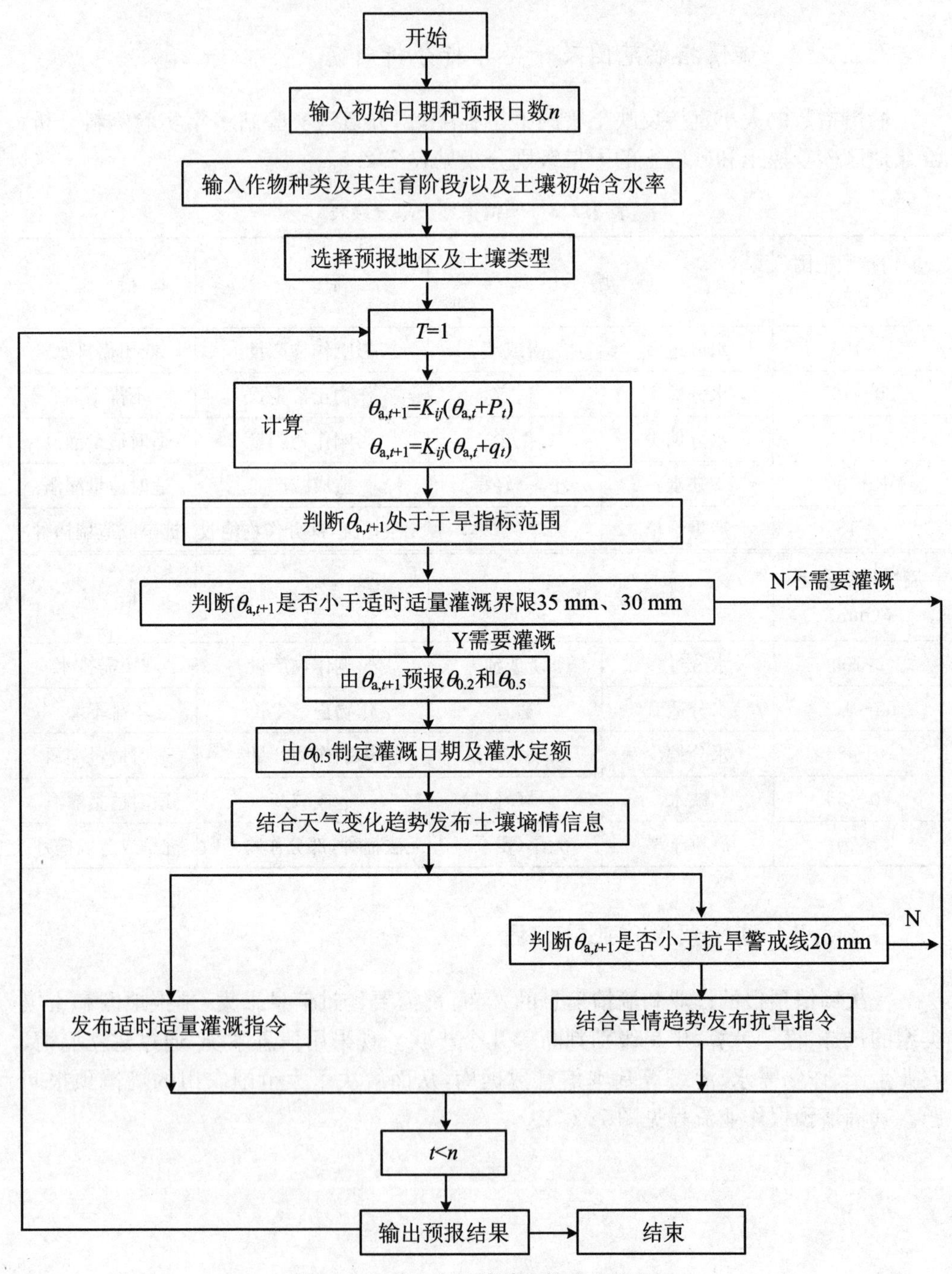

图 7.2.3 信息中心墒情预报作业流程图

7.2.4　墒情信息及查询

实时墒情包括:土壤平均含水率分布图、50 cm 实时墒情指数的等值线/等值面。墒情预测分析包括:50 cm 墒情指数预测等值线/等值面、20 cm 深土壤含水率预测分析、灌溉预测分析及灌溉效益评估。

墒情信息主要有以下几种表现形式:实测土壤含水率分布图;墒情指数等值线分布图;墒情指数区间面分布图,如图 7.2.4 所示(包括不同受旱区间面积)。土壤含水率及干旱级别分析成果如表 7.2.6 所示;淮北地区各站点灌溉信息分析查询成果如表 7.2.7 所示。

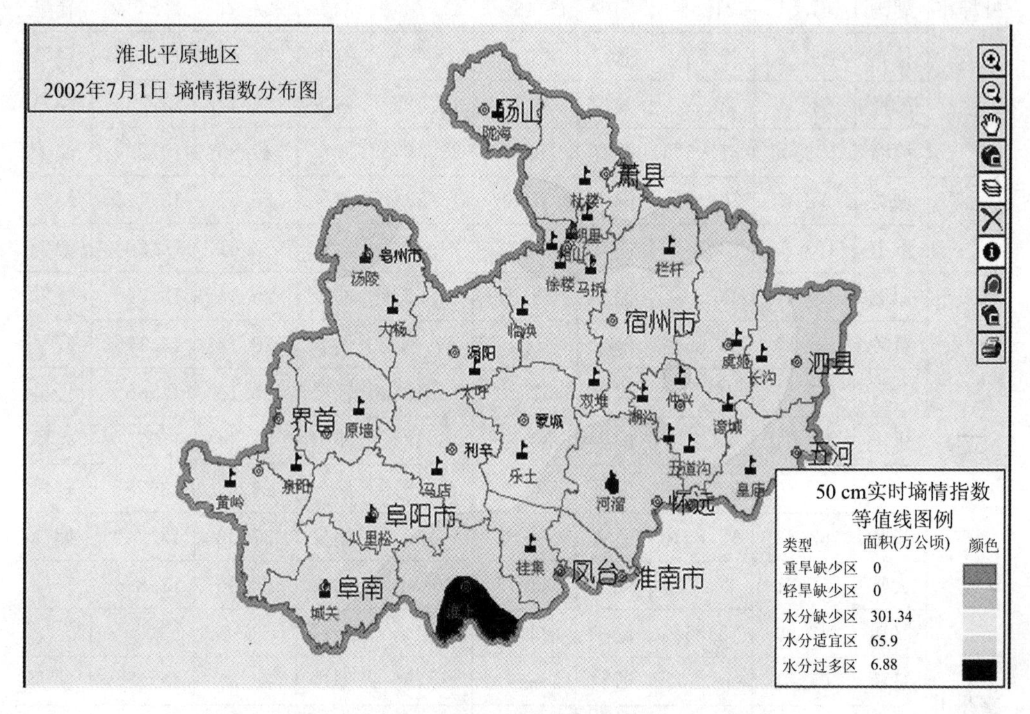

图 7.2.4　淮北平原地区墒情指数区间面分布图

表 7.2.6 土壤含水率及干旱级别分析成果查询表(2002 年)

地市名称	测站名称	2002 年 7 月 1 日(实测)			2002 年 7 月 6 日(预测)			2002 年 7 月 11 日(预测)		
		50 cm 深墒情指数	20 cm 深土壤含水率	干旱级别	50 cm 深墒情指数	20 cm 深土壤含水率	干旱级别	50 cm 深墒情指数	20 cm 深土壤含水率	干旱级别
蚌埠市	何集	66.14	22.3%	适宜	46.2	18.49%	偏少	32.14	15.19%	轻旱
	皇庙	70.56	23%	适宜	49.08	19.12%	偏少	34.15	15.69%	轻旱
	濠城	56.8	20.6%	偏少	39.52	16.97%	偏少	27.49	14.02%	轻旱
	湖沟	61.81	21.5%	偏少	43	17.78%	偏少	29.91	14.64%	轻旱
	仲兴	69.06	22.75%	适宜	48.05	18.9%	偏少	33.42	15.51%	轻旱
	五道沟	54.64	20.2%	偏少	38.01	16.62%	偏少	26.44	13.75%	轻旱
	河溜	103.06	27.95%	适宜	71.7	23.46%	适宜	49.88	19.29%	偏少
阜阳市	城关	54.37	20.15%	偏少	37.82	16.57%	偏少	26.31	13.71%	轻旱
	淮上	108.84	28.75%	适宜	75.72	24.13%	适宜	52.67	19.88%	偏少
	原墙	54.64	20.2%	偏少	38.01	16.62%	偏少	26.44	13.75%	轻旱
	黄岭	58.17	20.85%	偏少	40.47	17.2%	偏少	28.15	14.19%	轻旱
	八里松	47.85	18.9%	偏少	33.29	15.48%	轻旱	23.16	12.88%	轻旱
亳州市	乐土	54.64	20.2%	偏少	38.01	16.62%	偏少	26.44	13.75%	轻旱
	大杨	54.9	20.25%	偏少	38.2	16.66%	偏少	26.57	13.78%	轻旱
	汤陵	62.83	18.85%	适宜	48.62	15.95%	偏少	37.62	13.74%	偏少
	大呼	55.71	20.4%	偏少	38.75	16.8%	偏少	26.96	13.88%	轻旱
	马店	47.59	18.85%	偏少	33.11	15.44%	轻旱	23.03	12.85%	轻旱
	马桥	61.54	18.6%	适宜	47.62	15.75%	偏少	36.85	13.58%	偏少
	临涣	43.62	18.05%	偏少	30.35	14.75%	轻旱	21.11	12.33%	轻旱
	相山	83.67	22.75%	适宜	64.74	19.06%	适宜	50.09	16.24%	偏少
	刘桥	81.75	22.4%	适宜	63.26	18.78%	适宜	48.95	16.02%	偏少
	双堆	47.6	18.85%	偏少	33.11	15.44%	轻旱	23.04	12.85%	轻旱
	朔里	62.06	18.7%	适宜	48.02	15.83%	偏少	37.16	13.65%	偏少
	徐楼	73.12	20.8%	适宜	56.58	17.5%	偏少	43.78	14.99%	偏少
淮南市	桂集	69.06	22.75%	适宜	48.05	18.9%	偏少	33.42	15.51%	轻旱
宿州市	虞姬	52.24	19.75%	偏少	36.35	16.22%	偏少	25.29	13.44%	轻旱

表7.2.7 淮北地区各站灌溉信息预测分析查询成果表

地市名称	测站名称	适时灌溉预测			抗旱灌溉预测		
		时间（天）	开始日期	定额（m³/亩）	时间（天）	开始日期	定额（m³/亩）
蚌埠市	何集	8.9	2002-7-10	25.21	16.6	2002-7-18	40.76
	皇庙	9.7	2002-7-11	25.17	17.4	2002-7-18	40.71
	濠城	6.7	2002-7-8	25.12	14.4	2002-7-18	40.71
	湖沟	7.9	2002-7-9	25.17	15.6	2002-7-17	40.76
	仲兴	9.4	2002-7-10	25.12	17.1	2002-7-18	40.71
	五道沟	6.2	2002-7-7	25.17	13.9	2002-7-15	40.76
	河溜	14.9	2002-7-16	25.07	22.6	2002-7-24	40.67
阜阳市	城关	6.1	2002-7-7	25.12	13.8	2002-7-15	40.71
	淮上	15.7	2002-7-17	25.17	23.4	2002-7-24	40.76
	原墙	6.2	2002-7-7	25.17	13.9	2002-7-15	40.76
	黄岭	7.1	2002-7-8	25.26	14.8	2002-7-16	40.81
	八里松	4.4	2002-7-5	25.26	12.1	2002-7-13	40.76
亳州市	乐土	6.2	2002-7-7	25.17	13.9	2002-7-15	40.76
	大杨	6.3	2002-7-7	25.26	14	2002-7-15	40.76
	汤陵	14.5	2002-7-15	35	28	2002-7-29	45
	大呼	6.5	2002-7-7	25.25	14.2	2002-7-15	40.76
	马店	4.3	2002-7-5	25.16	12	2002-7-13	40.76
淮北市	马桥	14.1	2002-7-15	35	27.6	2002-7-29	45
	临涣	3.1	2002-7-4	25.17	10.8	2002-7-12	40.76
	相山	20	2002-7-21	35	33	2002-8-3	45
	刘桥	19.6	2002-7-21	35	32.7	2002年8月3	45

7.3 小　　结

对淮北平原常用的节水灌溉工程(渠灌、低压管灌、喷灌),分别以单井出水量(水源条件、输水方式、喷头数量),按 4 年一遇一般干旱年和 10 年一遇干旱年,合理确定了不同出水量单井最佳可灌面积。在此基础上,根据灌溉成本优化模型,分别求出安徽淮北平原地区分区不同水文年型、不同可供灌溉水量以产量最高为目标情况下小麦、油菜、玉米和大豆几种主要农作物的优化灌溉制度与经济灌溉定额。与常规灌溉制度相比,小麦的耗水量和灌水量可分别减少 16～17 m^3/亩和 30 m^3/亩,水分生产率提高 6.6%～7.5%;玉米的耗水量和灌水量可分别减少 8～12 m^3/亩和 30～40 m^3/亩,水分生产率提高 2.1%～4.4%。在耗水量相同或相近时,与常规灌溉制度相比,实施优化灌溉制度小麦可增产 14～4 kg/亩,增产率为 6.4%～14.5%;玉米可增产 18～5 kg/亩,增产率为 4.4%～17.7%。

土壤墒情是农业生产的重要参考,本节研究耦合了实测土壤含水率计算模型、50 cm土层墒情指数计算模型、50 cm 土层墒情指数预测模型、20 cm 土层土壤含水率预测模型、50 cm 土层土壤含水率预测模型、灌水时间预测模型、灌水定额预测模型、灌溉预测分析及灌溉效益评估模型以及墒情信息及查询等模型,构建了淮北平原区土壤墒情监测与预报系统平台,能够有效支撑淮北平原区涝渍灾害风险应对。

第 8 章　区域浅层地下水调控及关键工程参数

8.1　浅层地下水安全开采量概念

淮北地区平原区第四系松散堆积物结构松散，同时平原区地势平坦，有利于大气降水入渗补给地下水。该区浅层地下水资源量较为丰富，资源恢复能力较好，有多年调节作用，开采成本低，具有一定的开发利用前景。浅层地下水以农业灌溉的间歇式开采和农村居民生活分散式开采为主，是淮北平原农业灌溉的主要水源，对于保障粮食安全具有重要意义。

为指导地下水的合理开发利用，在现有的地下水资源规划、论证和分析中，普遍采用"可开采量"作为地下水可持续利用的度量标准。另外，还有"可持续开采量""允许开采量"和"安全开采量"等概念。

(1) 允许开采量

通过技术经济合理、技术可行的取水方案，在整个开采期内出水量不会减少，动水位不超过设计要求，水质和水温变化在允许范围内，不影响已建水源地正常开采，不发生危害性的环境地质现象的前提下，单位时间内从水文地质单元或取水地段中能够取得的水量(《供水水文地质勘察规范》(GB50027—2001))。

(2) 可开采量

指在可预见的时期内，通过经济合理、技术可行的措施，在不致引起生态环境恶化条件下允许从含水层中获取的最大水量(全国水资源综合规划技术细则)。

(3) 安全开采量

地下水的可持续开发的量值，即在可接受后果条件下的最大开采量。地下水的可持续性是指在长期开发利用地下水的过程中，没有诱发不可接受的环境、经济及社会后果。

本次研究综合国内外研究成果，综合考虑允许开采量和安全开采量已有的内涵，提出了地下水安全开采量的概念：**在一定时期内，通过经济合理、技术可行的取水方案，在不产生无法承受的生态环境问题，满足地下水的资源、生态环境和地质环境等功能的前提条件下，达到地下水资源可持续开发利用目的的最大开采量。**

由概念可以看出，地下水允许开采量与安全开采量的涵义是基本一致的，都是强调了地下水的可持续性开采，但地下水安全开采量更强调了“没有诱发不可接受的环境、经济及社会后果”这一前提。也就是说，开采地下水不可避免地要产生一定的负效应。评价一个水源地或取水地段的可采量是否可持续，关键是要看其产生的负效应是否可接受。在“安全开采量”的内涵中，强调补给是“天然补给”；而在定义“可开采量”时，认为“补给”包括由于抽取地下水造成的补给。在评价一个含水层或流域可以抽取的水量时，需要考虑多个因素，而这些因素的权重往往不等，例如，在利用可开采量的概念时，如果地下水系统中实际上并无补给来源，再采用可开采量的概念就会造成许多不良后果。

地下水安全开采量具有以下两个方面的涵义：

① 地下水安全开采量一方面取决于当代技术能力、经济水平和自然循环条件，另一方面则受制于社会可持续发展和维持生态环境健康的最低要求。

② 地下水安全开采量是动态的。

上述要素任意其一发生改变，安全开采量都有可能随之发生变动，其是天然补给量的一部分，应小于可开采量。因此在进行地下水安全开采量评价时，有必要建立动态的评价体系。

在进行地下水安全开采量评价时，必须遵循以下原则：

① 以流域或区域水循环规律和地下水系统水量均衡的原理为基础。

② 确保地下水系统能够在均衡期内及时达到新的水量平衡。

③ 以合理确定的生态与环境用水约束作为地下水安全开采量评价的重要前提。

④ 在考虑经济、社会、水利工程等诸多影响因素之间的平衡和优化时，重视生态、环境和地下水更新能力对安全开采量的必然约束，规范用水行为。

8.2 浅层地下水安全开采量计算

本次研究中，安全开采量的计算公式为

$$Q_{安} = \rho_{安} \times Q_{总补} \tag{8.2.1}$$

$$\rho_{安} = \varphi \times \rho \tag{8.2.2}$$

式中，$Q_{安}$为安全开采量，$\rho_{安}$为安全开采系数，$Q_{总补}$为总补给量，φ为安全系数，ρ为可开采系数。

本次调节计算分区以县为单位，并根据各县土壤岩性和控制水位 H_{max}的不同将安徽省淮北平原地区分为 54 个调节计算分区。这与计算水资源量分区不同，原因是安全开采量计算方法中分区 H_{max}不同，对分区进行了细化，得到 54 个计算分区。根据地下水多年调节计算原理，以旬为调节时段，分别对 54 个分区进行地下水多年调节计算。根据调节计算结果，确定各分区的安全开采系数和安全开采量，进而得到整个安徽省淮北平原地区的浅层地下水安全开采量。

8.2.1　计算参数确定

本次计算中涉及的参数有旬降水入渗补给系数 α_g、作物对降水的有效利用系数 α_p、计算分区内的给水度 μ、灌溉入渗补给系数 β，分区控制埋深 H_{max} 及作物对潜水蒸发量的有效利用系数。

降水入渗补给系数在地下水多年调节计算中非常重要，五道沟实验站实验区实验成果表明，该参数在不同的时期取值不同，汛期的系数取值大于非汛期的系数取值。并且不同的雨量级别对地下水的补给量也不同，即降水入渗补给系数也不同。本研究将雨量划分为以下 5 个等级：小于 15 mm、15～30 mm，30～50 mm、50～100 mm 和大于 100 mm。在 5 个不同的雨量级别下，降水入渗补给系数的大小及补给深度都是不同的，呈现出如下的规律：随着雨量的增大，降水入渗补给系数增大；随着埋深的增大，降水入渗补给系数减小。但当雨量大于 100 mm 时，由于地表径流量的加大，雨量虽然大了，但是降水入渗补给系数反而减小。降水入渗补给系数不仅与降水量大小有关，也与地下水埋深有关，其取值见表 8.2.1。

表 8.2.1　淮北平原旬降水入渗补给系数表

地下水埋深(m)	6～9 月旬雨量级别(汛期)					10～12 月，1～5 月旬雨量级别(非汛期)				
	<15 mm	15～30 mm	30～50 mm	50～100 mm	>100 mm	<15 mm	15～30 mm	30～50 mm	50～100 mm	>100 mm
0.5～1.0	0.054	0.2	0.31	0.39	0.37	0.04	0.18	0.29	0.35	0.32
1.0～1.5	0.04	0.18	0.29	0.37	0.34	0.03	0.16	0.27	0.32	0.3
1.5～2.0	0.02	0.15	0.27	0.34	0.31	0.01	0.13	0.25	0.3	0.27
2.0～2.5	0.01	0.11	0.25	0.32	0.28		0.07	0.22	0.28	0.25
2.5～3.0		0.06	0.23	0.3	0.26		0.04	0.2	0.24	0.22
3.0～3.5		0.04	0.21	0.28	0.24		0.02	0.18	0.22	0.2
3.5～4.0		0.02	0.19	0.26	0.22		0.01	0.16	0.2	0.19
4.0～4.5		0.01	0.17	0.24	0.2			0.15	0.19	0.18
4.5～5.0			0.15	0.22	0.18			0.14	0.18	0.17
5.0～6.0			0.14	0.21	0.17			0.13	0.17	0.16
6.0～7.0			0.13	0.2	0.16			0.12	0.16	0.15
7.0～8.0			0.12	0.18	0.15			0.11	0.15	0.14
8.0～9.0			0.11	0.15	0.14			0.1	0.14	0.13
9.0～10.0			0.1	0.13	0.12			0.09	0.12	0.11

农作物对降水的有效利用系数 α_p 是作物对降水的有效利用量与相应将雨量之比，根据五道沟实验站等实验区的资料，同样将雨量分为 5 个级别，砂姜黑土（亚黏土）区的旬 α_p 值见表 8.2.2。

表 8.2.2 淮北平原砂姜黑土区旬 α_p 值

旬雨量（mm）	α_p	旬雨量（mm）	α_p
＜15	0.87	50～100	0.54～0.40
15～30	0.72	＞100	0.50～0.33
30～50	0.65～0.50		

给水度 μ 值的大小主要与岩性（如岩土颗粒级配、空隙率大小及其连通性、空隙的大小等）和埋深有关。通过实验对亚黏土、亚砂土和不同埋深 μ 值的分析研究，综合确定安徽省淮北平原地区不同岩性的 μ 值，见表 8.2.3。

表 8.2.3 淮北平原不同岩性给水度 μ 值取值表

岩　性	μ 值	岩性	μ 值
黏土	0.030	粉砂土、亚黏土互层	0.045
亚黏土	0.035	亚砂土	0.050
亚黏土、亚砂土互层	0.040	亚砂土、粉砂土互层	0.055
亚砂土、亚黏土互层	0.045		

影响灌溉入渗补给系数 β 值大小的因素主要是包气带岩性、地下水埋深、灌溉定额及耕地的平整程度。通过选取较旱、独立降水的场次、利用地下水动态资料结合五道沟实验站曾在淮北平原地区做过的数次灌溉入渗补给实验资料综合分析，得到淮北平原地区灌溉入渗补给系数 β 取值，见表 8.2.4。

表 8.2.4 淮北平原灌溉入渗补给系数 β 取值表

岩性	次灌水定额（m^3/亩）	地下水埋深（m）			
		0～1	1～2	2～3	3～4
亚黏土	30～40	⩾0.110	0.110～0.070	0.070～0.039	0.039～0.020
	40～50	⩾0.180	0.180～0.100	0.100～0.060	0.060～0.030
	50～60	⩾0.280	0.280～0.160	0.160～0.090	0.090～0.050
	60～70	⩾0.440	0.440～0.240	0.240～0.140	0.140～0.080

续表

岩性	次灌水定额(m^3/亩)	地下水埋深(m)			
		0～1	1～2	2～3	3～4
亚砂土	30～40	≥0.120	0.120～0.072	0.072～0.043	0.043～0.026
	40～50	≥0.190	0.190～0.114	0.114～0.068	0.068～0.041
	50～60	≥0.300	0.300～0.180	0.180～0.108	0.108～0.065
	60～70	≥0.450	0.450～0.273	0.273～0.164	0.164～0.098

为计算方便，在本次计算中，亚黏土区取0.11。分区控制埋深H_{max}主要由区域内的泵型确定。黏土、亚黏土区域为8 m，其他区域为10 m。作物对潜水蒸发量的有效利用系数值与潜水埋深有关。根据五道沟实验站研究成果，当埋深为0.5～1.0 m时，取值为0.65～0.85；当埋深处于1.5～2.0 m时，取值为0.85～0.90；当埋深大于2 m时，该系数取值为0.95。

8.2.2　计算结果分析

本次调节计算范围从1956年10月至2013年9月，共57个灌溉年，2 052个旬时段。灌溉年是当年10月至次年9月，灌溉年中当年10～12月以及次年1～5月为非汛期，次年6～9月为汛期。各分区安全开采量如表8.2.5所示。然后再计算安徽省淮北平原地区各水资源分区浅层地下水的安全开采量，结果见表8.2.5和图8.2.1。

根据调节计算结果知，54个调节计算分区中的第32个计算分区的安全开采系数最大，为0.565；安全开采系数最小的是第5分区，为0.197；大部分区域安全开采系数为0.40～0.55，如图8.2.2所示。由图可知安全开采系数波动较大。蚌埠市北郊、固镇、五河等地安全开采系数较小的原因是布井的密度有限以及井深较浅。第32号分区位于淮北濉溪，该区布井密度大，对地下水的开发利用条件好，因此安全开采系数较大。总的来说，H_{max}较大的北部地区安全开采系数较大，H_{max}较小的地区安全开采系数较小(表8.2.6)。

表8.2.5　安徽省淮北平原地区分区安全开采量成果表

分区编号	分区面积(km^2)	土壤岩性	给水度	总补给量(亿m^3)	安全开采系数	安全开采量(亿m^3)
1	28	黏土	0.03	0.055	0.21	0.012
2	28	亚黏土	0.035	0.055	0.205	0.011
3	401	黏土	0.03	0.792	0.217	0.172
4	1 882	亚黏土	0.035	3.718	0.206	0.766

续表

分区编号	分区面积（km^2）	土壤岩性	给水度	总补给量（亿 m^3）	安全开采系数	安全开采量（亿 m^3）
5	675	黏土	0.03	1.333	0.197	0.263
6	717	亚黏土	0.035	1.416	0.209	0.296
7	16	黏土	0.03	0.032	0.218	0.007
8	1 520	亚黏土	0.035	3.003	0.218	0.655
9	1 359	亚黏土、亚砂土互层	0.04	2.493	0.446	1.112
10	885	亚砂土、亚黏土互层	0.045	1.624	0.439	0.713
11	2117	亚黏土、亚砂土互层	0.04	3.884	0.458	1.779
12	2 057	亚黏土	0.035	3.774	0.443	1.672
13	50	亚黏土、亚砂土互层	0.04	0.092	0.444	0.041
14	867	亚黏土	0.035	1.591	0.434	0.69
15	1 039	亚黏土、亚砂土互层	0.04	1.906	0.427	0.814
16	608	亚黏土	0.035	1.088	0.476	0.518
17	815	亚黏土、亚砂土互层	0.04	1.458	0.471	0.687
18	391	粉砂土、亚黏土互层	0.045	0.699	0.468	0.327
19	596	亚黏土、亚砂土互层	0.04	1.066	0.479	0.511
20	71	粉砂土、亚黏土互层	0.045	0.127	0.481	0.061
21	108	亚黏土	0.035	0.193	0.449	0.087
22	1725	亚黏土、亚砂土互层	0.04	3.086	0.451	1.392
23	1 621	亚黏土、亚砂土互层	0.04	2.9	0.464	1.345
24	205	粉砂土、亚黏土互层	0.045	0.367	0.479	0.176
25	1 761	亚黏土	0.035	3.15	0.476	1.499
26	86	亚黏土、亚砂土互层	0.04	0.154	0.477	0.073
27	432	黏土	0.03	0.773	0.477	0.369
28	1327	亚黏土	0.035	2.374	0.463	1.099
29	106	粉砂土、亚黏土互层	0.045	0.19	0.455	0.086
30	40	亚砂土、亚黏土互层	0.045	0.073	0.548	0.04
31	154	亚砂土、粉砂土互层	0.055	0.281	0.534	0.15
32	349	亚黏土	0.035	0.638	0.565	0.36

续表

分区编号	分区面积(km^2)	土壤岩性	给水度	总补给量(亿 m^3)	安全开采系数	安全开采量(亿 m^3)
33	1789	亚黏土、亚砂土互层	0.04	3.269	0.559	1.827
34	241	亚砂土、亚黏土互层	0.045	0.44	0.556	0.245
35	12	亚砂土	0.05	0.022	0.562	0.012
36	28	亚砂土、粉砂土互层	0.055	0.051	0.553	0.028
37	339	黏土	0.03	0.633	0.207	0.131
38	68	亚黏土	0.035	0.127	0.206	0.026
39	316	黏土	0.03	0.59	0.209	0.123
40	627	亚黏土	0.035	1.17	0.204	0.239
41	599	黏土	0.03	0.979	0.447	0.438
42	664	亚黏土	0.035	1.085	0.455	0.494
43	1 258	亚黏土、亚砂土互层	0.04	2.056	0.434	0.892
44	406	亚砂土、亚黏土互层	0.045	0.664	0.462	0.307
45	794	亚砂土	0.05	1.298	0.455	0.59
46	485	亚砂土、亚黏土互层	0.045	0.793	0.46	0.365
47	1117	亚砂土	0.05	1.826	0.414	0.756
48	91	亚砂土、粉砂土互层	0.055	0.149	0.416	0.062
49	652	黏土	0.03	1.066	0.435	0.464
50	808	亚黏土	0.035	1.321	0.425	0.561
51	551	亚黏土、亚砂土互层	0.04	0.901	0.418	0.376
52	66	黏土	0.03	0.108	0.452	0.049
53	1209	亚黏土	0.035	1.976	0.437	0.863
54	538	亚黏土、亚砂土互层	0.04	0.879	0.434	0.382
总	36 694	/	/	65.783	0.411	27.011

表 8.2.6 安徽省淮北平原地区水资源分区安全开采量

分区		总补给量(亿 m³)	安全开采量(亿 m³)	安全开采系数	安全开采模数(万 m³/km²)
水资源四级分区	废黄河以北区	0.391	0.214	0.548	7.142
	洪汝河区	0.550	0.309	0.562	8.353
	沙颍河谷润河区	13.985	6.559	0.469	8.353
	茨淮新河区	10.340	4.313	0.417	7.893
	西淝河下段区	3.451	0.773	0.224	4.127
	涡河区	7.499	3.124	0.417	7.731
	浍河怀洪新河区	11.261	3.725	0.331	6.313
	沱濉河上段区	6.924	3.513	0.507	8.240
	沱濉河下段区	11.381	4.481	0.394	6.758
行政分区	蚌埠市	10.405	2.181	0.210	4.141
	亳州市	15.363	6.820	0.444	8.145
	阜阳市	17.623	8.230	0.467	8.353
	淮北市	4.774	2.663	0.558	10.192
	淮南市	2.520	0.519	0.206	3.846
	宿州市	15.098	6.598	0.437	7.142
安徽淮北地区		65.783	27.011	0.411	7.361

从地级行政分区来看,淮北市安全开采系数最大为 0.558,蚌埠市和淮南市安全开采系数最小分别为 0.210 和 0.206,其余行政分区的安全开采系数均在 0.437～0.558之间,分布如图 8.2.3 所示。蚌埠市与淮南市安全开采系数较小,因为这两个地区布井密度较小,泵的吸程 H_{max} 小;而其余地区布井程度较蚌埠与淮南两市高,H_{max} 也大,因此相应的安全开采系数也大。

对于整个安徽省淮北平原地区来说,安全开采系数为 0.441。根据计算得到的安徽省淮北平原地区多年平均地下水总补给量为 65.783 亿 m³,计算得出安徽省淮北平原地区的安全开采量为 27.011 亿 m³。

对于安全开采量而言,整个安徽淮北地区的安全开采量为 27.011 亿 m³。各分区安全开采量与安全开采模数分布如图 8.2.4 所示。

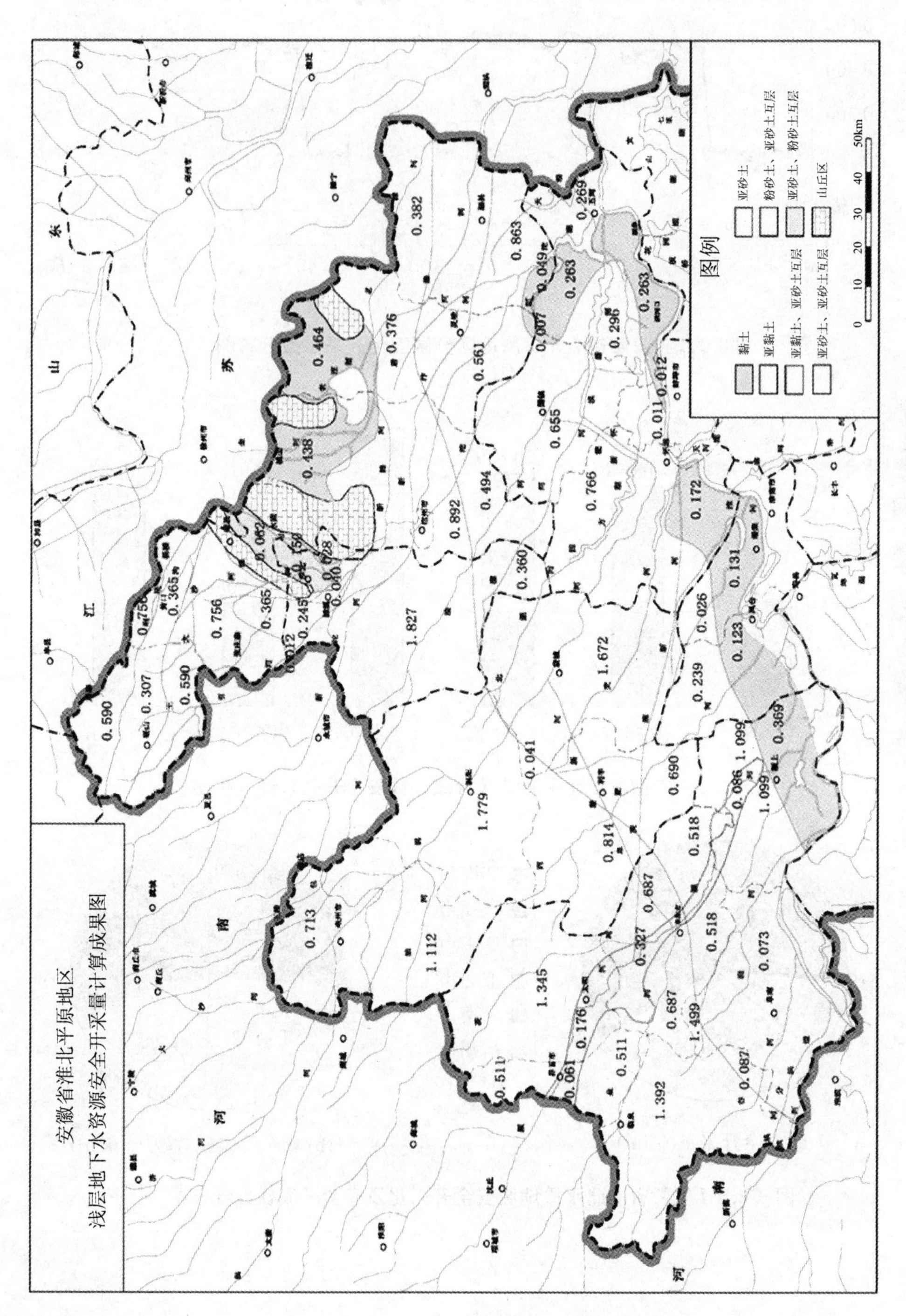

图 8.2.1　安徽省淮北平原地区浅层地下水安全开采量分布图

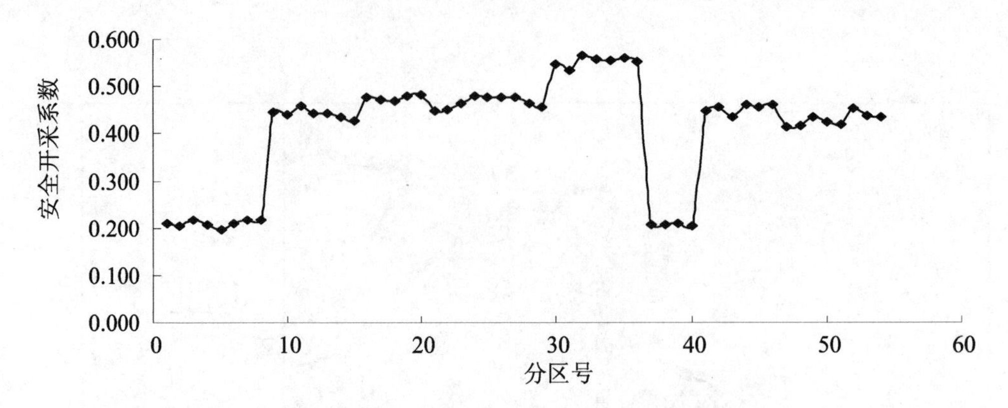

图 8.2.2　安徽省淮北平原地区分区安全开采系数分布图

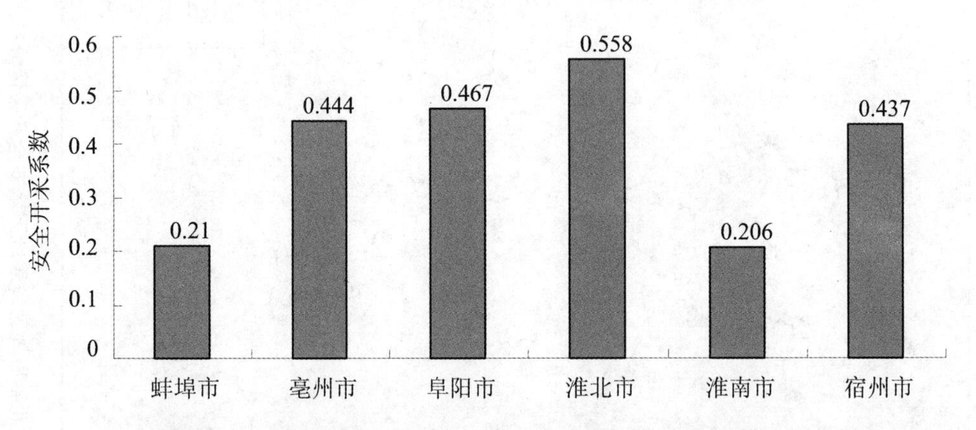

图 8.2.3　安徽省淮北平原地区行政分区安全开采系数分布图

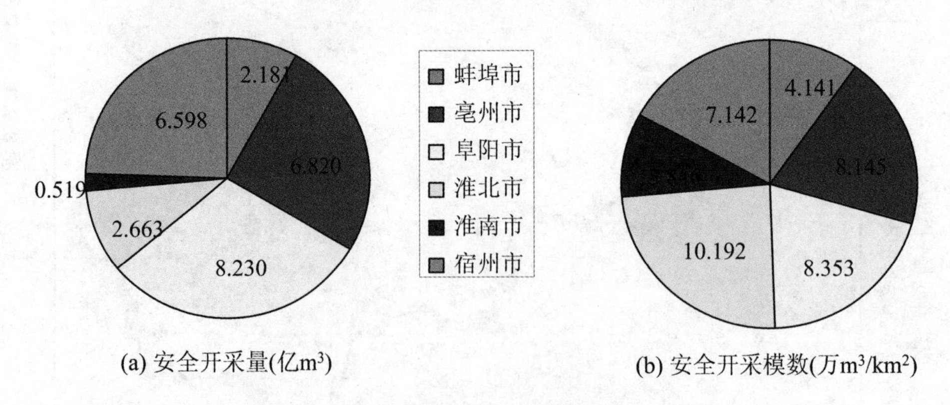

(a) 安全开采量(亿m^3)　　(b) 安全开采模数(万m^3/km^2)

图 8.2.4　安徽省淮北平原地区安全开采量及安全开采模数分布图

8.3　浅层地下水开采潜力分析

8.3.1　浅层地下水安全开采潜力标准

在地表水资源缺乏的淮北平原地区，对地下水资源潜力进行准确评估，以确保地下水资源的可持续供给，是淮北平原地区社会经济可持续发展的保证。浅层地下水是由降水入渗、灌溉入渗、山前侧渗、河道侧渗等多种补给共同形成的一种具有可恢复性的资源，补给量的大小与其自身状态有直接关系，因此，合理的开采可达到其相应的均衡状态。所谓"合理开采"，就是要在地下水长期使用中不破坏自然环境的良性循环，在丰枯交替的水文周期内能达到采补平衡，在此前提下，通过人为措施增大可采量，即合理开发浅层地下水包含两个涵义：一是要使地下水在开采中达到采补平衡；二是采取人为措施增大可采量。

地下水水位有一个最佳埋深，若地下水水位埋深浅了，不仅会因无效蒸发增大而使开采量减少，还易发生土壤盐渍化和渍涝灾害，影响作物正常生长；埋深深了，地下水会长期得不到恢复，破坏水资源平衡。因此，合理调控地下水埋深是合理开发地下水的一个技术关键。合理开发浅层地下水的技术措施一是合理调控地下水埋深；二是增加入渗水源。

根据地下水开采潜力指数定义地下水安全开采潜力指数，并将其作为判别标准，对淮北平原地区地下水水资源可利用能力进行综合判别，计算公式为

$$P = \frac{Q_{安}}{Q_{采}} \tag{8.3.1}$$

式中，P 为浅层地下水安全开采潜力指数；$Q_{安}$ 为地下水安全开采量（m^3/年）；$Q_{采}$ 为地下水已开采量（m^3/年）。P 值判别标准见表 8.3.1。

表 8.3.1　开采潜力指数判断标准表

$P>1.2$	$0.8 \leqslant P \leqslant 1.2$	$P \leqslant 0.8$（安全开采潜力不足，已超采）		
		$0.6 \leqslant P<0.8$	$0.4 \leqslant P<0.6$	$P<0.4$
有开采潜力可适当扩大开采	采补基本平衡需控制开采	潜力轻度不足	潜力中度不足	潜力严重不足

依据安全开采潜力指数，遵照综合开发、合理利用、积极保护、科学管理和具可操作性的原则，主要按行政区划，将区内主要开采层划分为扩大开采区、控制开采区和调减开采区。

1. 扩大开采区($P>1.2$)

扩大的开采量都以增加开采井来实现的,对孔隙水而言,布井宜相对均匀,井间距以大于 1 000 m 为宜;对裂隙水而言,应沿有利的构造富水部位增加开采井,井距宜在 200~500 m 之间。

2. 控制开采区($0.8\leqslant P\leqslant1.2$)

地下水安全开采潜力不足,已处于采补基本平衡状态,按目前的安全开采量可持续开采。

3. 调减开采区($P<0.8$)

已处于超采状态,应按安全开采量逐步调整减少开采量的地区,调减方法主要是减少开采井,以使地下水水位降深过大或存在环境地质问题的地区的地下水水位恢复到合理的水平,以避免环境地质问题的再度发生。

8.3.2 浅层地下水安全开采区划分

淮北平原浅层地下水的安全开采潜力指数为 0.917,属控制开采区。亳州市、阜阳市、淮南市和宿州市位于控制开采区,其他区域均为扩大开采区,具体见表 8.3.2。淮北平原各县的安全开采潜力指数分布不均,有 15 个县的安全开采潜力指数小于 1.2,属控制开采区;仅 8 个县的安全开采潜力指数大于 1.2,属扩大开采区。15 个控制开采区中,2 个区安全开采潜力严重不足,5 个区安全开采潜力轻度不足,1 个区安全开采潜力中度不足,7 个区采补基本平衡需控制开采。淮北平原浅层地下水开采区划分见图 8.3.1。

表 8.3.2 安徽省淮北平原地区浅层地下水开采区划分表

行政分区	安全开采量(亿 m^3)	现状开发利用量(亿 m^3)	开采潜力指数	开采区类型
蚌埠市	2.181	1.114	1.957	扩大开采区
亳州市	6.821	7.622	0.895	控制开采区
阜阳市	8.23	10.659	0.772	控制开采区
淮北市	2.663	1.399	1.904	扩大开采区
淮南市	0.519	0.527	0.984	控制开采区
宿州市	6.598	8.121	0.812	控制开采区
合计	27.011	29.442	0.917	控制开采区

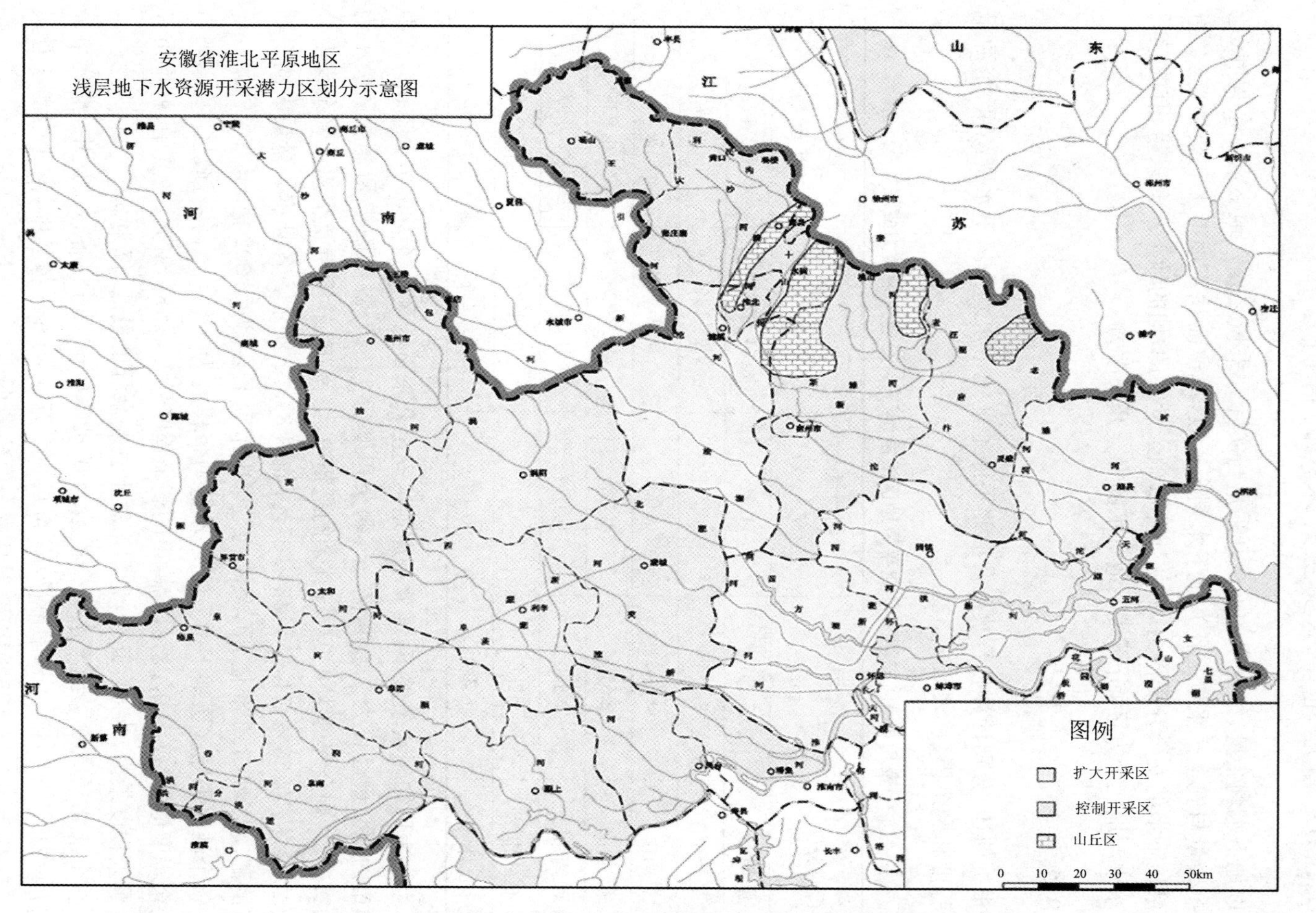

图 8.3.1　安徽省淮北平原地区浅层地下水开采区划分示意图

8.3.3 浅层地下水安全开采潜力评价

以地下水剩余量(地下水的安全开采量与实际开采量之差)、地下水剩余程度(地下水剩余量与安全开采量之比)、地下水剩余模数(单位面积年地下水剩余量)三个指标衡量地下水的安全开采潜力,并从地下水剩余量、可增加的地下水开采量、有前景的地下水水源地三个方面,分析浅层地下水的安全开采潜力。

8.3.3.1 现状潜力

根据前述,分别计算各行政区及淮北平原地区地下水剩余地下水资源量、资源量剩余程度和剩余模数(表 8.3.3)。

表 8.3.3 安徽省淮北平原地区浅层地下水安全开采潜力成果

行政分区	平原面积 (km^2)	剩余量 (亿 m^3)	剩余程度	剩余模数 (万 m^3/km)
蚌埠市	5 267	1.12	51.37%	2.127
亳州市	8 374	0.144	2.11%	0.172
阜阳市	9 852	0.002	0.03%	0.002
淮北市	2 613	1.289	48.42%	4.935
淮南市	1 350	0.054	10.33%	0.397
宿州市	9 238	0.4	6.07%	0.433
合计	36 694	3.01	11.14%	0.82

由上表可知现状条件下,淮北平原地区安全开采量的剩余量为 3.010 亿 m^3,其中淮北市的剩余量最大为 1.289 亿 m^3,剩余程度为 48.42%;阜阳市剩余总量最小为 0.002亿 m^3,剩余程度为 0.03%;其余的亳州市、淮南市、蚌埠市及宿州市剩余程度分别为 2.11%、10.33%、51.37%和 6.07%,如图 8.3.2 所示。各县剩余量最大的是淮北市的濉溪县,为 1.289 亿 m^3,最小的是阜阳市颍上县,为 0.002 亿 m^3。

整个淮北平原浅层地下水安全开采量剩余程度为 11.14%;各行政区中,阜阳市的剩余程度最低,仅为 0.03%,蚌埠市的剩余程度最大,为 51.37%;各县中,蚌埠市怀远县剩余程度最高,为 64.58%,阜阳市颍上县剩余程度最低,仅为 0.15%。

整个淮北平原浅层地下水剩余模数为 0.820 万 m^3/km^2;各行政区中,淮北市最大,为 4.935 万 m^3/km^2,阜阳市最小,为 0.002 万 m^3/km^2;各县中,淮北市濉溪县最大,为 5.33 万 m^3/km^2,阜阳市颍上县剩余模数最小,为 0.01 万 m^3/km^2。

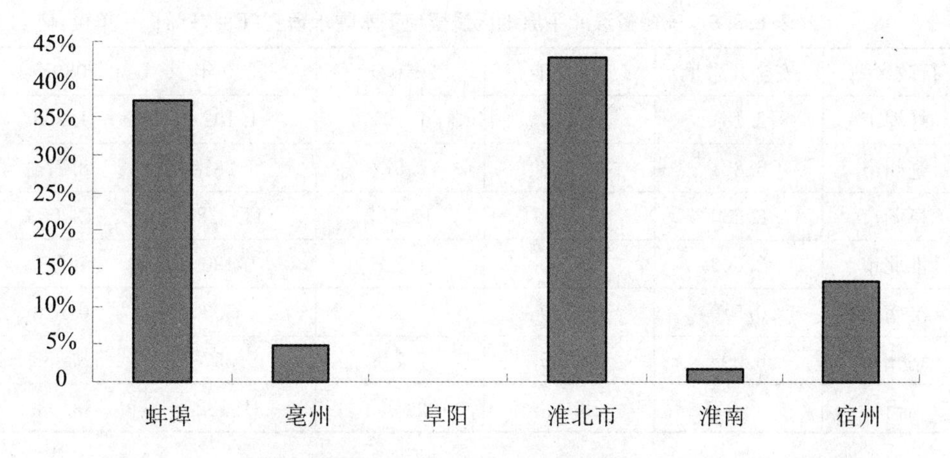

图 8.3.2　安徽省淮北平原地区各行政区浅层地下水剩余安全开采量比例图

8.3.3.2　未来开采潜力

安徽省淮北平原地区自 20 世纪 60 年代起，由国家投资开始大规模建设农灌机井，至目前机井总数为 17.0 万眼，其中配套机电井数量为 10.7 万眼，同时存在大批配套设施严重毁坏、井底淤积的报废井。如果将现有报废机井进行清淤、维修和护理，加强抽水配套设施建设，则可以大大增加淮北平原浅层地下水的开发利用量，再与先进的灌溉技术相结合，必将极大地提高农业灌溉的保证程度。

根据安徽省“十三五”及长远总体发展规划纲要确定的国民经济发展目标，结合地下水以及浅层地下水开发利用现状趋势分析，安徽省淮北平原地区不同年型、不同规划水平年的浅层地下水安全开采量与预测需水量见表 8.3.4、表 8.3.5 和表 8.3.6。

表 8.3.4　安徽省淮北平原地区浅层地下水需水预测(P=50%)　单位：亿 m^3

行政区划	安全开采量	2008 年	2010 年	2020 年	2030 年
蚌埠市	2.181	0.929	0.947	1.022	1.083
亳州市	6.821	6.352	6.479	6.989	7.405
阜阳市	8.23	8.883	9.061	9.774	10.356
淮北市	2.663	1.165	1.189	1.282	1.359
淮南市	0.519	0.439	0.448	0.484	0.512
宿州市	6.598	6.767	6.903	7.446	7.89
合计	27.011	24.535	25.028	26.997	28.605

表 8.3.5　安徽省淮北平原地区浅层地下水需水预测(P=75%)　　单位:亿 m^3

行政区划	安全开采量	2008 年	2010 年	2020 年	2030 年
蚌埠市	2.181	1.084	1.105	1.192	1.263
亳州市	6.821	7.526	7.677	8.281	8.774
阜阳市	8.230	10.295	10.502	11.328	12.003
淮北市	2.663	1.300	1.326	1.430	1.516
淮南市	0.519	0.539	0.550	0.593	0.628
宿州市	6.598	7.595	7.748	8.357	8.855
合计	27.011	28.338	28.908	31.182	33.039

表 8.3.6　安徽省淮北平原地区浅层地下水需水预测(P=95%)　　单位:亿 m^3

行政区划	安全开采量	2008 年	2010 年	2020 年	2030 年
蚌埠市	2.181	1.342	1.369	1.477	1.565
亳州市	6.821	9.708	9.904	10.683	11.319
阜阳市	8.23	12.556	12.808	13.816	14.639
淮北市	2.663	1.482	1.512	1.631	1.728
淮南市	0.519	0.733	0.748	0.807	0.855
宿州市	6.598	8.773	8.949	9.653	10.228
合计	27.011	34.595	35.29	38.066	40.333

对安徽省淮北平原地区而言,只要未来不出现特枯年份(P=95%),其浅层地下水资源既能满足需水要求,又能达到安全开采的目标。若遭遇特枯(P=95%)年份,安徽省淮北平原地区的需水量将得不到满足。从地区分布上来看,主要缺水的市为亳州市、阜阳市和宿州市,主要缺水的县也是这三市所属的县。对于其余年份(P=50%和 P=75%)而言,主要缺水市为阜阳市和亳州市。

以安徽省淮北平原地区 2030 年在特枯(P=95%)年型时的可利用量与预测量对淮北地区浅层地下水以县为单位进行开采区划分,可以看出安徽省淮北平原地区浅层地下水开发利用的未来情势。其中,蚌埠市、淮南市和淮北市各县为扩大开采区,亳州市、萧县和灵璧县为控制开采区,阜阳市各县、涡阳县、蒙城县、利辛县、宿州县、砀山县和泗县为调减开采区。调减开采区中除蒙城、阜阳、宿州、砀山和泗县为轻度不足区,其他区域均为中度不足区。由上述分析,淮北地区浅层地下水资源的开发利用前景清楚可见。

8.4　浅层地下水开采布局方案

浅层地下水资源是安徽省淮北平原地区农业灌溉主要水源之一，井灌对该区农业发展起着重要作用。但是由于缺乏科学合理的机井布局规划，局部地区机井密度过大，造成了部分地区浅层地下水水位短时急剧下降，开采井出水量减少，灌溉成本提高。

安徽省淮北平原井灌区开采井分布极不均匀，区域平均每平方千米的浅层水井4.70眼，其中淮北市密度高达8.73眼，而蚌埠市密度最低，仅1.34眼；单位面积浅井供水能力为7.56万m^3/km^2，分布上阜阳市最大，为9.74万m^3/km^2，蚌埠最小，仅为2.25万m^3/km^2。因此合理布设井灌区开采井，可持续开发利用浅层地下水资源已成为保障农业可持续发展和粮食安全生产的必要措施。

农用机井的单井控制面积，是井灌建设的重要数据，应依据含水层的富水性、成井后的单井实际出水量、配套设施类型、作物种植情况、轮灌周期等拟定。据淮北地区浅层地下水资源分布情况和有关实验资料，机井深度一般为30～50 m；强富水区单井控制面积80～100亩，中等富水区单井控制面积60～80亩，弱富水区单井控制面积40～50亩；井距不小于300 m；布井可采用梅花形或者方形布设方式。

本次研究以五河县夏集井灌区为例，说明井灌区地下水开采井的布局方案。

夏集井灌区东靠沱浍引河，西到夏集庄，南起张夏公路，北到胜利沟，土地面积1.44 km^2，其中耕地面积1 750亩。规划区分属于刘集镇的张集和夏集两个行政村，地势高亢，距离地表水源较远，目前灌溉水平较低。当地地下水蕴藏较为丰富，属中等富水区，单井出水量在25～30 m^3/s，地下水资源保证程度较高。因此，区内灌溉以井灌为主。受经济条件差等因素影响，区内现有4眼机井毁坏严重，不能满足规划区的灌水要求。因此，打机井利用地下水灌溉是解决规划区灌溉问题的首要方案。

1. 单井灌溉面积计算

单井灌溉面积f可用下式进行计算：

$$f=\frac{QtT\eta}{q} \tag{8.4.1}$$

式中，f为单井浇灌面积，单位为亩；Q为单井配套安全出水量，单位为m^3/h；t为每次灌水轮灌期，单位为d；T为每天灌水时间，单位为h；η为灌溉水利用系数，井灌区可采用0.9；q为灌溉定额。

现取各类作物的平均灌溉定额23.5 m^3/亩来推求单井控制面积：

$$f=\frac{25\text{ 推求单井控制面积}}{23.5}=80.4(\text{亩})$$

取 $f=80$ 亩。

2. 井距

新打机井结合老井井位采用梅花形布置方式，井位位置在田间道路和生产道路旁靠近田块的一侧，通过计算将井距采用 250 m 左右。

井距 L 可按下式计算：

$$L = 27.8\sqrt{f} \tag{8.4.2}$$

式中，f 为单井灌溉面积；$L=248.6$ m，取 250 m。

3. 井数

井数计算如下：

$$N = \frac{F_1}{f} = \frac{1\,750}{80} = 21.9(\text{眼})$$

取 $N=22$ 眼。

4. 成井设计

根据勘探资料和现有机井调查分析，拟定新打机井设计井深为 45～50 m，井径为 ∅50 cm，井管采用砼实管和砼花管，滤料采用粗黄砂碎石混合料，粒径一般在含水层部位用 1～3 mm，非含水层部分采用 3～7 mm，分层下料，滤料层厚度应不小于 10 cm。

8.5　小　　结

地下水是淮北平原农田区的重要水源，为了科学合理地开发其地下水资源，利用沟洫蓄排调节浅层地下水动态垂向调节模型计算了安徽淮北平原浅层地下水安全开采量，结论如下：

安徽省淮北平原地区浅层地下水资源安全开采量为 27.011 亿 m^3，安全开采系数为 0.411，安全开采模数为 7.22 万 m^3/km^2；现状开采条件下，安徽省淮北平原地区安全开采量的剩余量为 3.010 亿 m^3，除了北部萧砀地区外，浅层地下水还有一定的开采潜力。

根据安徽省淮北平原地区地下水开采现状和安全开采量计算成果，本书提出了适用于当地井灌区的利用浅层地下水灌溉的开采布局方案。

第9章　区域典型水资源立体调蓄工程实践

9.1　固镇县韦店灌区水资源优化配置模型研究

9.1.1　模型的建立

以韦店灌区(韦店水资源均衡区)作为研究对象。建立数学模型时需要处理下述问题：

两种水源(地下水和大沟调蓄水)可同时向灌区供水,采用6种不同典型年(20%、50%、75%、80%、90%、95%),以年为调节周期,以月为计算时段,就各时段内灌溉水量、降水量、作物需水量和蒸发量进行水量平衡计算。在任一时段内,如果田间耗水量超过有效降水量和地下水利用量之和,则这个超出额就是要求的灌溉水量。

要满足农作物总需水量,必然会导致本区地下水水位发生变化,这种变化本身,实质上是反映了大气降水、地表水、包气带土壤水和地下水之间的相互作用、相互转化的关系。

含水层水量的变化等于来水减去水,要求每年年内含水层总出水量不超过可开采量,地下水水位调节埋深不超过最大限制埋深,并大于农田排涝降渍埋深。

灌溉前后增产幅度采用Jensen相乘模型分析计算确定,Jensen模型可表示为

$$\frac{g}{g_{\mathrm{m}}}=\prod\left(\frac{ET_i}{ET_{\mathrm{m}}}\right)\lambda_i \tag{9.1.1}$$

式中,g、g_{m}分别为实际灌溉产量,单位为kg/亩和充分灌溉产量,单位为kg/亩;ET_{m}为充分供水情况下田间需水量,单位为m^3/亩;ET_i为阶段i实际田间有效供水量,单位为m^3/亩,其值等于土壤蓄水变量、有效降水量、地下水利用量和灌溉水量m四者之代数和。当$m=0$时,为灌前产量g_0(天然产量);当$m\neq0$时,为灌后产量g,二者之差($g-g_0$)为灌溉增加产量,以此确定不同水平年灌溉增产量Δg。

模型涉及水文、水文地质、农业、经济、水分生产函数等多方面因素,相互间关系复杂,且大多是动态的非线性变化的。例如,灌溉水分生产函数、运行费用函数、抽水耗能函数、降水入渗补给系数等。采用线性规化方法求解时均作线性化处理。

以下将模型进行优化：

1. 目标函数 Max

年灌溉净效益＝年灌溉毛效益－年灌溉费用

(1) 年灌溉毛效益

年灌溉毛效益 B 用下式求得：

$$B = \sum_{j=1}^{J} \varepsilon r_j (g - g_{oj}) A_{oj} \tag{9.1.2}$$

式中，ε 为灌溉效益分摊系数，根据不同年型及当地情况，取 0.25～0.45；A_{oj} 为 j 类作物灌溉面积，单位为万亩；r_j 为 j 类作物的单价，单位为元/kg。

(2) 年灌溉费用

包括运行管理费 Z_1 和抽水能耗费 Z_2。运行管理费为田间工程、水井工程和电机泵等折旧费加维修费以及工资等费用。本次考虑 14 种灌溉工程系统组合，分别予以计算。随着开采量的增加，地下水埋深的下降，必然要增加抽水能耗，故 Z_2 是开采量 m 和抽水扬程 H 的函数，即 $Z_2 = f(m, H)$。对于不同的泵型(离心泵和潜水电泵)，其能源单耗不同。由此分析，其目标函数用下式计算：

$$\text{Max}B = \sum_{j=1}^{J} \varepsilon A_{oj} \times r_j (g_j - g_{oi}) - Z_1 - f(m, H) \tag{9.1.3}$$

2. 约束条件

(1) 灌区各种作物的种植比例

该比例不超过该种作物的最大种植比例，即

$$X_j \leqslant X_{mj} \tag{9.1.4}$$

式中，X_{mj} 为 j 类作物的最大种植比例。

(2) 各时段作物田间耗水量

这一耗水量由抽取地下水量、大沟调蓄量、地下水利用量和降水有效利用量共同满足，其表达式为

$$\eta_{1i} W_i + \eta_{2i} m_i + \sum_{j=1}^{J} G_{ej} + \sum_{j=1}^{J} A_o \alpha_{si} P_{ij} \geqslant \sum_{J=1}^{j} A_{ij} E_{ij} \tag{9.1.5}$$

式中，η_1 为渠系水利用系数；W 为大沟抽水量，单位为万 m^3；η_2 为水井灌溉水利用系数；m 为地下水开采量，单位为万 m^3；α_s 为降水有效利用系数；P_{ij} 为 i 时段 j 类作物生长阶段的降水量，单位为 mm；E_{ij} 为 i 时段 j 类作物的田间需水量，单位为 mm，G_e 为地下水利用量，单位为 mm。

(3) 地下含水层的年开采量

年开采量不超过其可开采量

$$\sum_{i=1}^{i} m_i + \sum_{i=1}^{i} A_o E_i - \sum_{i=1}^{i} \alpha_{gi} P_i A_o - \sum_{i=1}^{i} \beta_1 m_i - \sum_{i=1}^{i} \beta_2 W_i - \Delta u \leqslant 0 \tag{9.1.6}$$

式中，E 为含水层潜水蒸发量，单位为 mm；α_g 为降水入渗补给系数；β_1、β_2 分别为地下水、大沟水灌溉回归系数；Δu 为允许过量开采量，单位为万 m^3。

(4) 各时段大沟调蓄水量

该调蓄水量 W 不超过最大可能供水量 W_m，即

$$W_i \leqslant W_{mi} \tag{9.1.7}$$

(5) 各时段抽取地下水量

抽取量 m 不超过水井的开采能力，即

$$m_i \leqslant M_{mi} \tag{9.1.8}$$

(6) 地下水水位动态约束

$$H_i = H_{i-1} - \frac{\alpha_g P_i}{\mu} + \frac{m_i}{\mu A_o} + \frac{E_i}{\mu} - \frac{\beta_1 m_i}{\mu A_o} - \frac{\beta_2 W_i}{\mu A_o} \tag{9.1.9}$$

式中，H_i、H_{i-1} 分别为时段末、时段初地下水水位埋深，单位为 m；μ 为抽水含水层给水度，取 0.035。

(7) 地下水水位排涝降渍埋深约束

约束式如下：

$$H_i \geqslant H_{min} \tag{9.1.10}$$

式中，H_{min} 为排涝降渍埋深，取 0.5 m。

(8) 地下水水位埋深

地下水水位埋深不超过最大允许开采埋深：

$$H_i \leqslant H_{maxi} \tag{9.1.11}$$

式中，H_{max} 为最大允许开采埋深，对于离心泵，最大取 $H_{max} = 8.0$ m。

(9) 非负约束

公式如下：

$$\begin{cases} X_j \geqslant 0 & (j = 1, 2, \cdots, J), \\ m_i \times W_i \geqslant 0 & (i = 1, 2, \cdots, I) \end{cases} \tag{9.1.12}$$

9.1.2　基础资料

9.1.2.1　灌溉工程资料

水井资料见表 9.1.1。

表 9.1.1　水井类型及基本指标统计表

水井类型	出水量(m^3/h)	成井深(m)	井径(cm)
浅井	40～50	25～35	50～70
小口浅井	30～40	18～22	35～40
小口土井	20～30	10～12	25～30

灌溉工程运行系统单井控制面积及运行管理费(14 种组合形式)见表 9.1.2。

表 9.1.2 灌溉工程系统运行管理费计算表

工程系统类型	控制灌溉面积(亩)			年运行管理费(元/亩)			组合形式		
	浅井	小口浅井	小口土井	浅井	小口浅井	小口土井	浅井	小口浅井	小口土井
机泵—土渠输水	74.0	60.0		34.0	32.2		1	7	
机泵—PVC 管道	110.0	100.0		28.0	25.0		2	8	
机泵—半固定喷灌	120.0	110.0		27.1	24.5		3	6	
机泵—土渠输水	74.0	60.0		47.1	46.5		4	10	
电泵—PVC 管道	110.0	100.0		40.2	39.3		5	11	
电泵—半固定喷灌	120.0	110.0		36.1	33.6		6	12	
机泵—小白龙软管			15.0			28.8			13
机泵—移动式喷灌			30.0			26.1			14
说明	1. 运行管理费=田间工程、水井工程、电机泵等折旧费+维修费+机手工资等。 2. 折现率取值 10%,各种工程的使用年限按规范执行								

抽水能耗(千吨米能耗)用下式计算:

3~4 in(1 in=2.54 cm)低压离心泵:

$$f=\frac{1}{(0.2835-0.0096h)}(\text{元}/\text{千吨米})$$

3~4 in 潜水电泵

$$f=\frac{1}{(0.2608-0.0110h)}(\text{元}/\text{千吨米})$$

式中,h 为抽水扬程,单位为 m,地表水灌溉费用取井灌区抽水能耗的 80%。

9.1.2.2 水资源计算参数

径流系数 α_r、降水有利利用系数 α_s 和降水入渗补给系数 α_g 计算取值经分析列入表 9.1.3。

表 9.1.3　水资源计算参数取值表

旬雨量级别(mm)	α_r	α_s	α_g
$0 \leqslant P_{旬} < 15$	0	0.95	0
$15 \leqslant P_{旬} < 30$	0.040～0.100	0.85～0.80	0.100
$30 \leqslant P_{旬} < 50$	0.070～0.150	0.72～0.65	0.190
$50 \leqslant P_{旬} < 100$	0.150～0.235	0.58～0.50	0.265
$P_{旬} \geqslant 100$	0.230～0.265	0.50～0.43	0.245
备注	μ 值取 0.035		

9.1.2.3　农作物计算参数

① 主要农作物各生育阶段需水量。

② 农作物最大种植比例：

冬小麦(当年 10 月～次年 5 月)80%；冬油菜(当年 10 月～次年 5 月)5%；夏玉米(6～9 月)50%；夏大豆(6～9 月)20%；夏棉花(6～10 月)5%；山芋(6～9 月)5%；水稻(6～9 月)5%；花生(4～9 月)10%；其他(6～9 月)5%。

③ 农作物灌溉增产幅度及单价。

9.1.3　计算结果

经上述运算，得到 6 种不同典型年优化计算结果：

① 各种农作物种植比例优化结果见表 9.1.4。

② 不同典型年各时段最优供水量计算结果见表 9.1.5。

表 9.1.4　韦店水资源均衡区不同典型年各种农作物种植比例优化结果

典型年	项　目	冬小麦	油菜	夏玉米	大豆	夏棉花	山芋	水稻	花生	其他	合计
20%	比例	80.0%	5.0%	50.0%	20.0%	5.0%	5.0%	5.0%	10.0%	5.0%	1.85%
	面积(万亩)	1.351	0.084	0.844	0.338	0.084	0.084	0.084	0.169	0.084	3.125
50%	比例	80.0%	5.0%	50.0%	20.0%	5.0%	5.0%	5.0%	10.0%	5.0%	1.85%
	面积(万亩)	1.351	0.084	0.844	0.338	0.084	0.084	0.084	0.169	0.084	3.125
75%	比例	80.0%	5.0%	50.0%	20.0%	5.0%	5.0%	5.0%	10.0%	5.0%	1.85%
	面积(万亩)	1.351	0.084	0.844	0.338	0.084	0.084	0.084	0.169	0.084	3.125

续表

典型年	项　目	冬小麦	油菜	夏玉米	大豆	夏棉花	山芋	水稻	花生	其他	合计
80%	比例	71.7%	5.0%	50.0%	20.0%	5.0%	3.0%	5.0%	10.0%	5.0%	1.75%
	面积(万亩)	1.211	0.084	0.844	0.338	0.084	0.051	0.084	0.169	0.084	2.951
90%	比例	79.6%	5.0%	50.0%	0.0%	5.0%	0.0%	5.0%	10.0%	5.0%	1.60%
	面积(万亩)	1.345	0.084	0.844	0.000	0.084	0.000	0.084	0.169	0.084	2.696
95%	比例	80.0%	5.0%	49.7%	0.0%	5.0%	0.0%	0.0%	10.0%	5.0%	1.55%
	面积(万亩)	1.351	0.084	0.844	0.000	0.084	0.000	0.000	0.169	0.084	2.613
附注		合计栏,每典型年种植比例之和为复种指数									

表 9.1.5　韦店水资源均衡区不同典型年各时段最优供水量计算表　单位:万 m^3

年型	水源	10月	11月	12月	1月	2月	3月	4月	5月	6月	7月	8月	9月	合计
20%	大沟	0.00	0.00	0.00	0.00	0.00	10.5	0.00	0.00	8.80	10.50	10.50	0.00	40.30
	地下	43.49	13.83	9.68	0.00	0.00	23.87	0.00	0.00	30.90	56.45	98.46	0.00	276.69
	合计	43.49	13.86	9.68	0.00	0.00	34.37	0.00	0.00	39.70	66.95	108.96	0.00	316.99
50%	大沟	0.00	0.00	0.00	0.00	0.00	3.4	10.50	0.00	10.50	10.50	10.50	10.50	55.90
	地下	27.59	37.72	27.68	9.01	0.00	29.92	36.76	0.00	22.88	40.98	78.46	4.92	315.72
	合计	27.59	37.72	27.68	9.01	0.00	33.32	47.26	0.00	33.38	51.48	88.96	15.42	371.62
75%	大沟	1.20	0.00	0.00	0.00	0.00	4.90	10.50	10.50	0.00	10.50	10.50	0.08	49.09
	地下	5.02	10.46	9.25	19.00	36.95	37.05	11.60	26.95	108.44	7.55	24.25	0.00	346.48
	合计	6.22	10.46	9.25	19.00	36.95	41.95	22.10	37.45	108.44	18.01	84.75	0.00	395.57
80%	大沟	0.00	0.00	0.00	0.00	0.00	2.10	2.00	1.80	10.50	10.50	6.70	0.00	33.6
	地下	0.00	0.00	0.00	0.00	28.51	37.99	96.27	50.84	0.00	0.00	167.97	0.00	381.58
	合计	0.00	0.00	0.00	0.00	28.51	40.09	98.27	52.64	10.50	10.50	174.60	0.00	415.18
90%	大沟	1.50	0.00	0.00	0.00	0.00	1.80	10.50	2.10	10.50	10.50	4.90	0.00	41.80
	地下	3.85	0.00	9.52	13.07	0.00	66.45	65.27	70.44	7.38	16.81	127.11	0.00	380.40
	合计	5.35	0.00	9.52	13.07	0.00	68.25	76.27	72.54	17.88	27.31	132.01	0.00	422.27
95%	大沟	0.00	0.00	0.00	0.00	10.50	0.00	1.20	1.10	10.50	2.70	0.00	0.00	26.00
	地下	0.00	0.00	23.57	4.47	11.61	0.00	96.59	70.03	11.68	29.48	111.81	37.45	396.69
	合计	0.00	0.00	20.25	1.58	18.09	0.00	81.22	58.65	10.50	9.50	86.81	30.87	422.69

9.1.4　计算结果分析

1. 灵敏度分析

为了探求各种输入值改变对计算结果的影响,有必要进行灵敏度分析。灵敏度分析分以下两个方面:

① 灌溉工程运行系统的不同组合导致目标函数值变化,其最优解中决策变量无变化,最优解主要取决于水资源量。

② 在90%年型下,当大沟调蓄水量等于零时,目标函数值减小4.8%,作物总播种面积减小4.4%;当大沟调蓄水量增加一倍时,目标函数值增加3.6%,作物总播种面积增大3.8%。

2. 计算结果分析

由表9.1.4可知,20%、50%、75%、80%、90%和95%年型优化的复种指数分别为1.85、1.85、1.85、1.76、1.60和1.55,即在20%~75%年型均达到最大种植比例,在80%~95%年型,限制大豆、山芋和水稻的种植比例不同程度地受到了限制,如在95%年份三者种植比例皆为零。因此,本地区适宜种植的农作物为冬小麦、油菜、夏玉米、夏棉花和花生,应限制山芋、大豆和水稻的种植。

由表9.1.5可知,各种典型年水资源供水高峰期均在4~8月,也就是午季作物生长需水旺盛期和夏秋季作物播种造墒用水及生长需水高峰期,与实际情况相吻合。从水资源优化结果来看,在降水频率为20%~75%的典型年份,地下水资源是有保障的,但在降水频率为80%~95%的干旱年份里,单纯依靠地下水灌溉,其水量是不足的,应适当拦蓄地表水作为补充,实现地下水与地表水联合运用,方可取得最佳的灌溉经济效益。

9.2　亳州城北灌区水资源优化配置模型研究

9.2.1　模型的建立

建立数学模型时,应作如下考虑:

分别以两种方案进行计算,即沟塘蓄水量为零(方案一)和沟塘蓄水量不为零(方案二)。当沟塘蓄水量不为零时,即两种水源(地下水和沟塘水)同时向灌区供水,采用4种不同年型,以年为调节周期,月为计算时段,就各计算时段内的引抽水量、降水量、作物需水量、蒸发量进行水量平衡计算。在任一时段内,如果田间耗水量超过有效降水量和地下水利用量之和，这个超出的差额就是要求的灌溉水量，即需要从地下含水层和沟塘中抽提水量，以满足农作物生长需求。

本区沟塘的复蓄系数在 20%、50%、75%和 95%年型里，采用值分别为 5、4、3 和 2。经分析计算确定，20%和 50%年型，沟塘最大蓄水量按地表径流量的 15%计算，75%和 95%年型，沟塘最大蓄水量按地表径流量的 25%计算。

据实验拟定，降水有效利用系数 α_s 随降水量级别大小而变化，作物对降水的有效利用量共分 5 级，变化于 0.46～0.90 之间。据五道沟实验站实验资料分析，旱作物对地下水的利用量，占潜水蒸发量的 60%～80%，在不同的生育阶段，其值不同。

降水入渗补给系数随降水级别和地下水埋深不同而变化，在不同地下水埋深级别下，共分 5 级，基本能反映补给动态变化过程。一般趋势为在埋深 2.0 m 左右有一峰值，以后随地下水埋深增大，其值减小。降水入渗补给系数越小，意味着参与灌溉循环的补给量越小。地下水水位埋深越大，意味着抽水耗能增加。

要利用井灌在满足农作物总需水量，必然会导致本区地下水水位的变化，这种变化本身，实质上是反映了大气降水，地下水和地表水这三者相互作用、相互转化的配置关系。

抽水含水层水量的变化，等于来水减去水，要求每年年内含水层总出水量不超过可开采量。

灌溉前后增产幅度采用 Jensen 相乘模型分析计算确定。

模型中涉及因素较多，相互之间关系复杂。为便于求解，对数学模型中有关非线性函数，如灌溉水分生产函数、运行费用函数、抽水耗能函数、降水入渗补给系数等，均作线性化处理。

根据灌区灌排工程系统相互间关系和上述考虑，建立灌溉水资源优化配置模型。

1. 目标函数

(1) 以年灌溉净效益最大为目标函数

年灌溉毛效益如下：

$$B=\sum_{j=1}^{J}\varepsilon(g_i-g_{oj})A_{oj}\gamma_j \tag{9.2.1}$$

式中，ε 为灌溉效益分摊系数，根据不同年型及当地具体情况，经分析后采用值为 0.3～0.50；A_{oj} 为 j 类作物灌溉面积，单位为万亩；r_j 为 j 类作物的单价，单位为元/kg；J 为灌区农作物的种类数。

(2) 灌溉费用包括运行管理费 Z_1 和抽水能耗费 Z_2

运行管理费为田间工程、水井工程、电机泵等折旧费加维修管理费，运行管理费详见表 9.2.1。

表 9.2.1　灌溉工程系统运行管理费计算表

水井类型	涌水量(m^3/h)	井深(m)	井径(m)	运行系统	控制面积(亩)	运行管理费(元/亩)
小口浅井	25～35	18～22	35～40	机泵—土渠	60	32.2
				机泵—PVC	100	25.0
				电泵—土渠	60	46.5
				电泵—PVC	100	33.6
浅井	40～50	35～40	50～70	机泵一土渠	74	34.4
				机泵—PVC	112	28.0
				电泵—土渠	74	47.1
				电泵—PVC	112	36.4

* 运行管理费=田间工程、水井工程、电机泵等折旧费+维修管理费

抽水能耗费 Z_2 同前，故目标函数为

$$\mathrm{Max}B = Z_1 - Z_2(m,H) \tag{9.2.2}$$

2. 约束条件

① 灌区的各种作物的种植比例，不超过该种作物的最大种植比例：

$$X_j \leqslant X_{mj} \tag{9.2.3}$$

式中，X_{mj} 为 j 类作物的最大种植比例。

② 各时段作物田间耗水量由抽取地下水量、沟塘水量、地下水利用量和天然有效降水量共同满足，表达式为

$$\eta_{1i}W_i + \eta_{2i}m_i + \sum_{j=1}^{j} G_{ej} + \sum_{j=1}^{j} A\alpha_{sij}P_{ij} \geqslant \sum_{j=1}^{j} A_{ij}E_{ij} \tag{9.2.4}$$

式中，η_1 是渠系水利用系数；W 是沟塘引抽水量，单位为万 m^3；η_2 是水井灌溉水利用系数；m_i 是地下水开采量，单位为万 m^3；α_s 是降水有效利用系数；P_{ij} 是 i 时段 j 类作物生长阶段的降水量，单位为 mm；E_{ij} 是 i 时段 j 类作物的田间需水量，单位为 mm；G_e 是地下水利用量，单位为 mm。

③ 各时段沟塘供水量不超过最大可能供水量，表达式为

$$W_i \leqslant W_{mi} \tag{9.2.5}$$

式中，W_{mi} 为 i 时段沟塘最大可能供水量，单位为万 m^3。

④ 地下蓄水层的年开采量不超过可开采量：

$$\sum_{i=1}^{i} mi + \sum_{i=1}^{i} A_o E_i - \sum_{i=1}^{i} \alpha_{g_i} P_i A_o - \sum_{i=1}^{i} \beta_1 m_i - \sum_{i=1}^{i} \beta_2 W_i - \Delta U \leqslant 0 \tag{9.2.6}$$

式中，E_i 是含水层潜水蒸发量，单位为 mm；α_g 是降水入渗补给系数；β_1 是地下水灌溉回归系数；β_2 是沟塘水灌溉入渗补给系数；ΔU 是允许过量开采量，单位为万 m^3。

⑤ 地下水水位动态约束

$$H_i = H_{i-1} - \frac{\alpha_g p_i}{\mu_1} + \frac{m_i}{A_o \mu_2} + \frac{E_i}{\mu_2} - \frac{\beta_2 W_i}{\mu_1} - \frac{\beta_1 m_i}{\mu_1} \tag{9.2.7}$$

⑥ 地下水埋深不超过最大允许埋深,表达式为

$$H_i \leqslant H_{mi} \tag{9.2.8}$$

⑦ 各时段抽取地下水量不超过水井的开采能力,表达式为

$$m_i \leqslant M_{mi} \tag{9.2.9}$$

式中,M_{mi}为水井开采能力,单位为万 m^3。

⑧ 非负约束:

$$\begin{cases} X_j \geqslant 0 & (j = 1,2,\cdots,J), \\ m_i,\ W_i,\ \Delta U \geqslant 0 & (i = 1,2,\cdots,I) \end{cases} \tag{9.2.10}$$

9.2.2 成果分析

经上机运算,输入亳州市城北研究区不同灌溉年型(降水频率分别为 20%、50%、75%、95%)情况下的有关农业资料(灌区面积、作物需水量等)、经济资料(灌溉工程年运行费用、农作物的灌溉增产量、农作物价格等)等有关的水文、水文地质参数(降水、抽水量等补给系数、给水度等),得到 4 种不同灌溉年型的优化计算结果。不同灌溉年型各种农作物种植面积优化结果见表 9.2.2,不同水源各时段最优供水量计算表见表 9.2.3 和表 9.2.4。

① 从表 9.2.2 可知,在两种方案情况下,20%和 50%的年型种植面积均能达到设计种植面积,而 75%和 95%的年型达不到。

方案一,75%年型种植面积为 14.63 万亩,复种指数 177.2%,比设计值减少 12.8%,95%年型种植面积为 13.28 万亩,复种指数 160.9%,比设计值减少 29.1%。

方案二,种植面积有所提高,75%年型提高到 15.58 万亩,复种指数提高到 188.7%,增加 11.5%,基本达到设计值,95%年型提高到 14.03 万亩,复种指数提高到 169.9%,增加 9.0%。

这说明方案二,即本灌区以开发地下水为主,适当利用沟塘蓄水作为补充,可提高灌溉面积。

从结果可看出,种植比例最大为冬小麦,其次为夏玉米、夏棉花、夏大豆、山芋等,另外,从 75%和 95%的年型结果看,两种方案均限制了山芋的种植面积,如在 95%年型里,两种方案山芋的种植面积均为零,同时,减少了大豆的种植面积,这均与生产实际相符。

表 9.2.2 不同灌溉年型各种农作物种植面积优化结果

农作物	灌溉年型								方案
	20%		50%		75%		95%		
	复种指数	面积（万亩）	复种指数	面积（万亩）	复种指数	面积（万亩）	复种指数	面积（万亩）	
冬小麦	85.0%	7.01	85.0%	7.01	77.2%	6.37	60.9%	5.02	方案一
夏玉米	65.0%	5.36	65.0%	5.36	65.0%	5.36	65.0%	5.36	
夏大豆	10.0%	0.83	10.0%	0.83	10.0%	0.83	10.0%	0.83	
夏棉花	15.0%	1.24	15.0%	1.24	15.0%	1.24	15.0%	1.24	
山芋	5.0%	0.41	5.0%	0.41	0%	0	0%	0	
其他	10.0%	0.83	10.0%	0.83	10.0%	0.83	10.0%	0.83	
合计	190.0%	15.68	190.0%	15.68	177.2%	14.63	160.9%	13.28	
冬小麦	85.7%	7.01	85.7%	7.01	85.7%	7.01	69.9%	5.77	方案二
夏玉米	65.0%	5.36	65.0%	5.36	65.0%	5.36	65.0%	5.36	
夏大豆	10.0%	0.83	10.0%	0.83	10.0%	0.83	10.0%	0.83	
夏棉花	15.0%	1.24	15.0%	1.24	15.0%	1.24	15.0%	1.24	
山芋	5.0%	0.41	5.0%	0.41	9.7%	0.31	0%	0	
其他	10.0%	0.83	10.0%	0.83	10.0%	0.83	10.0%	0.83	
合计	190.0%	15.68	190.0%	15.68	188.7%	15.58	169.9%	14.03	

表 9.2.3 不同水源各时段最优供水量(方案一) 单位:万 m^3

年型	水源	月份												合计
		10	11	12	1	2	3	4	5	6	7	8	9	
20%	沟塘水	0	0	0	0	0	0	0	0	0	0	0	0	0
	地下水	179.69	100.06	67.74	0	0	183.89	0	0	125.05	0	0	0	656.24
	合计	179.69	100.06	67.74	0	0	183.89	0	0	125.05	0	0	0	656.24
50%	沟塘水	0	0	0	0	0	0	0	0	0	0	0	0	0
	地下水	141.48	0	14.69	0	0	174.32	376.71	172.55	0	305.58	66.51	0	1 251.84
	合计	141.48	0	14.69	0	0	174.32	376.71	172.55	0	305.58	66.51	0	1 251.84
75%	沟塘水	0	0	0	0	0	0	0	0	0	0	0	0	0
	地下水	162.84	101.84	0	12.36	108.95	0	349.47	241.72	85.56	0	296.31	0	1 359.05
	合计	162.84	101.84	0	12.36	108.95	0	349.47	241.72	85.56	0	296.31	0	1 359.05

续表

年型	水源	月份												合计
		10	11	12	1	2	3	4	5	6	7	8	9	
95%	沟塘水	0	0	0	0	0	0	0	0	0	0	0	0	0
	地下水	0	0	56.33	27.89	9.72	0	140.30	171.27	322.51	0	629.78	184.0	1 542.4
	合计	0	0	56.33	27.89	9.72	0	140.30	171.27	322.51	0	629.78	184.0	1 542.4

表 9.2.4 不同水源各时段最优供水量(方案二) 单位:万 m^3

年型	水源	月份												合计
		10	11	12	1	2	3	4	5	6	7	8	9	
20%	沟塘水	27.90	1.80	8.10	0	0	20.40	0	0	30.50	0	0	0	88.70
	地下水	150.32	98.17	59.12	0	0	162.42	0	0	92.95	0	0	0	562.97
	合计	178.22	99.97	67.22	0	0	182.82	0	0	123.45	0	0	0	651.67
50%	沟塘水	9.40	0	10.10	0	0	10.10	39.20	33.50	0	10.10	50.50	0	162.90
	地下水	131.58	0	4.06	0	0	163.68	335.44	137.28	0	294.95	14.19	0	1 018.20
	合计	140.98	0	14.16	0	0	173.78	374.64	170.78	0	305.05	64.69	0	1 244.10
75%	沟塘水	10.40	1.80	0	10.50	11.10	0	39.20	33.50	40.50	0	50.50	0	197.50
	地下水	169.48	116.27	0	11.64	113.71	0	367.13	256.02	55.90	0	268.90	0	1 359.05
	合计	179.88	118.07	0	22.14	124.81	0	406.33	289.52	96.40	0	319.40	0	1 556.55
95%	沟塘水	6.40	0	6.40	3.10	1.10	0	9.2	15.0	20.2	0	50.0	55.9.	167.1
	地下水	2.10	0	62.5	36.40	27.30	0	197.8	212.0	301.4	0	577.2	125.8	1 542.5
	合计	8.50	0	68.9	39.50	28.40	0	207.0	227.0	321.4	0	627.2	181.7	1 709.6

② 从丰、平、枯、特枯 4 种不同年型净效益结果来看,越是干旱,灌溉净效益越大,20%年型与 95%年型相比净效益值相差 2.5 倍左右,这比较符合客观实际。75%年型,方案一和方案二相差 57.6 万元,95%年型,方案一和方案二相差 79.1 万元。同时说明,通过表 9.2.3 和表 9.2.4 分析,4 种年型水资源供水高峰均在 4~8 月,也就是冬春季作物生长旺盛需水较大时期和春秋季作物播种造墒用水时期,这是符合实际情况的。表 9.2.3 表明,随着年降水量减少,年灌溉供水量由丰水年(20%)的 656.24 万 m^3 增加到枯水年(75%)的 1 359.05 万 m^3 和特枯年(95%)的 1 542.24 万 m^3;表 9.2.4表明,随着降水频率的提高,年灌溉供水量由 75%年型的 1 556.55 万 m^3 提高到 95%年型的 1 709.6 万 m^3,其中地下水分别占 87.3%和 90.2%。

③ 从 75%和 95%年型供水结果看,两种方案皆不能完全满足灌区供水需求,灌溉面积随降水频率的提高而逐步下降。因此,枯水年份和特枯年份在充分利用地下水和 25%的地表径流的前提下,还应增大对地表径流的拦蓄量,增加沟塘蓄水库容,或采取从涡河引水的措施,作为旱年的应急水源,以补充地下水量之不足。从计算结果可看出,75%年型应拦蓄 25%~30%的地表径流,95%年型应拦蓄 30%~40%的地表

径流。

④ 4 种典型年地下水最大埋深运行结果表明，随降水频率的提高，方案一分别为 3.60 m、3.95 m、4.55 m 和 4.92 m；方案二分别为 3.87 m、3.38 m、4.44 m 和 4.88 m。从地下水多年均衡及抽水经济角度考虑，此优化运行结果较为科学合理，不会引起吊泵及地下水水位持续下降。

9.2.3 灵敏度分析

对 75％和 95％灌溉年型作如下灵敏度分析：

① 在 75％年型下，当沟塘蓄水量等于零时，年效益值减少 7.5％，作物总播种面积减少 11.5％。

② 在 95％年型下，当沟塘蓄水量等于零时，年效益值减少 8.0％，作物总播种面积减少 9.0％。

淮北平原地区可利用的灌溉水资源逐渐减少，地下水水位呈逐年下降趋势，灌溉成本不断上升，灌溉效益没能充分发挥。有鉴于此，本次进行灌溉水资源优化调配模型的研究具有重要的经济价值和实际意义。本模型从淮北平原井灌区生产实际出发，结合不同灌溉工程系统（水井、泵型、灌溉渠系）的运行实际，提出灌溉水资源的最优供水量及灌区最优的作物布局，对淮北平原井灌区合理调整种植结构，提高灌区管理水平，进一步发挥水资源的经济效益具有较大的现实意义。

本计算结果表明：

① 该区种植模式应为，主要种植冬小麦和夏玉米，辅以夏棉花，应限制夏大豆和山芋的种植。

② 井灌经济最优工程系统运行方案为小口浅井—机泵—PVC 系统，不宜采用浅井—电泵—土渠系统。

③ 淮北平原地区井灌区单纯依靠地下水进行农业灌溉，水资源量是不够的，应适当拦取地表径流。建议：20％和 50％年型可不用沟塘水，75％年型应拦蓄 25％～30％的地表径流，在 95％年型应拦蓄 30％～40％的地表径流。可采取沟塘蓄水、河道和大沟逐级建节制闸和滚水坝等措施，增大地表水的拦蓄量和入渗量。长期规划，应考虑从涡河或淮河引水的措施，实现地表水和地下水互补，以促进灌溉水资源的良性循环及灌溉农业的稳步发展。

9.3 淮北平原典型区域农田水资源立体调蓄应用实例

蒙城县隶属安徽省亳州市，地处淮北平原中南部，东临怀远，西接涡阳、利辛，南靠凤台，北依濉溪，东经116°15′～116°49′、北纬32°56′～33°29′，总面积2 091 km²。蒙城县历来重视河沟蓄水工作，现以蒙城县为例分析县域农田地下水调蓄工程及调蓄效果。

蒙城县境内地势由西北向东南倾斜，地面高程29.50～21.00 m(85国家高程基准)，坡降约1/8 500，以平原地貌为主，零星岛状山丘12座，其中狼山为最高山丘，海拔90.30 m。境内有北淝河、涡河、茨河、茨淮新河4条骨干河道，骨干河道拦蓄建筑物特性详见下表9.3.1。

表9.3.1 蒙城县骨干河道拦蓄建筑物特性表

<table>
<tr><th>序号</th><th colspan="2">名 称</th><th>所在河流</th><th>正常蓄水水位(m)</th><th>设计流量(m³/s)</th><th>孔数(个)</th><th>宽(m)×高(m)</th><th>备 注</th></tr>
<tr><td>1</td><td colspan="2">芮集闸</td><td rowspan="2">北淝河</td><td>24.5</td><td>215</td><td>8</td><td>4×4.2</td><td></td></tr>
<tr><td>2</td><td colspan="2">板桥橡胶坝</td><td>23</td><td></td><td></td><td>95×4</td><td>坝袋尺寸</td></tr>
<tr><td rowspan="3">3</td><td rowspan="3">蒙城闸枢纽</td><td>节制闸</td><td rowspan="3">涡河</td><td>24.50～25.50</td><td>1600</td><td>20</td><td>5.2×6</td><td></td></tr>
<tr><td>分洪闸</td><td></td><td>800</td><td>12</td><td>5.2×4</td><td></td></tr>
<tr><td>船闸</td><td></td><td>200</td><td></td><td>108×10</td><td>闸室尺寸</td></tr>
<tr><td>4</td><td colspan="2">吕望闸</td><td rowspan="3">茨河</td><td>24.5</td><td>79</td><td>5</td><td>4×4</td><td></td></tr>
<tr><td>5</td><td colspan="2">陈桥闸</td><td>22.5</td><td>184</td><td>8</td><td>4×4.8</td><td></td></tr>
<tr><td>6</td><td colspan="2">立仓橡胶坝</td><td>20</td><td></td><td></td><td>90×4</td><td>坝袋尺寸</td></tr>
</table>

蒙城县全境依北淝河、涡河、茨河、茨淮新河4条骨干河道及涡河蒙城闸，可将全境划分为淝北片区、涡淝片区、涡南闸上片区、涡南闸下片区以及茨南片区。为了全面调控县境内的农田地下水水位，蒙城县将境内大沟以上标准的河沟，在沟口修建节制闸，在沟中部筑蓄水坝，以分段拦蓄地下水，提高作物对地下水利用量，现以其中3个片区为例，分述地下水利用效果。

9.3.1 淝北片区

该区位于北淝河以北，澥河以南，面积281 km²。区内主要大沟有17条，即凤凰沟、岭子沟、直沟、三改沟、荣花沟、蔡花沟、玉亭沟、白马沟、双村沟、羊肠沟、清水沟、白水沟、一号沟、二号沟、三号沟、四号沟和跃进河，水系布局及工程增蓄示意图见图9.3.1。

该区汛期受下游水位影响，涝水无法及时排出，加之区内多数大沟水系淤积严重且排涝动力不足，造成东南部地势低洼区域极易受灾。因此，该区防洪排涝治理以“筑堤防洪、疏浚水系、增加动力”为主，按20年一遇防洪标准加固堤防，按5年一遇排涝标准疏浚大沟水系并于东南部低洼易涝区建设排涝泵站(表9.3.2)。

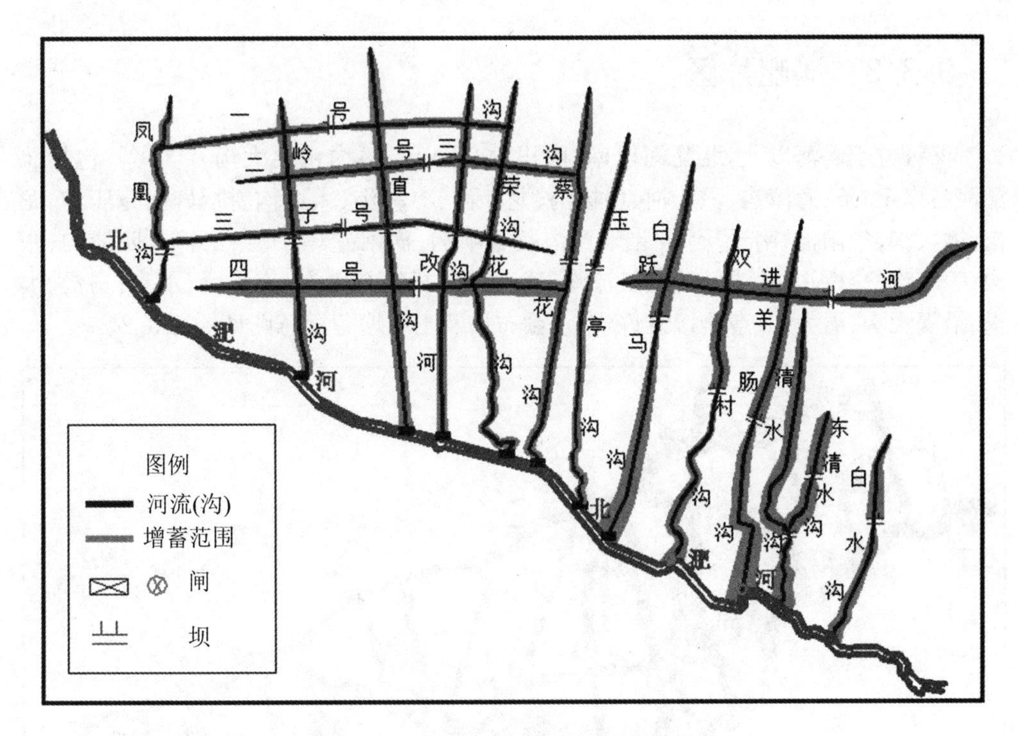

图 9.3.1　淝北片区闸坝增蓄水量示意图

表 9.3.2　淝北片区闸坝增蓄水量分析计算表(按闸坝抬高 1 m 水头计)

序　号	沟　名	闸坝间距(m)	坝下游长度(m)	影响范围(m^2)	增蓄水量(m^3)	增蓄地下水总量(m^3)
1	凤凰沟	1 843	5 300	1 071 464	357 155	14 286
2	岭子沟	4 547	4 504	1 357 619	452 540	18 102
3	直沟	6 080	6 002	1 812 255	604 085	24 163
4	三改河	6 701	4 816	1 727 479	575 826	23 033
5	荣花沟	8 388	5 135	2 028 411	676 137	27 045
6	蔡花沟	6 780	5 687	1 870 038	623 346	24 934
7	玉亭沟	7 981	4 394	1 856 210	618 737	24 749
8	白马沟	7 226	5 224	1 867 466	622 489	24 900
9	双村沟	6 098	5 477	1 736 203	578 734	23 149
10	羊肠沟	5 773	6 690	1 869 476	623 159	24 926
11	清水沟	2 301	7 863	1 524 613	508 204	20 328
12	白水沟	3 963	2 809	1 015 743	338 581	13 543
总　和		67 680	63 899	19 736 977	6 578 992	263 160

9.3.2 涡淝片区

该区位于涡河以北，北淝河以南，面积 502 km²。区内主要大沟有 33 条，包括北淝河右岸 14 条：蒋湾沟、蒙坛河、白杨沟、龙江沟、枣林沟、人民沟、拉马沟、苑庙沟、龙沟、潘大沟、华阳沟、南千斤沟、北千斤沟及金项沟；涡河左岸 19 条：吕沟、四清沟、张沟、丁花沟、蔡桥沟、孔沟、丁沟、长流沟、蒙王河、白杨沟、孙沟、庞沟、行水沟、马沟、洪沟、沿涡大沟、潘大沟、曹沟以及许沟，水系布局及工程增蓄示意图见图 9.3.2。

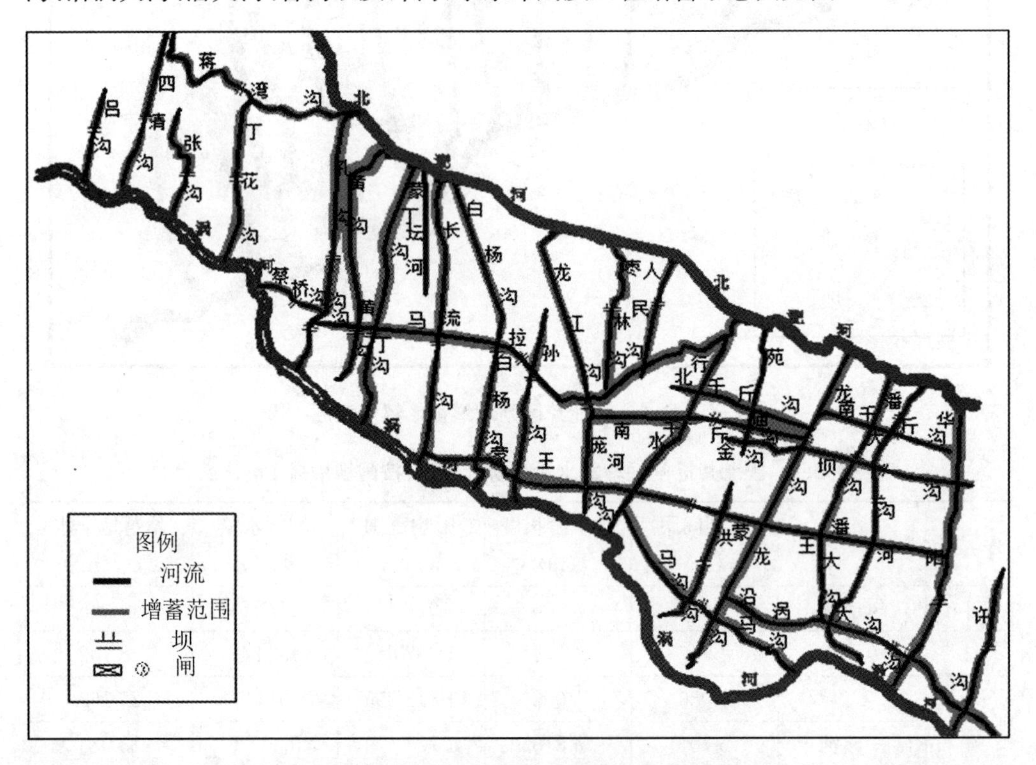

图 9.3.2 涡淝片区闸坝增蓄水量示意图

该区界于北淝河与涡河之间，北淝河、涡河是其涝水主要出路。北淝河标准较低，汛期防洪排涝压力大，而涡河标准较高，因而汛期应防止涡河流域洪涝水通过区内大沟水系串流进入北淝河。除此之外，区内东片大沟水系淤积严重，加之既有排涝泵站较少，排涝能力明显不足。因此，该区防洪排涝治理以“加固堤防、防止串流、疏浚水系、增加动力”为主，按 20 年一遇防洪标准加固堤防，按 5 年一遇排涝标准疏浚大沟水系，建闸防止汛期涝水串流并于东北部低洼区域建设排涝泵站(表 9.3.3)。

表9.3.3　涡淝片区闸坝增蓄水量分析计算表(按闸坝抬高1 m水头计)

序号	沟名	闸坝间距(m)	坝下游长度(m)	影响范围(m^2)	增蓄水量(m^3)	增蓄地下水总量(m^3)
1	孔沟	6 959	1 896	1 328 247	442 749	17 710
2	黄沟	10 106	2 438	1 881 730	627 243	25 090
3	丁沟	8 434	4 250	1 902 620	634 207	25 368
4	长流沟	7 856	5 676	2 029 831	676 610	27 064
5	白洋沟	8 552	6 838	2 308 505	769 502	30 780
6	孙沟	5 865	3 282	1 371 992	457 331	18 293
7	龙江沟	8 915	5 073	2 098 328	699 443	27 978
8	人民沟	2 303	3 496	869 926	289 975	11 599
9	行水沟	6 144	5 563	1 755 967	585 322	23 413
10	苑庙沟	5 139	1 030	925 257	308 419	12 337
11	龙沟	4 463	12 155	2 492 649	830 883	33 235
12	潘大沟	4 130	8 036	1 824 808	608 269	24 331
总和		78 866	59 733	20 789 859	6 929 953	277 198

9.3.3　涡南闸上片区

该区位于涡河以南，阜蒙新河以西，面积256 km^2。区内主要大沟有14条，即阜蒙新河、北凤沟、跃进沟、柴沟、庙沟、丁未沟、戴沟、于沟、刘沟、沙沟、黄练沟、孙湾沟、戴灰沟和蒙太路沟，水系布局及工程增蓄示意图下图9.3.3。

该区界于涡河与阜蒙新河之间，涡河是其涝水主要出路，涡河排水标准较高，但区内大沟水系淤积严重，排涝泵站较少，不利于涝水及时排入涡河。因此，一方面应在各大沟入涡河河口建闸防范汛期涡河洪涝水顶托串流，按20年一遇防洪标准加固堤防，另一方面应在低注易涝区建设排涝泵站，按5年一遇排涝标准疏浚大沟水系(表9.3.4)。

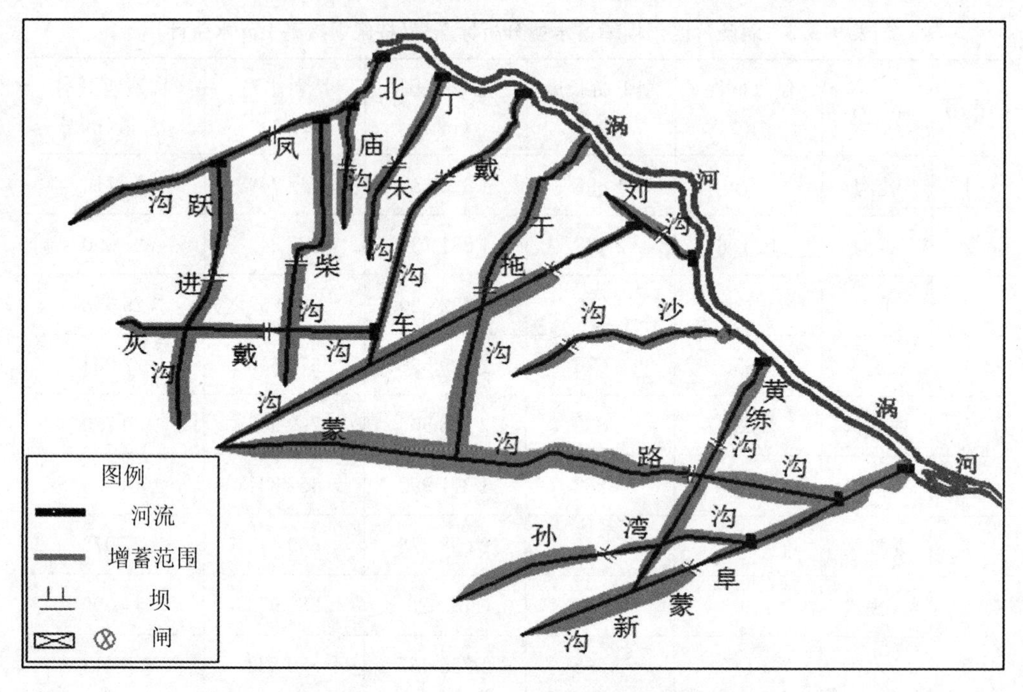

图 9.3.3　涡南闸上片区闸坝增蓄水量示意图

表 9.3.4　涡南闸上片坝增蓄水量分析计算表区闸(按闸坝抬高 1 m 水头计)

序号	沟 名	闸坝间距(m)	坝下游长度(m)	影响范围(m^2)	增蓄水量(m^3)	增蓄地下水总量(m^3)
1	于沟	7 202	4 851	1 807 891	602 630	24 105
2	沙沟	5 250	1 943	1 079 026	359 675	14 387
3	蒙太路沟	4 793	14 950	2 961 499	987 166	39 487
总　和		17 245	21 744	5 848 417	1 949 472	77 979

9.3.4　蒙城县农田水资源利用效果分析

根据对蒙城县 5 大农田片区统计,仅大沟经闸坝拦截增蓄地表水 678 万 m^3,增蓄地下水 270 万 m^3,增蓄水量效果明显,详见表 9.3.5。

表 9.3.5　蒙城县河沟蓄水量计算表

片　区	大沟数	总沟长（km）	增蓄地表水（万 m^3）	增蓄地下水（万 m^3）
淝北	17	192	96	38
涡淝	32	311	156	62
涡南闸上	14	142	71	28
涡南闸下	31	409	205	82
茨南	34	299	150	60
小　计	128	1 353	678	270

9.4 效益评价

围绕农田排蓄工程立体调控、适时适量灌溉技术等系列科学问题，经过了30多年的野外实验研究与工程实践，形成了在淮北平原砂姜黑土区及黄泛砂土区具有广泛适应性的农田“三涝两渍”排蓄工程体系、浅层地下水垂向调控模式以及适时适量灌水及水资源优化调配成套实用技术，构建了农田多目标立体调蓄水资源系统。

针对农田排水输出面源污染的情况，通过改进排水系统的设计与管理，使农田排水系统在发挥正效应的同时尽可能减少负效应。实践表明，这些成果推广应用于排水工程设计和管理，显著减少了农田排水对环境和生态的影响。本成果自20世纪90年代以来，在淮北平原得到广泛应用，产生了显著的节水增产效益、社会经济效益和生态环境效益。

9.4.1 社会经济效益

构建水资源多目标立体调蓄模式，实现了田间水资源的立体调控及高效利用、提高了农田排涝降渍抗旱减灾能力，有利于实现农田水资源排蓄均衡、农业节水增产增收，有助于提高灌区管理水平、促进灌溉水资源的良性循环及灌溉农业的稳步发展，为保障农业生产安全及人民群众财产安全提供支撑。

在淮北平原建设实施农田排水、大沟蓄水及灌溉工程体系面积累计达2360万亩。经测算，排涝降渍、节水灌溉增产综合效益每年有95亿元左右（不含经济作物效益），占2014年淮北平原地区国内生产总值（GDP）的0.5%，经济效益显著。

9.4.2 生态环境效益

通过农田沟网修建闸坝蓄水，增强了区域水循环的调蓄能力，充分实现了涝渍水的资源化利用、缓解了干旱缺水影响，提高降水的有效利用、充分利用地表水和土壤水、合理利用地下水，以达到健康水循环、保护地下水、改善水生态与水环境的目标。结果表明：浅层地下水水位普遍升高 0.8～1.5m，75％年型增加水资源量及拦蓄地表径流量 16.5 亿 m^3，供水保证率提高 6％～11％。

构建和修复了区域闭路水循环系统，维系了区域水循环的健康；通过沟渠与洼地/湿地联通，增强了地表生态需水的保障程度，促进了区域水生态的改善。通过涝渍水的排蓄与回补利用以及对农田排水系统的改造和管理制度的优化，大幅度降低了区域面源污染入河负荷，减少了约 80％氮和 60％磷的流失量，生态环境效益显著。

9.5 小　结

本研究分别在固镇县韦店灌区、亳州城北灌区以及淮北平原典型区域农田三个区域进行了区域水资源立体调蓄的实践应用。结果表明，通过各个区域水资源立体调蓄措施，能够显著提高其水资源利用效率、减少干旱缺水和涝渍灾害的影响，从而实现农作物增产和地下水保护的总目标。

第10章 成果总结

10.1 主要结论

10.1.1 淮北平原区水资源与涝渍灾害演变规律

从降水、地表径流、土壤水、地下水和蒸散发5个方面系统识别了时空演变要素。

1. 降水变化

年降水量在20世纪70～80年代减少而20世纪90年代增加，21世纪00年代到10年代又略减少；江苏省淮北平原地区平均降水深度比安徽省淮北平原地区多2.5%左右，降水总量比安徽淮北平原略少。

2. 径流变化

20世纪80年代前径流呈明显的递减趋势，到20世纪80年代有所回升，20世纪90年代略有下降，进入21世纪以后明显增大；径流的年际变化较降水更为剧烈，各站最大年径流量与最小年径流量可相差15～300倍。

3. 气温变化

年平均气温(14.8 ℃)，多年递增速率为0.02 ℃/年，最大值、最小值递增速率分别为−0.22 ℃/年和0.26 ℃/年。

4. 水面蒸发和潜水蒸发

水面蒸发下降速率每年约为10.6 mm，潜水蒸发量也出现类似规律，潜水埋深0.2 m、0.4 m、0.6 m、0.8 m、1.0 m、1.5 m时递减速率随深度变化依次为12.1 mm/年、13.7 mm/年、13.1 mm/年、10.6 mm/年、4.2 mm/年、3.9 mm/年。出现气温增加而蒸散发量减少的悖论，其原因经初步分析是宇宙辐射变化、农业种植结构改变及农村建筑物变高了导致风速减少所致。提出了不同土壤不同作物生长条件下潜水蒸发规律及经验公式。

5. 涝渍变化规律

从时间演变来看，淮河流域的受灾面积、受灾率、成灾面积和成灾率均在减小。从年代变化来看，涝渍灾害最为严重的时段出现在20世纪60年代，而在此之后均有所缓解，且相对于20世纪60年代，20世纪70年代期间成灾率大幅降低；在20世纪80年代至21世纪00年代期间，虽然受灾率相对较高，但成灾率却在逐渐减小。从空间分布来看，20世纪60年代期间，水灾成灾率相对较大，尤其淮河北岸及山东半岛地区，但在20世纪70年代，水灾问题得到较大程度的改善，虽然在20世纪80～90年代期间，淮河上游地区成灾率有所增加，但在21世纪00年代期间，大部分地区的水灾成灾率再次降低。

6. 地下水埋深年代及年季间变化规律

除平原东北部山丘区以外，淮北平原水力坡度总体上自西北向东南逐步减小。由180个站点36年长系列地下水埋深观测得出：20世纪70年代地下水平均埋深2.32 m，20世纪80年代地下水平均埋深2.88 m，20世纪90年代平均埋深2.75 m，21世纪前10年平均埋深2.46 m，淮北平原地下水埋深进入持续恢复期。

丰水期：14个，平均采补周期2.6年；枯水期：10个，平均采补周期3.6年；全区多年平均埋深为2.48 m，其中最浅埋深1.02 m，最深埋深4.26 m。

地下水水位变化成因分析：20世纪70年代，降水量偏丰，田间工程不配套，地下水排泄量小，排降水平低，浅层地下水水位偏高。20世纪80年代，降水相对70年代偏枯，田间配套工程设置不合理现象突出，特别是淮北平原地区大力推广机井灌溉，对浅层地下水取用量较大，导致地下水水位下降明显。20世纪90年代较80年代降水偏丰，浅层地下水水位较80年代略有回升。21世纪前10年，2003年暴雨导致地下水普遍补给回升，不少地下水观测站点回补至历史最高，更注重了农田水资源调蓄工程的建设。

7. 地下水埋深标准

基于大型地中蒸渗仪及小流域多组合野外实验，提出作物生长地下水排涝降渍安全埋深区间为0.3～0.5 m，提出不同作物生长的适宜地下水水位埋深区间为0.8～2.0 m，提出作物生长适宜的土壤含水量区间为18%～26%，提出作物生长对地下水利用的极限埋深(也称潜水蒸发极限埋深)区间为3.5～5.5 m，提出农田沟网调蓄条件下的地下水高效利用埋深区间为1.5～1.8 m，提出地下水多年均衡可持续最大开采深度区间为6～8 m。

8. 排水标准

基于不同工程标准进行排水实验，提出了适用于淮北平原地区的农田排水标准及排水指标，当遭遇3～5年一遇的最大3日暴雨时，在3～5日内地下水水位应降至地面以下0.3～0.5 m。

10.1.2 淮北平原区水资源与涝渍灾害演变机理

剖析了水循环过程对于淮北平原水资源演变及区域涝渍灾害的影响机理，主要表现在：

① 变化环境下涝渍孕灾环境风险剧增；

② 局部排水系统不健全，工程标准低；

③ 外水顶托、排水不畅。

在此基础上通过野外控制实验，量化识别了大沟蓄水对地下水的影响范围和水位的影响以及农田排水对区域水循环的水文效应机理。

涝渍灾害对作物产量的影响首先表现在破坏作物的生育环境：

① 涝渍影响土壤肥力；

② 涝渍灾害导致土壤通气不良；

③ 涝渍灾害破坏了作物正常生长的湿度环境；

④ 涝渍灾害导致作物根系浅扎，出现倒伏现象。

通过田间正交实验分析了涝渍灾害对小麦和大豆各生育阶段影响的机理以及因此导致的减产幅度，结果表明：小麦分蘖～拔节～灌浆期积水 3 天减产不太明显，砂土地则能耐 6 天左右的积水，但超过此限则有 20%以上的减产，成熟至收割期的涝渍灾害损失较为巨大；大豆苗期积水 8 天以上，减产 80.5%，旁枝期积水 8 天以上减产 26.8%，而且，积水时间越长，减产幅度越大。

10.1.3 淮北平原区多目标立体调蓄模式与关键阈值

确定了水资源多目标立体调蓄的科学基础是“自然—人工”二元水循环理论。农业水循环系统是一个在人类活动作用下，从取、输水到用、耗水再到排水以及与此相联系的包括粮食生产和农业产业结构调整的人工干预过程。提出了淮北平原地区水资源多目标立体调蓄系统的内涵，充分利用各种工程措施与非工程措施合理地利用当地地下水资源。以蚌埠市固镇县、亳州市蒙城县及利辛县多级闸坝控制蓄水实验区为范围，开展河沟蓄水对地下水水位的影响及影响范围的实验研究以及对地下水水位回补的实验研究，达到适时适度调控沟网地表水、田间土壤水及地下水水位的“三控”目的，并对调蓄工程体系对地下水的影响范围和影响程度进行定量化分析，从而确定排涝沟和降渍沟最优的空间分布格局。系统提出适用于淮北平原中南部地区的“三涝两渍三控”及适用于淮北平原北部地区的“三涝两渍三控” 排蓄结合立体综合工程体系。安排最优的作物布置，在优化的水资源配置模式指导下进行供水，从而获得最大的社会经济和生态环境效益。

科学选取了淮北平原区水资源多目标立体调蓄系统的关键参数，主要包括地表径流、土壤含水量和地下水水位控制阈值三个方面的参数，如降水填洼量、暴雨洪涝期排涝降渍埋深、沟网调节埋深以及淮北平原区砂姜黑土、黄泛砂土等典型土壤的潜水蒸发临界埋深和多年均衡可持续开采最大深度阈值等。对于土壤水来说，油菜、小麦、玉米、大豆和棉花等旱作物的需水临界期的适宜含量阈值(或范围)分别为 65%、65%、60%～70%、60%和 70%；对于地下水来说，小麦适宜生长的地下水埋深砂姜黑土区为 0.8～1.5 m 之间,黄泛砂土区为 1.0～2.0 m,而大豆和玉米的最大单产量所对应的地下水埋深为 0.5～1.5 m。

10.1.4 淮北平原区立体调蓄工程及关键参数

农田地表排水工程实验表明:治理后比治理前的洪水总量有减小趋势,可加速土壤水分减少,可加速地下水水位消退,可以适当控制增加土壤水适宜作物生长的时间。

农田降渍实验分析表明:在暴雨后地下水水位升临地面的情况下,经 3 天排水应使田块中心的地下水水位降至地面下 0.5 m;耕作层 0～30 cm 内的土壤在 10～20 天连阴雨情况下不致过湿,距地面 0.5 m 以下的地下水水位应相对缓慢下降。

经过工程分析实验,提出了以大沟、中沟、小沟等排涝沟及田头沟、田间沟等降渍沟(三涝两渍和三涝一渍)组建的农田地表水调蓄工程体系,并对调蓄工程体系对地下水的影响范围和影响程度进行了定量化分析。根据农田排涝降渍安全埋深 0.5 m、沟网调蓄适宜作物生长埋深 1.5 m 左右、作物生长对地下水利用量的极限埋深 3.5～5.5 m 以及多年均衡可持续最大开采深度 6～8 m 的垂向调节等指标确定工程调控标准。

下面分述"三涝两渍三控"系统排蓄工程参数。淮北平原中南部及北部的工程参数:

大沟:控制面积 1 000～1 200 hm^2,上口宽 15～20 m,沟深 3～4 m,沟距 1 500～2 500 m,间距 2 000 m。

中沟:控制面积 100～120 hm^2,上口宽 8～10 m,沟深 1.5～2.0 m,沟距 500～1 000 m,间距 500 m。

小沟:控制面积 10～12 hm^2,上口宽 4～6 m,沟深 1.0～1.5 m,沟距 150～300 m,间距 200 m。

田头沟:上口宽 1～1.5 m,沟深 0.7～0.8 m,沟距 40 m,间距 50 m。

蓄水工程:对长度为 10 km 以下的大沟采用一级控制,控制工程类型为滚水坝或节制闸;长度为 20～35 km 的大沟和小河采用 2 级及 3 级、4 级闸坝控制控制,控制工程类型为滚水坝(混凝土坝、橡胶坝)和节制闸。

一般来说,垂直于等高线方向的大沟,其控制级数包括现有的防洪闸在内,分 1～3 级比较合适,即大沟长度在 10 km 以内分 2 级,大于 10 km 可分为 3 级。平行等高线的大沟进行一级控制。介于两者之间的大沟,控制级数采用 1～2 级。

淮北平原南部和沿淮地区闸前水位低于田面 1.5～2.5 m 比较适宜,中部闸坝蓄水水位分别以低于田面 1.2 m 和 2.0 m,在北部地区,其闸前水位应降低到地面以下 1.0 m 左右,滚水坝顶应位于地面以下 1.2～1.5 m。

农田地表蓄水工程实验表明:随着大沟蓄水水位的增加,大沟两侧影响范围内的地下水水位也随之发生变化;大沟上修建控制工程后不仅可以拦蓄部分天然降水,降低农田作物承受的涝渍风险,还可以抑制浅层地下水的过多排泄,涵养地下水和土壤水,维护生态平衡,节约灌溉开采成本(图 10.1.1)。

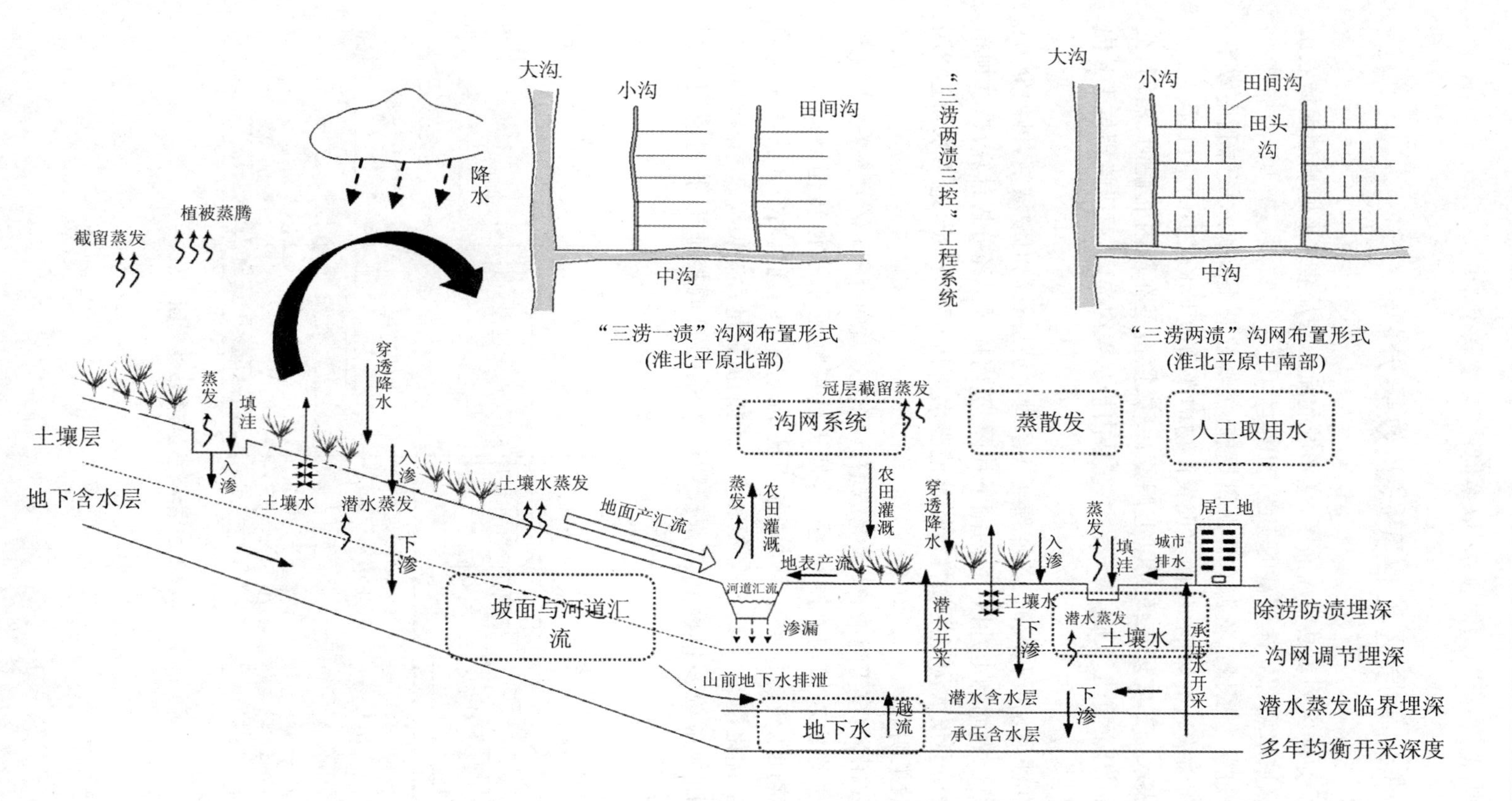

图 10.1.1 水资源多目标立体调蓄模式(平面布局与垂向调控)图

总体调控原则：适度排水，适时蓄水，以蓄促补，排蓄联控。

10.1.5 淮北平原区工程实践及效果分析

分别在淮北平原地区固镇县韦店灌区、亳州城北灌区以及淮北平原典型区域农田三个区域进行了区域水资源立体调蓄的实践应用。

结果表明：通过各个区域水资源立体调蓄措施，能够显著提高其水资源利用效率、减少干旱缺水和涝渍灾害的影响，从而实现农作物增产和地下水保护的总目标。

蒙城全境地表水全部实现三级及以上调蓄：一级拦蓄是在境内北淝河、涡河、芡河、茨淮新河 4 条骨干河道上实施；二级拦蓄在县内排水大沟沟口；三级拦蓄位于县内排水大沟中段。

蒙城全境依北淝河、涡河、芡河、茨淮新河 4 条骨干河道及涡河蒙城闸，可划分为：淝北片区、涡淝片区、涡南闸上片区、涡南闸下片区、芡南片区。经分析计算，按闸坝抬高 1 m 水头计，蒙城县仅大沟经闸坝拦截增蓄地表水量达 678 万 m^3，地下水量达 270 万 m^3，增蓄水量效果明显。

在淮北平原农田区，排涝降渍、节水灌溉增产综合效益每年 95 亿元左右(不含经济作物效益)；通过修建农田沟网闸坝蓄水，使得浅层地下水水位普遍升高 0.8～1.5 m，75％年型增加水资源量及减少地表径流量 16.5 亿 m^3；通过对农田排水系统的改造和管理制度的优化，减少了约 80％氮和 60％磷的流失量。

淮北平原农田水系统多目标立体调控逻辑关系图及调控地下水阈值图见图 10.1.2～图 10.1.4。

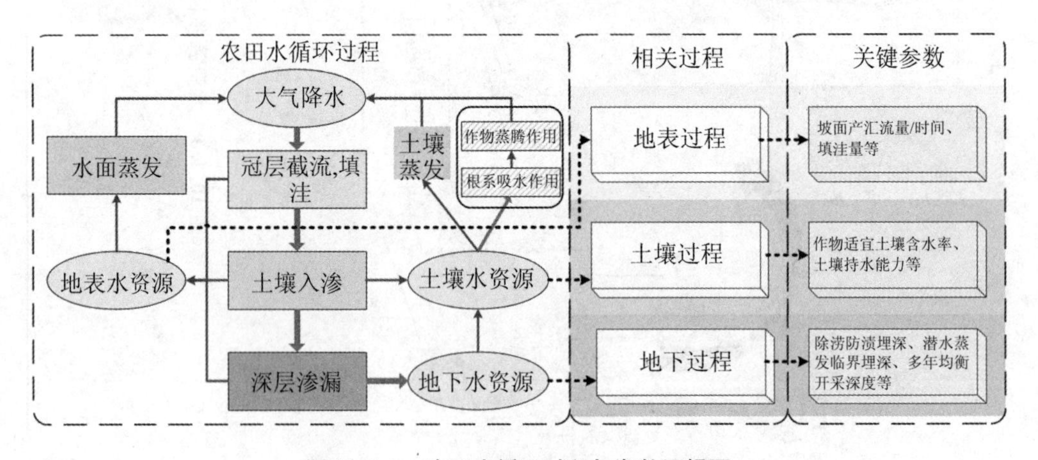

图 10.1.2　农田水循环过程与参数逻辑图

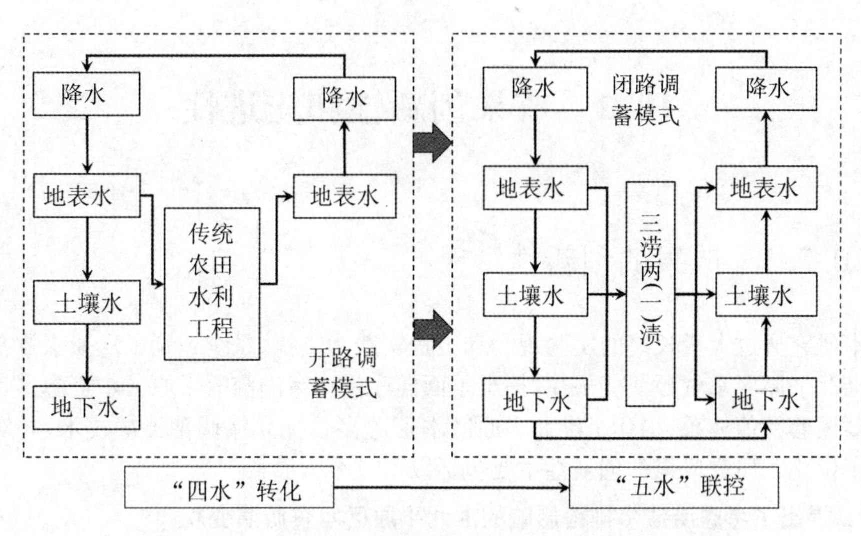

图 10.1.3 水资源立体调蓄开路循环与闭路循环转化图

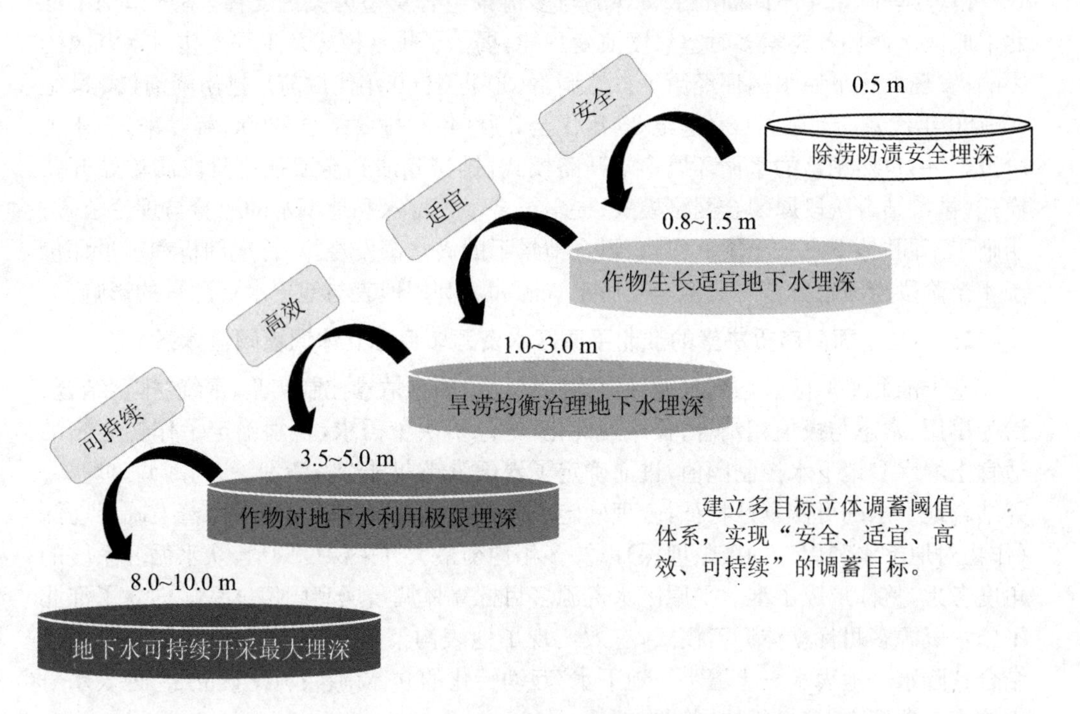

图 10.1.4 农田水资源垂向立体调控地下水埋深图

10.2 成果创新性和先进性

10.2.1 成果的创新性

本研究通过大量长期的实验观测和工程实践为支撑，系统识别了涝渍水排蓄所影响的淮北平原区水资源演变规律；提出了面向序贯决策的淮北平原区水资源多目标立体调蓄成套阈值体系；构建了淮北平原区水资源多目标立体调蓄关键技术，并对工程进行了优化。研究成果的创新性主要包括以下三个方面：

1. 提出了考虑涝渍水排蓄影响的淮北平原区水资源演变规律

以连续60余年不间断的水文观测与多情景组合实验为关键支撑，系统识别了淮北平原区水循环各要素多时空尺度演变规律，揭示了排蓄模式及工程变化对水资源的影响；发现淮北平原水循环经历了自然调蓄（20世纪60年代以前）、排涝降渍（20世纪60～80年代）、涝渍强排（20世纪80年代至2000年）、排蓄结合（2000年以来）等4个阶段，其中自然调蓄的水循环属多端开路模式，排涝除渍和涝渍强排阶段属单端开路模式，排蓄结合阶段属闭合网络模式；提出了多个土壤水和地下水的经验与理论公式；明晰了不同“地下水—土壤—作物”组合情景下的潜水蒸发规律，首次剖析和定量评价了4个阶段涝渍水排蓄对典型区土壤水资源和可利用地表与地下水资源量的影响。

2. 创立了面向序贯决策的淮北平原区水资源多目标立体调蓄阈值体系

基于淮北平原区长系列水循环要素演变规律和多情景控制实验，围绕“排蓄结合、涝为旱用、常态与极值相结合、长序列优化”等序贯决策需求，科学确定了作物生长的适宜土壤水和地下水控制阈值，进而确定了暴雨洪涝期排涝降渍埋深、沟网调节埋深；并结合地下水的可恢复性特征，合理确定了砂姜黑土和黄泛砂土区潜水蒸发临界埋深（作物对地下水利用量的极限埋深）以及多年均衡最大开采深度阈值，从水循环系统的角度考虑，整体形成了淮北平原区水资源多目标立体调蓄成套阈值体系。创立了淮北平原水资源多目标立体调蓄模式，有效实现了地表沟渠与洼地/地块单元的“线—面”结合、“降水—地表水—土壤水—地下水”互动转化的立体调蓄；科学确立了“地表水—土壤水—地下水”多过程协同调控阈值。

3. 首次提出了淮北平原区水资源多目标立体调蓄关键技术

遵循淮北平原区水循环演变机理与规律，着眼“排涝、降渍、蓄控、减排、优灌、节水、增产”多目标，提出了“大气—地表—土壤—地下—沟渠/洼地—地下—土壤—地表—大气”闭路水资源多目标立体调控模式；并以淮北平原区水资源多目标立体调蓄阈值为依据，创立了淮北平原“三涝两渍三控”和“三涝一渍三控”沟渠适时适度“排—

蓄—补”相结合的工程体系，确立了相关工程技术参数；将其与灌溉工程与灌溉制度相融合，整体优化了农田水资源配置方案与灌排工程系统，实现了地表沟渠/洼地与地块单元的“线—面”结合、“地表水—土壤水—地下水”互动转化的立体调蓄。

首次提出总体调控原则：适度排水，适时蓄水，以蓄促补，排蓄联控。

10.2.2 成果的先进性

① 根据涝渍水排蓄所影响的淮北平原区水资源演变规律分析成果对比国内外基于数值模拟为主的机理与规律识别，先进之处在于以长序列—高密度—不间断水文监测和大量第一手工程实践数据为支撑的同时，还充分融合了多情景下的组合实验和具有物理机制的数值模拟技术；首次诊断了不同阶段涝渍水排蓄模式及其对区域水循环与水资源的影响，并对其进行定量评价；以水循环全要素过程耦合互动为主线，深入揭示了不同水位和土壤组合情景下潜水蒸发规律。

② 面向序贯决策的淮北平原区水资源多目标立体调蓄阈值体系对比国内外以单一水文环节为主的分离式阈值研究，本成果先进之处在于系统提出了“地表—土壤—地下水”循环多过程相协调阈值；对比国内外以作物适宜生长的土壤含水量为主的阈值研究，本成果提出了“作物—土壤—地下水”多情景组合条件下的调蓄阈值；对比国内外以场次排涝除渍为目标的阈值研究，本成果提出了面向短时排涝除渍和长时水资源调配相融合的阈值体系。

③ 淮北平原区水资源多目标立体调蓄关键技术对比国内外相关以水文要素环节为对象的调节，实现了区域水循环的立体调蓄；对比国内外以场次排涝除渍为核心任务的研究，充分实现了涝渍水的资源化；对比国内外以水量为主的单目标调蓄模式，实现了“地表—土壤—地下”多过程、“水量—水质—水生态”多目标、短时调节与长时调配的融合；对比国内外以抽蓄等人为力为主的调节，充分利用了自然力，大大降低了运行成本。

10.3 对科技进步的推动作用

10.3.1 提高技术水平

1. 从水文循环要素和水资源要素演变机理出发研究揭示涝渍规律更为科学

在以往或现有的水资源演变情势分析中，多数仅分析径流量的演变。本次以淮北平原区水资源为主要研究对象，以长系列实验资料为依据，从降水、地表水、土壤水、地下水全要素角度分析了水资源演变规律，更准确揭示出淮北平原区水资源和涝渍变化的成因和趋势，从水文循环要素和水资源要素演变机理出发，来研究揭示涝渍规律更为科学。

2. 完善了区域水资源调控理论体系

以往水资源调控理论中，多以单一水文循环为主，阈值关联性也较差。本成果基于农田水资源的排蓄工程平面布局与浅层地下水的垂向调控以及经过多年原型实验观测和工程实践检验，研究提出面向序贯决策的淮北平原区水资源多目标立体调蓄阈值体系，形成了区域水资源适时适度“排—蓄—补”相结合的工程体系，整体优化了区域水资源调配方案与调蓄工程系统。通过60余年长序列研究系统提出了“地表—土壤—地下水”循环多过程相协调、“作物—土壤—地下水”多情景组合条件下的调蓄阈值，较以往有较大进步。

3. 提高了淮北平原旱灾应对技术水平

本研究将土壤墒情监测预报技术纳入节水灌溉技术体系中，耦合了实测土壤含水率计算模型、墒情指数计算模型、土壤含水率预测模型、灌水时间预测模型、灌水定额预测模型、灌溉预测分析及灌溉效益评估模型以及墒情信息及查询等模型，构建了安徽省淮北平原地区土壤墒情监测与预报系统平台，为淮北平原区应对干旱灾害风险提供技术保障。

4. 提高了地下水安全开采理论和评价技术

根据淮北平原区水资源多目标立体调蓄思路，建立了考虑沟洫蓄排调节的浅层地下水动态垂向调节模型，计算了安徽省淮北平原地区浅层地下水安全开采量，评价了其开采潜力，并根据安徽省淮北平原地区地下水开采现状和安全开采量计算成果，提出了适用于当地井灌区的利用浅层地下水灌溉开采布局方案。

5. 显著提高了淮北平原地区水资源调蓄技术水平

研究提出的淮北平原地区水资源多目标立体调蓄关键技术并应用于工程实践，突破了固有的单目标水资源调蓄技术，综合考虑“排涝、降渍、蓄控、减排、优灌、节水、增产”多目标以及“大气降水、地表水、土壤水、地下水”多要素的互联互动关系，合理配置和高效利用当地水资源，为淮北平原地区农业发展提供水资源保障，可有效解决该区域水资源短缺矛盾问题，实现节水减排。

10.3.2 解决的关键问题

1. 解决了调蓄要素演变与机理识别的关键技术问题

基于长系列、不间断的原型观测与实验数据序列，系统识别了淮北平原地区水循环与水资源、涝渍灾害演变规律。从流域水循环系统的角度，宏观识别了区域水资源演变机理与涝灾灾害演变机理。基于多年工程实践和实验研究，分析了蓄水系统和排水系统的水文效应，明确了灌排系统对区域水循环及涝渍过程的影响机理。

2. 解决了调蓄要素阈值确定的关键技术问题

基于五道沟实验站、杨楼径流实验区的长期监测研究，以小麦、玉米和大豆等典型作物为对象，分别剖析了降水、土壤水和地下水对作物生长的影响，识别了农田单元尺度上水循环及涝渍过程对农作物的影响，确定了作物有效降水阈值、土壤含水量阈值与地下水水位阈值，进而定量评价了涝渍灾害对区域典型农作物产量的影响，为调蓄模式提供依据。

3. 解决了调蓄模式与工程方案构建的关键技术问题

以淮北平原地区水循环演变机理与规律为依据，提出了闭路水资源多目标立体调控模式，确定了地表调蓄工程、土壤水调蓄工程和地下水调蓄工程方案，构建了"三涝两渍三控"和"三涝一渍三控"的农田沟渠排水工程体系，增强了区域水循环的调蓄能力，提高了涝渍水的资源化利用，创立了区域农田涝渍旱立体调蓄方案及综合治理模式，促进了农田水资源"排—蓄—补"结合技术及涝渍旱综合治理技术理论的应用与发展；实践证明，调蓄模式及其方案在节水增产、水资源量增加、地下水保护和减排方面具有显著效益。提出立体调蓄工程系统总体调控原则：适度排水，适时蓄水，以蓄促补，排蓄联控。

10.3.3 推动行业科技进步

本研究项目由多个科研单位协作攻关完成，既是一项填补淮北平原地区水资源高效利用技术空白的研究性项目，又是一项可应用于节水灌溉、农田水利建设及防灾减灾决策的应用性项目。研究成果在以下几方面推动了行业科技进步：推动了多学科交叉融合，将传统水文学原理、地下水、农田水利学等学科进行交叉融合，拓展了学科综合应用领域，提升了学科综合应用水平，提出多层级地下水调蓄阈值，推动了农田区地下水调控理论与技术的发展。

1. 推动变化环境下水文循环及水资源演变实验与研究的进步

水文循环、水资源循环运动规律决定了水资源的时空分布特征，是水资源研究基础。本项目依托长系列资料条件，开展了降水、蒸发、入渗、径流等多个水文要素变化特征研究和探索。这些研究成果、经验积累和探索，对促进淮北平原地区乃至国家层面研究变化环境下水文循环和水资源演变规律具有很好的推动作用。同时，随着研究需求不断增加，也促进了研究领域的拓展和研究平台的更好建设。

2. 全面推动精细化水资源管理学科的进步

最严格水资源管理制度是基于水循环为基础，面向水循环全过程，全要素的水资源管理制度，认识、掌握、遵守水循环运动规律是开展水资源管理工作的基础和主要科学依据，是制定水资源相关管理制度的重要理论依据。本研究从区域水循环和水资源要素演变入手，以实现淮北平原区水资源良性循环为目标，为水资源管理提供技术支撑，抓住了管理的深层次背景，对促进淮北平原水资源管理水平提高起着重要推动作用。

3. 对产、学、研水平的推动作用

本研究从区域角度出发，依托淮北平原面上多个水文站点以及典型区实验站长系列资料，系统开展水文及水资源要素变化规律基础研究，提出了淮北平原地区多目标立体调蓄关键技术综合研究成果，成果采用“原型实验—数据分析—模型模拟—工程实践”的技术路线，不仅促进了水文水资源基础实验研究及变化环境下水资源演变、排涝降渍、水利工程优化，还促进了产、学、研结合发展。

10.4 与国内外同类技术比较

10.4.1 工作开展的系统性

项目按照“原型实验—数据分析—模型模拟—工程实践”的技术路线开展工作。内容包括三个方面：淮北平原区水文循环、水资源及涝渍灾害演变研究；水资源多目标立体调蓄模式、要素阈值与调蓄工程方案关键技术综合研究；工程实践与推广前景。工作达到了系统研究的目的。

10.4.2 理论的创新程度

本研究成果的创新程度在于：

① 淮北平原区水资源多目标立体调蓄调蓄要素演变与机理识别。

② 确定区域水资源多目标立体调蓄关键阈值。

③ 在水资源多目标立体调蓄工程模式与工程方案构建等方面，较以往有了显著提高和突破，成果更实用、科学且易操作。

本成果构建了“三涝两渍三控”和“三涝一渍三控”的农田沟渠排水工程体系，增强了区域水循环的调蓄能力，提高了涝渍水的资源化利用，创立了区域农田涝渍旱立体调蓄工程形式及涝为旱用综合治理模式，创新和促进了农田水资源“排—蓄—补”结合技术及涝渍旱综合治理技术理论的应用与发展。

10.4.3 推动学科发展的作用

本研究成果在淮北平原地区水资源及涝渍灾害演变研究、水资源管理、产学研水平等方面推动学科发展起到重要作用。研究中提出的淮北平原地区多目标立体调蓄模式、要素阈值和工程参数是对水量调控技术的补充完善,也弥补了国内同类研究中的不足。但是随着水资源条件和社会经济的发展,水资源管理要求达到的最佳目标也是在不断变化的,本次研究中所涉及的资料大多是对历史和当前的总结,而对未来水资源演变和涝渍灾害发生的预测可能会有所不足,应在以后的工作中根据实际需求对其进行动态调整。

本研究推动了多学科交叉融合,将传统水文学原理、地下水、农田水利学等学科进行交叉融合,拓展了学科综合应用领域,提升了学科综合应用水平,并提出多层级地下水调蓄阈值,促进了农田区地下水调控理论与技术的发展。这不仅是有效解决农田区水资源高效利用的实用性成果,也是事关新时期流域涝渍旱综合治理新思路的重大战略意义的新成果。

10.5 综合效益

10.5.1 环境效益

通过农田沟网修建闸坝蓄水,增强了区域水循环的调蓄能力,充分实现了涝渍水的资源化利用、缓解了干旱缺水影响,提高了降水的有效利用、充分利用了地表水和土壤水、合理利用了地下水,达到了健康水循环、地下水保护、水生态与水环境改善的目标。

结果表明:浅层地下水水位普遍升高 0.8～1.5 m,75%年型增加水资源量及拦蓄地表径流量 16.5 亿 m^3,供水保证率提高 6%～11%。

构建和修复了区域闭路水循环系统,维系了区域水循环的健康;通过沟渠与洼地/湿地联通,增强了地表生态需水的保障程度,促进了区域水生态的改善。通过涝渍水的排蓄与回补利用以及对农田排水系统的改造和管理制度的优化,大幅度降低了区域面源污染入河负荷,减少了约 80%氮和 60%磷的流失量,生态环境效益显著。

10.5.2 经济效益

本研究构建了水资源多目标立体调蓄模式,实现了田间水资源的立体调控及高效利用、提高了农田排涝降渍抗旱减灾能力，有利于实现农田水资源排蓄均衡、农业节水增产增收，有助于提高灌区管理水平、促进灌溉水资源的良性循环及灌溉农业的稳步发展，为保障农业生产安全及人民群众财产安全提供了技术支持。该成果已在安徽省淮北平原地区农田水利建设中得到了应用。据估算统计，在淮北平原地区建设实施农田排水、大沟蓄水及灌溉工程体系的面积累计达 2 360 万亩。经测算，排涝降渍、节水灌溉每年增产综合效益 95 亿元左右(不含经济作物效益)，占 2014 年淮北平原国内生产总值(GDP)的 0.5%，经济效益显著。

10.5.3 社会效益

通过实施本项目，培养了一支具有高水平和创新能力的水文水资源及相关交叉学科的研究队伍，建立了一个集实测数据与模型于一体的水文水资源科研平台。发表有关论文 60 余篇，出版研究专著 10 部，软件著作权 1 件，发明专利 1 个，实用新型专利 7 个。团队中有 8 人晋升为高级工程师，3 人被聘为教授级高级工程师，有 3 人次获国家级荣誉称号。

本项目研究单位先后与国内各省(市、自治区)的科研院所、高等院校等相关部门的科研人员有长期的合作与交流，并且还为河海大学、合肥工业大学、安徽农业大学等高校的多名水利专业学生驻站实习、撰写学位论文等提供技术指导和帮助。通过国内外一系列的学术交流和人员往来，研究单位的管理、研究思路、学术水平等不断提高。

总之，本项目社会效益重大，经济效益良好，综合效益十分显著。

第11章 成果的应用

11.1 成果应用领域

11.1.1 在农业节水增产方面的应用

本成果围绕农田排蓄工程立体调控、适时适量灌溉技术等系列科学问题，经过了30多年的野外实验研究与工程实践，形成了在淮北平原砂姜黑土区及黄泛砂土区具有广泛适应性的农田"三涝两渍"排蓄工程体系、浅层地下水垂向调控模式、适时适量灌水及水资源优化调配成套实用技术，构建了农田多目标立体调蓄水资源系统。

针对淮北平原区涝渍灾害形成机理，构建水资源多目标立体调蓄模式，通过改进排水系统的设计与管理，实现了田间水资源的立体调控及高效利用、提高了农田排涝降渍抗旱减灾能力，使农田排水系统在发挥正效应的同时尽可能减少负效应，有利于实现农田水资源排蓄均衡、农业节水增产增收，有助于提高灌区管理水平、促进灌溉水资源的良性循环及灌溉农业的稳步发展。

经过多年工程实践表明，这些成果推广应用于农田排水工程设计和管理，显著减少了农田排水对环境和生态的不利影响。本成果自20世纪90年代以来，在淮北平原地区得到广泛应用，淮北平原地区建设实施农田排水、大沟蓄水及灌溉工程体系面积累计达2 360万亩，产生了显著的节水增产效益、社会经济效益和生态环境效益。

11.1.2 在水资源管理方面的应用

面对淮北平原地区水旱灾害频发、水资源供需日趋紧张和水环境恶化的严峻形势，本研究从区域水循环和水资源要素演变入手研究，以淮北平原地区水资源良性循环为目标，系统识别了淮北平原地区水循环与水资源、涝渍灾害演变规律，识别了农田单元尺度上水循环及涝渍过程对农作物的影响，确定了作物有效降水阈值、土壤含水量阈值与地下水水位阈值，提出了闭路水资源多目标立体调控模式，确定了地表调蓄工程、土壤水调蓄工程和地下水调蓄工程方案，构建了"三涝两渍"和"三涝一渍"的农田沟渠排水工程体系。该成果有效地应用于淮北平原地区的墒情预报、抗旱排涝工程建设、节水灌溉等领域，为水资源管理提供了基础技术支撑，对促进淮北平原地区水资源管理水平提高有重要推动作用。

11.2 应用前景

2011年中共中央国务院1号文件《中共中央国务院关于加快水利改革发展的决定》明确指出“水利是现代农业建设不可或缺的首要条件，是经济社会发展不可替代的基础支撑，是生态环境改善不可分割的保障系统，具有很强的公益性、基础性、战略性。加快水利改革发展，不仅事关农业农村发展，而且事关经济社会发展全局；不仅关系到防洪安全、供水安全、粮食安全，而且关系到经济安全、生态安全、国家安全。”本研究紧扣淮北平原地区水量调控与管理的研究需求，开展水资源立体调蓄关键技术研究，为粮食安全、防灾减灾提供了强有力的保障。

最严格水资源管理制度是以水循环为基础，面向水循环全过程，全要素的水资源管理制度。认识、掌握、遵守水循环运动规律是开展水资源管理工作的基础和主要科学依据，是制定水资源相关管理制度的重要理论依据。本研究从区域水循环和水资源要素演变入手，以实现淮北平原地区水资源良性循环为目标，为水资源管理提供技术支持，抓住了管理的深层次背景，对促进淮北平原水资源管理水平提高有重要推动作用。

本成果由多个科研单位协作联合攻关完成，既是一项填补淮北平原地区农田水资源立体调蓄高效利用技术空白的研究性项目，又是一项可应用于节水灌溉、农田水利建设及防灾减灾决策的应用性项目。本项目的研究成果、经验积累和探索，对促进淮北平原乃至整个国家水量调控与管理以及流域建设具有很好的推动作用，在促进产、学、研结合发展方面意义深远。

附录1 发表文章

F.1 SCI论文(23篇)

[1] YAN D H, WU D, HUANG R, et al. Drought evolution characteristics and precipitation intensity changes during alternating dry-wet changes in the Huang-Huai-Hai river basin, Hydrol[J]. Earth Syst. Sci. Discuss, 2013,10(3):2665-2696.

[2] YAN DENGHUA, HAN DONGMEI, WANG GANG, et al. The evolution analysis of flood and drought in the Huai River basin of China based on monthly precipitation characteristics [J]. Natural Hazards,2014,11(9):4.

[3] LIU S, YAN D, WANG J, et al. Drought mitigation ability index and application based on balance between water supply and demand[J]. Water, 2015, 7(5): 1792-1807.

[4] ZHANG DONGDONG, YAN DENGHUA, WANG YICHENG, et al. Changes in extreme precipitation in the Huang-Huai-Hai river basin of China during 1960-2010[J]. Theor Appl Climatol, 2014,120(1-2):195-209.

[5] HUANG R, YAN D, LIU S. Combined characteristics of drought on multiple time scales in Huang-Huai-Hai River basin[J]. Arabian Journal of Geosciences, 2014, 8(7): 4517-4526.

[6] XING Z, YAN D, ZHANG C, et al. Spatial characterization and bivariate frequency analysis of precipitation and runoff in the upper Huai river basin, China[J]. Water Resources Management, 2015, 29(9): 1-14.

[7] XING ZIQIANG, SHI XIAOLIANG, YAN DENGHUA, et al. Analysis of land use dynamics and landscape pattern change in the Huai river basin, China[J]. Journal of Food, Agriculture & Environment, 2013,11(3-4):1933-1938.

[8] YUAN Z, YAN D H, YANG Z Y, et al. Temporal and spatial variability of drought in Huang-Huai-Hai river basin, China[J]. Theoretical and Applied Climatology, 2015, 122 (3): 1-15.

[9] YIN JUN, YAN DENGHUA, YANG ZHIYONG, et al. Projection of extreme precipitation in the context of climate change in Huang-Huai-Hai region, China[J]. Journal of Earth System Science, 2016, 125(2): 1-13.

[10] HUANG B B, YAN D H, WANG H, et al. Effects of water quality of the basin caused by nitrogen loss from soil in drought[J]. Natural Hazards, 2015, 75(3): 2357-2368.

[11] GENG S M, YAN D H, ZHANG T X, et al. Effects of drought stress on agriculture soil [J]. Natural Hazards, 2015, 75(2): 1997-2011.

[12] 赵静，严登华，杨志勇，等. 标准化降水蒸发指数的改进与适用性评价[J]. 物理学报，2015，64(4)：49202.

[13] YIN JUN, XU ZHIXIA, YAN DENGHUA, et al. Simulation and projection of extreme precipitation events in China under RCP4.5 scenario[J]. Arabian Journal of Geosciences, 2016,9(2): 1-9.

[14] YUAN ZHE, YANG ZHIYONG, YAN DENGHUA, et al. Historical changes and future projection of extreme precipitation in China[J]. Theoretical and applied climatology, 2015: 1-15.

[15] SUN Z, ZHANG J, ZHANG Q, et al. Integrated risk zoning of drought and waterlogging disasters based on fuzzy comprehensive evaluation in Anhui Province, China[J]. Natural hazards, 2014, 71(3): 1639-1657.

[16] ZHANG Q, ZHANG J, GUO E, et al. The impacts of long-term and year-to-year temperature change on corn yield in China[J]. Theoretical and Applied Climatology, 2015, 119(1-2): 77-82.

[17] BAO Z, ZHANG J, LIU J, et al, Comparison of regionalization approaches based on regression and similarity for predictions in ungauged catchments under multiple hydro-climatic conditions[J]. Journal of Hydrology, 2012, 466-467: 37-46.

[18] WANG XIAOJUN, ZHANG JIANYUN, SHAMSUDDIN SHAHID, et al. Water resources management strategy for adaptation to droughts in China[J]. Mitigation and Adaptation Strategies for Global Change, 2012, 17(8): 923-937.

[19] LI HONGYAN, TIAN QI, WANG XIAOJUN, et al. Multivariate coupling sensitivity analysis method based on a back-propagation network and its application[J]. Journal of Hydrologic Engineering, 2014, 20(8).

[20] GU YING, LIN JIN, WANG XIANGGLAN, et al. Trend of annual runoff for Major rivers in China under climate change[J]. Procedia Engineering,2012,28:564-568.

[21] YANG YUN, WU JIANFENG, SUN XIAOMIN, et al. A hybrid multi-objective evolutionary algorithm for optimal groundwater management under variable density conditions[J]. Acta Geologica Sinica, 2012, 86(1):246-255.

[22] LIN JIN, WU JIANFENG, ZHENG CHUNMIAO. MF2K-GWM: a ground water management modeling tool based on MODFLOW-2000[J]. Ground Water,2007,45(2):122-124.

[23] ZHENG CHUNMIAO, LIN JIN, MAIDMENT DAVID R. Internet data sources for ground water modeling[J]. Ground Water,2006,44(2):136-138.

F.2 EI论文(10篇)

[1] 王振龙,王兵. 农田墒情监测预报与抗旱信息系统设计与实现[J]. 农业工程学报,2006,2:188-190.

[2] 宋新山,严登华,王宇晖,等. 基于 Markov 模型分析黄淮海中东部地区 540 年来的旱涝演变特征[J]. 水利学报, 2013,44(12):53-60.

[3] 杨志勇，袁喆，严登华，等.黄淮海流域旱涝时空分布及组合特性[J].水科学进展，2013，24(5)：617-625.

[4] HU YUE，ZHANG JIQUAN，LIU XINGPENG，et al. Drought risk analysis of multi hazard-bearing body based on copula function in Huai river basin[C]// Intelligent Systems and Decision Making for Risk Analysis and Crisis Response. Proceedings of the 4th International Conference on Risk Analysis and Crisis Response. 2013：487-492.

[5] SUN ZHONGYI，ZHANG JIQUAN，LIU XINGPENG，et al. Quantitative evaluation of drought-flood abrupt alternation during the flood season in Fuyang，China[C]//Intelligent Systems and Decision Making for Risk Analysis and Crisis Response. Proceedings of the 4th International Conference on Risk Analysis and Crisis Response. 2013：477-482.

[6] 鲍振鑫,张建云,刘九夫,等.基于土壤属性的VIC模型基流参数估计框架[J].水科学进展,2013,24(2):169-176.

[7] LIN JIN，ZHANG JIANYUN，ZHENG CHUNMIAO，et al. A genetic algorithm based groundwater simulation-optimization model under variable-density conditions[J]. IAHS-AISH Publication,2009,329:223-232.

[8] 林锦，郑春苗，吴剑锋，等.基于遗传算法的变密度条件下地下水模拟优化模型[J]. 水利学报,2007,38(10):1236-1244.

[9] 张世法,顾颖,林锦. 气候模式应用中的不确定性分析[J]. 水科学进展,2010,21(4):504-511.

[10] SHAMSUDDIN SHAHID，WANG XIAOJUN，SOBRI B HARUN. Unidirectional trends in rainfall and temperature of Bangladesh[C]//Proceedings of FRIEND-Water 2014. Hanoi.

F.3 核心刊物(29篇)

[1] 王小军,赵辉,耿直,等. 我国地下水保护行动试点建设的实践与思考[J]. 中国水利,2010,61(5):33-35.

[2] 王小军,毕守海，高娟,等. 严格地下水管理与保护的思考[J]. 中国水利,2013,64(11):7-9.

[3] 王小军,管恩宏,毕守海,等. 城市总体规划水资源论证工作进展与思考[J]. 中国水利,2015,3:14-16.

[4] 王术礼,李铁军,王小军. 山区河道生态护坡方法分析研究[J]. 中国水运,2015,15(7):141-143.

[5] 耿直,刘心爱,王小军. 我国粮食主产区地下水管理现状及保护措施研究[J]. 中国水利,2009,15:37-38.

[6] 张浩佳,吴剑锋,林锦,等. 基于GSFLOW的地下水—地表水耦合模拟与分析[J]. 工程勘察,2015,43(5):34-38.

[7] 张浩佳,吴剑锋,林锦,等. GSFLOW在干旱区地表水与地下水耦合模拟中的应用[J]. 南京大学学报(自然科学版),2015,51(3):596-603.

[8] 骆乾坤,吴剑锋,林锦,等. 地下水污染监测网多目标优化设计模型及进化求解[J]. 水文地质工程地质,2013,40(5):97-102.

[9] 杨蕴,吴剑锋,于军,等. 基于参数不确定性的地下水污染治理多目标管理模型[J]. 环境科学学报,2013,33(7):2059-2067.

[10] 顾颖,倪深海,林锦,等. 我国旱情旱灾情势变化及分布特征[J]. 中国水利,2011(13):27-30.

[11] 顾颖,刘静楠,林锦. 近60年来我国干旱灾害特点和情势分析[J]. 水利水电技术,2010,41(1):71-74.

[12] 顾颖,张世法,林锦,等. 我国连续干旱年特征、变化趋势及对策[J]. 水利水电科技进展,2010,30(1):76-79.

[13] 邢子强,严登华,鲁帆,等. 人类活动对流域旱涝事件影响研究进展[J]. 自然资源学报,2013,28(6):1070-1082.

[14] 邢子强,严登华,翁白莎,等. 下垫面条件对流域极端事件影响及综合应对框架[J]. 灾害学,2014,29(1):188-193.

[15] 阳眉剑,秦天玲,杨志勇,等. 城市水源配置及其方案评估研究进展[J]. 南水北调与水利科技,2015,13(2):382-386.

[16] 黄茹,杨贵羽. 黄淮海流域干旱事件组合特征分析[J].水资源与水工程学报,2015,26(2):1-6.

[17] 董秀颖,王振龙. 淮河流域水资源问题与建议[J].水利水电技术,2012,32(4):74-78.

[18] 柏菊,王振龙. 基于一维水质模型的淮北市区纳污能力计算[J]. 安徽水利水电职业技术学院学报,2011,11(1):10-12.

[19] 尚晓三,王振龙,王栋. 基于贝叶斯理论的水文频率参数估计不确定性分析:以P-Ⅲ型分布为例[J]. 应用基础与工程科学学报,2011,19(4):554-564.

[20] 王振龙,陈玺,郝振纯,等. 淮河干流径流量长期变化趋势及周期分析[J]. 水文,2011,31(6):79-85.

[21] 陈小凤,王振龙,李瑞. 安徽省淮北地区干旱评价指标体系研究[J]. 中国农村水利水电,2013,1:94-97.

[22] 陈小凤,王再明,胡军,等. 淮河流域近60年来干旱灾害特征分析[J]. 南水北调与水利科技,2013,11(6):20-24.

[23] 许一,王振龙,徐得潜. 安徽节水灌溉分区研究[J]. 中国农村水利水电,2013(9):44-47.

[24] 郑佳重,朱梅,王振龙,等. 基于生态足迹法的合肥市水资源可持续利用评价[J]. 治淮,2014,9:13-14.

[25] 陈小凤,章启兵,王振龙. 采煤沉陷区水资源综合利用研究与水生态修复方案[J]. 中国农村水利水电,2014,2:6-8.

[26] 陈小凤,王再明,王振龙,等. 基于土壤墒情模型的旱情评估预测模型研究[J]. 中国农村水利水电,2014,5:165-169.

[27] 陈小凤,王再明,李瑞,等. 滁州市城市饮用水水源地安全状况评价及保护对策研究[J]. 地下水,2014,2:65-67.

[28] 王振龙,刘猛,李瑞. 安徽省沿淮淮北水资源情势及缺水对策研究[J]. 水利水电技术,2012,11.

[29] 王振龙,王加虎. 淮北平原"四水"转化模型实验研究与应用[J]. 自然资源学报,2009,12.

附录2 出版论著

[1] 王振龙,高建峰.实用土壤墒情监测预报技术[M].北京:中国水利水电出版社,2006.

[2] 王振龙,章启兵,李瑞. 淮北平原区水文实验研究[M].合肥:中国科学技术大学出版社,2011.

[3] 严登华. 应用生态水文学[M].北京:科学出版社,2014.

[4] 严登华,翁白莎,王浩,等.区域干旱形成机制与风险应对[M].北京:科学出版社,2014.

[5] 严登华,秦天玲,王浩,等. 基于低碳发展模式的水资源合理配置[M].北京:科学出版社,2014.

[6] 西汝泽,李瑞,陈小凤. 河流污染与地下水环境保护[M].合肥:中国科学技术大学出版社,2012.

[7] 刘猛,尚新红,陈小凤,等. 淮北平原地下水安全开采与控制技术[M].合肥:中国科学技术大学出版社,2015.

[8] 王振龙,朱梅,章启兵,等. 皖中皖北水资源演变与配置技术[M].合肥:中国科学技术大学出版社,2015.

[9] 林锦,杨树锋,郑春苗,等. 变密度条件下地下水模拟优化研究与应用[M].北京:中国水利水电出版社,2011.

[10] PATRICK HUNTJENS.气候变化条件下的水资源管理与调控:欧洲、非洲、亚洲及澳洲应对气候变化的经验和启示[M].王国庆,陈国炜,鲍振鑫,等,译.北京:中国水利水电出版社.

附录3　授权专利与软件著作权

有关专利与软件著作权见表F.3.1。

表F.3.1

序号	名　称	类型	发明人/著作人	专利号	发布日期	状　态
1	取样土柱的切割托盘	实用	王发信、张法宝、王振龙、王辉、王兵、尚新红	ZL201220087015.2	2012-10-03	授权+证书
2	大豆浸种抗旱剂的制备方法	发明	严登华、宋新山、吴迪、杨贵羽、肖伟华、杨志勇、鲁帆、李传哲、于赢东、张鹏	ZL201210122933.9	2012-04-24	授权+证书
3	土壤修复装置	实用	严登华、史婉丽、杨贵羽、李传哲、尹军	ZL201520691559.3	2015-11-25	授权+证书
4	一种水环境修复系统	实用	严登华、史婉丽、翁白莎、李传哲、张诚	ZL201520680694.8	2016-02-17	授权
5	污水处理修复装置	实用	严登华、史婉丽、张诚、李传哲、于志磊	ZL201520691647.3	2015-11-25	授权+证书
6	一种雨水回收装置	实用	史婉丽，严登华，翁白莎，杨贵羽，李传哲	ZL201520774865.3	2016-01-08	授权+证书
7	一种河道生态修复装置	实用	史婉丽，严登华，杨贵羽，张炬	ZL201520775606.2	2016-01-08	授权+证书
8	一种用于河流处理的净化装置	实用	史婉丽，严登华，杨贵羽，李传哲，张炬	ZL201520774864.9	2016-01-08	授权+证书
9	变密度流条件下地下水优化开采模型软件V1.0	软件著作权	林锦	软著登字第1224382号	2016-3	授权+证书

附录4 人才培养

- 2009年，王振龙入选水利部"5151"人才人选。
- 2012年，王振龙入选"安徽省学术技术带头人"。
- 2012年，王振龙获得国务院特殊津贴。
- 2012年，严登华荣获"全国青年岗位能手"称号。
- 2015年，严登华入选"百千万人才工程"计划。
- 2016年，鲍振鑫荣获中国科协"青年人才托举工程"称号。
- 2016年，鲍振鑫、王小军和林锦入选科技部水资源适应气候变化影响研究创新团队。
- 3人晋升教授级高级工程师(水科院0，南科院1人，安徽省水科院2人)。
- 8人晋升高级工程师(水科院1人，南科院3人，安徽省水科院4人)。

附录 5　工程实践应用现场照片

F. 5. 1　五道沟水文实验站蒸渗仪群实验场

F. 5. 2　蚌埠市固镇县大芦沟滚水坝蓄水实验区（上下游水位差 1. 6 m）

F. 5. 3　蚌埠市固镇县芦干沟（大沟）节制闸

F. 5. 4　固镇县大芦沟（大沟—中沟）排水系统

F.5.5　宿州新马桥良种场小沟排水系统

F.5.6　宿州新马桥良种场小沟—田间沟排水系统

F.5.7　宿州新马桥良种场五七沟中沟—小沟排水系统

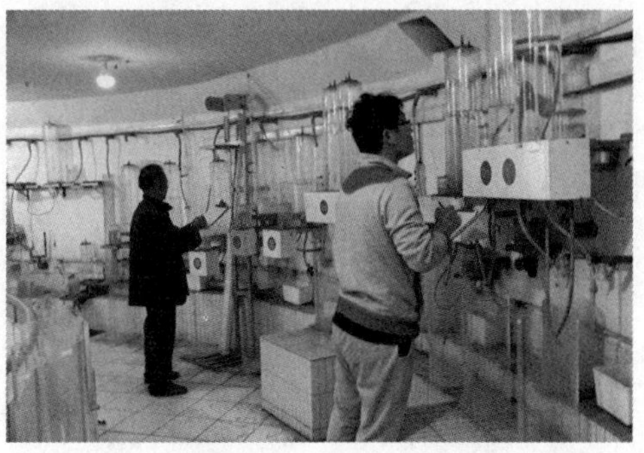

F.5.8　五道沟实验站蒸渗仪群地下观测室

F.5.9　五道沟实验站蒸渗仪群小麦实验场

F.5.10　蚌埠市干部学校梨园小沟排水系统

F. 5. 11　亳州市蒙城县立仓橡胶滚水坝实验区

F. 5. 12　小河与地下水水位互补观测实验

参考文献

[1] 安徽省水利科学研究院,安徽省水利厅水政处. 安徽淮北地区地下水资源开发利用规划[Z]. 1998.

[2] 安徽省水利厅. 安徽水利 50 年[M]. 北京:中国水利水电出版社,1999.

[3] 安徽省水利厅. 安徽水旱灾害[M]. 北京:中国水利水电出版社,1998.

[4] 安徽省水利厅. 淮北地区中低产田综合治理[M]. 北京:水利电力出版社,1993.

[5] 安徽省统计局. 安徽统计年鉴[M]. 北京:中国统计出版社,2001-2014.

[6] 安徽省水利厅. 安徽水利年鉴[M]. 合肥:合肥工业大学出版社,2000-2014.

[7] 安徽省水利勘测设计院. 安徽省淮北地区除涝水文计算办法[Z]. 1981.

[8] 安徽省/水利部淮委水利科学研究院,安徽省水文局,安徽农业大学. 皖北平原地下水开发利用及保护综合研究与应用[R]. 2014.

[9] 安徽省/水利部淮河水利委员会水利科学研究院,安徽农业大学. 淮北平原浅层地下水高效利用及调控综合技术与应用[R]. 2016.

[10] 安徽省/水利部淮河水利委员会水利科学研究院,河海大学,安徽农业大学. 皖北地区农田水高效利用实验研究与综合应用[R]. 2012.

[11] ARNOLD J, SRINIVASAN R, MUTTIAH R, et al. Large area hydrologic modeling and assessment. I. model development[J]. Journal of the American Water resources assocciation, 1998, 34(1): 73-89.

[12] 包为民,王从良. 垂向混合产流模型及应用[J]. 水文,1997(3):18-21.

[13] BANDARA M. Drainage density and effective precipitation[J]. Journal of hydrology, 1974, 21(2): 187-190.

[14] BARDOSSY A, DISSE M. Fuzzy rule-based models for infiltration[J]. Water resource research, 1993, 29(3) : 373-382.

[15] BATHURST J, WICKS J, O'CONNELL P, et al. The SHE/SHESED basin scale water flow and sediment transport modelling system[M]. Colorado, USA, Water Resources Publications, 1995.

[16] BENYAMINI Y, MIRLAS V, MARISH S, et al. A survey of soil salinity and groundwater lever control system in irrigated fields in the Jezre' el Valley, Israel[J]. Agricultural water management, 2005, 76(3):181-194.

[17] BEVEN K, BINLEY A. The future of distributed models: model calibration and uncertainty prediction[J]. Hydrological processes, 1992, 6(3): 279-298.

[18] BEVEN K, KIRKBY M. A physically based, variable contributing area model of basin hydrology[J]. Hydrological sciences bulletin, 1979, 24(1): 43-69.

[19] BRAKENRIDGY R. MODIS-based flood detection, mapping and measurement: the potential for operational hydrological applications, transboundary floods[J]. Reducing Risks Through Flood Management, 2006, 72(1): 1-12.

[20] CARPENTRE T, GEORGAKAKOS K, SPERFSLAGEA J. On the parametric and NEXRAD-radar sensitivities of a distributed hydrologic model suitable for operational use[J]. Journal of hydrology, 2001, 253(1-4): 169-193.

[21] CHIANG W, KINZELBACH W. Processing modflow: a simulation system for modeling groundwater flow and pollution[J]. 1998.

[22] CHIENG S T, G A. Hughes-Games effects of subirrigation and controlled drainage on crop yield, water table fluctuation and soil properties, Subirrigation and controlled drainage[M]. Lewis publishers, 1995.

[23] 陈建耀，刘昌明，吴凯. 利用大型蒸渗仪模拟土壤—植物—大气连续体水分蒸散[J]. 应用生态学报，1999 (10): 45-48.

[24] 陈广淳,潘强. 安徽省淮北农田除涝现状、存在问题及对策[J]. 治淮,2011(8):55-56.

[25] 程先军. 有作物生长影响和无作物时潜水蒸发关系的研究[J]. 水利学报,1993(6):37-42.

[26] CHOI J, ENGEL B, CHUNG H. Daily streamflow modelling and assessment based on the curve-number technique[J]. Hydrological processes, 2002, 16(16): 3131-3150.

[27] COOPS N, JASSAL R, LEUNIGN R, et al. Incorporation of a soil water modifier into MODIS predictions of temperate Douglas-fir gross primary productivity. Initial model development[J]. Agricultural and Forest Meteorology, 2007, 147(3): 99-109.

[28] CORBARI C, RAVAZZANI G, MARTINELLI J, et al. Elevation based correction of snow coverage retrieved from satellite images to improve model calibration[J]. Hydrology and earth system sciences, 2009 (13): 639-649.

[29] COSTA CABRAL M, BURGES S. Digital elevation model networks (DEMON): a model of flow over hillslopes for computation of contributing and dispersal areas[J]. Water resources research, 1994, 30(6): 1681-1692.

[30] 左强，李保国，杨小路. 蒸发条件下地下水对 1 m 土体水分补给的数值模拟[J]. 中国农业大学学报，1999，4(1): 37-42.

[31] DE ROO A., ODIJK M, SCHMUCK G, et al. Assessing the effects of land use changes on floods in the meuse and oder catchment[J]. Physics and chemistry of the earth, Part B, 2001, 26(7): 593-599.

[32] DI BALDASSARRE G, SCHUMANN G, BATES P D. A technique for the calibration of hydraulic models using uncertain satellite observations of flood extent[J]. Journal of hydrology, 2009, 367: 276-282.

[33] DOORENBOS J, PRUITT WO. Guidelines for predicting crop water requirements [M]. Rome: FAO Irrig. Drain, 1977.

[34] DUCHARNE A, GOLAZ C, LEBLOIS E, et al. Development of a high resolution run off routing model, calibration and application to assess runoff from the LMD GCM[J]. Journal of Hydrology, 2003, 280: 207-228.

[35] EFSTRATIADIS A, KOUTSOYIANNIS D. Fitting hydrological models on multiple respon-

ses using the multiobjective evolutionary annealing-simplex approach. Practical hydroin formatics. Computational intelligence and technological developments in water applications[R]. Springer DE, Water Science and Technology Library, 2008: 259-273.

[36] FAIRFIELD J, LEYMARIE P. Drainage networks from grid digital elevation models[J]. Water Resources Research, 1991, 27(5): 709-717.

[37] FAIRFIELD J, WOOD E, SIVAPALAN M, et al . A catchment scale water balance model for FIFE[J]. Journal of Geophysical Research-Atmospheres, 1992, 97(D17): 18997-19007.

[38] 范荣生，李长兴，李占彬，等. 考虑降水空间变化的流域产流模型[J]. 水利学报，1994(3): 33-39.

[39] 冯广龙. 根—土界面调控方法与模型研究[R]. 北京：中国科学院地理研究所，1997：17-23.

[40] 贾金生. 华北平原地下水动态及其对不同开采量响应的计算：以河北省栾城县为例[J]. 地理学报，2002，57(2)：201-209.

[41] 贾仰文，王浩，倪广恒，等. 分布式流域水文模型原理与实践[M]. 北京：中国水利水电出版社，2005.

[42] 金光炎. 水资源可持续开发利用及其环境制约问题[J]. 安徽地质，1997(4)：16-18.

[43] GAN T, BURGES S. Assessment of soil-based and calibrated parameters of the Sacramento model and parameter transferability[J]. Journal of Hydrology, 2006, 320(1-2): 117-131.

[44] GARBRECHT J, MARTZ L. The assignment of drainage direction over flat surfaces in raster digital elevation models[J]. Journal of Hydrology, 1997, 193(s1-s4): 204-213.

[45] GARDNER W R. Some steady state solutions of the unsaturated moisture flow equation with application to evaporation from water table[J]. Soil Science, 1958, 85(4): 228-232.

[46] GEOHRING L D, VAN ES D H, BUSCAGLIA H J. Soil water and forage response to controlled drainage, Subirrigation and controlled drainage[M]. Belcher, Lewis publishers, 1995.

[47] GRAHAM L, HAGEMANN S, JAUN S, et al. On interpreting hydrological change from regional climate models[J]. Climatic Change, 2007, 81(1): 97-122.

[48] GREEN W H, AMPT G A. Study on soil physics. flow of air and water through soils[J]. Agri. Sci. , 1991 (4): 1-24.

[49] 郭元裕. 农田水利学[M]. 2 版. 北京：水利电力出版社，1986.

[50] 郭生练，熊立华. 基于 DEM 的分布式流域水文物理模型[J]. 武汉水利电力大学学报，2000，33(6): 1-5.

[51] 郭瑛. 一种非饱和产流模型的探讨[J]. 水文，1982(1): 1-7.

[52] 郭占荣，荆恩春，聂振龙，等. 种植条件下潜水入渗和蒸发机制研究[J]. 水文地质工程地质，2002(2): 42-45.

[53] 郝振纯，池宸星. 空间分辨率与取样方式对 DEM 流域特征提取的影响[J]. 冰川冻土，2004，26(5): 610-616.

[54] 郝振纯，池宸星，王玲. DEM 空间分辨率的初步分析[J]. 地球科学进展，2005，20(5): 499-504.

[55] 郝振纯. 黄土地区降水入渗模型初探[J]. 水科学进展，1994(3): 186-192.

[56] 贺新春，邵东国. 农田排水资源化利用的研究进展与展望[J]. 农业工程学报，2006，22(3): 176-179.

[57] 洪宝鑫. 旱作物利用地下水的实验研究[J]. 地理研究，1993，12(3)：107-113.

[58] HORTON R E. Therole of infiltration in hydrologic cycle[J]. Trans. A. G. U.，1931，12：189-202.

[59] HUFFMAN G，ADLER R，BOLVIN D，et al. The TRMM multi-satellite precipitation analysis (TMPA). Quasi-global，multi-year，combined-sensor precipitation at fine scales[J]. Journal of Hydrometeorol，2007 (8)：38-55.

[60] 胡巍巍，王式成，王根绪，等. 安徽淮北平原地下水动态变化研究[J]. 自然资源学报，2009，24(11)：1894-1901.

[61] 胡建华，李兰. 数学物理方程模型在水文预报中的应用[J]. 水电能源科学，2001，19(2)：10-14.

[62] 淮河水利委员会水文局(信息中心). 安徽省皖北地区整体协调发展战略对策研究[R]. 2014.

[63] 黄平. 森林坡地二维分布型水文数学模型的研究[J]. 水文，2000，20(4)：1-4.

[64] HUTCHINSON M. A new procedure for gridding elevation and stream line data with automatic removal of spurious pits[J]. Journal of Hydrology，1989，106(34)：210-232.

[65] JENSON S，DOMINGUE J. Extracting topographic structure from digital elevation data for geographic information system analysis[J]. Photogrammetric Engineering and remote sensing，1988，54(11)：1593-1600.

[66] JOHNSON D，MILLER A. A spatially distributed hydrologic model utilizing raster data structures[J]. Computers and Geosciences，1997，23(3)：267-272.

[67] KAY A，REYNARD N，JONES R. RCM rainfall for UK flood frequency estimation. I. Method and validation[J]. Journal of Hydrology，2006，318(s1-s4)：151-162.

[68] 孔凡哲，王晓赞. 有作物条件下潜水蒸发计算方法的实验研究[J]. 中国农村水利水电，2002(3)：3-5.

[69] 孔凡哲，王晓赞. 利用土壤水吸力计算潜水蒸发初探[J]. 水文，1997(3)：44-47.

[70] KRUSE E G，CHAMPION D F，CUEVAL D L，et al. Crop water use form shallow，saline water tables[J]. Transactions of the ASAE. 1993，36(3)：697-707.

[71] KRZYSZTOFOWICZ R. Bayesian theory of probabilistic forecasting via deterministic hydrologic model[J]. Water Resources Research，1999，35(9)：2739-2750.

[72] KUCZERA G，PARENT E. Monte Carlo assessment of parameter uncertainty in conceptual catchment models. The Metropolis algorithm[J]. Journal of Hydrology，1998，211(1-4)：69-85.

[73] KUZMIN V，SEO D，KOREN V. Fast and efficient optimization of hydrologic model parameters using a priori estimates and stepwise line search[J]. Journal of Hydrology，2008，353(1)：109-128.

[74] LA BARBERA P，ROSSO R. On the fractal dimension of stream networks[J]. Water Resources Research，1989，25(4)：735-741.

[75] LEHNER B，DÖLL P，ALCAMO J，et al. Estimating the impact of global change on flood and drought risks in europe：a continental，integrated analysis[J]. Climatic Change，2006，75(3)：273-299.

[76] 雷志栋，杨诗秀，谢森传. 土壤水动力学[M]. 北京：清华大学出版社，1988.

[77] 周卫平. 国外节水灌溉技术的进展及启示[J]. 节水灌溉，1997(4)：18-20.

[78] 李俊亭.地下水流数值模拟[M].北京:地质出版社,1989.

[79] 周启鸣，刘学军.空间数据的增值:以数字地形分析为例[J]. 地理信息世界，2006：4-13.

[80] 李家星,陈立德.水力学[M]. 南京:河海大学出版社，1996.

[81] 李丽，郝振纯，王加虎.基于DEM的分布式水文模型在黄河三门峡—小浪底间的应用探讨[J].自然科学进展，2004，14(12)：1452-1458.

[82] 李胜，梁忠民，GLUE方法分析新安江模型参数不确定性的应用研究[J].东北水利水电，2006，24(2)：31-47.

[83] 李开元,李玉山. 黄土高原农田水量平衡研究[J]. 水土保持学报,1995,9(2):39-44.

[84] 李保国,龚元石,左强. 农田土壤水的动态模型及应用[M]. 北京:科学出版社,2001.

[85] 李想，李维京，赵振国. 海河、黄河和淮河流域降水长期变化规律和未来趋势分析[C]//中国气象学会2005年年会论文集.2005.

[86] 李亚峰,李雪峰. 降水入渗补给量随地下水埋深变化的实验研究[J].水文,2007,27(5):58-60.

[87] LI L，HONG Y，WANG J，et al. Evaluation of the real-time TRMM-based multi-satellite precipitation analysis for an operational flood prediction system in Nzoia basin，lake Victoria，Africa[J]. Natural Hazards，2009，50(1)：109-123.

[88] LI L，WANG J，HAO Z. Appropriate contributing area threshold of a digital river network extracted from DEM for hydrological simulation[J]. IAHS Publ. 2008，322：80-87.

[89] 刘昌明，李道峰.基于DEM的分布式水文模型在大尺度流域应用研究[J]. 地理科学进展，2003，22(5)：437-445.

[90] 刘昌明，张喜英. 大型蒸渗仪与小型棵间蒸发器结合测定冬小麦蒸散的研究[J].水利学报，1998(10)：36-39.

[91] 刘苏峡，夏军，莫兴国.无资料流域水文预报(PUB计划)研究进展[J]. 水利水电技术，2005，36(2)：9-12.

[92] 刘志雨. 基于GIS的分布式托普卡匹水文模型在洪水预报中的应用[J].水利学报，2004(5):70-75.

[93] 刘猛，王振龙，章启兵. 安徽省淮北地区地下水动态变化浅析[J]. 治淮，2008(7):8-9.

[94] 刘猛,袁锋臣,季叶飞.淮河流域地下水资源可持续利用策略[J].治淮,2011(8):57-59.

[95] 鲁帆,王浩,等.流域级水量调度模型研究述评[J].水利水电技术,2007,38(8):16-18.

[96] LOPEZ GARCIA M，CAMARASA A. Use of geomorphological units to improve drainage network extraction from a DEM Comparison between automated extraction and photointerpretation methods in the Carraixet catchment (Valencia，Spain)[J]. International Journal of Applied Earth Observations and Geoinformation，1999，1(3)：187-195.

[97] MARTZ L，GARBRECHT J. Numerical definition of drainage network and subcatchment areas from digital elevation models[J]. Computers & Geosciences，1992，18(6)：747-761.

[98] MATHEUSSEN B，KIRSCHBAUM R，GOODMAN I，et al. Effects of land cover change on streamflow in the interior Columbia river basin(USA and Canada)[J]. Hydrological processes，2000，14(5)：867-885.

[99] 马晓群，陈晓艺，姚筠. 安徽淮河流域各级降水时空变化及其对农业的影响[J]. 中国农业气象，2009，30(1):25-30.

[100] 毛晓敏，雷志栋. 作物生长条件下潜水蒸发估算的蒸发面下降折算法[J]. 灌溉排水，1999(2):26-29.

[101] 毛晓敏，杨诗秀，雷志栋. 叶尔羌河流域裸地潜水蒸发的数值模拟研究[J]. 水科学进展，1997，8(4):313-320.

[102] 孟春红，夏军. "土壤水库"储水量的研究[J]. 节水灌溉，2004(4):8-10.

[103] MOGLEN G，ELTAHIR E，BRAS R. On the sensitivity of drainage density to climate change[J]. Water Resources Research，1998，34(4)：855-862.

[104] MOORE I，GRAYSON R，LADSON A. Digital terrain modelling. A review of hydrological，geomorphological，and biological applications[J]. Hydrological processes，1991，5(1)：3-30.

[105] MOUSSA R，VOLTZ M，ANDRIEUX P. Effects of the spatial organization of agricultural management on the hydrological behaviour of a farmed catchment during flood events[J]. Hydrological processes，2002，16(2)：393-412.

[106] NAMKEN W S，WIEGAND C L，BROWN R G. Water use by cotton from low and moderately saline static water tables[J]. Agronomy Journal，1969，61(2). 305-310.

[107] NIEHOFF D，FRITSCH U，BRONSTERT A. Land-use impacts on storm-runoff generation. scenarios of land-use change and simulation of hydrological response in a meso-scale catchment in SW-Germany[J]. Journal of Hydrology，2002，267：80-93.

[108] 牛国跃，洪钟祥. 沙漠土壤和大气边界层中水热交换和传输的数值模拟研究[J]. 气象学报，1997,55:398-407.

[109] O'CALLAGHAN J，MARK D. The extraction of drainage networks from digital elevation data[J]. Computer vision，graphics，and image processing，1984，28(3)：323-344.

[110] ONSTAD C，JAMIESON D. Modeling the effect of land use modifications on runoff[J]. Water Resource Research，1970，6(5)：1287-1295.

[111] PHILIP J R. Thetheory of infiltration. The infiltration equation and its solution[J]. Soil Sci，1957，83(5). 345-357.

[112] QIAN J，EHRICH R，CAMPBELL J. DNESYS-an expert system for automatic extraction of drainagenetworks from digital elevation data[J]. IEEE Transactions on Geoscience and Remote Sensing，1990，28：29-45.

[113] 钱筱暄. 淮北平原水文循环要素时空演变规律研究[D]. 扬州:扬州大学,2011:12-13.

[114] 乔玉成. 南方地区改造渍害低产田排水技术指南[M]. 武汉:湖北科学技术出版社,1994.

[115] 齐学斌,庞鸿宾,等. 地表水地下水联合调度研究现状及发展趋势[J]. 水科学进展,1999,10(1):89～94.

[116] QUINN P，BEVEN K，CHEVALLIER P，et al. Prediction of hillslope flow paths for distributed hydrological modelling using digital terrain models[J]. Hydrological processes，1991，5(1)：59-79.

[117] 水利部科技教育司. 砂姜黑土灌排技术研究[R]. 1990,3.

[118] 任立良，刘新仁. 基于DEM的水文物理过程模拟[J]. 地理研究，2000，19(4)：369-376.

[119] REED S，SCHAAKE J，ZHANG Z. A distributed hydrologic model and threshold frequency-based method for flash flood forecasting at ungauged locations[J]. Journal of Hydrology，

2007，337：402-420

[120] RITZEMA H P. Drainage principles and applications[C]//International institute for land reclamation and improvement/ ILRI Wageningen. The Netherlands，1994.

[121] ROSSO R，BACCHI B，LA BARBERA P. Fractal relation of mainstream length to catchment area in river networks[J]. Water Resources Research，1991，27(3)：381-387.

[122] 芮孝芳. 水文学原理[M]. 北京：中国水利水电出版社，2004.

[123] 水利部淮委，河海大学. 淮北平原变化环境下水文循环实验研究与应用[R]. 2010.

[124] SMITH E. Modeling infiltration for multistorm runoff events[J]. Water Resource Res.，1993，29(1). 133-144.

[125] SMI TH R E，PARLANGE J Y. A parameter-efficient hydrologic infiltration model[J]. Water Res.，1978，14(3). 533-538.

[126] 孙仕军，丁跃元. 平原井灌区土壤水库调蓄能力分析[J]. 自然资源学报，2002，17(1)：42-47.

[127] 孙国义，杨中泽，申金道，等. 淮北地区小麦耐渍防旱的适宜地下水水位[J]. 灌溉排水，1991(2)：57-61.

[128] 尚松浩，毛晓敏. 计算潜水蒸发系数的反 Logistic 公式[J]. 灌溉排水，1999，18(2). 18-21.

[129] 沈立昌. 关于潜水蒸发量经验公式的探讨[J]. 水利学报，1985(7)：34-40.

[130] 沈晓东，王腊春. 基于栅格数据的流域降水径流模型[J]. 地理学报，1995，50(3)：264-271.

[131] 沈振荣. 水资源科学实验与研究：大气水、地表水、土壤水、地下水相互转化关系[M]. 北京：中国科学技术出版社，1992.

[132] 汤国安，刘学军，闾国年. 数字高程模型及地学分析的原理与方法[M]. 北京：科学出版社，2005.

[133] 唐海行，苏逸深，谢森传. 潜水蒸发的实验研究及其经验公式的改进[J]. 水利学报，1989(10)：37-44.

[134] TAPLEY B，BETTADPUR S，WATKINS M，et al. The gravity recovery and climate experiment：mission overview and early results[J]. Geophysical research letters，2004，31(31)：278-282.

[135] TARBOTON D. A new method for the determination of flow directions and upslope areas in grid digital elevation models[J]. Water Resources Research，1997，33(2)：309-319.

[136] TARBOTON D，BRAS R，RODRIGUEZ-ITURBE. The fractal nature of river networks[J]. Water Resources Research，1988，24(8)：1317-1322.

[137] TRIBE A. Automated recognition of valley lines and drainage networks from grid digital elevation models. a review and a new method[J]. Journal of hydrology(Amsterdam)，1992，139：263-293.

[138] TUCKER G，BRAS R. Hillslope processes，drainage density，and landscape morphology[J]. Water Resources Research，1998，34(10)：2751-2764.

[139] VOGT J，COLOMBO R，BERTOLO F. Deriving drainage networks and catchment boundaries：a new methodology combining digital elevation data and environmental characteristics[J]. Geomorphology，2003，53(3-4)：281-298.

[140] 汪恕诚. 中国防洪减灾的新策略[J]. 水利规划与设计，2003(1)：1-2.

[141] 王振龙，王加虎，等. 淮北平原“四水”转化模型试验研究与应用[J]. 自然资源学报，2009，24

(12):2195-2203.

[142] 王发信，宋家常. 五道沟水文模型[J]. 水利水电技术，2001,32(10):60-63.

[143] 王加虎，郝振纯，李丽. 基于 DEM 和主干河网信息提取数字水系研究[J]. 河海大学学报(自然科学版)，2005，33：119-122.

[144] 王加虎，郝振纯，李丽. 河道矢量化的深弘演进模型研究[J]. 水利学报，2005，36(8)：972-977.

[145] 王晓红，侯浩波. 浅地下水对作物生长规律的影响研究[J]. 灌溉排水学报，2006,25(3)：13-17.

[146] 王晓赞. 农作物有效潜水蒸发实验研究[J]. 徐州师范大学学报，1999(1)：60-63.

[147] 王振龙，王加虎. 淮北平原"四水"转化模型实验研究与应用[J]. 自然资源学报，2009,24(12):2194-2203.

[148] 王振龙，章启兵. 采煤沉陷区雨洪利用与生态修复技术研究[J]. 自然资源学报，2009,(7)：1155-1162.

[149] 王振龙，刘森，李瑞. 淮北平原有无作物生长条件下潜水蒸发规律实验[J]. 农业工程学报，2009，25(6):26-32.

[150] 王慧，王谦谦. 近 49 年来淮河流域降水异常及其环流特征[J]. 气象科学，2002，22(2)：149-158.

[151] 王振龙，王兵. 农田墒情监测预报与抗旱信息系统设计与实现[J]. 农业工程学报，2006,22(2)：188-190.

[152] 王振龙. 安徽省水文水资源科学实验站网规划研究[J]. 中国农村水利水电，2007(8)：13-14-17.

[153] 王振龙. 平原灌区灌溉水资源优化模型研究[J]. 灌溉排水学报，2005(12):87-89.

[154] 王振龙. 安徽淮北地区地下水资源开发利用潜力分析评价[J]. 地下水，2008，30(4)：34-37.

[155] 王振龙，马倩. 淮北平原水资源综合利用与规划实践[M]. 合肥:中国科学技术大学出版社，2008.

[156] 王振龙，高建峰. 实用土壤墒情监测预报技术[M]. 北京:中国水利水电出版社，2006.

[157] 汤广民. 以涝渍连续抑制天数为指标的排水标准实验研究[J]. 水利学报，1999(4):25-29.

[158] 王友贞，叶乃杰. 安徽省淮北地区农田水资源调控模式研究[J]. 灌溉排水学报，2005,24(5)：10-13.

[159] 王友贞，袁先江. 安徽省淮北平原区农田水资源调控技术[J]. 水利水电技术，2005(5)：68-70.

[160] 王友贞，汤广民. 安徽淮北平原主要农作物的优化灌溉制度与经济灌溉定额[J]. 灌溉排水学报，2006,25(2):24-29.

[161] 王友贞，汤广民，王修贵，等. 安徽省淮北平原大沟蓄水与农田水资源调控技术[R]. 蚌埠:安徽省水利科学研究院，2004.

[162] 汤广民，王友贞，王修贵，等. 淮北平原区基于大沟蓄水技术的农田水资源调控模式[J]. 灌溉排水学报，2008,27(4):1-5.

[163] 王友贞，王修贵，汤广民. 大沟控制排水对地下水水位影响研究[J]. 农业工程学报，2008,24(6):74-77.

[164] 汤广民,曹成.安徽省农业旱灾特征及其对粮食生产的影响[J].灌溉排水学报,2010,29(6):47-50.

[165] 蒋尚明,王友贞,汤广民,等.淮北平原主要农作物涝渍灾害损失评估研究[J].水利水电技术,2011,42(8):63-67.

[166] 王少丽,王修贵,丁昆仑,等.中国的农田排水技术进展与研究展望[J].灌溉排水学报,2008(1):110-113.

[167] 王晓东.淮河流域主要农作物全生育期水分盈亏时空变化分析[J].资源科学,2013,35(3);665-672.

[168] 魏林宏,郝振纯,李丽.不同分辨率DEM的信息熵评价及其对径流模拟的影响[J].水电能源科学,2004,22(4):1-4.

[169] 魏林宏,郝振纯,李丽.降水空间尺度对径流模拟的影响研究[J].水资源与水工程学报,2006,17(6):19-23.

[170] WIGLEY T,LOUGH J,JONES P. Spatial patterns of precipitation in England and Wales and a revised,homogeneous England and Wales precipitation series[J]. Journal of Climatology,1984,4(1):1-25.

[171] WILK J,ANDERSSON L,PLERMKAMON V. Hydrological impacts of forest conversion to agriculture in a large river basin in northeast Thailand[J]. Hydrological processes,2001,15(14):2729-2748.

[172] 夏军.分布式时变增益流域水循环模拟[J].地理学报,2003,58:789-796.

[173] 夏军,左其亭.国际水文科学研究的新进展[J].地球科学进展,2006,21(3):256-261.

[174] 熊立华,郭生练.基于DEM的数字河网生成方法的探讨[J].长江科学院院报,2003,20(4):14-17.

[175] 闫华,周顺新.作物生长条件下潜水蒸发的数值模拟研究[J].中国农村水利水电,2002(9):15-18.

[176] 杨大文,李翀,倪广恒,等.分布式水文模型在黄河流域的应用[J].地理学报,2004,59(1):143-154.

[177] 杨建锋,万书勤.地下水对作物生长影响研究[J].节水灌溉,2002(2):36-39.

[178] 姚建文.作物生长条件下土壤含水量预测的数学模型[J].水利学报,1989(9):32-38.

[179] YANG WEN J,HAO W,DENG HUA Y. Distributed model of hydrological cycle system in Heihe river basin[J]. Model development and Verification. Journal of Hydraulic Engineering,2006,37(5):290-302.

[180] 扬州大学,安徽省/水利部淮河水利委员会水利科学研究所,淮河水利委员水文局,等.淮河平原区浅层地下水高效利用关键技术研究[R].2010.

[181] YAO H,HASHINO M. 2001,a completely-formed distributed rainfall-runoff model for the catchment scale[J]. IAHS PUBLICATION :183-190.

[182] 叶水庭,施鑫源,苗晓芳.用潜水蒸发经验公式计算给水度问题的分析[J].水文地质工程地质,1982(4):46-48.

[183] YILMAZ K,GUPTA H,WAGENER T. A process-based diagnostic approach to model evaluation. Application to the NWS distributed hydrologic model[J]. Water Resour. Res,2008,44.

[184] YU Z, LAKHTAKIA M, YARNAL B, et al. Simulating the river-basin response to atmospheric forcing by linking a mesoscale meteorological model and hydrologic model system[J]. Journal of Hydrology, 1999, 218(1-2): 72-91.

[185] 张蔚臻,沈荣开. 地下水文与地下水调控[M]. 北京:中国水利水电出版社,1998.

[186] 张书函,康绍忠,刘晓明,等. 农田潜水蒸发的变化规律及其计算方法研究[J]. 西北水资源与水工程,1995(6):9-15.

[187] 张蔚榛. 地下水与土壤水动力学[M]. 北京:中国水利水电出版社,1996.

[188] 张蔚榛,张瑜芳. 有关农田排水标准研究的几个问题[J]. 灌溉排水,1994(1):1-6.

[189] 张金玲,王冀,甘庆辉. 1961～2006 年江淮流域极端降水事件变化特征[J]. 安徽农业科学,2009,37(7):3089-3091.

[190] 张宪法,张凌云,于贤昌,等. 节水灌溉的发展现状与展望[J]. 山东农业科学,2000(5):52-54.

[191] 张子贤,张进旗. 阿维里扬诺夫潜水蒸发公式参数推求的新方法[J]. 中国农村水利水电,2002(12):13-14.

[192] 瞿益民,沈波,赵明华,等. 浅层地下水对蔬菜腾发量和产量的影响[J]. 中国农村水利水电,2004(12):29-31.

[193] 赵人俊. 流域水文模拟:新安江模型与陕北模型[M]. 北京:水利电力出版社,1984.